# Hubschrauberflug am Limit

Die BO 105 in einer Rolle im Raum Lüttich.

# Hubschrauberflug am Limit


Jörg Adam
Volker Thomalla
Rainer Wilke



Motor buch Verlag

Titelfoto: Rainer Wilke mit BO 105 beim Hubschrauber-Kunstflug vor beeindruckender Bergkulisse in Kalifornien, USA.
Rückseite: Rainer Wilke im Cockpit.
Fotos: Jörg Adam

Einbandgestaltung: schreiberVIS, Seeheim



ISBN: 978-3-613-04770-9



Sie finden uns im Internet unter:
www.motorbuch-verlag.de

1. Auflage 2025



Layout, Satz und Prepress: schreiberVIS, Seeheim
Druck und Bindung: DZS Grafik d.o.o., 1210 Ljubljana
Printed in Slovenia

# Inhaltsverzeichnis

# Vorwort

Fliegen ist ein unverzichtbarer Bestandteil unserer Welt und ein Motor des technologischen und menschlichen Fortschritts. Wenn man betrachtet, welche Entwicklung die Luftfahrt in der kurzen Zeitspanne zwischen dem ersten Motorflug der Gebrüder Wright im Dezember 1903 und dem Erstflug des Überschall-Verkehrsflugzeugs Concorde genommen hat, wird die Rolle dieser Industrie als Inkubator für andere Bereiche deutlich. Auch heute steht die Luftfahrt vor großen Herausforderungen, sie muss umweltverträglicher werden. Um dieses Ziel zu erreichen, müssen erneut große technologische Sprünge, die auch die Grenzen der Physik verschieben, realisiert werden.

Das Verschieben von Limits ist auch Thema dieses Buches. Rainer Wilke hat als Pilot die Grenzen des Hubschraubers erflogen und sie um den Bereich Kunstflug erweitert. Mit dem Hubschrauber-Muster BO 105, das von Messerschmitt Bölkow-Blohm, einem Vorgänger-Unternehmen von Airbus Helicopters, entwickelt und erfolgreich in Serie gefertigt wurde, hat Rainer Wilke fliegerisches Neuland betreten. Dank des gelenklosen Rotorkopfs des Hubschraubers war es möglich, sicher Flugmanöver zu fliegen, die nie zuvor mit einem Helikopter geflogen wurden.

Rainer Wilkes analytische und strukturierte Herangehensweise an den Hubschrauber-Kunstflug, bei der die Sicherheit immer im Vordergrund stand, ist beispielhaft. Er hat die Grenzen der Aerodynamik zwar ausgereizt, aber nie überreizt. Er hat gezeigt, was machbar ist, wenn herausragende Technik mit herausragendem fliegerischen Können gepaart werden. Rainer Wilke ist eine Legende unter den Helikopterpiloten. Er gibt sein Wissen gerne weiter, damit andere auch künftig die Limits der Luftfahrt sicher verschieben können. In diesem Sinne wünsche ich dem Buch eine weite Verbreitung.

Dr. Thomas Enders,
ehemaliger CEO Airbus SE

# Der Weg zur Bundeswehr

# 1

Ich wurde in Goslar geboren und bin dort aufgewachsen. Als kleines Kind zogen meine Eltern in einen neu gegründeten Stadtteil namens Jürgenohl. Er war dort entstanden, wo sich vor dem Krieg ein Militärflugplatz befunden hatte, genauer gesagt die Rollbahn des Flugplatzes. Von dem Platz geblieben war noch die Kasernenanlage, die sich nördlich des Neubaugebietes befand. Die dazugehörigen Kasernen standen noch und wurden seinerzeit von britischen Truppen genutzt. Eine große Flugzeughalle war ebenfalls noch erhalten, in dieser durften wir als Grundschüler in den Wintermonaten Sport treiben.

## Erste Berührungen

Eines Tages war in dieser Kasernenanlage ein Tag der offenen Tür. Es wurde alles an Fahrzeugen gezeigt, was das britische Militär dort stationiert hatte. Aber die große Sensation war ein Hubschrauber. Es ist vermutlich eine Sikorsky S-55 gewesen. Mit diesem Hubschrauber wurden auch Rundflüge veranstaltet. Es waren nur sehr kurze Flüge, nicht mehr als eine Platzrunde. Die Menschen drängten sich darum, einen Platz zu ergattern, und die Besatzung wollte es möglichst vielen Besuchern ermöglichen. Ich war noch sehr klein und stand staunend mit den vielen anderen Besuchern ganz hinten, um zuzuschauen, wie dieser Hubschrauber immer wieder abhob und zu seinen kurzen Rundflügen startete.

Mein Vater, der selbst nicht einsteigen wollte, kämpfte sich mit mir in die vorderste Reihe und schaffte es, mich in den Hubschrauber zu heben. Irgendjemand half ihm dabei und hielt mich fest. Zu dieser Zeit war es bei solchen Veranstaltungen mit der Sicherheit für Passagiere noch anders als heute. Ich erinnere ich mich, dass ich irgendwie innen am Fenster der Schiebetür zu stehen kam. Ich habe zwar kaum etwas gesehen – wir standen eng an eng im Laderaum – aber ich flog. Der Traum vom Fliegen war in mir geboren, auch wenn es nur ein sehr ferner Traum war.

Der Traum von Autos war da schon realistischer. Eines Tages kam ein Fotograf mit einem Goggomobil in unsere Straße. Sein Geschäftsmodell war einfach, aber erfolgreich. Er setzte die Kinder, die dort spielten, in sein Fahrzeug und machte Fotos. Einige Zeit später klingelte er und verkaufte die Bilder. Vermutlich meist erfolgreich, in meinem Fall klappte es jedenfalls. Das Interesse war zwar geweckt, aber als ich etwas älter war, begann ich Plastikbausätze von Flugzeugen zu basteln. Eine North American B-25 und eine Vought F4U Corsair zum Beispiel. Letz-

▲ **Frühe Begeisterung für Technik: Rainer Wilke hinter dem Steuer eines Goggomobils.**

tere war mein Lieblingsmodell. Der mächtige Propeller, die angewinkelten Tragflächen. Dieses Flugzeug war für mich der Inbegriff vom Fliegen. So trug ich diesen Traum weiter in mir, auch wenn mir bewusst war, dass es nur ein Traum war. Wenn ich damals geahnt hätte, dass ich dieses Flugzeug einmal in der Realität sehen und berühren, ja mich sogar hineinsetzen können würde.

Zu meinem großen Bruder – er war elf Jahre älter – schaute ich auf. Eine seiner Leidenschaften waren die Überschlagschaukeln auf Jahrmärkten. An dem Stand mit Schiffsschaukeln waren häufig an einer Seite zwei Schaukeln angebaut, mit denen es komplett über Kopf ging, gesichert lediglich mit Fußschlaufen. Das hatte er drauf, und ich stand immer bewundernd am Boden und schaute ihm zu. Als ich das notwendige Alter erreicht hatte, wurde es auch meine Leidenschaft. Ich gab all mein Jahrmarktsgeld für diese Schiffsschaukeln aus. Vermutlich hat das dazu beigetragen, meinen Magen resistent zu machen. Außerdem hatte diese Bewegung über Kopf einfach ein unglaubliches Gefühl der Freiheit in sich. So stellte ich mir richtig freies Fliegen vor, so wie man es mit einem Jagdflugzeug machen kann.

▲ **Die Sehnsucht nach dem Fliegen: Mit dem Vater am Flugplatzzaun in Goslar.**

Als Schüler war mir vieles wichtiger als die Schule. Begünstigt dadurch, dass beide Elternteile arbeiteten, hatte ich nachmittags viel Zeit. Aber ich nutzte diese nicht, um für die Schule zu lernen. Schularbeiten machte ich oft entweder sehr spät – und dann sehr zügig – oder aber erst am Morgen vor der Schule, manchmal noch in den Pausen vorher. Damit kam ich einige Jahre zurecht, aber in der 9. Klasse war Schluss. Ich durfte sie wiederholen. War ich vorher in der „alten" 9. Klasse einer der Jüngsten, war ich jetzt in der „neuen" 9. Klasse einer der Älteren. Aus späterer Sicht hat das zu meiner persönlichen Entwicklung beigetragen. Allerdings war ich immer noch nicht schlau geworden, ich absolvierte die Wiederholung dieses Schuljahres zum größten Teil mit meiner Erinnerung an den Stoff des vergangenen Jahres. Natürlich steckte ich im letzten Schuljahr wieder in Schwierigkeiten. So gehörte ich zum Beispiel dem „physikalischen Mistbeet" an. So nannte unser Physiklehrer, gleichzeitig Rektor, den aus seiner Sicht ersten Tisch vorn links. An dieser Schule gab es einen ansteigenden Physikraum mit Dreier-Tischen mit allen notwendigen Anschlüssen. Der Lehrer hatte die Angewohnheit, zu Beginn jeder Unterrichtsstunde eine Frage zu stellen. Immer beginnend von links war ich der erste, der drankam. Die richtige Beantwortung der Frage gab ein Plus in seinem Notizbuch, das Nichtbeantworten ein Minus. Selbst, wenn man es nicht wusste, am zweiten Tisch hatte man bereits die Zeit, unter der Bank nach der Lösung zu schauen. So sammelte unser Tisch überwiegend negative Bewertungen, daher die Bezeichnung „physikalisches Mistbeet". Damals ärgerte ich mich über den Lehrer, später über mich selbst. Hätte ich besser aufgepasst, mehr gelernt, so hätte ich es in den späteren Jahren leichter gehabt, Physik, vor allem Aerodynamik zu verstehen.

## Lehrjahre

In der neuen Schulklasse war Gerhard O. mein bester Schulfreund geworden. Er war zwar auch von Flugzeugen fasziniert, aber noch viel mehr von Rennwagen. Diese Faszination steckte mich auch an. Als wir in der Abschlussklasse waren, hatten wir beide den Plan, nach unserer Schulzeit Kfz-Mechaniker zu lernen (so hieß dieser Beruf damals noch). Anschließend wollten wir Maschinenbau studieren, um dann bei einem Unternehmen anzufangen, das etwas mit Automobil-Rennsport zu tun hat. Auch ein Traum, aber dieser schien realistischer, als Pilot zu werden. Den Abschluss hatte ich trotz meines Platzes im „physikalischen Mistbeet" geschafft, und Gerhard und ich bewarben uns für eine Lehrstelle bei der Mercedes-Vertretung in Goslar. Wir begannen dort eine Ausbildung zum Kfz-Mechaniker. Ein Geselle, der dort arbeitete, war auch vom Automobilsport begeistert. Mit ihm zusammen fuhren wir regelmäßig zum Nürburgring, um uns dort Autorennen anzuschauen. Wir zelteten natürlich, aber um gepflegt auf eine Toilette zu gehen und uns etwas gründlicher zu waschen, suchten wir das Hauptgebäude direkt bei Start und Ziel auf. Ich meine, mich zu erinnern, dass ein Hotel in dem Gebäude war. Jedenfalls gab es so etwas wie eine Rezeption mit einigen Sitzgelegenheiten und vor allem Toiletten. In dieser Rezeption konnte man schon mal den einen oder anderen Rennfahrer sitzen sehen. Zum Beispiel Jackie Stewart oder Jacky Ickx. Es war eine Zeit, in der Formel-1-Fahrer noch nahbar waren. Es waren schöne Erlebnisse und mein Interesse am Motorsport, das sich bis heute gehalten hat, überdeckte den Traum vom Fliegen.

▲ **Klassenfahrt nach Köln: Die Klassenkameraden Gerhard O. und Rainer Wilke vor einem Porsche 356.**

## Der Bund ruft

Während meines letzten Lehrjahres ereigneten sich dann zwei Dinge, durch die meine Berufsplanung nachhaltig beeinflusst wurde. Zum einen wurde die Möglichkeit, mit abgeschlossener Berufsausbildung und mittlerer Reife zu studieren, gekippt. Es war grundsätzlich ein Abitur zum Studium notwendig. Das zweite Ereignis war für mich allerdings viel einschneidender. Ich erhielt im letzten Lehrjahr einen Einberufungsbescheid. Ich sollte zu den Panzergrenadieren nach Wolfenbüttel, Beginn der Wehrdienstzeit unmittelbar nach Abschluss meiner Lehre. Bis zu diesem Zeitpunkt hatte ich nicht einen Gedanken an die Bundeswehr verschwendet. Jetzt musste ich mich damit beschäftigen und die vorherrschende Überlegung ging zunächst darum, wie ich das abwenden könnte. Ein Besuch beim Kreiswehrersatzamt nahm mir die Hoffnung, da der Bescheid bereits zugestellt war. Wenn ich mich allerdings als Zeitsoldat bewerben würde, würde man das noch ändern können.

Ich könnte mir dann die Truppengattung und damit eingeschränkt auch den Standort aussuchen, teilte man mir mit. Der Traum vom Fliegen erwachte wieder. Die Bundeswehr hatte schließlich Flugzeuge, und wenn ich schon zum Militär sollte, dann doch zu den Fliegern. Klar, dass dieser Traum auch das Fliegen über Kopf, steile Steigflüge in den Himmel, Drehungen und Überschläge umfasste. Deshalb kam in meiner Phantasie nur der Starfighter in Frage.

Ich erkundigte mich nach den Möglichkeiten und den Voraussetzungen, zum Fliegen zu kommen. Die Aussichten erschienen gut, und man gab mir einen Termin bei der Freiwilligenannahmestelle in Hannover. Gleichzeitig wurde der Einberufungsbescheid aufgehoben. Den Eignungs- und Verwendungstest sowie die Gesundheitsprüfung in Hannover zu bestehen, war kein Problem. Aber im abschließenden Gespräch mit dem Wehrdienstberater wurde mir ein Traum genommen. Für die Ausbildung zum Starfighter-Piloten müsste ich eine Wartezeit von mindestens vier Jahren einkalkulieren. Allerdings gäbe es

▲ **1970 in der Boxengasse beim 1000-Kilometer-Rennen auf dem Nürburgring.**

die Möglichkeit, in den Ausbildungsgang zum Hubschrauberpiloten zu kommen.

Die Heeresfliegertruppe hätte großen Bedarf und es gibt keine Wartezeiten. Ich ließ mich überzeugen und willigte ein. Der sehr engagierte Wehrdienstberater eröffnete mir gleichzeitig die Möglichkeit als Eignungsübender eingestellt zu werden. Ich hatte einen abgeschlossenen technischen Beruf und wurde damit offiziell in eine technische militärische Laufbahn gesteckt. Damit würde ich als Eignungsübender, somit auch gleich als Obergefreiter UA eingestellt werden, was natürlich auch einen etwas höheren Sold zur Folge hatte. Da ich mich gleichzeitig als Luftfahrzeuganwärter bewarb, wäre das eine rein formelle Angelegenheit. Ich brauchte keine Angst zu haben, zunächst eine andere Laufbahn einzunehmen. Es gab keine bessere Alternative für mich, und ich unterschrieb. Die Verpflichtungsdauer betrug acht Jahre unter Vorbehalt. Das bedeutete, dass ich nach vier Jahren aus der Bundeswehr ausscheiden würde, sollte ich das Ziel Luftfahrzeugführer nicht erreichen. Der Wehrdienstberater überließ mir die Auswahl, meine Grundausbildung in Celle oder in Zweibrücken zu machen. Ich entschied mich für Zweibrücken. Celle war mir zu nah. Zweibrücken, nicht weit zur französischen Grenze gelegen, stellte ich mir interessanter vor. Eine schlechte Entscheidung. Denn ich hatte in meiner Ausbildungsfirma meine spätere Frau Rosita kennengelernt. Zunächst nur befreundet, schwärmte ich ihr oft von meinen Träumen von der Fliegerei vor. Erst einmal wollte ich bei der Bundeswehr das Fliegen erlernen, dann in der weiten Welt das Abenteuer suchen. Vielleicht mal in Afrika oder in Südamerika zu fliegen, das war meine Vorstellung bis zu diesem Zeitpunkt. Aber unsere Beziehung wurde fester und bald bereute ich, mich für Zweibrücken entschieden zu haben.

Mein Freund Gerhard, der ein Jahr jünger war und deshalb noch nicht einberufen wurde, zog die ursprünglich von uns beiden geplante Berufsplanung durch. Er war ja durch meine Erfahrungen vorgewarnt, machte rechtzeitig von seinem Recht auf Kriegsdienstverweigerung Gebrauch und wurde anerkannt. Er bemühte sich heimatnah um eine Stelle für den Ersatzdienst und fand etwas, das ihm die Möglichkeit bot, parallel zum Ersatzdienst an einer Abendschule sein Abitur nachzuholen. Er studierte danach Maschinenbau und wurde als Ingenieur bei Volkswagen angestellt. Er schaffte es in die Entwicklungsabteilung, und im Rahmen seiner Tätigkeit bekam er auch die Gelegenheit, für seine Firma Motorsportveranstaltungen zu besuchen. Er hatte sich seinen Traum, der eine Zeitlang auch meiner war, erfüllt. Meinen Traum zu erfüllen, sollte allerdings noch schneller gehen.

## ■ Grundausbildung bei den Heeresfliegern

Zunächst begann ich am 5. Januar 1970 in Zweibrücken in einer Heeresfliegerausbildungskompanie meinen Dienst bei der Bundeswehr. Zu dieser Zeit besaß ich noch kein Auto, war also auf die Bundesbahn angewiesen. Ich weiß nicht mehr, ob es an den schlechten Verbindungen lag, oder daran, dass mir die Bundeswehr nur ein Ticket für Regionalzüge spendierte. Jedenfalls war es eine sehr lange Anreise. Dienstantritt war morgens im Laufe des Vormittags, und dazu musste ich am frühen Abend davor mit der Bundesbahn losfahren.

Am Vormittag meldete ich mich total übermüdet am Kasernentor. Als Gruppe wurden wir – es standen schon andere neue Rekruten dort – zu dem richtigen Kasernenblock geführt. Wir bekamen unsere Stuben zugewiesen und mussten unsere Ausrüstung empfangen. Während wir unsere Ausrüstung und die privaten Dinge verstauten, stand die ganze Zeit ein in Moleskin gekleideter Soldat lässig am Fenster gelehnt. Ich war zu dem Zeitpunkt 21 Jahre alt, er sah nicht viel älter aus. Von den Dienstgradabzeichen hatte ich noch keine Ahnung, ich hielt ihn ebenfalls für einen Rekruten. So fragte ich ihn sehr direkt und unbekümmert, wie es hier so liefe, ob er schon was mitbekommen habe. Seine Antworten waren kurz und distanziert. Später im Laufe des Tages wurde er uns als unser Zugführer, ein Leutnant vorgestellt. Ein guter Einstand für mich, ich sollte es noch merken.

Noch im Verlauf des ersten Tages – wir hatten inzwischen eingeräumt und auch bereits die militärische Kleidung angelegt – erschien ein körperlich recht kleiner Soldat auf unserer Stube. Ziemlich laut ließ er uns strammstehen, so richtig wussten wir das noch nicht einzuordnen. Er erklärte uns, dass er unser Gruppenführer sei. Sein Dienstgrad war Gefreiter UA (Unteroffizier Anwärter). Bei der Einkleidung hatte ich natürlich Dienstgradabzeichen als Obergefreiter UA bekommen und auf die Schulterklappen meiner Kleidung angebracht. Er sah sie und ließ sie mich sofort wieder abnehmen. Er gab mir zu verstehen, dass ich während der Grundausbildungszeit nur Rekrut sei, sonst nichts. Ich hatte einen zweiten Freund gewonnen. Nachdem der erste Tag schon mal gut gelaufen war, stand am zweiten Tag die ärztliche Untersuchung an. Der Sehtest war sehr simpel. Alle mussten auf dem Exerzierplatz antreten und langsam in Richtung des Zaunes gehen. Dort war ein Schild angebracht. Wer es lesen konnte, hob die Hand, flüsterte einem der begleitenden Ausbilder das Gesehene zu und konnte dann zurück auf die Stube. Ich war einer der letzten, die das Schild lesen konnten. Bei der Besprechung der Ergebnisse mit dem Truppenarzt meinte dieser, da würde ich Schwierigkeiten bei der Wehrfliegertauglichkeitsuntersuchung bekommen. Ich schob es auf meine Übermüdung durch die lange Anreise am Vortag. So begann meine Grundausbildung.

Die letzten Jahre vor Beginn der Bundeswehrzeit hatte ich recht intensiv Leichtathletik betrieben. Ich war nicht besonders gut, Kreisklassenniveau. Aber eine Zeit knapp über 11 Sekunden auf 100 Meter, 2 Minuten für 800 Meter und knapp 19 Minuten auf 5000 Meter bestätigen meine recht ordentliche Fitness. Darüber sollte ich noch froh sein. Denn unser Zugführer setzte mich bei Märschen sehr häufig als Melder ein. Sinnlose Nachrichten musste ich vom Ende der Kolonne zur Spitze und retour übermitteln. Einmal nutzte ich meine relative Schnelligkeit auch dazu, unseren Gruppenführer zu ärgern. Im Rahmen der Ausbildung wurde natürlich oft das schnelle Aufsuchen einer Deckung geübt. Hinwerfen, aufspringen und rennen, hinwerfen, aufspringen und rennen usw. Ich rannte so schnell los, dass ich rasch großen Vorsprung hatte und ihn dann vermeintlich nicht mehr hörte. Am Zaun machte ich halt. Es sollte aber nur ein kurzer und minimaler Triumph mit größeren Nachwirkungen sein.

Ausgang, der in den ersten Wochen zunächst untersagt war, wurde später bis 22 Uhr erlaubt. Das galt auch für das Wochenende, Samstagabend bis 22 Uhr mussten wir wieder in der Kaserne sein. Im Übrigen gab es an den Wochenenden während des Frühappells – wir wurden gemeinsam zum Frühstück geführt – häufige Auflockerungen durch „Maskenbälle". So nannten wir die Umkleideübungen, durch die wir offensichtlich lernen sollten, ziemlich schnell die unterschiedlichen militärischen Bekleidungsausrüstungen zu wechseln. Es gab allerdings auch Unteroffiziere vom Dienst, die uns einfach nur in Ruhe ließen. Im Verlauf dieses Quartals durften wir nur einmal ein ganzes Wochenende offiziell nach Hause fahren. Zusätzlich erschwindelte ich mir durch Vorgabe einer Verlobung ein Wochenende Heimatbesuch. Einen dritten Heimatbesuch hatte ich einem kulanten Unteroffizier vom Dienst zu verdanken. Einer unserer Stubenkameraden war verheiratet. Er besaß ein Auto, einen Fiat 124, und wollte natürlich unbedingt nach Hause. Ich war verliebt und wollte es auch.

Der Unteroffizier vom Dienst erlaubte uns, die Kaserne am Sonntag früh um 00.01 Uhr zu verlassen. Aber wir mussten um 22 Uhr zurück sein. Mein Kamerad wohnte in Stadthagen, und ich kam aus Goslar. Er würde über die Autobahn A7 am Harz vorbeifahren und mich an der Raststätte in Seesen absetzen. Rosita wollte mich dort abholen. So fuhren wir um Mitternacht los, und er setzte mich in den frühen Morgenstunden an der Raststätte ab. Am Abend wartete ich dort wieder auf ihn, und wir fuhren zurück. Für ihn waren es mehr als 1000 Kilometer Fahrt an diesem Tag. Es war eine schöne, wenn auch anstrengende Unterbrechung der Grundausbildung.

Monate später hörte ich von Kameraden, die in Celle ihre Grundausbildung gemacht hatten, dass dort bereits das erste Wochenende frei gewesen war und es regelmäßige freie Wochenenden gab.

Vermutlich war die Grundausbildung in Zweibrücken so, wie es 1970 üblich war. Zum Glück nicht wie in Nagold, aber die vielen Märsche, Nachtalarme, Schießübungen und Maskenbälle waren manchmal durch die Art der Ausgestaltung grenzwertig. Die einzig gute Erinnerung an meine Grundausbildung war eine Dienstreise nach Niedermendig. Es kam ein Werber zur Nachwuchsgewinnung für Flugzeugführer der Heeresflieger in die Einheit. Alle, die sich dafür interessierten, mussten noch während der Grundausbildung nach Niedermendig, um dort einen psychologischen Eignungstest zu absolvieren. Zwar war ich als LFFA (Luftfahrzeugführeranwärter) eingestuft, aber irgendjemand war der Meinung, ich müsse dort auch hin. In Niedermendig angekommen, stellte man fest, dass ich den Test bereits in Hannover bei der Freiwilligenannahmestelle absolviert hatte. Der Jugendoffizier, ein Flugzeugführer, meinte kurzerhand, dass wir in der Zeit einen kleinen Rundflug zum Eingewöhnen machten könnten. So verbrachte ich die schönste Zeit meiner Grundausbildung während dieser eineinhalb Stunden im Luftraum um Niedermendig.

Woran ich mich noch gern erinnere, war die Kameradschaft untereinander. Einer unserer Kameraden, er hatte den Spitznamen Goldzahn, musste nahezu die gesamte Zeit der Grundausbildung im Sanitätsbereich verbringen. Wir alle haben ihn regelmäßig besucht und brachten ihm jedes Mal Bundeswehrvorschriften mit. Er verlangte danach und wollte sich damit gründlich auf die zwangsläufige Wiederholung der Grundausbildung vorbereiten. Wie später zu hören war, gelang ihm das zum Leidwesen der Ausbilder sehr gut.

## ■ Vorfliegerische Ausbildung

Die Grundausbildung, direkt gefolgt von der vorfliegerischen Ausbildung, war damals der normale Weg, wenn man direkt als Luftfahrzeugführeranwärter in die Bundeswehr eintrat. Die vorfliegerische Ausbildung fand in Bückeburg in der Jägerkaserne statt. Dort kam ich Ende März an. Das zweite Quartal war der erste Teil der vorfliegerischen Ausbildung, der militärische Teil. Nach den Erlebnissen in Zweibrücken ging es hier wesentlich angenehmer und auch fairer zu, im Nachhinein betrachtet geradezu entspannt. Nach zirka vier Wochen, Anfang Mai, wurde ich zum Lehrgruppenkommandeur befohlen. Mir wurde eröffnet, dass es eine Vorschrift gibt, die besagt, dass Eignungsübende die ersten sechs Monate komplett an dem Standort absolvieren müssen, an dem der Dienstantritt erfolgte. Das war Zweibrücken. Ich sollte unverzüglich nach Zweibrücken zurückkommandiert werden. Nach dem, was ich dort erlebt hatte, wollte ich auf keinen Fall zurück. Während mir der Kommandeur die Rückkommandierung eröffnete, fiel mir ein, was mir bei der Freiwilligenannahmestelle in Hannover auch gesagt wurde. Als Eignungsübender hat man innerhalb der ersten sechs Monate ein tägliches Kündigungsrecht. Nachdem der Kommandeur seine Erklärung beendet hatte, sagte ich ihm, dass ich fristlos kündigen würde. Er war zu überrascht, um sofort zu antworten. Ich solle sofort auf meine Dienststelle zurück. Ich hörte nie wieder etwas von einer Rückkommandierung nach Zweibrücken.

Im Mai habe ich mich dann verlobt. Diesmal aber richtig, und Rosita und ich machten Pläne für die Hochzeit. Als Termin planten wir den Januar des kommenden Jahres. Wenn es im Rahmen meiner Ausbildung glatt lief, wäre ich dann mit der Englischausbildung fertig und vermutlich zum Unteroffizier befördert.

Im dritten und vierten Quartal 1970 fand der zweite Teil der vorfliegerischen Ausbildung ebenfalls in der Jägerkaserne in Bückeburg, in der 6. Inspektion statt. Schwerpunkt war die Englischausbildung. Wir wurden nach einem Eingangstest in vier Leistungsklassen eingeteilt, A1 bis B2, und ich kam in Klasse B2.

Während dieses Lehrgangs stand auch die Fliegertauglichkeitsuntersuchung in Fürstenfeldbruck bei München an. Die Untersuchung endete für mich mit einem Desaster. Mir wurde eröffnet, dass ich dauerhaft „wehrfliegerverwendungsunfähig“ sei. Ich hatte eine angeborene Hornhautverkrümmung mit daraus resultierender Kurzsichtigkeit, für die eine Brille zur Korrektur nötig war. Nachdem sich der erste Schock gelegt hatte, machte mir der eröffnende Arzt allerdings Hoffnung. Da die Heeresflieger einen großen Bedarf an Nachwuchs haben, würde es ein Sonderprogramm geben. Alle, deren Werte leicht mit einer Brille ausgeglichen werden können, seien teilnahmeberechtigt. Mit dieser Hoffnung reiste ich zurück. Ich durfte weiter an der Ausbildung teilnehmen und hörte zunächst nichts mehr zum Thema Flugtauglichkeit.

Zum Ende der Ausbildung wurde geklärt, dass alle Teilnehmer der Klasse B 2 für die Ausbildung in den USA vorgesehen waren. Damit sichergestellt war, dass alle Anwärter das Fliegen auch vertragen, wurde ein Screening durchgeführt. Drei Perioden mussten – oder besser gesagt durften – wir auf einer Dornier Do 27 mitfliegen. Eine Periode flog ich mit Jürgen R., der viele Jahre später einmal einer meiner ersten Lehrgangsteilnehmer auf der BO 105 werden sollte und den ich nach dem Wechsel zur Heeresfliegerwaffenschule als Fluglehrerkamerad im gleichen Hörsaal wieder traf. Die anderen beiden Perioden flog ich mit Feldwebel M. Er kam von der Luftwaffe und soll dort Jet geflogen sein. Ihn fragte ich, ob man mit der Do 27 auch Loop fliegen könne. Man konnte! Diese drei Stunden Screening waren ein schöner Vorgeschmack auf die Fliegerei.

Nachdem klar war, dass die Angehörigen der Klasse B 2 zur Ausbildung in die USA sollten, begann ich mich damit zu beschäftigen. Die dortige Ausbildung sollte acht Monate dauern. Zunächst eine Grundschulung, anschließend eine weiterführende Ausbildung auf Bell. Der Beginn war auf Anfang Januar gelegt. Also genau der Zeitraum, in dem Rosita und ich heiraten wollten. Einerseits lockte mich das Abenteuer USA – dort war ich noch nie gewesen. Andererseits war die Hochzeit geplant und ich wollte keinesfalls allein in die Staaten gehen. So kümmerte ich mich darum, ob und unter welchen Bedingungen die Mitnahme der Ehefrau möglich ist, bzw. ob es möglich sei, auch die Verlobte mitzunehmen. Der Schriftverkehr mit dem Lufttransportkommando und mit Kameraden, die bereits eine Schulung in den USA gemacht hatten, wurde immer umfangreicher. Es war alles ziemlich unklar und letztlich wollte ich auf die Ausbildung in den USA verzichten. Ich wurde bei unserem Inspektionschef vorstellig und bat darum, mich von der Ausbildung in den USA freizustellen. Natürlich konnte er das nicht entscheiden, versprach aber, sich darum zu kümmern. Bis kurz vor Beendigung des Lehrgangs Ende Dezember hörte ich nichts davon. Die Zeit der Englisch-Prüfung rückte näher, daher musste ich selbst etwas unternehmen. Ich rechnete mir aus, wie viele Fragen ich bei der Prüfung unbeantwortet lassen musste, um nicht zu bestehen. Bei der schriftlichen Prüfung stoppte ich dann an der entsprechenden Stelle. Das Resultat war nahezu gewünscht, aber ich musste in die mündliche Prüfung. Ich war etwas in der Zwickmühle, ich wollte nicht als Totalverweigerer gelten. Ich hatte Angst vor anderen Konsequenzen. Ich konnte dadurch nicht so überzeugen wie ich es erhofft hatte. Ein Gespräch mit dem prüfenden Englischlehrer deutete darauf hin, dass er meine Absicht durchschaut hatte. Ich hatte knapp bestanden und war jetzt eigentlich für die Kommandierung in die USA vorgesehen. Kurz vor Ablauf des Lehrgangs eröffnete mir der Inspektionschef, dass er beim Stab erreicht habe, dass ich meine Ausbildung in Deutschland machen dürfte. Vorgesehener Termin: 1. April 1971 in Faßberg. So ganz entsprach es nicht meinen Vorstellungen. Ich hatte auf eine Ausbildung direkt in Bückeburg spekuliert, die auch zum 1. April beginnen würde. Deshalb hatten Rosita und ich – zugegeben etwas blauäugig – bereits eine Wohnung in der Nähe von Bückeburg gemietet. Insofern war der Lehrgang in Faßberg nicht schön, aber auf jeden Fall war der Zeitpunkt der Hochzeit nicht gefährdet, und die Fahrerei zum Wochenende würden wir überstehen.

## Beförderung zum Unteroffizier

Ich begann meine Wartezeit bis zur fliegerischen Grundausbildung als Mannschaftsdienstgrad im Schulstab der Heeresfliegerwaffenschule, wurde aber noch im Januar zum Unteroffizier befördert. Zugeteilt war ich der S3-Abteilung, zuständig für die Planung der Ausbildung. Dem Leiter der Abteilung fiel auf, dass meine medizinische Situation noch ungeklärt war. Ich musste bei ihm antreten, um ihm das Problem zu erklären. Von einem Sonderprogramm hatte er noch nie gehört und sein Kenntnisstand war, dass bei mir eine „hängende" medizinische Eignung vorlag. Er nahm Verbindung mit dem Flugmedizinischen Institut auf und erfuhr, dass insgesamt sieben Kameraden dem gleichen Zustand unterlagen wie ich. Auf seine Initiative gestattete das Institut, dass bei einem Augenarzt in der Nähe von Bückeburg, der gelegentlich Nachuntersuchungen für das Flugmedizinische Institut durchführte, eine erneute Überprüfung stattfinden durfte. Der Augenarzt war mir gegenüber sehr nett und fragte, ob mir viel an der Fliegerei liegen würde. Natürlich bejahte ich das und ich kehrte mit einem guten Gefühl auf meine Dienststelle zurück. Einige Tage später erhielt der Leiter S3 die Information, dass ich für eine fliegerische Verwendung eingeplant werden könne. Als Auflage musste ich eine Fliegerbrille tragen und eine Ersatzbrille mit mir führen. Von keinem der anderen Kameraden, die wie ich dem Sonderprogramm angehörten, hatte ich gehört, dass sie den Beginn der Ausbildung geschafft hatten.

Der Leiter S3, der später auch Kommandeur der Waffenschule wurde, wusste, dass ich in der Nähe von Stadt-

▼ **Die Mannschaft des Hubschrauber-Museums in Bückeburg mit dem Gründer Werner Noltemeyer (Bildmitte hinten). Rainer Wilke steht ganz links.**

hagen wohnte und fragte mich, warum ich meine Ausbildung in Faßberg machen wollte. Der Inspektionschef in der Englisch-Ausbildung hätte sich sehr dafür eingesetzt. Ich sagte ihm, dass Faßberg nicht mein Wunsch war und ich lieber in Bückeburg ausgebildet werden würde. Der im April beginnende Lehrgang war natürlich bereits belegt. Aber wenn ich bereit sei, noch ein halbes Jahr länger auf die Ausbildung zu warten, könnte ich im Oktober in Bückeburg eingeplant werden. Natürlich war das in meinem Sinne und daraufhin wurde ich für die Ausbildung im Oktober 1971 in Bückeburg auf der Alouette 2, also gleich ein Turbinenhubschrauber, eingeplant. Das zusätzliche halbe Jahr Wartezeit nahm ich gern in Kauf.

Meine früher einmal vorhandene Idee, bei der Bundeswehr das Fliegen erlernen und dann mein Glück in der freien Fliegerei zu suchen, war in meinen Gedanken zu diesem Zeitpunkt schon weit nach hinten gerückt.

## Hubschraubermuseum in Bückeburg

In dieser Zeit wurde das Hubschraubermuseum direkt in Bückeburg in einem alten Burgmannshof aufgebaut. Hauptfeldwebel (HFw) Noltemeyer hatte einen guten Platz für „seine" Sammlung gefunden, die bis dahin auf dem Flugplatz Achum bei Bückeburg verteilt war. Er stellte den Antrag, zusätzlich zu den ihm zugeteilten Soldaten, einen Unteroffizier als Unterstützung zu bekommen. Das wurde für die Zeit bis zum Beginn des fliegerischen Lehrgangs nun meine Aufgabe. Ich hatte den Mannschaftsdienstgraden zu helfen, sie einzuteilen, vor allem mit Schablonen Schilder für die Beschriftung der Exponate zu erstellen. Das Arbeitsklima wurde von HFw Noltemeyer bestimmt, der alle im Museum bis zum Gefreiten als Mitarbeiter ansah. Er hatte großen Respekt vor allen und damit sorgte er dafür, dass alle mit unglaublichem Engagement bei der Arbeit waren. Es war schöne Zeit, alle arbeiteten emsig daran, den geplanten Eröffnungstermin für das Museum einzuhalten. Die Eröffnung fand am 9. Juni 1971 im Beisein vieler hochrangiger Vertreter aus Militär und Wirtschaft statt. Fast hätte zu diesem Anlass kein Sekt gereicht werden können. Einige Tage vorher war dieser angeliefert worden. Es wurde noch viel gearbeitet, sehr viele Dinge standen im Weg herum und irgendjemand stellte alle Kartons in eine Tiefkühltruhe. Sie war zu diesem Zeitpunkt nicht angeschlossen. Damit stand der Sekt nicht mehr im Weg und war auch nicht mehr sichtbar. Einen Tag vorher wurde die Truhe, deren Deckel offensichtlich unten war, angeschlossen. Am Vormittag des Eröffnungstages wurde dann der Sekt gesucht. Jemand erinnerte sich wo er war, aber es war nur noch eine aus Schaum und Glas bestehende, gefrorene Masse. Ob noch Flaschen gerettet werden konnten, weiß ich nicht mehr. Ersatz konnte aber auf jeden Fall noch zeitgerecht besorgt werden.

Auch nach der Eröffnung verbrachten die Mannschaftsdienstgrade und ich noch einige Zeit im Museum, es gab noch genug zu tun. So hatte ich eine abwechslungsreiche Wartezeit bis zum Beginn des fliegerischen Lehrgangs.

# 2 Der Weg ins Cockpit

Ich erinnere mich noch genau: Am 19. Oktober 1971 machte ich meinen ersten Ausbildungsflug auf einer Alouette 2. Das war der Beginn meines fliegerischen Lebens. Eigentlich war mein Fluglehrer zu diesem Zeitpunkt noch krank und ich war nicht zum Flugdienst eingeteilt. Am Vortag hatten wir privaten Besuch von guten Freunden, die auch bei uns übernachteten. Zu diesem Anlass hatte ich abends etwas mehr Bier getrunken als ich es normalerweise tue. War ja kein Problem, ich war nicht zum Fliegen eingeteilt. Aber ich kannte unseren unglaublich agilen und umtriebigen Hörsaalleiter zu diesem Zeitpunkt noch nicht richtig. Hauptmann H., ein erfahrener Fachdienstoffizier. Er teilte mir mit, dass er einen Ersatzfluglehrer gefunden habe, ich solle schließlich auch endlich zum Fliegen kommen. So sehr ich mich freute, etwas mulmig fühlte ich mich aufgrund der Nachwirkungen des Vortages. Der Ersatzfluglehrer, ein junger Hauptmann, der viele Jahre später mein Chef werden sollte, flog das übliche Programm für den Einweisungsflug, Zeigen der Örtlichkeiten, der Außenlandeplätze usw. Auch durfte ich bereits etwas den Stick führen. Es half alles nichts. Wir mussten in der Nähe von Minden eine Außenlandung machen, weil mir nicht gut war. Das war mir extrem peinlich und vermutlich hätte es der Fluglehrer melden müssen. Er hat aber nie ein Wort darüber verloren. Einige Tage später war dann mein eigentlicher Fluglehrer, Oberfeldwebel H., gesund und die Ausbildung begann richtig.

▲ **Eine der ersten Flugstunden Ende 1971 mit Ausbilder auf der Alouette 2 auf einem Außenlandeplatz in der Nähe von Bückeburg.**

## Erleichterung bei der Tauglichkeitsuntersuchung

Noch im Oktober 1971 musste ich wieder zur Flugtauglichkeitsuntersuchung nach Fürstenfeldbruck. Ich flog mit einer medizinischen Sondergenehmigung und musste deshalb jedes Jahr zur Tauglichkeitsuntersuchung, die immer im Bereich des Geburtstages lag. Bei der Abschlussbesprechung fragte mich der durchführende Arzt, ob ich denn schon flöge. Diese Frage bejahte ich mit großer Selbstsicherheit. Schließlich hatte ich zu diesem Zeitpunkt schon zwei Stunden und 30 Minuten Flugzeit notiert. Darauf sagte er, dann könne das „S" auf meiner Akte gestrichen werden. Von dem Zeitpunkt an musste ich nur noch alle drei Jahre nach Fürstenfeldbruck kommen, die jährlichen Zwischenuntersuchungen fanden – wie für alle anderen Flugzeugführer – standortnah statt.

Ich begann meine Ausbildung nicht besonders gut. Ich war nie mit mir zufrieden (bin ich auch heute noch nicht). Ich war übervorsichtig und hatte viel zu wenig Selbstvertrauen. Aber meinem Fluglehrer gelang es, mir diese Schwäche nach und nach zu nehmen. Auch unser Hörsaalleiter, Hauptmann H., trug viel dazu bei. Ich bin außer den Überprüfungsflügen einige Male mit ihm geflogen, weil mein Fluglehrer zum Teil nicht anwesend war. Ich werde nie vergessen, wie er eines Tages meine Steillandung kritisierte und sie mir noch einmal zeigte. Nicht so, dass wir eine Platzrunde flogen. Das war in seinen Augen nur ein unnötiger Zeitverlust, es ging ja nur um den letzten Teil der Landung. Er übernahm am Boden stehend den Hubschrauber und startete exakt auf der Sinkfluglinie rückwärts bis zu dem Punkt, von dem ich dann den letzten Teil der Landung noch einmal wiederholen sollte. Für mich war dies sehr beeindruckend. Jedenfalls wurde ich im Verlauf des Lehrgangs immer besser, vor allem, weil ich selbstbewusster wurde.

Am 3. Februar 1972 war ein normaler Ausbildungstag, vormittags Unterricht und nachmittags Flugdienst am Leierberg, einem der Außenlandeplätze. Als gegen 17 Uhr Dienstschluss war, musste die Inspektion antreten. Der Staffelkapitän ließ mich vortreten, und ich dachte krampfhaft darüber nach, ob ich etwas angestellt hatte oder es jetzt doch ein Problem mit meiner Flugtauglichkeit geben würde. Es war etwas ganz anderes. Er verkündete, dass der Unteroffizier Wilke Vater eines Fliegersohnes geworden ist. Mutter und Tochter seien wohlauf. Ich war etwas erschlagen und da ich den Begriff „Fliegersohn“ noch nicht kannte, auch absolut verunsichert. Meine Frau war rechtzeitig zu dem geplanten Entbindungstermin nach Bad Harzburg zu ihren Eltern gefahren. Also fuhr ich zunächst in unsere Wohnung bei Stadthagen und machte mich dann auf den Weg nach Bad Harzburg. Ich fuhr wie in Trance und grübelte ständig, was denn nun richtig war: Mädchen oder Junge. Gegen 20 Uhr kam ich endlich im Krankenhaus an und sah, dass es eine Tochter war. Irgendwann später wurde mir der Begriff „Fliegersohn“ erklärt. Das Lehrgangsende war für den 31. März 1972 geplant, und die Ausbildung lief wie geplant.

## Böse Überraschung aus Fürstenfeldbruck

Im März kam während eines Theorieunterrichtes unser Hörsaalleiter in den Unterrichtsraum gestürmt. Er war immer sehr direkt und kurz, er sagte nur: „Wilke, mitkommen!“ Ich war etwas nervös, weil ich mir überhaupt nicht vorstellen konnte, was ich angestellt hatte oder was passiert sein könnte. Während wir schnellen Schrittes in Richtung Sanitätsbereich unterwegs waren, erklärte er es mir kurz. Ein Fernschreiben vom Flugmedizinischen Institut in Fürstenfeldbruck war eingetroffen, mit dem mir die Flugtauglichkeit entzogen wurde. Damit sollte ich sofort aus dem Lehrgang herausgelöst werden, kurze Zeit vor dem abschließenden Überprüfungsflug. Wir gingen direkt zum Fliegerarzt, und Hauptmann H. trug ihm das Problem vor. Er war sehr emotional, besonders in Anbetracht der Tatsache, dass ich unmittelbar vor Abschluss des Lehrgangs war. Der Oberfeldarzt (OFA) hörte es sich ganz ruhig an, er war ohnehin ein sehr bedächtiger Mensch. Er griff zum Telefonhörer und rief in Fürstenfeldbruck an. Ich verließ während des Gespräches den Raum. Nach einer ganzen Weile kam Hauptmann H. heraus und wir gingen, diesmal ruhiger, zum Lehrsaalgebäude zurück. Ich durfte meine Ausbildung fortsetzen, bzw. beenden. Es stellte sich heraus, dass es sich nur um Formalien auf dem Papier gehandelt hatte, immer noch zusammenhängend mit meiner Sondergenehmigung, die noch ergänzt werden mussten. So lange hätte ich den Flugdienst aussetzen sollen. Der OFA hat nicht groß mit Flugmedizinischen Institut verhandelt, er nahm es einfach auf seine Kappe, dass ich weiterfliegen durfte.

Der Rest der Ausbildung verlief ohne weitere Aufregungen. So konnte ich am 23. März 1972 meinen abschließenden Überprüfungsflug machen und erhielt den Luftfahrzeugführerschein MFS 2. Als ich meinen abschließenden Checkflug, auch bei „Papa“ H. durchgeführt hatte, sagte er mir hinterher, ich würde fliegen wie jemand der 1000 Flugstunden und nicht 100 hätte. Ich solle mich etwas zurückhalten. Dabei hatte gerade er dazu beigetragen, mein Selbstbewusstsein zu stärken.

Gegen Ende der Ausbildung konnten alle Lehrgangsteilnehmer Standortwünsche äußern. Ich gab als ersten Wunsch Hildesheim und als zweiten Celle an. Nur es war klar, dass Wunsch und Wirklichkeit unter Umständen voneinander abweichen würden. Fakt war, dass ich nicht in Bückeburg bleiben würde. Meine Frau und ich hatten bereits gegen Ende des Lehrgangs beschlossen, nach meiner Grundschulung in den Raum Bad Harzburg/Goslar zu ziehen. Dorthin, wo unsere Wurzeln lagen. Der Gedanke war, dass bei meiner eventuellen Versetzung nach Süddeutschland wenigstens meine Frau in einer vertrauten Umgebung bleiben konnte. Mein Versetzungswunsch wurde glücklicherweise erfüllt und ich wurde nach Hildesheim in die damalige Staffel 1 versetzt. Die Entfernung zum täglichen Pendeln nach Hildesheim war machbar. Anfang April, über Ostern, zogen wir nach Bad Harzburg.

Am 5. April 1972 trat ich meinen Dienst in der Heeresfliegerstaffel 1 in Hildesheim an. Ich meldete mich morgens militärisch, so wie ich es gelernt hatte, zum Dienstbeginn beim Spieß (Staffelfeldwebel). Meine Stimme war normal laut, aber der Spieß deutete sofort an, ich solle leise sein und meinte, der Chef schlafe. Das Dienstzimmer des Staffelkapitäns lag hinter seinem Raum. Überhaupt war der Empfang in der Staffel sehr locker wie auch der Umgang miteinander. Mein erster Eindruck war ausgesprochen positiv. Ein Flugzeugführer der Staffel, der gerade auf dem angrenzenden Geschäftszimmer war, führte mich dann in den Aufenthaltsbereich der Piloten. Wir mussten ein Stück entfernt einen anderen Block aufsuchen, auf dem Weg dorthin zeigte er mir die anderen Gebäude der Staffel und erklärte die ersten Dinge, die ich wissen sollte.

▲ **Vorflugkontrolle an der Alouette 2.**

## Zeit, sich fliegerisch freizuschwimmen

Die Aufenthaltsträume der Flugzeugführer lagen in der ersten Etage eines Blocks, der größtenteils einem ebenfalls in dieser Kaserne stationierten Sanitätsbataillon gehörte. Es waren mehrere hintereinander gelegene und untereinander verbundene Räume. Nur die Tür des ersten Raums war offen, und man musste durch alle anderen Räume gehen, um den Aufenthaltsraum zu erreichen. Es war ein gemütlicher Aufenthaltsraum mit einer Bar und Sitzgruppen. Eben ein damals typischer Pilotenaufenthaltsraum. Davor lagen Büros und ein Umkleideraum mit einer Tischtennisplatte. Irgendjemand hatte an der Eingangstür des gesamten Bereiches ein Schild angebracht auf dem stand „Hier hat jeder nur soviel zu sagen, wie er im Monat verdient“. Vermutlich war das eine Anspielung darauf, dass man als Flugzeugführer eine Fliegerzulage ausgezahlt bekam, die in den unteren Gehaltsgruppen durchaus Dienstgradunterschiede ausgleichen konnte. Hier sollte für die nächsten 15 Monate meine fliegerische Heimat sein. Der eigentliche Beginn der Fliegerei, das Freifliegen, stand bevor.

Wir waren fünf Neue, die in die Staffel 1 kamen, und es begann mit einigen Stunden, die wir mit einem erfahrenen Fluglehrer fliegen mussten. Platzrunden, Autorotationen, Tiefflug, Navigation. Dann „beurteilten“ uns die Lehrer, und der Einsatzoffizier ließ uns alleine los. Unser Status war LCR (Limited Combat Ready), das hieß, wir waren für die richtigen Einsätze noch nicht zu gebrauchen. Den Status CR (Combat Ready) würden wir erst nach erfolgreicher Durchführung eines Taktiklehrgangs und nachfolgendem Ergänzungsprogramm erhalten. Aber jetzt begann die Zeit, sich fliegerisch freizuschwimmen. Wir durften allein den ganzen Tag unterwegs sein. Hauptsache, wir kamen möglichst nicht unter sechs Flugstunden zurück. Alle Flugplätze, die an einem Tag erreichbar waren, wurden angeflogen. Natürlich flogen wir viele Notverfahren mit Fluglehrern. Kleine Einsätze, zum Beispiel einen Bataillonskommandeur von einer Kaserne zur andern zu fliegen, durften wir bereits erledigen. Ich durfte einmal in den Harz fliegen, meine alte Heimat. Der Harz lag in der ADIZ (Air Defense Identification Zone). Ein Gebiet, dass vor 1989 nur nach ausdrücklicher Genehmigung und genauer Freigabe mit Ein- und Ausflugpunkten und fester Strecke oder festgelegtem Raum beflogen werden durfte.

Im Bereich um Clausthal-Zellerfeld war ein Übungsraum, den ich den ganzen Tag lang aus der Kaserne in Clausthal beflog. Den Harz kannte ich. In Goslar aufgewachsen war ich sehr oft in Clausthal-Zellerfeld gewesen. Mit dem Auto dorthin zu fahren, dauerte über eine halbe Stunde, von Clausthal Richtung DDR-Grenze war es eine längere Autofahrt – mit dem Hubschrauber ging es sehr schnell. In meiner Begeisterung nach dem ersten Aufsteigen in Clausthal Richtung Osten zu schnell. Ich konnte gerade noch rechtzeitig das Torfhaus erkennen, das eigentlich schon weiter Richtung Grenze lag, als ich fliegen durfte....

▲ **Übergabe des Hubschraubers nach einem Flug.**

## ■ Wie hoch kann die Alouette 2 fliegen?

Wolfgang B. und ich, wir hatten gemeinsam die Grundschulung absolviert und waren gemeinsam neu in Hildesheim, versuchten einmal die maximale Steighöhe der Alouette 2 herauszufinden. Im Westen von Hildesheim war ein relativ freier Luftraum. Dort stiegen wir auf. Irgendwann kreisten wir um eine große Wolke und sahen uns nicht mehr. Wir gaben uns über Funk immer wieder unsere Höhe durch. Ich kam auf 15 200 Fuß, Wolfgang noch 400 Fuß höher.

In den späteren Jahren unvorstellbar, aber 1972 war es tatsächlich so, dass wir mit einem Techniker oder einem anderen Nichtflieger als Sicherheitsbeobachter allein auf die Tiefflugstrecke durften. Die im Flugauftrag erlaubte Mindestflughöhe auf der Tiefflugstrecke betrug 10 Fuß! Wir nahmen oft Gefreite vom Geschäftszimmer mit. Hildesheim hatte vier Tiefflugstrecken. Am beliebtesten war eine südliche Strecke, die in das Mittelgebirge führte. Dort flogen wir als Piloten mit gerade einmal etwas mehr als 100 Flugstunden in dieser Mindesthöhe. Wir waren alle vernünftig und natürlich passten wir unsere Flughöhe den Gegebenheiten des Geländes an. Es war ein großer Vertrauensvorschuss, den uns die Fluglehrer und der Einsatzoffizier der Staffel entgegenbrachten.

Der Stolz, jetzt Flugzeugführer zu sein, war gerade bei uns jungen Piloten sehr groß. Neidisch waren wir immer dann, wenn uns andere Piloten aus fremden Staffeln in roter Fliegerkombination besuchten. So wie es eines Tages ein gleichaltriger und auch gerade der Grundschulung entwachsener Flugzeugführer aus Rheine tat. Seine Name war Gisbert D., und später sollte ich ihn in der Heeresfliegerversuchsstaffel wiedertreffen. Wir hatten zu dem Zeitpunkt nur graue Kombis, die aber auch irgendwann mal ersetzt werden sollten. Nur wollten wir gern jetzt rote Kombis haben und setzten alles daran, sie irgendwo zu bekommen. Das gelang eines Tages in Oldenburg, wo zu dem Zeitpunkt Fiat G.91 stationiert waren.

## Die rote Fliegerkombi war begehrt

Zu verdanken hatten wir das einem der älteren Flugzeugführer der Staffel, der ein ausgesprochenes Multiorganisationstalent war. Vermutlich hätte er einem Bauern die letzte Kuh für eine Melkmaschine abgeschwatzt. Er hatte einen Angestellten der Tauschkammer so lange genervt, bis der ihm einen Tipp gab. Hinter dem Gebäude würde ein Container mit ausgesonderten roten Kombis liegen. Wenn er sich einige nehmen würde, dann könnten die eventuell in neue Fliegerkombinationen getauscht werden. So wurde es gemacht. Wir gaben ihm unsere Größen, er flog erneut nach Oldenburg, und am Abend hatten wir jeder eine rote Fliegerkombination.

In der Mittagspause sind wir öfter im Stadtzentrum von Hildesheim gewesen. Etwas einkaufen zum Beispiel. Ich will nicht sagen, dass es häufiger vorkam, nachdem wir die roten Fliegerkombinationen hatten. Aber es kam uns deutlich cooler vor, in roter Fliegerkombi die Rolltreppe des damaligen Kaufhauses Horten zu befahren.

In dieser Zeit als Anfänger, als Jungfuchs, wurde man auch an angebliche „Fliegerbräuche" herangeführt. Aus der Zeit in Hildesheim erinnere ich mich an die sogenannte „Kaminski Feier". Es soll ursprünglich ein Brauch von U-Boot-Fahrern gewesen sein. Im Grunde ging es darum, dass in einem verschlossenen Raum in festgelegten Zeitabständen Alkohol getrunken werden musste und der erste, der den Raum verlassen wollte oder musste, hatte alles zu bezahlen. Es wurde nur theoretisch darüber geredet, praktiziert wurde es in dieser Zeit nie. Überhaupt war der Umgang mit Alkohol in all den Jahren, in denen ich geflogen bin, sehr moderat. Später, im Zusammenhang mit der Airshow-Fliegerei, war es ohnehin nicht angebracht.

In den späteren Jahren, beginnend in der Versuchsstaffel, lernte man noch viele andere Spiele kennen. Steifes Bein, Geldschein pusten usw. Aber darauf gehe ich nicht weiter ein, höchstens im persönlichen Gespräch.

Die Zeit des Fliegens wurde im Juni 1972 vom notwendigen Feldwebel-Lehrgang unterbrochen, den wir in der Jägerkaserne in Bückeburg absolvieren mussten. Von diesem Lehrgang ist mir besonders eine Episode in Erinnerung geblieben.

Für die wöchentlichen Fahrten zur Wohnung in Bad Harzburg benutzte ich unseren VW Käfer. Das Fahren mit der Bundesbahn war zu umständlich. Damals war es so, dass der Spieß oder ein Bevollmächtigter auf dem Parkplatz innerhalb der Kaserne alle Fahrzeuge der Lehrgangsteilnehmer auf die Qualität der Reifen hin kontrollierten. Die Reifen unseres Fahrzeugs waren schon etwas abgenutzt, und als Folge erhielt ich eine schriftliche Aufforderung, am Wochenende neue Reifen aufzuziehen, anderenfalls würde mir die erneute Einfahrt in die Kaserne verweigert. Es wurde Freitagnachmittag, und die Heimfahrten standen an. Vor dem Tor zur Ausfahrt gab es einen Stau. Der Offizier vom Dienst (OvD) hatte es sich zur Aufgabe gemacht, alle Fahrzeuge die eine Aufforderung zum Reifenwechsel erhalten hatten, anzuhalten und ihnen die Ausfahrt aus der Kaserne zu verwehren. Wolfgang B., mit dem ich zusammen in Hildesheim stationiert war, hatte auch einen VW Käfer. So entstand ein Pendelverkehr. Er fuhr auf den unmittelbar vor der Kaserne gelegenen Parkplatz, dort wurden seine Reifen abmontiert und ein anderes Fahrzeug brachte sie zurück in die Kaserne. Dort wurden die Reifen getauscht. Auf diese Weise wurden alle VWs aus der Kaserne herausgeschleust. Dank Wolfgang und dem Transporteur der Reifen funktionierte das tadellos. Das Ganze fand unter den Augen des OvD statt, der es mit einem selbstgefälligen „Lächeln" begleitete. Es hat ihm sicher viel Spaß gemacht.

In der Staffel zurück, ging es darum, möglichst rasch viel fliegerische Erfahrung zu sammeln. Der Fliegertaktische Lehrgang war geplant. Denn natürlich sollten wir Einsätze für die Division fliegen, an Übungen teilnehmen. So waren wir weiterhin die meiste Zeit unterwegs. Tiefflugstrecken, Landungen in Waldlichtungen (Confined Areas), Anfliegen möglichst vieler Flugplätze, kleinere Einsätze allein oder größere mit einem erfahrenen Piloten an unserer Seite. Es war eine gute Zeit, alle gaben sich viel Mühe, uns fliegerisch weiterzubilden.

## Versetzt nach Celle

Eines Tages mussten drei von uns Neuen, Wolfgang B., Hanjo K. und ich, zum Staffelkapitän. Uns wurde eröffnet, dass wir zum 1. Juli 1973 nach Celle in die Heeresfliegerversuchsstaffel kommandiert würden. Die Heeresfliegerversuchsstaffel war neu aufgestellt worden, und wir wussten nicht viel über diese Staffel. Nur, dass wir

▲ **Die Heeresfliegerstaffel 1 angetreten im Hangar in Hildesheim.**

dort als eine Art Luftbeobachter mitfliegen sollten. Die Versuchsstaffel hatte beantragt, voll ausgebildete Flugzeugführer zu bekommen, was wir noch nicht waren. Aber welche Staffel gibt schon gern voll ausgebildete Flugzeugführer ab? Die Dauer der Kommandierung sollte auf ein Jahr begrenzt sein.

Für den August hatte ich die Zusage für eine Wohnung in Hildesheim erhalten. Seit April 1972 pendelte ich täglich aus Bad Harzburg nach Hildesheim und freute mich darauf, eine schöne neue Wohnung unmittelbar in der Nähe der Arbeitsstätte zu beziehen. Diese Kommandierung würde bedeuten, dass ich zum Zeitpunkt des Umzuges bereits nicht mehr in Hildesheim wäre. Es bedeutete außerdem gleich wieder die Trennung von der Familie. Unser Einsatzoffizier gab uns den Tipp, eine Beschwerde einzureichen. Er meinte, unsere Erfolgsaussichten seinen gut, da wir einerseits nicht die gewünschte Eignung für die vorgesehene Tätigkeit hatten und dass andererseits durch Umzug und sofortige Trennung wegen Kommandierung eine unzumutbare Härte vorhanden sei. Wir reichten also die Beschwerde ein und hatten Erfolg. Die Kommandierung wurde aufgehoben. So konnten wir uns fliegerisch weiterbilden und freuten uns auf den inzwischen auch zeitlich festgelegten Taktiklehrgang.

Eines Tages bekamen Wolfgang B. und ich einen interessanten Auftrag. Der Divisionskommandeur und seine Frau befanden sich zu einer Kur auf Borkum. Da am Wochenende der Divisionsball in Hannover stattfinden sollte, war geplant, ihn mit seiner Frau von Borkum mit dem Hubschrauber abzuholen. Dazu waren zwei erfahrene Flugzeugführer eingeteilt, die uns zwei „Jungfüchse" mitnahmen. Freitag den 6. Juli 1973 starteten wir vor 7 Uhr und waren bereits um 9 Uhr auf Borkum. Wir hatten geplant, etwas Zeit am Strand der Insel zu verbringen. Der Rückflug begann gegen 16 Uhr, und um 18.30 Uhr landeten wir wieder in Hildesheim. Als wir die beiden Hubschrauber vor der Halle absetzten, stand dort der Offizier vom Dienst. Er hatte Wolfgang und mir ein Fernschreiben zu eröffnen. In diesem stand, dass wir in das Regiment nach Celle versetzt waren. Gleichzeitig wurde die Kommandierung vom Regiment in die Heeresflieger-versuchsstaffel ausgesprochen. Dienstantritt schon am kommenden Montag, den 9. Juli 1973. Ein sehr kreatives Fürsorgeprinzip der Bundeswehr.

Zu diesem Zeitpunkt hatte ich in Hildesheim mehr als 220 Flugstunden absolviert, kam insgesamt auf 327:55 Stunden. Die Lehrzeit in Hildesheim, eine schöne Zeit, war zu Ende.

# 3 Der Wechsel in die Heeresfliegerversuchsstaffel

Am Montag, den 9. Juli 1973, fanden wir drei aus der Staffel 1 – auch Hanjo K. war versetzt worden – uns gemeinsam mit neun anderen jungen Luftfahrzeugführern aus dem Bereich des 1. Korps in der Versuchsstaffel ein.

Die Versuchsstaffel war aus Resten der vorherigen Drohnen-Lehr- und Versuchsstaffel entstanden. Der Zweck bestand darin, ein Konzept zur Panzerabwehr aus der Luft zu entwickeln. Dazu charterte die Bundeswehr zehn leichte Hubschrauber MBB BO 105C. Lange hielt sich das Gerücht, es sollten auch Bell AH-1 Cobra, Augusta A109 usw. gechartert werden, um einen Vergleich der Muster zusätzlich durchführen zu können. Aber es war nur ein Gerücht.

Aufgestellt zum 1. April 1973, erhielt die Staffel die Hubschrauber am 26. April 1973. Allerdings stellte die Piloten rasch fest, dass es von Vorteil ist, einen ausgebildeten Piloten als zusätzlichen zweiten Mann für Navigation und Luftraumbeobachtung an Bord zu haben, wenn permanent Tiefflug unter 100 Fuß über Grund durchgeführt wird. Es wurde von Seiten der Versuchsstaffel beantragt, junge Flugzeugführer, möglichst mit absolviertem Taktiklehrgang und ledig, zeitlich in die Staffel zu kommandieren, um diese Aufgabe zu übernehmen. Natürlich hatte kein Verband ein Interesse, daran voll ausgebildete Piloten abzugeben. So waren alle zwölf, die wir Anfang Juli den Dienst in der Staffel antraten, ohne Taktiklehrgang und ohne große fliegerische Erfahrung. Wenn ich mich richtig erinnere, war ich mit meinen 327 Flugstunden der Erfahrenste.

Wir jungen Flugzeugführer waren in die Versuchsstaffel kommandiert worden, um die Alten zunächst einmal hinsichtlich der Navigation zu unterstützen. Der Zusammenhalt unter uns „Gunnern", wie wir uns fortan nannten, war groß. Alle trugen wir das gleiche Schicksal, zum „Mitfliegen" verdammt, die eigene fliegerische Entwicklung dabei auf der Strecke bleibend. So dachten wir jedenfalls damals. Wir entwarfen ein eigenes Wappen und wir luden die alten Flugzeugführer zu einem geselligen Abend ein. Unsere Absicht war es, den Zusammenhalt zu fördern und natürlich Verständnis für unsere besondere Situation zu wecken.

Fliegerisch begann jetzt, in der Anfangszeit in der Versuchsstaffel, meine lehrreichste Zeit. Damals empfand ich das nicht so. Es gab die Trennung zwischen Militärflugzeugführerschein 1 (MFS 1) und MFS 2. Der Unterschied bestand in der Gewichtsgrenze von 2000 kg. Wir Jungen hatten alle die Alouette-2-Berechtigung und damit den MFS 2. Die BO 105 C wog damals 2100 kg und deshalb war sie MFS 1-pflichtig. Das bedeutete, dass wir nur auf dem linken Sitz mitfliegen durften und keine dieser Flugstunden zählte. Natürlich war es unsere hauptsächliche Aufgabe, im Tiefflug zu navigieren, aber die „alten" Piloten überließen uns auch oft den Steuerknüppel. Auf den Flügen in oder aus dem Übungsraum, bei Überlandflügen, auch im Nachtflug. Es hing immer von dem Piloten ab, dem wir zugeteilt waren. Grundsätzlich galt eine feste Zuteilung – auch um den Teamgedanken zu fördern – aber der Situation entsprechend gab es doch häufigere Wechsel. Auf diese Weise sind wir jungen sicher alle mindestens mehr als 200 Flugstunden links sitzend geflogen.

Diese Zeit wurde zwar nie als Flugzeit geführt, stellte aber für alle von uns einen großen fliegerischen Erfahrungswert dar. Nicht nur, weil wir uns an die Steuerung der BO 105 gewöhnen konnten, sondern auch weil wir viel über die Navigation im Tiefflug lernten. Man flog mit erfahrenen Flugzeugführern, die ständig etwas ausprobierten, und allein durch das Zuschauen lernte man sehr viel.

## Freies Fliegen

Ein Panzerabwehrhubschrauber musste in großer Schwebeflughöhe stehen, um zu beobachten und seine Raketen zu verschießen. Was tun, wenn jetzt eines oder beide Triebwerke ausfielen? Es wurde einfach ausprobiert! Was, wenn in 10 Fuß Höhe fliegend, beide Triebwerke ausfielen? Es wurde ausprobiert! Unter welchen Hochspannungsleitungen kommt man eigentlich noch unten durch? Es gab so vieles, was wichtig zu wissen war – durch die Vorschriften abgedeckt wurde nicht alles. Es war eine Art stillschweigende Narrenfreiheit, die wir großzügig ausnutzten. Wichtig, um Erkenntnisse zu bekommen, lehrreich für uns Junge allein durch Beobachtung. Die BO 105 war damals ein neuer Hubschrauber, erst recht in der Bundeswehr. Die Hubschrauber waren zu Beginn einheitlich olivgrün lackiert, und die Kennzeichen waren schwarz und relativ klein am Heckausleger angebracht. So war es für viele Außenstehende schwer zu sagen, wer denn gerade zu tief irgendwo entlanggeflogen war.

Es ging für alle Piloten zunächst auch um das Kennenlernen dieses Hubschraubertyps. So waren wir häufig auch ohne einen Plan unterwegs. Jedenfalls vermochte ich oft keinen zu erkennen. Mal fielen wir mit mehreren Hubschraubern auf einem kleinen zivilen Platz ein, um dort im Flugplatzrestaurant Kaffee zu trinken, mal waren wir zu anderen militärischen Plätzen unterwegs. Überall wurden wir bestaunt.

Auch im Hinblick auf taktische Weiterbildung war es eine sehr interessante Zeit. Denn es stellte sich sehr schnell heraus, dass eigentlich der links Sitzende, als Navigator und taktischer Führer, der wichtigere Mann an Bord war. Beginnend von der ersten großen Gefechtsübung für die Staffel im September 1973 nahmen wir an einer Unzahl von Übungen teil. Während der Übungen, die das Zusammenwirken mit Bodentruppen erproben und auch die Bodenteile an uns gewöhnen sollten, waren wir als junge Unteroffiziere die eigentlichen Kommandanten. Natürlich sagten uns die Alten, was zu tun sei, sie trafen die Entscheidungen. Aber wir führten sie ans Ziel. Wir führten im Hubschrauber die Lagekarte, ließen unsere Piloten mal von rechts einen Blick darauf werfen. Kamen wir zu einem Gefechtsstand, um Absprachen zu treffen, stiegen wir aus, die Piloten konnten ja den laufenden Hubschrauber nicht verlassen. So ergaben sich zum Teil sehr kuriose Situationen. Ein Unteroffizier stieg aus dem Hubschrauber, hastete zum Gefechtsstand und begehrte Einlass. Der vor dem Zelt stehende Offizier gab ihm den Auftrag zu sichern. Schüchtern sagte der Unteroffizier: „Aber ich bin der Kommandant und Rottenführer der PAH." So stand der Unteroffizier neben den Generalsstabsoffizieren im Gefechtsstand und ließ sich erklären, wo die PAH eingesetzt werden sollten. Ich denke, dass wir Jüngeren im Laufe der Zeit gut in unsere Rolle hineingewachsen sind.

Damit wir unsere Lizenz erhalten konnten, wurde von der Heeresfliegerwaffenschule in Bückeburg eine Alouette 2 nach Celle abgestellt. Diese flogen wir zwölf jungen Piloten im Wechsel, immer zu zweit, damit wir möglichst viel in die Luft kamen. Es war nicht viel, aber wir konnten die Lizenz erhalten. Mitte September 1974 hatte unser Einsatzoffizier, Hptm S., erreicht, dass wir auf die BO 105 umschulen durften. Für mich begann die Schulung am 16. September 1974. Bedingt durch Versuche und Übungen, traten immer wieder Verzögerungen im Ausbildungsablauf auf. So wurde mir die Berechtigung am 21. Februar 1975

▾ **Beginn der Fliegerei auf der BO 105 als Copilot.**

▲ **Unterschiedliche Tarnanstriche werden getestet.**

in die Lizenz eingetragen. Allerdings waren wir zunächst weiterhin nur LCR (Limited Combat Ready). Aber jetzt machten wir die Masse unserer Flüge auf BO 105, die Flugstunden links sitzend zählten, und der Lernprozess setzte sich fort.

Im November 1974 verlor die Staffel einen Hubschrauber durch einen Unfall. Es gab glücklicherweise keinen Personenschaden. Angesetzt war ein Versuch „Erkennen aus der Luft". Dabei musste der Hubschrauber ±2 Sekunden auf einer festgelegten Strecke ein Hindernis überfliegen und die eingesetzte Fiat G.91 sollte versuchen, den Hubschrauber dabei zu erkennen. Auch das, wie die meisten der angesetzten Versuche und Übungen im Profil unter 100 Fuß über Grund fliegend. Bei einem solchen Manöver touchierte der Hubschrauber ein Hindernis und „lehnte" sich an eine kräftige Eiche.

Im Juni 1975 kam unsere zweite Tochter, Julia, zur Welt. Zu diesem Zeitpunkt waren die Familie und die wirtschaftliche Sicherheit, neben meiner Leidenschaft für das Fliegen, Grundlage weiterer Planungen für die Zukunft. Die beste Möglichkeit, das zu kombinieren erschien mir, einen Antrag als Berufssoldat zu stellen. Damals, im Dienstgrad Oberfeldwebel, war es nicht so einfach. Aber ich wollte Planungssicherheit.

## Ohne Hubschrauber im Löscheinsatz

Der Sommer 1975 war sehr heiß, gleichzeitig war die Luftfeuchtigkeit sehr gering. In den Wäldern der Südheide lagen noch viele Holzreste vom Orkantief „Quimburga", dass im November 1972 über Niedersachsen gezogen war. Alle diese Gegebenheiten trugen mit dazu bei, dass Anfang August zunächst ein Feuer im Landkreis Gifhorn ausbrach. Es breitete sich schnell aus und war kaum einzudämmen. In der Folge kam es im Bereich der Südheide zu einer der größten Waldbrand-Katastrohen in Deutschland. Es war ein unheimlicher Anblick, der sich von Celle aus bot, wenn man an den Himmel schaute. Eine Seite war tiefblau, die andere Seite war dunkel von Rauchwolken. Da es so heiß war, hatte die Staffel umgestellt auf einen sehr frühen Dienstbeginn, dafür sollte ab Mittag frei sein. Bereits am zweiten Tag, kurz vor Dienstende, musste die Staffel antreten. Der Staffelkapitän informierte uns darüber, dass wir aufgefordert waren Soldaten zur Brandbekämpfung abzustellen. Andere Einheiten, zum Beispiel aus der Kaserne im Nachbarort Scheuen, mussten dringend ersetzt werden. Freiwillige wurden gesucht, und es meldeten sich nahezu alle Angehörigen der Staffel. Ob Flugzeugführer oder Gefreiter, alle konnten gebraucht werden. Wir wurden mit Schaufeln und Feuerpatschen ausgerüstet und warteten auf einen LKW, der uns zu unserem geplanten Einsatzort fahren würde. Als wir losfuhren, ging es auf den Abend zu. Natürlich wurden unsere Familienangehörigen informiert.

Unser Kommandoführer war ein Hauptfeldwebel, der höchste Dienstgrad, der zu diesem Zeitpunkt in der Staffel aufzutreiben war. Die Fahrt auf dem LKW war gespenstisch. Überall lag Rauch in der Luft, in den kleineren Ortschaften sah man Bewohner, die offensichtlich Vorbereitungen trafen, den Ort zu verlassen. Irgendwo in einem Waldstück war unser Einsatzort. Dort warteten bereits Soldaten, die verschmutzt und erschöpft waren und von uns abgelöst werden sollten.

In sichtbarer Entfernung brannten die Baumkronen, um uns herum waren Glutnester. Aber Verwaltung und Ordnung war wichtig. Der Kommandoführer der Gruppe vor uns hatte alle Feuerpatschen, Schaufeln und alles andere, was an Gerät übergeben werden sollte, in Reih' und Glied auslegen lassen und erwartete eine schriftlich festgehaltene Übernahme des Geräts. Zum Glück hatten wir einen sehr pragmatischen Kommandoführer. Er unterschrieb blind, und wir konnten mit der Arbeit beginnen. Unsere Aufgabe sollte es weiterhin sein, durch dieses Stück Gelände zu gehen und mit den Patschen und den Schaufeln Glutnester zu löschen. Besser gesagt zu versuchen, denn die Nester glimmten immer wieder auf. So wie wir, waren viele Trupps unterwegs. Es war unsere Beschäftigung die ganze Nacht über. Im Verlauf des nächsten Tages sollten wir abgelöst werden. Als wir irgendwann am nächsten Tag verdreckt und müde nach rund 30 Stunden wieder zurück waren, wollten wir nur noch nach Hause und uns ausschlafen. Aber wir mussten noch etwas warten, da noch ein Antreten der Staffel geplant war. Wir hörten, dass inzwischen auch die Hubschrauber unserer Staffel für eine Überwachung aus der Luft eingesetzt waren. Wir hatten uns schon über die weißen Armbinden vieler Kameraden gewundert. Zweck des Antretens war eine Ansprache des Staffelkapitäns. Er lobte uns unter anderem uns für unsere Bereitschaft, freiwillig an dem Löscheinsatz teilzunehmen. Zum Abschluss sagte er, dass er diese Einsatzbereitschaft nicht mit Sonderurlaub schmälern möchte. Dann durften wir endlich nach Hause. Am nächsten Tag war normaler Dienstbeginn für alle. Zuhause erfuhr ich dann, dass Rosita mit beiden Kindern auf gepackten Koffern gesessen hatte. Die Nachbarn hatten ihr zugesagt, wenn es nötig gewesen wäre, sie mitzunehmen.

Im Februar 1976 wurde ich als Oberfeldwebel zu meiner Überraschung – und zu meiner Freude – als Berufssoldat übernommen. Spätestens damit hatten sich alle früheren abstrakten Vorstellungen, bei der Bundeswehr das Fliegen zu erlernen und dann in der weiten Welt das Abenteuer zu suchen, erledigt.

## Tarnversuche

An einer ersten Großübung nahmen wir im Mai 1976 teil, viele sollten folgen. Im Juni des gleichen Jahres fanden Tarnversuche in Meppen und auf dem angrenzenden Übungsplatz Nordhorn statt. Betankungsversuche wurden im Juni 1976 in Bückeburg auf dem Flugplatz durchgeführt. Darüber hinaus wurden viele weitere Versuchsreihen durchgeführt, wie Versuche für den richtigen Tarnanstrich. Es sollte herausgefunden werden, auf welche Entfernung welches Tarnmuster am Hubschrauber die größte Wirkung erzielte. Es wurde mit Fahrzeugen durchgeführt mit denen wir dann in unterschiedliche Distanzen fuhren, um das zu beurteilen.

▲ **Vertreiben von Langeweile bei den Tarnversuchen.**

▲ **Einsatzplanung im Gelände.**

Wir absolvierten auch Versuche, in denen die Zusammenarbeit mit verschiedensten Systemen wie den Flugabwehrpanzern Gepard oder Roland getestet wurde. Es wurden Versuche gemacht, wie man dem Angriff von Jagdflugzeugen ausweichen kann, oder wie man gegnerischerer Radarüberwachung entgeht.

Ich erinnere mich an einen Tarnversuch, bei dem es darum ging, die Hubschrauber in einem gemischten Geländetyp abzustellen und Aufklärer der Luftwaffe versuchten, davon Bilder zu machen. Die Hubschrauber wurden in einem etwas sumpfigen Gelände recht aufgelockert in größeren Abständen aufgestellt. Wir Piloten sammelten uns dann an einem Ort und verbrachten die Wartezeit gemeinsam. Gegen Abend, nach Abschluss des Versuchs, wollten wir wieder starten. Leider war zu diesem Zeitpunkt ein Hubschrauber bis dicht an die Bodenplatte in den offensichtlich sehr weichen Untergrund eingesunken. Aber der Start gelang trotzdem.

## Fliegen, bis der Magen sich meldet

Ein anderer Versuch ist umgangssprachlich bei uns als „Kotzversuch" bezeichnet worden. Zweck des Fluges war die Erfassung durch das Gefechtsfeldüberwachungsradar RASURA und des Artillerieradar RATAC. Eine feste Strecke wurde festgelegt und auf den Karten wurden die zu überfliegenden Hindernisse markiert. Dieser Kurs wurde viele Male von einigen Maschinen abgeflogen. Es musste genau zeitlich festgehalten werden, wann das jeweilige Hindernis überflogen wurde und zu welchem Zeitpunkt man welche Streckenabschnitte beflogen hatte. Dazu waren Rekruten aus der in Bückeburg liegenden Jägerkaserne eingeteilt. Diese armen Kerle saßen hinten im Hubschrauber und hatten den Kopf auf ihren Zettel gerichtet, um die Zeiten einzutragen, die wir ihnen durchgaben. Die Rekruten mussten ständig ausgewechselt werden. Der Graben, an dem wir in den Pausen immer die Hubschrauber abstellten, war am Abend nahezu weiß. Es waren Tüten die dort lagen, die Art, wie sie in Passagierflugzeugen auch immer im Vordersitz stecken.

Die Versuchsstaffel wurde von Militärs und Politikern, wie Abgeordneten oder Ministern vieler Nationen besucht. Eine Delegation wurde als „Ugandas" bezeichnet. Es war eine israelische Militärdelegation im Jahr 1976. Eines der Mitglieder war jemand, der während des Jom-Kippur-Krieges eine nicht unwichtige Rolle gespielt hatte. Um es nicht groß publik werden zu lassen, waren die Mitglieder der Delegation in Zivil und wurden direkt im Kasino in Bückeburg für einen Rundflug aufgenommen. Auf diesen Rundflügen sollte jeweils die Wendigkeit der BO 105 gezeigt werden, und sie wurden mit einzelnen Hubschraubern, aber auch im kompletten Schwarm durchgeführt.

In der Zwischenzeit hatte auch mein Taktiklehrgang auf der BO 105 begonnen, am 22. März 1976. Er endete am 6. Januar 1977. Es war ein langer Zeitraum, auch diesmal dadurch begründet, dass auch während dieser Zeit Versuchsaufträge durchgeführt werden mussten, die ei-

▼ **Suchbild: Hier fliegt ein Schwarm von sieben BO 105 im Tiefflug über der Aller.**

nen normalen, kontinuierlichen Ablauf des Taktiklehrgangs verhinderten. Dieser Taktiklehrgang, aber auch der Ausbildungsflugdienst zum Beispiel bei Checkflügen, war etwas Besonderes. Besonders hinsichtlich der Art der Ausbildung. Als Beispiele nur einige Punkte: Führte man den Schwebeflug zu unserer Halle zu schnell durch, konnten die Triebwerke ganz schnell ausfallen. Ebenso, wenn man zu hoch schwebte oder mit dem Hubschrauber zu schnell drehte. Ob es über Asphaltbelag oder Gras war, spielte keine Rolle. Alle unsere Lehrer beherrschten diese Manöver, und wir versuchten es zu lernen. Auch konnte es schon mal passieren, dass in einer Platzrunde ungeplant nach einer Ablenkung beide Triebwerke ausfielen. Es reichte ja bei schneller und richtiger Reaktion, dass man auf der südlichen Graslandebahn des Flugplatzes landete. Es soll allerdings auch vorgekommen sein, dass der eine oder andere Hubschrauber kurzfristig ein Landeplätzchen außerhalb des Flugplatzes aufsuchen musste. Wie auch bei Übungen abseits des Flugplatzes im Übungsraum. Notlandeübungen im Gelände – der häufigste Flugdienst fand in Höhen unter 100 Fuß statt – waren Standard. Erst kurz vor dem Boden wurden die Triebwerke wieder in Volllast gebracht. Schließlich konnte man nur so sicher feststellen, dass man im Ernstfall auch den geplanten Notlandeplatz erreicht hätte. Das Beste und das Wichtigste war: es ist nie etwas Ernstes passiert.

▲ **Einsatzbesprechung vor dem Start zu einer neuen Versuchsreihe.**

## ■ Navigieren in zehn Fuß Höhe!

Einmal führte mich einer meiner Fluglehrer, Rolf J., sehr erfolgreich vor. Da ich in der kurzen Zeit zwischen Grundschulung und der Versetzung in die Versuchsstaffel in Hildesheim geflogen war, glaubte ich diese Gegend besonders gut zu kennen. Als er eines Tages sagte, dass wir dort Navigation in 10 Fuß fliegen würden, gab ich mich sehr sicher – zu sicher. Ein großer Fehler. Er zeigte mir, wie unterschiedlich eine bekannte Landschaft in 10 Fuß aussieht, wenn man sie nur aus 300 Fuß gewöhnt war. Er führte mich elegant vor, und ich war ihm dankbar. Solch einen Fehler machte ich nie wieder. In der Rückschau kann ich für mich feststellen, dass diese Zeit zu meiner lehrreichsten Zeit in der Fliegerei gehört hat.

Ende 1976 wurden die neun verbliebenen Hubschrauber mit neuen Kennzeichen registriert. Waren es bis dahin 95er Kennzeichen so wurden sie fortan mit 82er Kennzeichen geführt.

In dieser Zeit, am 7. Oktober 1976, flog ich meine 1000. Flugstunde. Zusammen mit mir Helmut S., der genau wie ich immer noch den Staus LCR hatte. Ich vermute, dass es nicht sehr viele Piloten bei den Heeresfliegern gegeben hat, die mit 1000 Flugstunden immer noch LCR waren. Nach Beendigung des Taktiklehrgangs wurde ich dann Pilot CR (Combat Ready). Zu dem Zeitpunkt hatte ich knapp 1100 Flugstunden.

## Lehrreiche Zeit in der Staffel 7

Im Verlauf des Jahres 1977 wurden die Aufträge in der Versuchsstaffel immer weniger. Die zu diesem Zeitpunkt ebenfalls in Celle stationierte Heeresfliegerstaffel 7 hatte genügend Aufträge, aber zu wenig Einsatzpiloten. Es wurde eine Vereinbarung getroffen, dass jeweils drei von uns jüngeren Piloten für den Zeitraum von drei Monaten in die Staffel 7 kommandiert wurden, um bei Einsätzen auszuhelfen. Ich gehörte zu dem ersten Kontingent und am 19. Juli 1977 machte ich in der Staffel 7 meinen ersten Flug auf Alouette. Wir hatten in der Versuchsstaffel zwar weiterhin eine Alouette zur Verfügung, aber ich war im ganzen Jahr 1977 bis dahin nur rund zwölf Stunden darauf geflogen. Den anderen beiden Kameraden war es ähnlich ergangen. Deshalb war für uns zunächst ein Crash-Kurs vorgesehen, um uns auf der Alouette fit zu machen. In der Hauptsache flogen wir Notverfahren, besonders Autorotationen. Ich erinnere mich noch gut, wie ich einmal meinen Lehrer Peter F. – später verließ er die Bundeswehr und ging zur Bundespolizei (damals noch Bundesgrenzschutz) – zum Schwitzen gebracht habe. Bei der BO 105 leiteten wir eine Autorotation dadurch ein, dass wir die Leistungshebel auf Leerlauf stellten und dann sanft den kollektiven Steuerhebel (Pitch) senkten. Das Drehverhalten des Rotorsystems ließ das zu und es war natürlich realistisch. Realistischer jedenfalls als bei der Alouette 2, bei der zuerst der Sinkflug eingeleitet wurde und dann der Leistungshebel auf Leerlauf gestellt wurde. Ich sagte zu ihm: „Wie wir das bei der BO 105 machen, ist es doch viel näher an der Realität. Können wir das bei der Alouette nicht auch mal probieren? Mit der BO geht das ganz leicht." Er ließ sich überreden. Ich war froh, dass wir ziemlich hoch eingeleitet hatten … Es blieb bei diesem einmaligen Versuch. Nachdem die für uns drei eingesetzten Fluglehrer meinten, wir seien fit, konnten wir die Staffel 7 als Einsatzpiloten verstärken.

Die Staffel 7 war zu diesem Zeitpunkt noch in Celle stationiert. Der Divisionsstab lag jedoch in Unna. Deshalb wurden für jeweils eine Woche Flugzeugführer mit einer Alouette 2 dorthin abgestellt, um unmittelbar für den Divisionsstab eingesetzt werden zu können. Als meine Woche in Unna begann, war gerade der G 3 der Division neu auf seinen Posten gekommen und wollte zunächst alle unterstellten Verbände aufsuchen. Für mich ein Glücksfall. Ich lernte nicht nur den norddeutschen Luftraum besser kennen, ich kam auch zu viel Flugzeit.

Die Zeit in der Staffel 7 war eine sehr interessante und lehrreiche Zeit. Viele selbstständige Einsätze, ergänzt durch viele Übungen. Diese fanden zum großen Teil mit Volltruppe statt. Zu der Zeit war es durchaus üblich, dass ein Bauer morgens auf seinen Hof schaute und jede Menge grüne Fahrzeuge dort standen. Für uns als Flugzeugführer war die abendliche Rückkehr zum Verfügungsraum der Staffel oft ein kleines Abenteuer. Denn alle Bodenteile hatten inzwischen verlegt und manchmal musste man auf eine größere Flughöhe gehen, um dann durch Funkverbindung die Position des neuen Landeplatzes zu erfahren. Dort waren dann natürlich alle persönlichen Gegenstände vorhanden, selbst die Luftmatratze oder die Liege war bereits aufgebaut. Die Organisation in der Staffel klappte vorbildlich. Nach drei Monaten war diese Zeit beendet, und es ging zurück in die Versuchsstaffel.

## Die BO 105 als PAH und VBH

In der Zwischenzeit waren auf politischer Ebene sowohl die Anschaffung der BO 105 als Panzerabwehrhubschrauber (PAH) und auch als Verbindungshubschrauber (VBH) beschlossen worden. Vom ursprünglichen Gerücht, es würden auch verschiedene Muster für die Eignung als Panzerabwehrhubschrauber getestet, war nichts übriggeblieben. Ich erinnere mich an einen fröhlichen, geselligen Abend irgendwann in der Anfangszeit der Versuchsstaffel. Einer der jüngeren Kameraden – soweit ich mich erinnere Detlev N. – sagte im Spaß: Passt mal auf, die bauen an die BO 105 Rampen dran und das wird der Panzerabwehrhubschrauber. Wir klopften uns vor Lachen auf die Oberschenkel.

Die Untersuchungen des Konzeptes wurden weiter fortgeführt. Zum einen, was die Gestaltung des Cockpits betraf. Es fanden Versuchsschießen mit der Panzerabwehr-Lenkrakete HOT statt. Parallel dazu viele Übungen, viele davon als Stabsrahmenübungen. Einmal standen wir zum Beispiel auf einem exponierten Hügel im Raum Fritzlar, weil wir dort gute Funkverbindung hatten. Wir verschoben virtuell ständig die Positionen unseres Schwarmes, schossen jede Menge Panzer ab – alles nur über Funk. Sicherlich irgendwie eine sinnvolle Übung, trotzdem erzeugte es bei mir ein komisches Gefühl. Man konnte den Erfolg so schön vorgaukeln.

Aber auch interessante Versuchsreihen wurden noch geflogen, richtig echt mit Hubschraubern und anderen Bodenteilen. Zum Beispiel gegen das Flugabwehrraketensystem Roland. Es sollte herausgefunden werden, wie das System tieffliegende Hubschrauber auffassen kann und wie man es verhindern kann. Dasselbe mit dem Flugabwehrsystem Gepard, auch in Zusammenarbeit mit Kampfpanzern Leopard. Interessant war natürlich, dass wir als Flugzeugführer so auch die Gelegenheit hatten, uns diese Systeme genauer anzuschauen und wir so einen Einblick in deren Arbeit und ihre Wirksamkeit erhielten. Ich erinnere mich gern an die Mitfahrgelegenheit in einem Leopard-Panzer.

Der Erstflug des Panzerabwehrhubschraubers BO 105 P war am 6. September 1977.

Zu Beginn des Jahres 1978 begannen die Truppenversuche, sowohl für den Panzerabwehrhubschrauber BO 105 P, als auch den Verbindungshubschrauber BO 105 M. Beide Erprobungen liefen jeweils mit fest zugeordnetem Personal.

Natürlich wurde auch in der Versuchsstaffel ein völlig normaler Staffelbetrieb mit Unterrichten, Sport, Veranstaltungen geselliger Art usw. durchgeführt. Einmal sickerte das Gerücht durch, dass es in der Nacht Übungsalarm geben würde. Zu der Zeit war es üblich, dass Alarmfahrer eingeteilt waren, die der Reihe nach die Wohnorte des Personals abfuhren und an den Türen klingelten, auch nachts. Wir scherzten darüber, was wohl passiert, wenn man es nicht hörte oder die Klingel abgestellt sei, weil das eigene kleine Kind schläft. Einige von uns verabredeten sich dazu das auszuprobieren. Als ich am nächsten Morgen aus dem Haus ging, fand ich die „Alarmkarte" am Briefkasten steckend vor. Der Alarm war tatsächlich kein Gerücht gewesen. Als ich in das Dienstgebäude kam, war es ziemlich leer. Ich war der Einzige gewesen, der die Klingel ausgestellt hatte. Es wird halt mehr geredet als getan. Den Tadel bekam ich zurecht. Aber darüber hinaus war es sicher Zufall, dass ich die nächste Zeit permanent eingeteilt wurde, wenn ein Pilot abends länger im Dienst sein musste, weil noch ein Hubschrauber unterwegs war.

**▲ Start zu einem taktischen Einsatz mit meinem Piloten. Ich flog als Kommandant.**

Zum normalen Staffelbetrieb gehörte auch, dass die Staffel Überprüfungen über sich ergehen lassen musste. Zum Beispiel an allen Kraftfahrzeugen. Wie immer in solchen Fällen sollten die Prüfer milde gestimmt werden. Ich bekam den Auftrag, zwei dieser Prüfer nach Bückeburg, unserer vorgesetzten Dienststelle, und zurück zu fliegen. Ich erinnere mich noch sehr gut, wie mir unser damaliger Chef den Flugauftrag in die Hand drückte. Dazu sagte er: „Ich habe mal 100 Fuß in den Auftrag geschrieben, aber fliegen sie ruhig etwas tiefer". Solche Momente ließen mich an dem Begriff „Führung" zweifeln. Zum Glück hatte ich solche Momente selten, es waren immer einzelne Personen. In diesem Fall jemand, der auch kein Problem damit gehabt hatte, einen Fuchs im Tiefflug zu jagen. Dummerweise mit vier anderen Piloten an Bord. Wir waren ja alle nicht ängstlich aber, es war absolut nicht nötig gewesen.

Am 4. April 1978 begann ich meinen Offizierslehrgang an der Offiziersschule in Hannover. Wir waren drei der jüngeren Kameraden, die um ein Jahr vorgezogen wurden, da wir anschließend sofort mit dem Fluglehrerlehrgang beginnen sollten. Außerdem war der jüngste der „alten" Flugzeugführer dabei. Im Rahmen der Ausbildung wurden wir bei den Unterrichten auch mit Video aufgenommen. Diese Aufnahme wurde hinterher im Rahmen der Didaktik Ausbildung vom Leitenden im Rahmen des Hörsaals ausgewertet. Als ich mich dann im Bild sah, wollte ich es nicht glauben. Während ich meinen Unterricht hielt, rollte ich mit einer Hand ständig meine Krawatte hoch und runter. Mir ist es während dieser 45 Minuten Unterricht absolut nicht bewusst gewesen. Ein Erfolg des Lehrgangs: diese Angewohnheit habe ich abgelegt.

Während wir auf der Offiziersschule waren, verlor die Staffel im Mai 1978 den zweiten Hubschrauber. Der nacheinander stattfindende Ausfall beider Triebwerke musste mit einer Autorotation beendet werden. Auch hier entstand kein Personenschaden, vor allem, weil der steuerführende Flugzeugführer den Hubschrauber sicher mit einer Autorotation an den Boden brachte. Es war einer der jüngeren und es zeigte auch, wie gut unsere Ausbildung in der Versuchsstaffel gewesen ist.

Am 29. September 1978 beendete ich die Zeit an der Offiziersschule, am 2. Oktober 1978 begann der Fluglehrerlehrgang. Diesen beendete ich Ende November.

## Im „Frankenstein" in die eiskalte Nordsee

Im Anschluss besuchte ich zum ersten Mal den Lehrgang „Überleben auf See" (Sea Survival). Dieser ging bis zum 1. Dezember und ist mir besonders wegen des letzten Tages, der eine Übung auf See beinhaltete, in Erinnerung geblieben. Die Wassertemperatur der Nordsee betrug gerade noch die notwendige Mindesttemperatur des Wassers, das war nicht viel. Wir hatten zwar den „Frankenstein" an, so wurde von uns der wasserfeste Kälteschutzanzug mit einem gesteppten Innenteil genannt, aber trotzdem cremten wir uns kräftig alle Teile der Haut ein, die nicht bedeckt waren. Zunächst wurden wir der Reihe nach an einem Ausleger weit über das Heck des Schiffes geschwenkt. Nach dem Absenken ins Wasser musste man sich mit einer geübten Bewegung so drehen, dass man auf dem Rücken über das Wasser gezogen wurde. Damit sollte simuliert werden, wie es ist, wenn man vom Fallschirm durch das Wasser geschleppt wird. Das Lösen der Befestigung, mehrfach in der Halle geübt, wäre der nächste Schritt, um anschließend das Einmannschlauchboot zu benutzen. Beim Lösen der Befestigung begann mein Problem. Ich bekam nur eine Seite gelöst und wurde seitlich halb unter, halb über Wasser hinter dem Schiff hergeschleppt. Es dauerte eine ganze Weile, und ich war dankbar, als ich eine gefühlte Ewigkeit später den Verschluss aufbekam und in meinem Schlauchboot lag. Das Aufnehmen durch einen Hubschrauber und das Absetzen auf Deck waren schon angenehm. Das warme Duschen hinterher eine Steigerung und das Fischfilet mit Kartoffelsalat anschließend in der Messe das Highlight dieses Tages. So war es noch ein schöner Tag geworden, zumal der Stolz über das Bestehen dazu kam. Insgesamt war es eine gute Erfahrung, und es sollten später noch einige dieser Lehrgänge folgen. Das simulierte Schleppen hinter einem Fallschirm wurde in den späteren Lehrgängen nicht mehr durchgeführt. Da wir nie mit Fallschirm flogen, war das auch folgerichtig.

## Junger Ausbilder und alte Hasen

Im Januar 1979 begann die Ausbildung des Kaderpersonals BO 105. Beginnend mit Fluglehrern von der Heeresfliegerwaffenschule in Bückeburg, später dann mit Personal aus den neu aufgestellten Regimentern. Es war für

◄ **Einflug eines Panzerabwehrhubschraubers in seine Stellung.**

▲ **Meine 2000. Flugstunde.**

mich am Anfang als junger Fluglehrer etwas schwierig, plötzlich die alten Hasen von der Waffenschule auszubilden. Während der eigenen Ausbildung auf der BO 105 hatte ich nahezu alle Fluglehrer unserer Staffel erlebt. Dabei hatte ich versucht, mir sowohl das, was ich gut fand, zu merken. Aber auch das, wie ich es als Lehrer nie machen wollte. Jetzt, selbst Fluglehrer, versuchte ich das anzuwenden. Mein erster „Schüler" war ein jüngerer, nicht so erfahrener Fluglehrer. Vom Dienstgrad weit über mir war er als Hörsaalleiter vorgesehen. Er tat sich recht schwer in der Ausbildung, auch nach relativ vielen Flugstunden. Wir gingen auf den ersten Checkflug zu.

Ich hatte mir unter anderem bei einem meiner Fluglehrer abgeschaut, die letzten fünf Minuten dem Schüler zu überlassen. Wenn alles wie geplant lief und das Ausbildungsziel dieses Fluges erreicht war, fragte ich, ob er etwas Bestimmtes noch einmal wiederholen möchte oder ob ich ihm etwas noch einmal speziell zeigen soll. Nach meinem Verständnis natürlich aus dem bis dahin durchgeführten Ausbildungsprogramm. An diesem Tag waren wir auf einem unserer Außenlandeplätze nördlich Celle, dem Sportflugplatz Arloh. Er sagte, er würde gern etwas probieren. Ich übergab ihm die Controls, blieb in Bereitschaft, und er schwebte langsam auf die Begrenzung des Platzes zu. Dort standen Kiefern. Ehe ich mich versah mähte er mit dem Hauptrotor einige Spitzen ab. Ich übernahm und fragte was das soll. Seine Antwort: Er wollte nur mal sehen ob es stimmt, dass der Hauptrotor so widerstandsfähig ist. Das war er, aber bewusst haben wir so etwas selbst in der verrückten Zeit zum Beginn der Staffel nie gemacht. Natürlich ergab die Überprüfung des Rotors wie erwartet nichts, aber das Vertrauensverhältnis zu meinem Schüler war etwas gestört. Zwei Flugstunden später machte er seinen ersten Checkflug und fiel durch. Es war Zeit für einen Lehrerwechsel. Keinem Fluglehrer gefällt es, wenn einer seiner Schüler durchfällt. Aber selbst daraus konnte man lernen. Heute bin ich stolz darauf, dass er mein einziger Durchfaller war.

Der zweite Kombilehrgang im Mai 1979 lief für mich besser. Ich bekam einen erfahrenen Fluglehrer als Schüler, von dessen großer Erfahrung als Lehrer ich profitieren konnte.

Am 28. September 1979 wurden die meisten von uns jüngeren Piloten zu Leutnanten befördert. Das geschah im Keller des Offiziersheimes in Celle, ein altes stilvolles Gewölbe. Unsere Ehefrauen durften uns die Schulterklappen anbringen und anschließend fand ein Festessen statt. Es war eine wirklich schöne Veranstaltung die ich nie vergessen werde.

## Hubschrauber gegen Jet

Parallel zu den Ausbildungen fanden immer wieder Versuchsreihen statt. Zum Beispiel im Oktober eine Reihe, die den Titel Phase 13 führte und womit Erkenntnisse zur Erkennung und Gegenmaßnahmen gegenüber Kampfflugzeugen gewonnen werden sollten. Im Grunde ging es darum, welche Chancen ein Hubschrauber hat, wenn er von Kampfjets gejagt wird. Entweder von einem einzelnen oder von zwei Jets, die sich untereinander koordinieren. Im zweiten Fall würde es für den Hubschrauber richtig schwierig.

Im Oktober 1979 kamen Spanier zu uns. Sie sollten auf die BO 105 geschult werden und anschließend die Hubschrauber mit nach Spanien nehmen. Es waren noch acht der ursprünglich zehn zu Beginn an die Versuchsstaffel ausgelieferten. Immer noch eigentlich zivile Hubschrauber, natürlich von Beginn an grün und inzwischen längst der Bundeswehr gehörend. Es war insofern eine spannende Ausbildung, weil die spanischen Piloten, vorsichtig ausgedrückt, kein gutes Englisch sprachen. Es war ein Dolmetscher dabei, aber er konnte natürlich auch nicht bei jedem mitfliegen. Wenn es Probleme gab, saß er mit im Hubschrauber und natürlich bei den Unterrichten. Aber es klappte, und im Dezember 1979 waren wir mit der Ausbildung durch, sowohl die Piloten als auch die Techniker, die gleichzeitig von unserer Technik ausgebildet worden waren.

▲ **Meine Beförderung zum Leutnant. Meine Frau befestigt die neuen Schulterklappen.**

Nr 6081

Name, Vorname des Inhabers / Full Name of holder: Wilke, Rainer

Dienstgrad / Rank: Leutnant

Personenkennziffer: [redacted]

Ausstellende Dienststelle / Issuing Authority: FlgWaS

Ort, Datum, Unterschrift, Name, Dienstgrad: 3062 Bückeburg, 27.11.80 (Veeser) Oberst

Unterschrift des Inhabers / Signature of holder

| Luftfahrzeugführergrad / Pilot Rating | erteilt am / issued |
|---|---|
| Luftfahrzeugführergrad 3 / Standard Pilot | 23.03.1972 |
| Luftfahrzeugführergrad 2 / Senior Pilot | 23.11.1977 |
| Luftfahrzeugführergrad 1 / Command Pilot | 19.10.81 |

| Dienstgradänderungen / Change of rank — Dienstgrad / Rank | ab / since |
|---|---|
| Oberleutnant | 01.04.85 |

▶ **Meine zweite Lizenz – noch hatte ich Haare**

## Mit drei Anläufen nach Spanien

Es kam der Tag des Abschieds, und alle standen vor der Halle. Die Spanier beluden die Maschinen, es gab eine lange Verabschiedung. Es hatten sich Freundschaften gebildet und wir versprachen, Kontakt zu halten. Aber die erste E-Mail in Deutschland wurde erst 1984 empfangen und so waren alle Beteuerungen, in Kontakt zu bleiben, auf Briefverkehr angewiesen. Mit meinem Lehrgangsteilnehmer, Spitzname Pepe, gab es noch ein- zweimal Kontakt, dann verlor er sich.

Die Maschinen schwebten auf die Startbahn und machten einen Formationsstart. Sie flogen noch einmal über die Halle, und dann flog die Perlenschnur in Richtung Westen. Wir wollten uns gerade in unser Gebäude zurückziehen, da bemerkten wir, dass die Hubschrauber wendeten und zurück zum Flugplatz kamen. Alle landeten wieder. Der Grund lag darin, dass bei einem der Hubschrauber eine Warnlampe aufgeleuchtet war. Es wurde nachgeschaut, der Fehler behoben und so erfolgte der nächste Formationsstart. Diesmal blieben wir länger stehen und tatsächlich: Sie kehrten noch einmal zurück. Erneut war bei einen der Hubschrauber ein kleines technisches Problem aufgetaucht. Aber nach dem Beheben dieses Problems konnten sie im dritten Anlauf den Flug

▲ **Die spanische Delegation, die wir in Bückeburg auf der BO 105 ausgebildet haben.**

nach Spanien durchführen. Damit hatten wir zunächst keine Hubschrauber mehr!

Anfang 1980 erhielten wir die ersten Serienhubschrauber. Zunächst waren es Panzerabwehrhubschrauber mit 86er Kennzeichen. Diese waren deutlich schwerer als wir es von den ursprünglich einmal zivil gecharterten BO 105C gewohnt waren. Es wurde Weiterbildung für uns betrieben, beispielsweise, um das andere Autorotationsverhalten sicher zu beherrschen. Dazu wurde auch mit maximaler Zuladung autorotiert. Die Hauptaufgabe bestand in dieser Zeit allerdings darin, die Ausbildung für das Kaderpersonal der neu aufgestellten Verbände BO 105 theoretisch vorzubereiten.

Für die taktische Theorieausbildung wurden Arbeitsgruppen gebildet, die sich mit einzelnen Bereichen beschäftigten, Unterrichte ausarbeiteten und sie später auch halten sollten. Flugdienst gab es in dieser Zeit für die Mitglieder der Arbeitsgruppen kaum. Um für die Ausarbeitung Ruhe zu haben, bekam die Staffel einige zusätzliche Räume zugeteilt. Diese lagen in einem Unterkunftsblock, der sich direkt neben dem Offizierskasino des Flugplatzes Celle befand. Von unserem Staffelgebäude zirka 100 Meter entfernt. Unsere Arbeitsgruppe hatte einen Raum direkt neben dem Eingang zugewiesen bekommen. Das Fenster gab uns freien Blick auf das Kasino und den gesamten Weg von unserem Staffelgebäude zu unserem Block. Ein Mitglied unserer kleinen dreiköpfigen Arbeitsgruppe hatte einen Aktenkoffer, der für unseren Zweck die idealen Maße besaß: Es passten genau drei Weizengläser und drei Flaschen Weißbier hinein. Im

▶ „Der Aal ist raus". Der Lenkflugkörper verlässt das Rohr.

▼ Scharfer Schuss mit dem Lenkflugkörper HOT.

Wechsel ging einer von uns in das Kasino nebenan und kehrte mit dem vollen Aktenkoffer zurück. Da wir ohnehin nicht flogen, gönnten wir uns gelegentlich ein Weißbier. Die Arbeit litt dadurch nicht, ich denke es war im Gegenteil sogar förderlich. Für die Theorieausbildung im Rahmen der Technik waren es einzelne Fluglehrer, die sich auf jeweils einen Fachbereich zur Unterrichtung vorbereiteten. Mein Themenbereich war die Lenkelektronik der Waffenanlage HOT.

## Flugvorführung mit der HOT

In dieser Zeit absolvierten auch alle, die es bisher noch nicht getan hatten, ihren ersten Schuss mit einer Lenkrakete HOT. Eine aufregende Sache, denn alle Schützen waren unmittelbar in der Nähe der Schießbahn, so dass sie zuschauen konnten. Natürlich wollte sich niemand die Blöße geben und vorbeischießen. Aber genau das passierte mir, der als letzter dran war. Es war die einfachste Schießübung, kurze Entfernung und feststehendes Ziel.

Dieses hatte ich fest im Blick als plötzlich das Visier nach oben schwenkte, und ich nur noch Himmel sah. Ich drückte den kleinen Steuerknüppel zum Steuern der Rakete schnell nach vorn, aber ich hatte das Gefühl, das Visier tat was es wollte. Der Flugkörper war weg. Ich fühlte mich ziemlich mies. Aber von außen muss es sehr spektakulär ausgesehen haben. Der Pilot meines Hubschraubers meinte dann recht lapidar. „Oh, so ein Weglaufen des Visiers hatten wir an diesem Hubschrauber schon einmal. Aber es konnte kein Fehler gefunden werden". Das tröstete mich wenig. Auch dass mir unser Einsatzoffizier anschließend ein nett verpacktes Kartenspiel schenkte, auf dem geschrieben stand: „Für die beste Flugvorführung mit einer HOT" war zwar lustig, aber auch kein Trost. Besser war, dass ich dadurch natürlich noch eine zweite Rakete verschießen durfte. Rehabilitiert fühlte ich mich, als nach einer erneuten Überprüfung der Lenkelektronik ein Fehler festgestellt wurde und diese ausgewechselt wurde. Die zweite Rakete brachte ich sicher ins Ziel ….

Die praktische Ausbildung des Kaderpersonals war in einen Teil Flugzeugführerausbildung und einen Teil Kommandantenausbildung gegliedert. Es wurde ständig tief geflogen, zwischen 10 und 100 Fuß. Notlandeübungen – auch aus dieser Höhe – waren normal, die Navigation war selbst für geübte Flugzeugführer nicht einfach. Ich erlebte es nicht nur einmal, dass Flugzeugführer aus dem Regiment in Celle den gleichen Fehler machten wie ich während meines Taktiklehrgangs. Sie waren sich ihrer Ortskenntnis zu sicher.

Bereits 1980 waren in der Staffel die ersten Gerüchte über die Auflösung der Staffel aufgetaucht. 1982 war es dann soweit, dass die Staffel beginnen sollte, Überhangpersonal abzubauen. Der damalige Inspektionschef führte mit allen Luftfahrzeugführern Gespräche, ob sich jemand freiwillig an die Heeresfliegerwaffenschule nach Bückeburg versetzen lassen würde. Die Waffenschule war die vorgesetzte Dienststelle und dort war immer großer Bedarf an neuen Fluglehrern. Was auch daran lag, dass niemand gern dorthin wollte.

Natürlich wollte auch aus der Versuchsstaffel niemand freiwillig diesen Weg antreten. So wurde von der Staffelführung eine Entscheidung gefällt und zwei Pilo-

◀ **Die Presse begleitete die Einführung des Panzerabwehrhubschraubers BO 105. Ausschnitt aus der Bild am Sonntag.**

ten benannt. Beide wehrten sich gegen die Versetzung. Jetzt begann die erneute Suche, ob sich nicht vielleicht doch jemand freiwillig melden würde. Eines Tages waren wir bei Gisbert D. zu einem privaten Besuch abends eingeladen. Ihn hatte ich das erste Mal kennengelernt, als ich noch in Hildesheim war. Wir hatten uns angefreundet und auch unsere Frauen verstanden sich gut. An diesem Abend fragte er mich, ob wir nicht Interesse hätten uns nach Bückeburg versetzen zu lassen. Seine Frau und er hatten sich schon entschieden. Das Haus, in dem sie in der Nähe von Celle wohnten, war schlecht isoliert und sie hatten sehr hohe Heizkosten. Leider hatten sie einen langfristigen Mietvertrag abgeschlossen. Daher wäre eine Versetzung hilfreich. Zumal sie beide ursprünglich im Sauerland zuhause waren, dort wohnten auch nahezu alle ihre Verwandten. Bückeburg würde die Entfernung in die alte Heimat stark verkürzen. Für meine Frau und mich, die wir beide aus dem Raum Bad Harzburg/Goslar stammten, bliebe zwar die Entfernung gleich. Aber wir hatten ohnehin geplant in eine größere Wohnung zu ziehen und schon angefangen zu suchen. Ein bezahlter, dienstlicher Umzug würde die Kosten deutlich reduzieren. Wir versprachen, darüber nachzudenken. Telefonate mit der Truppenverwaltung in Bückeburg, die ich die nächsten Tage führte, waren vielversprechend. Noch während der Sommerferien könnten wir eine größere Wohnung bekommen. Unsere große Tochter würde nach den Sommerferien auf die Orientierungsstufe wechseln, und die kleine käme in die zweite Klasse. Ein Umzug zu dieser Zeit wäre leicht zu verkraften. Wir fuhren nach Bückeburg, um Wohnungen zu besichtigen und fanden etwas Passendes. Somit sagten auch wir zu und die Versetzung an die Heeresfliegerwaffenschule beendete für mich das Kapitel Versuchsstaffel.

▲ **Trefferaufnahme an den Zielobjekten in Munster.**

▶ **Die jungen Piloten, die in die Versuchsstaffel als Luftbeobachter abkommandiert wurden, entwarfen ein eigenes Patch.**

# 4 Der Wechsel zur Heeresflieger-waffenschule (HflgWaS)

Zum 1. Juli 1982 wurden Gisbert D. und ich an die Heeresfliegerwaffenschule nach Bückeburg versetzt, und passend zum 1. August 1982 begann der Mietvertrag für unsere Wohnung. Die dienstliche Aufnahme in Bückeburg war gut. Es gab eine Fluglehrerstaffel, und wir wurden einem der beiden BO 105-Hörsäle zugeteilt. Viele der anderen Fluglehrer waren noch in der Versuchsstaffel von uns ausgebildet worden und das trug sicher dazu bei, dass wir von Beginn an voll akzeptiert waren. Wir galten nicht als Lehrer-Anfänger.

## Keine Verschnaufpause bei der Ausbildung

Die Verbände mit BO 105 befanden sich in der Aufstellung und es wurden viele Flugzeugführer für dieses Muster gebraucht. Eine Musterausbildung folgte der nächsten. Zwei Hörsäle liefen parallel, und der Abstand zwischen den Lehrgängen war sehr eng. In der Musterschulung war auch ein großer Stundenanteil Navigation enthalten. Hauptgrund war, dass die BO 105 mit einem damals modernen Dopplernavigationssystem (LDNS) ausgestattet war. Es waren so viele Stunden, dass man mit zwei Lehrgangsteilnehmern schon recht weit kam. Wenn man dann noch pro Lehrgangsteilnehmer die eine vorgesehene Flugperiode Nachtflug auf Strecke dazunahm, kam man durchaus bis ans Mittelmeer oder in die Bretagne. Genau das machten Gisbert und ich unserem Hörsaalleiter klar. Es überzeugte ihn, dass Navigation in einem völlig fremden Gebiet, mit Controllern im Funk, die Englisch anders aussprachen, und die anderen Flugregeln, einen größeren Lernerfolg versprachen. So machten sich Gisbert und ich gleich daran, Flugrouten zu überdenken.

Bereits in unserem ersten Lehrgang in Bückeburg planten wir die Bretagne als Ziel. Unsere Lehrgangsteilnehmer waren mit großem Eifer bei der Sache. Natürlich unterstützten wir sie bei der Ausarbeitung und Vorbereitung. Allein schon, weil es auch für uns der erste Auslandsflug sein würde. Damals durften als Landeplätze nur militärische Flugplätze oder zivile Flugplätze genutzt werden, an denen keine Landegebühren anfielen.

Im November ging es los. Es war nicht nur ein schöner Flug, sondern auch ein Erfolg für die Ausbildung. Ein Teil dieses Fluges ist mir besonders in Erinnerung geblieben: Wir hatten für zwei Nächte in Évreux in der Normandie Station gemacht, einem Militärflugplatz zirka 80 Kilometer nordwestlich von Paris.

## Fauxpas beim Frühstück in Évreux

Nach unserer ersten Übernachtung gingen wir – zusammen waren wir acht Personen – früh morgens in das Offizierskasino, um vor unserem geplanten Flug in die Bretagne zu frühstücken. Wir waren dienstlich das erste Mal in Frankreich, kannten uns also nicht besonders gut mit den dortigen Gepflogenheiten aus. In der Bar des Kasinos lagen lecker duftende Croissants auf dem Tresen, Kaffee gab es auch, und wir fragten, ob wir frühstücken dürfen. Die Bedienung hinter dem Tresen zeigte auf die Croissants, und wir griffen zu. So gründlich, wie wir ein Frühstück aus Deutschland gewohnt waren und so höflich, die Teller leer zu essen. Dann flogen wir los. Tagsüber hatten wir ein strammes Programm, es gab kaum Zeit zum Essen, aber wir hatten durch das Frühstück eine gute Grundlage.

Als wir abends landeten und die Hubschrauber vor einer der Flugzeughallen abgesetzt hatten, standen dort einige französische Piloten und begrüßten uns mit Rotwein. Wir fanden das richtig nett, auch, wenn der Wein wegen unseres inzwischen leeren Magens schnell anschlug. Ich denke, wir waren schon ziemlich angeschlagen, bevor wir den zweiten Fuß aus dem Hubschrauber setzten. Auch ohne jegliche Französischkenntnisse verstanden wir uns verbal prima. So erfuhren wir, dass wir am Morgen die Croissants für alle im Kasino frühstückenden Offiziere verspeist hatten – und es gab dort einige Offiziere.

## 36 Auslandsflüge mit der BO 105

Im Laufe der rund 20 Jahre, die ich an der Waffenschule verbrachte, kamen insgesamt 36 Auslandsflüge zusammen, die eine Bereicherung und eine fliegerische Weiterentwicklung bedeuteten. Überhaupt stellte die Lehrtätigkeit nach meiner Auffassung eine größere Möglichkeit für die fliegerische Weiterentwicklung dar, als es zu dieser Zeit in der Versuchsstaffel möglich gewesen wäre.

Durch die unterschiedlichen Lehrgänge, wie Fluglehrerausbildung, Musterausbildung und Standardisierungen, war das Spektrum sehr groß. Gerade letzteres war interessant. Es waren einwöchige Lehrgänge, in denen ein Austausch zwischen Truppe und Schule stattfand. Sinn war, dass alle Fluglehrer, egal wo sie eingesetzt wurden, die gleichen Vorstellungen von den festgelegten Flugmanövern hatten.

Im Mai 1983 erwarb ich die Berechtigung NB (Nachprüfflugberechtigung). Im Gegensatz zum zivilen ist diese im militärischen Flugbetrieb notwendig, um nach Wartungen oder Reparaturen des Hubschraubers einen Nachprüfflug durchzuführen, um diesen dann wieder freizugeben. Die enge Zusammenarbeit mit Technikern und Prüfern war es, die diesen Bereich spannend machte. Neben der Erweiterung des fliegerischen Spektrums war das menschliche Miteinander ein schöner Aspekt des Schulungsbetriebes. Ständig lernte man neue Kameraden kennen. Anfänger, nicht lange der Grundschulung entwachsen, die jetzt auf die BO 105 weitergeschult wurden, oder gestandene ältere Flugzeugführer in der Ausbildung zum Fluglehrer oder Werkstattpilot. Dieses menschliche Miteinander fand oft in den Hörsaalabenden seinen Höhepunkt. Die Gelegenheit, auch über privates zu sprechen, Gemeinsamkeiten zu entdecken oder auch neue „Fliegerbräuche" zu erfahren.

So erinnere ich mich an den Hörsaalabend eines Fluglehrerlehrgangs. Er fand im Nebenraum des Barbereiches im Kasino statt. In einem anderen Raum hatte gleichzeitig ein Luftbeobachterlehrgang seinen Hörsaalabend. Soldaten anderer Truppengattungen bekamen in einem einwöchigen Lehrgang gezeigt, wie zum Beispiel aus der Luft zu navigieren ist, wie das Zusammenspiel Pilot / Luftbeobachter sein sollte. Dieser Lehrgang wurde auf der Alouette 2 durchgeführt. Einige unserer Fluglehreranwärter kamen an diesem Abend mit den angehenden Beobachtern ins Gespräch und machten ihnen ein Angebot. Es wurde ihnen ein Mitflug auf der BO 105 versprochen, wenn sie eine Prüfung absolvierten. Sie gingen auf das Angebot ein. Die Tische wurden im Barnebenraum zusammengestellt und die Tür zum Flur breit geöffnet. Dann wurde der Tisch angefeuchtet und die Kandidaten hechteten mit Anlauf auf den Tisch und rutschten darüber. Dafür wurden Haltungsnoten vergeben, und die Gewinner sollten den versprochenen Mitflug bekommen. Offensichtlich glaubten die angehenden Luftbeobachter – alles gestandene Soldaten unterschiedlichster Dienstgrade, – Piloten alles. Natürlich gab es keinen Mitflug, aber es war ein lustiges Spiel und alle haben sich amüsiert.

## Weiterbildungsflug zur Planerfüllung

Im Juni des Jahres 1983 machten Gisbert D. und ich unseren ersten einwöchigen „Weiterbildungsflug". Auch das war zu dieser Zeit an der Waffenschule möglich. Zum einen drängte die technische Abteilung darauf, Flugstunden zu fliegen, da die Jahresplanung für Wartung und Instandsetzung eingehalten werden musste. Es durfte nicht passieren, dass zu viele Hubschrauber gleichzeitig in die Werft kamen. Waren also noch 20 Flugstunden bis zur nächsten Wartungsmaßnahme offen, so mussten diese termingerecht verflogen werden. Die Truppenverwaltung achtete ebenfalls darauf, dass die Gelder, die im laufenden Jahr für Reisekosten eingeplant waren, nicht am Jahresende übrig waren. Sonst würden sie dem Verband im kommenden Jahr bei der Zuteilung abgezogen. Ein System, das nicht zur Sparsamkeit erzog, sondern den Sparsamen bestrafte. Waren also lehrgangsfreie Zeit und die Voraussetzungen gegeben, so durften wir zur Weiterbildung auch ohne Lehrgangsteilnehmer fliegen. Erstaunlicherweise waren es nicht so viele Kameraden, die für einige Tage wegfliegen wollten.

Gisbert und ich griffen diese Gelegenheiten sehr gern auf, und wir planten einen Flug nach England. Es sollte über London nach Schottland und wieder über London zurück gehen. Da wir zu diesem Zeitpunkt schon zweimal in Frankreich gewesen waren, orientierten wir uns bei der Menge der Barmittel, die wir mitzunehmen gedachten, an den dabei gemachten Erfahrungen. Der Flug verlief zunächst wie geplant. Zum ersten Mal über eine etwas größere Wasserfläche zu fliegen, war bereits spannend. Der Flug über London entlang der Themse auf einer festgelegten Flugroute beeindruckend. Es war in unseren Augen erstaunlich unkompliziert, dort zu fliegen. Sehr bequem und auch sehr einfach war es, immer vom Radar begleitet zu werden. Nur verstanden wir oft nicht, wie die nächste Radarstation hieß. Also wurde die Frequenz eingestellt, beim Anruf der Station undeutlich genuschelt und nach seiner Antwort hatten wir den Namen.

## Service der RAF hat seinen Preis

Als ersten Übernachtungsplatz hatten wir uns Shawbury ausgesucht, einen Flugplatz der Royal Air Force (RAF). Als wir für die Übernachtung zum Offizierskasino gebracht wurden, staunten wir nicht schlecht. Es war ein gediegenes Anwesen, etwas außerhalb gelegen.

Wir wurden gefragt, ob wir in offizieller Mission da sein würden, was wir verneinten. Ein Mannschaftsdienstgrad zeigte uns die Zimmer und erklärte uns noch, dass wir die Schuhe vor die Tür stellen könnten. Sie würden dann geputzt werden. Jeder von uns hatte eine geräumige Suite mit eigenem Bad. Ohne Krawatte kein Zutritt in den Barbereich, diesen Hinweis hatten wir noch in Deutschland erhalten, und so konnten wir abends diesen Bereich aufsuchen. Am nächsten Morgen, ich war gerade aufgestanden, klopfte es dezent an der Tür. Es wurde Tee serviert. Wahrscheinlich auch ans Bett, wenn ich gewollt hätte. Als wir allerdings auscheckten, bekamen wir die Quittung. Unsere Barmittel, die in Frankreich locker für eine ganze Woche gereicht hätten, waren nach Begleichung der Rechnung weg. Luxus hat seinen Preis.

Aber die Eindrücke dieses Fluges waren es wert. Loch Ness entlangzufliegen, das schottische Hochland zu überqueren, auf einem schottischen Flugplatz abends den Soldaten, die dort gemeinsam Dudelsack spielten, zu lauschen, war ein Erlebnis.

Von Lossiemouth, im Norden von Schottland gelegen, flogen wir über das Hochland nach Prestwick, einem Flugplatz südwestlich von Glasgow. Auf dem Weg dorthin wurde das Wetter immer schlechter. Bereits über dem Hochland mussten wir einen Weg durch die Täler suchen. In Glasgow waren wir gezwungen, die Stadt ziemlich tief zu überqueren, um Prestwick zu erreichen. Von dort wollten wir einen Flugplatz ostwärts von Leeds an der Ostküste erreichen. Dort war das Wetter besser, aber es gab zunächst keine Möglichkeit, die Pennines, dieses lange Mittelgebirge in England, zu überqueren. Zwar nur maximal knapp 900 Meter hoch, lag es komplett in Wolken. Schließlich mussten wir es versuchen, waren wir doch nur noch einige Meilen vom Zielflugplatz entfernt und über Funk hörten wir, dass dort die Sonne schien. Weit und breit keine Straße, keine Stromleitungen, keine Häuser, nur Graslandschaft mit Rindern und genug Kraftstoff. Wir bewegten uns im Schwebeflug den Berg hinauf und dann den Berg hinunter. Der Abwind des Rotors sorgte dafür, dass wir genügend sehen konnten, und dann waren wir im Sonnenschein. Wir waren froh, es geschafft zu haben. Nachträglich betrachtet, war es allerdings ziemlich leichtsinnig!

In den Wintermonaten, in denen der Ausbildungsflugbetrieb aus Wettergründen recht häufig ausfiel, wurden die Tage oft mit Sport, Kaffee trinken oder mit Weiterbildung verbracht. Wann immer sich die Gelegenheit bot, begann ich alle meine gesammelten Unterlagen und Aufzeichnungen aus der Zeit der Umschulung auf die BO 105 zu ordnen und sauber niederzuschreiben. Damals noch mit der Schreibmaschine. Es gab so viele kleine Tipps, die wir von den ersten, die auf der BO 105 ausgebildet worden waren, von den Theorielehrern der ersten Stunde und von den Technikern des Herstellers MBB bekommen hatten. Dinge, die oft in keinem Buch nachzulesen waren. Vieles hatte sich während der Truppenversuche ergeben oder es waren Erkenntnisse, die noch von den Testflügen vor der ersten Zulassung der zivilen BO 105 stammten.

## Hubschrauberpilot für Kunstflug gesucht

Ende 1983 plante das Heeresamt, einen zweiten Flugzeugführer mit der Erlaubnis zur Durchführung für Hubschrauber-Kunstflug in der Bundeswehr auszubilden. Das führte dazu, dass eines Morgens nach dem Briefing der Lehrgruppe alle BO 105-Flugzeugführer sitzen bleiben sollten. Unser Chef erklärte die Absicht des Amtes und stellte dann die Frage, wer Interesse daran hätte, im Kunstflug ausgebildet zu werden. Es erhoben sich sehr viele Hände. Die Namen aller Interessierten wurden notiert und zunächst hörte man länger nichts mehr davon.

Im darauffolgenden Frühjahr 1984 stand unter anderem wieder ein Standardisierungslehrgang an. Bei der Vorbesprechung des Hörsaalleiters sollte die Einteilung erfolgen, dazu gab dieser die Namen bekannt. Einer der Namen: Hauptmann (Hptm) Z. aus Celle. Niemand wollte mit ihm fliegen. Alle wussten, wie gut er fliegen kann, und dass es anstrengend sein könnte, ihn zu standardisieren. Ich meldete mich freiwillig. Denn andererseits würde man auch viel von ihm lernen können. So war es auch. Wir kamen gut miteinander aus, und ich denke, dass ich mich ordentlich aus der Affäre gezogen habe. Auf jeden Fall haben wir uns in dieser einen Woche besser verstanden als in den neun Jahren Versuchsstaffel zuvor. Vielleicht weil wir mehr auf Augenhöhe waren als es in der Versuchsstaffel jemals hätte sein können.

Noch im Frühjahr 1984 wurde mir eröffnet, dass ich ausgewählt worden war, im Hubschrauber-Kunstflug ausgebildet zu werden. Allerdings unter der Voraussetzung, dass die Zustimmung des Inspekteurs erfolgen würde. Wie ich später hörte, war eine Vorauswahl der Bewerber vorgenommen worden. Es sollen drei Bewerber in die engere Wahl gekommen sein. Vorher hatte ich mir keine großen Hoffnungen gemacht, den Zuschlag zu bekommen. Der logische Kandidat wäre Hermann F. gewesen. Zum einen, weil er es eigentlich schon konnte und bei ihm die Ausbildung reine Formsache gewesen wäre. Er war bereits 1981 bei der Hubschrauber-Weltmeisterschaft dabei gewesen, durfte aber kurzfristig nicht starten. Ich komme an anderer Stelle darauf zurück. Zum anderen, weil er der erklärte Favorit der Waffenschule war. Natürlich wunderten sich viele Kameraden, warum die Wahl nicht auf ihn gefallen war. Der Grund lag vermutlich darin, dass Hauptmann Z. der Ausbilder sein würde. Somit fiel die Wahl auf mich, für die Waffenschule war ich eigentlich nur die zweite Wahl.

Im April 1984 stimmte der Inspekteur Heer der Ausbildung zu. Die Begründung, neben Hptm Z. sollte ein zweiter Hubschrauberführer für die voraussichtlich 1985 stattfindende Hubschrauber-Weltmeisterschaft ausgebildet sein. Im Mai 1984 wurde diese Genehmigung durch das Heeresamt leicht erweitert, in „zunächst einen weiteren" Hubschrauberführer im Hubschrauber-Kunstflug auszubilden. Damit deutete sich bereits an, dass vom Amt beabsichtigt war, einen weiteren auszubilden.

Leider hatte die Tatsache, dass die Wahl auf mich gefallen war, auch einige unangenehme Nebenwirkungen im menschlichen Umgang zur Folge. Oft hörte ich versteckte Andeutungen in unserem Aufenthaltsraum. Zum Beispiel, Hptm Z. hätte mich nur als das kleinere Übel genommen. Eines Tages betrat ich das alte Lehrgruppengebäude und sah Hermann F. mit einem Piloten eines anderen Verbandes bei einer Unterhaltung im Flureingang stehen. Ich hatte noch im Kartenvorbereitungsraum, neben dem Eingang zu tun und musste mich nicht bemühen, die Unterhaltung zu verstehen. Es ging darum, warum nicht Hermann, sondern ich ausgebildet werden sollte. Sie meinten Hptm Z. wollte wohl niemanden ausbilden, der eine Konkurrenz werden könne. Es war für mich keine angenehme Situation. Aber es gab auch Kameraden, die es anders sahen und sich mit mir freuten.

## Kunstfluglehrgang in Celle

Im Juni 1984 wurde ich zu dem Lehrgang „Erwerb der Kunstflugberechtigung auf Hubschrauber" nach Celle kommandiert. Einen Lehrgang, wie es ihn in der Bundeswehr niemals vorher und auch danach nie wieder gegeben hatte. Als Dauer des Lehrgangs waren vier Wochen angesetzt, beginnend am Montag den 2. Juli 1984. Zu meinem Glück hatte ich einen genehmigten Urlaub für die Zeit unmittelbar danach.

Als ich am 21. Juni 1984, elf Tage vor Beginn des Lehrgangs, dienstlich bei der Versuchsstaffel in Celle war, besuchte ich Hptm Z. Es war ein Höflichkeitsbesuch vor dem geplanten Lehrgang. Er war inzwischen als Flugsicherheitsoffizier im Regiment 16 tätig. Spontan schlug er mir vor, einen „Gewöhnungsflug" zu machen. Wir flogen 30 Minuten am Flugplatz. Gefühlt war der einzige Zweck des Fluges, meine körperliche Belastungsgrenze zu testen. Einfach ausgedrückt: Er wollte mich dazu bringen, mich zu übergeben. Aber die vielen Male, die ich in Überschlagschaukeln verbracht hatte, dass ich als Jugendlicher in alle Karussells auf Jahrmärkten, je wilder je besser, gegangen war, zeigten Wirkung. Ich denke, ich hätte auch noch länger durchgehalten. Diesen „Test" hatte ich jedenfalls bestanden.

Noch im Juni wurde ich zum Schießlehrer für Panzerabwehr-Lenkraketen HOT ausgebildet. Von der Heeresfliegerversuchsstaffel eingefädelt, um bei Bedarf als Ersatzlehrer zur Verfügung zu stehen.

Am 2. Juli 1984 trat ich meinen Dienst an, der letzte Tag des Lehrgangs, gleichzeitig auch der Rückreisetag sollte der 27. Juli 1984 sein. Es waren lange vier Wochen für mich. Als Hubschrauber waren die 80+54 und 80+52 aus Rheine nach Celle kommandiert, denn nur auf diesen durfte zu diesem Zeitpunkt Kunstflug durchgeführt werden. Die Musterzulassungsstelle – das militärische Pendant des Luftfahrt-Bundesamtes – hatte den Passus des Flughandbuches „Kunstflug ist verboten" für diese Hubschrauber aufgehoben. Dafür musste der Hubschrauber unter anderem mit einem *g*-Messer ausgestattet sein.

Natürlich musste Hptm Z. neben meiner Ausbildung seiner normalen Tätigkeit als Flugsicherheitsoffizier weiter nachgehen. Daher hatte ich reichlich Zeit (und natürlich seine Erlaubnis), in seinen theoretischen Unterlagen zu stöbern und diese zu studieren. Außerdem nutzte die Führung der fliegenden Abteilung es aus, dass ein Fluglehrer der Waffenschule – mit offensichtlich viel Zeit – im Regiment zur Verfügung stand. Weiterbildung, vor allem Notverfahren und hier besonders Autorotationen, waren sehr begehrt. So bin ich in diesen vier Wochen sehr viele Notverfahren geflogen, denn abzüglich der 30 Minuten „Gewöhnungsflug", die in der Abschlussmeldung hinzugezählt wurden, flog ich exakt 4:15 Stunden Ausbildung. Nicht viel für vier Wochen. Aber es gab mehrere Gründe dafür. Natürlich die Maschinenlage, die 80+52 hatte auch mal technische Probleme. Außerdem die Tätigkeit von Hptm Z. als Flugsicherheitsoffizier. Aber vor allem war die Ausbildung durch das spezielle Lehrer-Schüler Verhältnis geprägt. Vor meiner Zeit an der Heeresfliegerwaffenschule, als junger Pilot bei der Heeresfliegerversuchsstaffel, waren wir uns nicht immer grün gewesen. Es gab einige Situationen, in denen ich es als „Jungfuchs" gewagt hatte, ihm zu widersprechen. Vor allem dann, wenn er sich Dinge herausnahm, die er als Flugsicherheitsoffizier anderen natürlich verbot. Daher sah eine Flugstunde im Rahmen der Kunstflugausbildung etwa wie folgt aus: Er flog ein Manöver vor, der *g*-Messer, der keinen Schleppzeiger hatte, zeigte 2,4 *g* an. Ich hatte das Manöver nachzufliegen. Auch bei mir waren es 2,4 *g*. Aber er sagte, es wäre eine zu hohe Belastung. Ging ich darauf ein und versprach es noch einmal besser zu versuchen, so war alles in Ordnung. Wenn ich aber erwiderte, dass doch die Belastung genauso wie bei ihm gewesen sei, so war das Training beendet. Es war oft frühzeitig beendet.

Wir flogen überwiegend Koordinationsübungen. Viele Steilkurven, gelegentlich eine Art Abschwung, nicht viel mehr als eine steile Sinkflugkurve. Aber Kunstflug war zunächst überhaupt nicht dabei. An den beiden letzten Tagen des Lehrgangs flogen wir noch 2 Stunden und 40 Minuten. In der letzten Flugperiode, rund 40 Minuten vor dem Ende, flogen wir auch das erste Mal einen Loop und eine Rolle. Dabei durfte ich am Stick mitfühlen. Übrigens musste ich während der Ausbildungsflüge auf der linken Seite, dem Copiloten-Sitz, Platz nehmen. Er meinte, dass er Kunstflug nicht von der linken Seite schulen könne.

Ich war noch gar nicht wieder in Bückeburg zurück, da war bereits das Fernschreiben in Bückeburg eingetroffen, dass die Ausbildung fortgesetzt werden solle. Das war offensichtlich die Planung von Hptm Z. gewesen: Vier Wochen zum Eingewöhnen und danach erst die Ausbildung mit Kunstflugmanövern. Noch am Freitag musste ich mich beim damaligen Kommandeur der Waffenschule melden. Dieser wollte wissen, was der Grund für die beantragte Verlängerung sei, ich wäre schließlich vier Wochen in Celle gewesen. Ich druckste etwas herum und erzählte ihm meine Eindrücke. Er fragte, ob ich es mir zutraute, allein weiter zu üben, was ich bejahte. Er nahm es zur Kenntnis und entließ mich in den Urlaub.

Glücklicherweise hatte ich einen fest gebuchten Urlaub, vielleicht wäre ich sonst gleich am nachfolgenden Montag wieder in Celle gewesen. Während meines Urlaubs traf am 9. August ein weiteres Fernschreiben zu meiner Ausbildung ein. In diesem stand unter anderem: *„im vorgegebenen Zeitraum war es nicht möglich, die Flugfiguren bis zur Perfektion zu üben. Der Lehrgangsteilnehmer wurde jedoch*

- *in die Steuertechnik beim Fliegen extremer Manöver eingewiesen*
- *auf kritische Phasen in den einzelnen Figuren hingewiesen.*

*Es wird vorgeschlagen, Lt. Wilke bei HFlgWaS Zeit und Gelegenheit zu geben, die während des Lehrgangs geflogenen Verfahren im Rahmen von Soloflügen zu üben, um die vermittelten Kenntnisse zu festigen und dabei Schwerpunkte auf die Einhaltung der Betriebsgrenzen des Hubschraubers zu legen.*

*Nach dieser Phase sollte die praktische Einweisung durch Hptm Z. in Celle fortgesetzt werden."*

Dazu kam es glücklicherweise nicht. Der Kommandeur der Waffenschule hatte sich entschieden, mich allein üben zu lassen und das offensichtlich auch von vorgesetzter Stelle bestätigt bekommen.

Trotz allen Umständen war es eine lehrreiche Zeit. Ich profitierte fliegerisch und konnte mich auch theoretisch gut weiterbilden. Denn Hptm Z. hatte sehr viele und gute Unterlagen in seinen Schränken, die ich frei benutzen durfte. In Unterhaltungen über das Thema Kunstflug und Flugveranstaltungen konnte ich ebenfalls viel mitnehmen. Was ich an ihm bewunderte, war seine Hartnäckigkeit, wenn er etwas herausbekommen wollte.

## Robuster Heckrotor der BO 105

Einmal kam eine BO 105 mit stark lädiertem Heckrotor von einer Schwarmausbildung zurück. Der Pilot versicherte glaubhaft, nicht bemerkt zu haben, wann das passiert sei. Auch im Flug war offensichtlich kein ungewöhnliches Verhalten oder Vibrationen zu verspüren. Der links sitzende Kommandant meinte, ab einem bestimmten Zeitpunkt war das Bild im Visier etwas unschärfer als normal. Da er sich ungefähr erinnern konnte, wo das gewesen war, flogen Hptm Z. und ich dorthin, um eventuelle Spuren zu entdecken. Wir waren erfolgreich: Es handelte sich um einen niedrigen Kiefernbaumbestand, in dem einige deutlich höhere Kiefern standen. An einer Stelle lag ein langer Ast, sicherlich 5 – 10 cm Durchmesser, auf den niedrigeren Bäumen. An der großen Kiefer war die frische Bruchstelle zu sehen. Wir bargen den Ast und nahmen ihn mit in die Staffel. Die Ursache war gefunden, aber der Zwischenfall hatte auch einen Beweis für die Leistungsfähigkeit des Heckrotors erbracht.

Während des Lehrgangs bot er mir übrigens auch an, eine Bescheinigung über eine Ausbildung im Hubschrauber-Kunstflug auszustellen. Mit dieser könnte ich nach Umschreibung meiner militärischen Lizenz in eine zivile Lizenz, die Zusatzberechtigung „Kunstflug" eintragen lassen. Zu diesem Zeitpunkt hatte ich daran kein Interesse, später bereute ich diese Entscheidung dann doch.

Ich verbrachte natürlich auch viel Zeit im Aufenthaltsraum der Flugzeugführer des Regiments, nahm an den Gesprächen teil und bekam Unterhaltungen mit. Interessant war, dass viele keine besonders gute Meinung von Hptm Z. hatten und dieses auch in den Gesprächen im Shop zum Teil sehr uncharmant zum Ausdruck brachten. Natürlich nur wenn besagte Person nicht anwesend war. Wieder im Büro von Z. zog ich mich immer in den Nebenraum zurück, um dort die Unterlagen zu studieren. Gelegentlich hörte ich dann, dass ein Pilot der Staffel in das Büro kam, um nach Werbeartikeln von MBB zu fragen. Natürlich sehr freundlich, übertrieben freundlich. Viele Stimmen habe ich dann als die wiedererkannt, die einige Zeit vorher im Aufenthaltsraum ganz anders gesprochen hatten.

Aus meinem Urlaub zurück, gab es einiges zu organisieren, um selbständig das Training aufzunehmen zu dürfen. Zunächst mussten erst einmal die technischen Voraussetzungen geschaffen werden. Das bedeutete vor allem, bei der Musterzulassungsstelle die Freigabe von zwei Hubschraubern für Kunstflug zu beantragen. Die Grundvoraussetzung dazu war, dass eine der Zugangsklappen mit zusätzlichen Triebwerksklappenverschlüssen nachgerüstet werden musste. Diese waren die Voraussetzung, um mit dem Hubschrauber schneller als 110 Knoten fliegen zu dürfen. Diese Auflage bestand für alle BO 105 nach einem Zwischenfall mit der rechten vorderen Zugangsklappe. Das Problem: die neuen Verschlüsse waren noch nicht im Bestand, und der Liefertermin war ungewiss. Zum Glück hatte ich gute Verbindungen in der Herstellerfirma. Ich flog nach Donauwörth. Dort durfte ich in eine Kiste greifen und mir einige Verschlüsse nehmen. Unsere Technik baute diese, so schnell es ihnen möglich war, an den beiden Hubschraubern ein, die ich mir aufgrund der Erfahrungen ausgesucht hatte. Es waren die 80+04 und 80+09. Dann beantragte ich bei der Verkehrszulassungsstelle des Materialamtes der Luftwaffe die Genehmigung, diese Hubschrauber im Kunstflug zu betreiben.

## Genehmigung für den Kunstflug

Mitte September 1984 wurde die Genehmigung erteilt. Die Auflage der Nachrüstung auf die neuen Triebwerksklappenverschlüsse wurde noch einmal extra betont. Der nächste Punkt war die Erstellung eines Schulbefehls, in dem geregelt werden musste, unter welchen Voraussetzungen ich das individuelle Kunstflugtraining durchführen durfte. Mitte Oktober 1984 war es soweit. In einem Schulbefehl waren alle zu beachtenden Punkte aufgeführt: Von der Flugauftragserteilung über Einsatz einer Crash Crew, den Ort wo und was ich fliegen durfte. Der letzte Punkt war so vage gefasst, dass es eigentlich mir überlassen war, was ich machte.

Das Kunstflugtraining sollte deutlich vom übrigen Ausbildungsbetrieb separiert werden. Außerdem sollte es eigentlich nur dort stattfinden, wo auch eine Crash Crew war. Das war allerdings nicht praktikabel, denn am Platz direkt war immer Ausbildungsbetrieb und an dem einzigen, innerhalb der Kontrollzone gelegenen Übungsplatz Röcke meist auch. Darüber hinaus gab es oft nicht einmal genug Crash Crews für die normalen Ausbildungsvorhaben an den anderen Außenlandeplätzen, so dass für mich selten etwas übrigblieb. In dem Befehl war auch geregelt, dass man mir Gelegenheit zum Training geben sollte. Allerdings hatte der Hörsaalleiter andere Vorstellungen, für ihn ging natürlich der Ausbildungsbetrieb vor. Es war also ein Stück Papier, das zwar vorhanden sein musste, das aber erstellt worden war, ohne die praktische Durchführbarkeit zu beachten und so richtig kamen meine Interessen auch nicht vor. Ich betrachtete diesen Organisationsbefehl pragmatisch und begann mit dem individuellen Training. Meist an den Außenlandeplätzen die gerade verfügbar waren, egal ob eine Crash Crew anwesend war, oder nicht und mit den Manövern, die ich für richtig hielt.

## Erste Manöver in großer Höhe

Da meine Ausbildung bis auf zwei Manöver keinen Kunstflug enthalten hatte, war ich etwas aufgeregt. Dass es geht, wusste ich. Also konnte ich auch an alle Manöver herangehen. Es kostete ziemlich viel Achselnässe, aber in großer Höhe wurde ich zunehmend sicherer und fühlte mich sehr wohl dabei. Bis auf die Rolle fühlte ich mich auch bei allen Manövern sicher. Die Rolle war und ist bei einem Hubschrauber etwas Besonderes. Aber auch dieses Manöver funktionierte immer besser, und ich begann damit, mich langsam an eine geringere Flughöhe zu gewöhnen. Allerdings bedeuteten die Wintermonate wetterbedingt eine häufige Unterbrechung des Kunstflugtrainings. Längere Pausen zwischen den Trainingseinheiten entstanden auch wegen des normalen Ausbildungsbetriebes. Ich hatte wie immer zwei Lehrgangsteilnehmer. Im Frühjahr war ich soweit, dass ich Figuren zu Kombinationen zusammenfügen konnte. Der nächste Schritt würde zu einem einfachen Programm führen. Zu diesem Zeitpunkt wurde mir auch immer klarer, worin das Hauptinteresse der Waffenschulführung an meiner Ausbildung gelegen hatte. Über den Umweg meiner Ausbildung durch Hptm Z. sollte Hermann F. ausgebildet werden. Ständig wurde ich gefragt, wann ich denn endlich soweit wäre, Hermann im Hinblick auf die kommende Weltmeisterschaft auszubilden. Ich fühlte mich dazu noch nicht in der Lage. Aber die Anfragen wurden dringlicher. Die Weltmeisterschaft war inzwischen fest für 1986 eingeplant, und dort sollte Hermann F. auf jeden Fall teilnehmen. Bis zum Frühsommer 1985 hatte ich alle Anfragen, wann denn nun endlich die Ausbildung von Hermann F. beginnen könne, abgewehrt. Ich fühlte mich zu diesem Zeitpunkt einfach noch nicht sicher genug, eine Einweisung durchzuführen. Einmal, weil ich mein Training immer wieder aus den beschriebenen Gründen unterbrechen musste – und dadurch nicht so voran kam, wie ich es mir vorstellte. Außerdem wollte ich erst für mich ein Programm zusammengestellt haben und dieses sicher beherrschen. Denn im Sommer 1985 war meine erste Air Show auf dem Marinefliegerplatz Schleswig geplant und deshalb wollte ich mir selbst bis dahin Priorität einräumen.

## 300 Fuß als Basis

Nachdem ich das Flugprogramm zusammengestellt hatte und mich damit immer sicherer fühlte, konnte ich als Basisflughöhe 300 Fuß festlegen. Ich wurde immer vertrauter mit dem Ablauf und auch die Rollen in dieser Höhe empfand ich als sicher.

In der Woche vor der Veranstaltung konnte ich auf dem Außenlandeplatz Röcke trainieren, der innerhalb der Kontrollzone Bückeburg südwestlich des Platzes lag. Zur Rückkehr zum Flugplatz musste ich jeweils über einen Anflugpunkt fliegen, den Ida Turm, im Süden des Platzes gelegen. Ich fühlte mich so sicher, dass ich im Anflug auf den Tower noch schnell eine Rolle über dem freien Feld machte.

Zwei Tage vor dem Abflug hatte ich während des Trainings in Röcke einen ausgesprochen dummen Einfall. Ich stellte mir vor, dass es doch gut aussehen muss, wenn man während der Rolle den Kopf in den Nacken nimmt, um das Vorbeihuschen des Himmels und des Erdbodens zu erleben. Eine ausgesprochen dumme Idee. Ich vergeigte die Rolle total. Es wurde ein Abschwung daraus, was aus der Flughöhe von 300 Fuß über Grund gerade noch gut ging. Zunächst verstand ich überhaupt nicht, was ich falsch gemacht hatte. Ich stieg sofort wieder auf größere Höhe und versuchte die Rolle erneut – wieder wurde ein Abschwung daraus. Nach zwei weiteren Versuchen gab ich auf und landete erst einmal, um mir bei einem Kaffee in Ruhe über mein Problem klar zu werden. Ich glaubte, dass ich theoretisch das Problem erkannt hatte. Am nächsten Tag versuchte ich es wieder und nach einigen Versuchen schaffte ich die Rolle auch. Aber mehr schlecht als recht, ich hoffte jedoch, dass es für den bevorstehenden Flugtag reichte.

Der Flugtag war am 7. Juli 1985. Der Tag, an dem Boris Becker zum ersten Mal in Wimbledon gewann. Während seines Endspiels hatte ich meine Vorführung. Natürlich war ich bereits vorher nervös, denn es war eine große Veranstaltung. Unter anderem flog dort auch die bekannte italienische Kunstflugstaffel Frecce Tricolori. Als Hubschrauberpilot gehörte man im Rahmen einer Flugschau zu den kleineren Lichtern. Wir mit unserer kleinen BO 105 bei dieser großen Airshow, zu der mich Gisbert D. begleitete, ohnehin. Entsprechend war auch die Unterkunft, in der nahezu nur das im Static Display eingesetzte Personal untergebracht war. Am Abend vor der Veranstaltung war ein geselliges Beisammensein zum Kennenlernen angesetzt, und der Bus zu unserer Unterkunft fuhr um 24 Uhr. Bei einer Fahrzeit von rund einer Stunde fand ich das nicht so prickelnd. Zumal ich natürlich keinen Alkohol trank. Dann fallen manche Albernheiten, die vornehmlich die im Static Display eingesetzten Piloten machten, besonders auf. So hatte ich Zeit, an diesem langen Abend meine Aufregung vor dem nächsten Tag zu pflegen. Die meisten Display-Piloten waren übrigens schon lange weg, da sie mit Shuttle Bussen zu anderen Quartieren gebracht wurden. Die Lehre für mich: ich würde zukünftig nicht mehr fliegen, wenn nicht eine Unterkunft individuell, zumindest aber zeitlich früher, erreicht werden könnte.

Während meiner Vorführung am Sonntag verunglückte mir die Rolle wieder. Es war genauso wie an dem Trainingstag in Röcke. Zum Glück hatte ich diesmal die Flughöhe für die Rolle in 500 Fuß über Grund gelegt. Die Folge war, dass ich vom Zeitpunkt der verunglückten Rolle den Rest des Programms in umgekehrter Richtung fliegen musste. Das heißt, gegen den Wind. Geplante Loops erfolgten mit Rückenwind und für Rückenwind vorgesehene Manöver jetzt mit Gegenwind. Alles wurde unsauberer. Vermutlich haben die Zuschauer nichts bemerkt, für sie war es ein Hubschrauber, der am Himmel verrückte Dinge machte. Aber ich verstand erneut nicht, worin mein Problem lag.

**▲ In Schleswig flog ich 1985 meine erste Airshow.**

## ■ Ursachenforschung

Zurück in Bückeburg befasste ich mich in der nachfolgenden Zeit viel mit der Theorie des Kunstflugs. Dabei fand ich auch die Lösung meines Problems. In einem älteren Buch über Kunstflug konnte ich etwas über den „heiligen Punkt" lesen, den ein tschechischer Kunstflieger beschrieben hatte. Gemeint ist irgendein Punkt am Himmel um den man rollt, zum Beispiel im Idealfall eine Wolke. Diesen Punkt darf man während einer Rolle auf keinen Fall aus den Augen lassen. Deshalb war meine Idee, den Kopf während der Rolle in den Nacken zu nehmen, so wie ich es in Bückeburg gemacht hatte, absolut kontraproduktiv. Ich zwang mich bei den nächsten Trainingsflügen dazu, auf diesen Punkt zu starren. In der ersten Zeit markierte ich ein Kreuz mit Tape auf der Frontscheibe, und das half zusätzlich. Langsam bekam ich die Rolle wieder in den Griff.

▸ **Das deutsche Kontingent in Ahlhorn vor dem Abflug zur Hubschrauber-Weltmeisterschaft 1986 nach England.**

Aber ich habe nie den Respekt vor diesem Manöver verloren, das mit dem Hubschrauber so anders ist als mit einem Flächenflugzeug. Bis heute ist die Rolle für mich das schönste Manöver. Elegant in der Bewegung, unglaublich variabel – aber auch gefährlich. Denn eine kleine Ungenauigkeit im Bewegungsablauf hat eine große Auswirkung und die daraus entstehende Sinkrate ist erheblich.

In dieser Zeit begann ich mit Hermann F. zu fliegen, von der Führung der Waffenschule lang erwartet. Unser Verhältnis war zu bis zu diesem Zeitpunkt nicht das Beste. Aber da wir zusammen fliegen sollten, sprachen wir uns aus. Danach war alles in Ordnung, und ich konnte viel von ihm lernen. Aber auch ich fühlte mich zu diesem Zeitpunkt noch nicht in der Lage, von der linken Seite Kunstflug durchzuführen. Hermann war das egal, ihm ging es darum, die offizielle Einweisung bescheinigt zu bekommen, um dann allein weiter üben zu dürfen. Dieses Papier konnte ich ihm geben. Da er schon 1980 trainiert hatte und zu diesem Zeitpunkt bereits ein fertiges Flugprogramm hatte, war er ohnehin weiter als ich. Aber trotz des Vorsprunges, den Hermann F. eigentlich hatte, war er eine Rolle noch nicht geflogen, wie er mir sagte. Ich zeigte es ihm, so wie ich es inzwischen wieder konnte, von der rechten Seite. Nachdem ich ihm die abgeschlossene Ausbildung bescheinigt hatte, durfte er auch offiziell trainieren und konnte als Teilnehmer für die Weltmeisterschaft 1986 eingeplant werden. Was wir im Rahmen dieser Einweisung nutzten, war die Gelegenheit, Notverfahren im Zusammenhang mit Kunstflug nicht nur theoretisch zu betrachten.

Während des Sommerfestes der Lehrgruppe wurde an Hermann und mich herangetragen, etwas gemeinsam zu fliegen. Dazu übten wir ein kleines Doppel ein, in dem wir auch Kunstflug-Elemente einflochten. Ich denke es kam gut an, zumal es sicher spektakulär aussah. Noch während des Festes kam der Kommandeur zu uns und meinte, die gemeinsame Vorführung hätte sehr eindrucksvoll ausgesehen – aber das war das erste und das letzte Mal, dass wir so etwas geflogen wären.

Im Laufe des Jahres 1986 fanden einige Trainingslager zur Vorbereitung auf die Weltmeisterschaft in England statt. Dort flogen Hermann und ich meist voneinander abgeschirmt. Keiner wollte sich frühzeitig in die Karten gucken lassen. Interessant war, dass wir unabhängig voneinander gleiche Flugfiguren entwickelten. Zum Beispiel den Überschlag rückwärts aus dem Schwebeflug. Allerdings war mein Problem, dass ich durch meine Einweisung bei Hptm Z. und auch dem, was ich in der Versuchsstaffel in den Jahren zuvor gesehen hatte, mehr der konservativen Art des Kunstflugs zugewandt war. Also Manöver wie Loop, Rolle usw. Hermann hatte von Beginn an, also bereits 1980, sein Augenmerk mehr darauf gelegt, was den Hubschrauber von einem Flächenflugzeug unterschied, ohne dabei die klassischen Kunstflugfiguren außer Acht zu lassen.

## Vorführung auf der ILA in Hannover

Langsam rückte die Weltmeisterschaft näher. Eine gute Vorbereitung ergab sich durch die Möglichkeit, bei der Internationalen Luftfahrtschau (ILA) in Hannover vorzufliegen. Hermann und ich teilten uns die Zeit: Hermann flog in der zweiten Hälfte der Messe, und ich übernahm die ersten Tage. Hptm Z. hatte eine Sonderrolle. Er hatte als Weltmeister und etablierter Displayflieger nicht nur seinen eigenen Sprecher, seinen eigenen Techniker und eine bunte Abdeckung auf der BO 105, sondern flog auch zu gesonderten Zeiten während der ganzen ILA. Ich hatte in meiner Zeit viel Pech. Zum einen war das Wetter so, dass ich nur die Hälfte der geplanten Vorführungen fliegen konnte. Einmal musste ich meine Vorführung sogar abbrechen, weil ich während eines Loops im oberen Teil in die Wolken kam. Außerdem waren die „wichtigen" Besucher erst in der zweiten Hälfte der ILA in Hannover, als das Wetter besser war. Als „wichtige" Besucher meine ich einige, die auch in England bei der Weltmeisterschaft dabei sein würden.

Freestyle bei der Weltmeisterschaft, Flugvorführungen allgemein sind reine Showfliegerei. Schwer zu bewerten, wie Eiskunstlaufen, Tanzwettbewerbe usw. Es ist wichtig, eine Lobby aufzubauen. Das war mir damals noch nicht klar – in der Beziehung war ich sehr naiv. In der Zeit, bevor es nach England zur Weltmeisterschaft ging, auch in England selbst, wurde ich oft gefragt, was ich mir für Chancen ausrechnete. Ich hatte mir nichts ausgerechnet, ich war einfach stolz, dass ich überhaupt dabei sein durfte. Genauso äußerte ich es auch, wann immer ich gefragt wurde. Heute weiß ich natürlich, dass das die völlig falsche Antwort war. Jahre später, als ich im Rahmen von Flugunfalluntersuchungen nach 1996 sehr viel mit unserem Psychologen, Herrn Fehler, zu tun hatte, wurde es mir von ihm sehr deutlich erklärt. Es waren sehr interessante Gespräche die ich mit ihm führen durfte. Obwohl es mir damals nicht auffiel, diese Gespräche haben mich geprägt.

Während der ILA fand auch das Internationale Hubschrauberforum statt, auf dem Hermann und ich die Gelegenheit bekamen, unsere Vorführung vorzustellen. Da es eine Veranstaltung in Bückeburg war, blieb Hptm Z. diesmal außen vor. Beide Vorführungen kamen gut an, aber es war wie beim Eiskunstlauf. Jeder Zuschauer hat seinen eigenen Geschmack, es ist eigentlich nicht objektiv bewertbar. Aber an der Resonanz war zu erkennen, dass beide Vorführungen gut ankamen. Wir nutzten die Gelegenheit, bei Verantwortlichen der höheren Kommandobehörde vorzufühlen, ob wir eine besondere Bemalung an unsere Hubschrauber anbringen durften. Es wurde uns sofort mündlich vorab gestattet. Mit einer Auflage: Das Wort „HEER" musste groß auf dem Hubschrauber stehen. Der alte Zwist zwischen Luftwaffe und Heer.

Allerdings trübte sich hier bereits der Blick der Bundeswehrführung auf unseren Kunstflug ein. Der damalige Cheftestpilot von MBB, Siegfried H. stand abends an der Bar im Kasino und erklärte sehr lautstark: „was die dort fliegen ist verrückt, das muss ja zum Absturz führen". Solch eine Aussage vom Cheftestpiloten der Herstellerfirma gab einigen Verantwortlichen natürlich zu denken. Zunächst hatte es aber keine Auswirkungen.

▸ **Englische Kameraden bewerteten mit britischem Humor das unsaubere Abstellen der deutsche Teilnehmer-Hubschrauber.**

▲ **Die deutschen Teilnehmer der Hubschrauber-WM warten auf die Ankunft von Prinz Andrew.**

▼ **Prinz Andrew im Gespräch mit Rainer Wilke.**

## Hubschrauber-WM in England

Im Juni 1986 reisten wir nach England. In jeder Maschine flogen auch Offizielle mit, bei mir war es Oberstleutnant (OTL) M., verantwortlich für – ja was eigentlich? - und einer der vorgesehenen Schiedsrichter, damals Oberleutnant. So ganz nebenbei erzählte er mir, dass ich bei dem Freestyle Wettbewerb als erster starten würde. Ich war erstaunt und sagte, laut Reglement würde die Reihenfolge in England vor dem Wettbewerb ausgelost. Darauf druckste er etwas herum und sagte, er hätte nichts gesagt. Aber er sollte Recht behalten.

In England war die Unterbringung in Doppelzimmern vorgesehen. Hptm Z. und ich bezogen ein gemeinsames Hotelzimmer. Von diesem Tag an durfte ich ihn duzen. Zunächst war die gesamte Veranstaltung für mich nicht sehr abwechslungsreich. Mit Ausnahme der Tatsache, dass man jede Menge Kontakte knüpfen konnte. Zum Beispiel hatte ich ein gutes Verhältnis zu einem der russischen Piloten aufgebaut. Aus heutiger Sicht muss ich sagen, einem Piloten aus der Ukraine. Er konnte etwas Englisch sprechen und wir verstanden uns gut. Störend war nur die ständige Beaufsichtigung aller Piloten der russischen Mannschaft durch Offizielle. Das ging so weit, dass sie nach einer Veranstaltung gemeinsam ins Hotel zurückgeführt wurden. Unabhängig zu gehen, oder gar in unserem Bus mitzufahren, wie wir es oft anboten – keine Chance.

Mir ging das lange Warten auf den Wettbewerb mit der Zeit an die Nerven. Angekommen am Freitag den 20. Juni, gleichzeitig der letzte Tag mit Fliegen für mich, sollte das Event am Donnerstag den 26. Juni stattfinden. Übrigens der Geburtstag meiner jüngeren Tochter. Während Hermann F. am normalen Wettbewerb mitflog, und somit jeden Tag im Flugdienst stand, mussten Karl Z. und ich am Boden bleiben. Karl Z. hatte die Gelegenheit, „Versorgungsflüge“ zu machen, somit durfte er wenigstens den Hubschrauber bewegen. Meine Nachfrage bei der deutschen Teamleitung ergab, dass es uns verboten worden sei, im Vorfeld des Wettbewerbs zu trainieren. Ich fragte nicht nur einmal nach. Der Teamchef brachte mich eines Tages mit einer amerikanischen Journalistin zusammen, die einen Artikel über den Freestyle-Wettbewerb schreiben sollte. Vielleicht wollte er mich so von weiteren Nachfragen ablenken.

Am Vortag des Wettbewerbs unterhielt ich mich am Frühstücksbuffet mehr oder weniger zufällig mit einem Verantwortlichen der englischen Ausrichter. Er sagte mir, dass er sich sehr darüber wundere, dass wir als Freestyle-Teilnehmer überhaupt nicht trainieren wollten. Das würde seiner Auffassung nach nicht zur Flugsicherheit beitragen. Auf meine ausdrückliche Nachfrage, wer das gesagt habe, erklärte er mir, dass dies die Aussage der deutschen Teamleitung sei. Ich klärte ihn auf, dass diese Auffassung überhaupt nicht in meinem Sinne sei und ich sehr gern trainieren würde. Er versprach, sich sofort darum zu kümmern. Der Freestyle-Wettbewerb sollte am Flugplatz Cranfield stattfinden, zirka 20 Kilometer im Südosten. Er hatte sicher einiges zu organisieren, aber noch am gleichen Tag wurde ein Trainingsflug ermöglicht. Jeder Teilnehmer durfte rund 30 Minuten in der Wettkampfbox trainieren.

Es tat mir gut, nach fast einer Woche wieder im Hubschrauber sitzen zu dürfen. Allerdings musste ich mir hinterher von der deutschen Teamleitung sagen lassen, dass ich doch zukünftig keine persönlichen Absprachen mit der Organisation treffen solle, das sei Sache der Teamleitung.

## ■ Nervosität vor dem Wettbewerbsstart

Am Wettbewerbstag musste ich – wie überraschend – als erster starten. Also hatte der Fluggast des Hinfluges doch etwas gewusst. Natürlich war ich sehr nervös, und ich flog nicht so, wie ich es von mir erwartet hatte. Der zweite Teilnehmer, ein englischer Pilot, hatte ein technisches Problem mit dem Heckrotor. Er brauchte lange, um die Maschine sicher an den Boden zu bekommen. Eine wirklich gute Leistung von ihm, die in diesem Moment kaum jemand so richtig zu würdigen wusste. Aber dadurch fand eine lange Unterbrechung des Wettbewerbs statt. In dieser langen Pause wurde ich gebeten, den englischen Preisrichter aufzusuchen. Er wollte mir lediglich zu meinem Flug gratulieren, gab mir dabei aber unbeabsichtigt die Möglichkeit, auf seinen Wertungszettel zu schauen. Es war mehr als ich erwartet hatte und gab mir wieder etwas Hoffnung, doch nicht so schlecht gewesen zu sein. Nach einer längeren Zeit wurde der Wettbewerb fortgesetzt. Ich hoffte, dass sich nach dieser langen Unterbrechung überhaupt noch jemand an meine Vorführung erinnern würde. Als Vorletzter war Hermann F. dran, und er flog wirklich klasse. Ich hatte das Gefühl, dass er sich den Frust über sein schlechtes Abschneiden beim normalen Wettbewerb von der Seele flog. Es gelang ihm alles. Zum Schluss kam Karl Z. und flog wie immer routiniert sein Programm. Jetzt waren die Wertungsrichter dran, der überwiegende Teil bestand übrigens aus Teilnehmern der deutschen Delegation. Darunter auch mein Passagier vom Hinflug. Alle warteten wir auf das Ergebnis, aber die meisten von uns standen schon für den Rückflug vor unseren Hubschraubern.

Als sich dann Unruhe unter den Offiziellen breitmachte, stand es fest und es wurde auch zügig mitgeteilt. 1. Hermann F., Zweiter Karl Z. und ich war Dritter geworden. Ich war enttäuscht. Als ich am Hubschrauber stand, kam unser stellvertretender Delegationsleiter vorbei, um mir zum 3. Platz zu gratulieren. Er konnte meine Enttäuschung erkennen. Er versuchte mich zu trösten und sagte, dass ich es verstehen müsse. Schließlich sei ich der Jüngste und Karl Z. würde ohnehin in absehbarer Zeit aufhören. Tröstlich war das für mich nicht. Allerdings muss ich zugeben, dass Hermann F. einfach gut geflogen war und er verdient gewonnen hatte.

Am Montag den 30. Juni kamen wir wieder in Bückeburg an und ich konnte meinen Jahresurlaub antreten. Eigentlich hatten wir bereits seit Samstag eine Ferienwohnung in Fréjus in Südfrankreich angemietet. Deshalb fuhren wir gleich in der Nacht zum Dienstag los. Im Urlaub hatte ich Zeit, mir die Veranstaltung in England in Ruhe durch den Kopf gehen zu lassen. Ich kam für mich zu dem Schluss, dass ich nicht noch einmal an einer Weltmeisterschaft teilnehmen würde. Es hatte nichts mit meiner Platzierung zu tun, Hermann F. war einfach besser gewesen. Es waren so viele kleine Dinge in unserer Delegation, die mich gestört hatten. Da ich die ganze Zeit über nichts zu tun hatte, fiel es mir vermutlich mehr auf, als wäre ich ständig beschäftigt gewesen. Es gab Momente, da hatte ich das Gefühl, die Funktionäre hätten die Veranstaltung auch gut ohne Teilnehmer durchführen können. Aber es gab ohnehin zunächst keine

▶ **Der Rückflug der WM-Teilnehmer führte an den Klippen von Dover vorbei.**

Planung für eine weitere Weltmeisterschaft. Dass zwei Jahre später das Flugtag-Unglück von Ramstein ohnehin alles verändern würde, konnte zu diesem Zeitpunkt noch niemand ahnen.

## ■ Aus für den Hubschrauber-Kunstflug

Als ich aus dem Urlaub zurück war, erfuhr ich, dass noch eine Flugvorführung in Le Luc, in Südfrankreich genehmigt war. Hermann F. sollte die Vorführung fliegen und ich durfte ihn auf diesem Flug begleiten. Danach wurde der Kunstflug mit der BO 105 sehr rasch eingestellt. Es betraf alle Vorführungen und auch Trainingsflüge. Wie es hieß „vorübergehend", bis zur Klärung einiger offener Fragen. Das Heeresamt legte dies mit einer Verfügung vom 27. August 1986 fest.

Es war letztlich das Resultat der Äußerungen von Herrn H. Es begann eigentlich schon, während wir noch in England waren. Bereits im Juni 1986 hatte der Hersteller MBB Hermann F. und mich nach Ottobrunn zu einem Erfahrungsaustausch eingeladen. Am 19. Juni 1986 schickte das Heeresamt ein diesbezügliches Schreiben an die Waffenschule. Darin wurden Hermann F. und ich aufgefordert, unsere Flugprogramme detailliert zu beschreiben. Die MBB hatte eine telemetrische Vermessung angeboten. Zunächst eine sogenannte Schwarz-Weiß- Vermessung. Das bedeutete, das Anbringen von Dehnmessstreifen zur einfachen Feststellung von Überlastungen. Dieses wurde gratis in Aussicht gestellt. Sollten sich dabei Überlastungen herausstellen, müsste es gründlich vermessen werden, was dann allerdings kostenpflichtig wäre.

Im August fand die Besprechung bei MBB statt. Dort diskutierten wir mit einigen Fachleuten der Firma über unsere Flugprogramme, die wir bereits im Vorfeld mit allen relevanten Daten übermittelt hatten. Bis auf Herrn H. standen uns alle Teilnehmer sehr offen und aufgeschlossen gegenüber. Im Verlauf des Treffens diskutierten wir über die Belastungen am Hubschrauber in den verschiedenen Flugzuständen, vorrangig bei Kunstflugmanövern. Als Abfallprodukt sprachen wir auch über

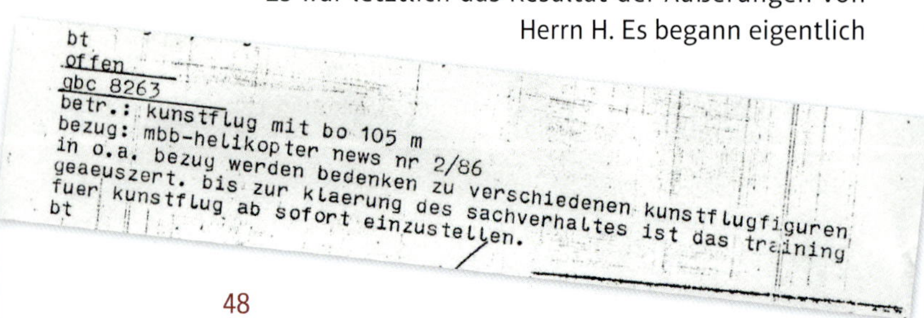
bt
offen
gbc 8263
betr.: kunstflug mit bo 105 m
bezug: mbb-helikopter news nr 2/86
in o.a. bezug werden bedenken zu verschiedenen kunstflugfiguren
geaeuszert. bis zur klaerung des sachverhaltes ist das training
fuer kunstflug ab sofort einzustellen.
bt

Autorotationen und riefen starkes Stirnrunzeln bei den meisten Teilnehmern hervor, als sie erfuhren wie viele Autorotationen wir im Laufe eines Lehrgangs zur Weiterschulung auf die BO 105 machen. Als wir dann noch erklärten, dass es sich grundsätzlich um Autorotationen mit Turbine im Leerlauf und dem Ausgleiten am Boden handelte, waren sie noch überraschter. Es hieß, für eine solche Belastung sei der Hubschrauber nie vorgesehen gewesen. Es wurde angedeutet, dass eine Vermessung zur Belastung auch gute Erkenntnisse hinsichtlich der Autorotationen bringen könnte.

Nach unserer Rückkehr hatten wir nicht das Gefühl, dass unser Bericht etwas bewirken könnte, vor allem der letzte Punkt wollte nicht gehört werden. Für mich führte die Besprechung vor allem zum Kennenlernen einiger kompetenter Angestellter des Herstellers, was mir Jahre später helfen würde.

Es begann ein sehr langwieriges Hin und Her zwischen verschiedenen militärischen Dienststellen und der MBB. Dabei wurde auch klar, dass es unterschiedliche Interessen gab. Zum einen zwischen Luftwaffe und Heer. Wäre die BO 105 bei der Luftwaffe angesiedelt gewesen, wer weiß… Außerdem gab es noch das Round-Up-Team in Celle. Eine Formation mit BO 105 Panzerabwehrhubschraubern, die eine starke Lobby im Ämterbereich hatten.

Obwohl MBB bereits am 1. September 1986 unsere Flugvorführungen für unbedenklich erklärt hatte, wenn „ein ausgewählter Personenkreis mit entsprechendem Training die Vorführungen fliegt und die Hubschrauber einer erweiterten Vor- und Nachflugkontrolle unterzogen werden", blieb das Heeresamt bei seiner Auffassung, das Training erst wieder zu gestatten, wenn alle Bedenken ausgeräumt sind. Dazu sollten Festigkeitsuntersuchungen, wie vom Hersteller angeboten, durchgeführt werden. Ein bereits Anfang 1987 in der Celleschen Zeitung erschienener Artikel, in dem darauf hingewiesen wurde, dass gerade die von Hermann F. und mir geflogenen Programme kritisch gesehen würden, war auch nicht hilfreich. Nach unserer Auffassung war dieser Artikel lanciert worden.

## Bedenken aus dem Fü L

Im August 1987 war man immer noch nicht weitergekommen. Erneut bot MBB an, eine telemetrische Vermessung durchzuführen und das Heeresamt erinnerte das Verteidigungsministerium an diesen schwebenden Vorgang. Es fragte an, ob überhaupt ein Interesse bestehe, dieses Kunstflugprogramm weiterhin durchzuführen.

Mit Schreiben vom 3. November 1987 an das Verteidigungsministerium begründete Fü L (Führungsstab der Luftwaffe) umfangreich, dass man von dem geplanten Vorhaben der Vermessung absehen sollte. Es müsste Personal gestellt werden, es müssten Hubschrauber gestellt werden, die Wehrtechnische Dienststelle müsste involviert werden, die Ausrüstung müsste gestellt werden usw. Auch wenn die Grobauswertung durch MBB noch kostenfrei wäre, sei es ein großer Aufwand, und das Ergebnis wäre auch nicht übertragbar, da es von dem jeweiligen Piloten abhänge. Außerdem sei ohnehin zu erwarten, dass die Mehrzahl der Manöver im kritischen Bereich sein würden und dann würde es MBB nicht mehr kostenfrei durchführen. Man hätte auch einfach sagen können, dass man es nicht will.

Das Heeresamt unternahm Ende November 1987 noch den Versuch, das Blatt zu wenden und schrieb, dass die Stellungnahme vom Fü L nur auf Vermutungen und Annahmen beruhe und bat um Zustimmung für die von MBB angebotene kostenfreie Untersuchung. Fü H (Führungsstab Heer) schloss sich diesem Vorschlag an, aber in diesem Jahr erfolgte weiterhin keine Entscheidung.

## Schabernack auf der ILA 1988

Auf der ILA 1988 in Hannover war ich trotzdem. Allerdings nur im Static Display. Das bedeutet, ich habe aufgepasst, dass an der in einer Halle zur Besichtigung freigegebenen BO 105 keine Dummheiten gemacht wurden. Man wird von unzähligen Fragen der Besucher gelöchert und versucht, sie so gut es geht zu beantworten, gleichzeitig passt man auf, dass bei den ständigen Versuchen, Schalter und Hebel zu betätigen, nichts beschädigt wird. Es macht solange Spaß, wie es interessierte Fragen sind. Aber es gab immer Besucher, die eine Frage stellten und vor der Beantwortung die nächste usw. Sie wollten eigentlich gar nichts wissen, sie waren nur nervend. Für diese Gäste hatte ich immer einige Kaffeebohnen in der Tasche.

Der Innenraumlüfter der militärischen BO 105 ist sehr laut, er wird durch einen Hebel am Armaturenbrett betätigt. In den beiden vorderen Einstiegstüren ist jeweils ein kleiner Aschenbecher. Auf die eine Seite hatte ich immer etwas gemahlenes Kaffeepulver eingefüllt. Wenn also je-

▲ **Empfang bei Airbus auf der ILA in Hannover.**

mand auf die oben beschriebene Weise nervte, machte ich ihn auf diesen Hebel aufmerksam und erklärte, es sei der Schalter für unsere eingebaute Kaffeemühle. Natürlich wurde das nicht geglaubt. Also nahm ich einige Kaffeebohnen, füllte sie in den anderen Aschenbecher und betätigte den Hebel. Ein lautes Geräusch ertönte, und nachdem ich mit dem Hebel die „Kaffeemaschine" ausschaltete, ging ich auf die andere Seite und entnahm den Aschenbecher, um das Ergebnis zu zeigen. Es kürzte die Besichtigung durch diese Gäste ab. Allerdings gab es immer wieder einige, die das tatsächlich glaubten und über diese technische Innovation begeistert waren.

Diese ILA, die vorletzte in Hannover, wurde leider von einem schweren Unfall überschattet. Ein Hubschrauber des Typs Chinook berührte mit einem der beiden Rotoren ein Gate des Terminals und brannte aus. Das Ganze geschah nach 18 Uhr, die Messe war bereits geschlossen. Aber viele von uns Teilnehmern trafen sich oft nach Feierabend bei dem Stand eines bestimmten Ausstellers. Dieser lag nicht viel mehr als 100 Meter Luftlinie von dem betreffenden Gate entfernt. Alle die wir da waren, bekamen den Unfall unmittelbar mit. Es flogen sehr viele Teile des Rotors durch die Luft, zum Teil sehr weit. Zum Glück waren sowohl die Feuerwehr als auch Rettungskräfte unmittelbar vor Ort. Es war für mich das erste Mal, dass ich einen Flugunfall direkt mit ansehen musste und so etwas bleibt im Gedächtnis.

## Die Bundeswehr hat kein Interesse mehr

Mitte Juli 1988 wurde die Entscheidung in Sachen Untersuchung des Herstellers zu Kunstflugmanövern getroffen: Die von MBB angebotene Vermessung wird nicht durchgeführt, die Bundeswehr hat kein Interesse mehr an der Durchführung von Hubschrauberkunstflug. Vielleicht trug auch der zwei Monate vorher passierte Unfall einer BO 105 zu dieser Entscheidung bei. Eigentlich sollte der Hubschrauber nur im Static Display auf einem Segelflugplatz in der Nähe von Roth stehen.

Der Unfall war völlig überflüssig, aber vielleicht nachvollziehbar. Den ganzen Tag steht man am Hubschrauber und bekommt Fragen gestellt. Meist geht es um die Wendigkeit des Hubschraubers und dass dies doch der Hubschrauber ist, der auch Kunstflug kann. Es war keine Flugvorführung geplant und erlaubt, aber eine kleine Demonstration zum Abflug wollten die beiden Piloten dann doch zeigen. Ein wenig seitlicher Schwebeflug mit Winken, tiefem Abflug unter dem Blickfeld der Zuschauer und ein schneller Vorbeiflug auf der Startbahn war geplant – letzteres Manöver führte zum Absturz.

## Ramstein war ein bedeutender Einschnitt

Drei Monate später, im August 1988 geschah dann das Unglück in Ramstein. Danach war an militärischen Kunstflug in Deutschland zunächst einmal nicht mehr zu denken. Um die Umstände dieses Unglücks zu untersuchen und nach Möglichkeit Lehren daraus zu ziehen, wurde die Steinhoff-Kommission eingesetzt. Den Vorsitz, gleichzeitig Namensgeber, führte der ehemalige Inspekteur der Luftwaffe, General Johannes Steinhoff. Er besuchte viele Truppenteile, natürlich vorrangig die, die in der vergangenen Zeit an Flugtagen teilgenommen hatten. Er wollte vor allem auch mit den unmittelbar beteiligten Piloten sprechen. Dazu fand unter anderem ein Treffen in Celle statt, bei dem auch wir drei BO 105-Piloten, die Kunstflug betrieben hatten, eingeladen waren. Ich empfand diese Besprechung als positiv. General Steinhoff ging der Ruf voraus, von Flugvorführungen nichts zu halten, sie als Macho-Gehabe zu bezeichnen. Dafür waren die Besprechung und seine Betrachtungsweise absolut objektiv. Eingesetzt am 16. September 1988, legte diese Kommission Ihren Bericht bereits am 16. Januar 1989 vor. Die Beschlussempfehlung und der Bericht des Verteidigungsausschusses, damit das Papier zur zukünftigen Handhabe, brauchten bis zu September 1989.

Im gleichen Monat stürzte Siegfried H., der damalige Cheftestpilot von MBB, tödlich ab. Es wurde der Film „Fire Birds" mit Nicolas Cage gedreht. In der deutschen Fassung hieß dieser Film „Flügel aus Stahl". Das Thema: US Militär unterstützt die Sicherheitskräfte eines südamerikanischen Landes beim Kampf gegen Drogenbarone mit Hubschraubern. Diese werden durch einen Scorpion-Kampfhubschrauber (fiktive Bezeichnung) der Drogenbarone abgeschossen. Daraufhin bildet das US Militär eine Spezialeinheit mit AH-64 Apache-Kampfhubschraubern, um gegen diesen schwarzen Hubschrauber anzutreten. Für diesen „bösen" Gegenpart zum „Apache" war die BO 105 eingeplant. Auch die Rolle des bösen Gegenparts wäre in den USA natürlich eine gute Werbung gewesen. Zumal die BO 105 im Film für Hubschrauber einzigartige Kunstflugmanöver hätte vorführen dürfen. Für diesen Film hatte Siegfried H. ein Flugtraining aufgenommen, das er auf einem militärischen Übungsgelände durchführte. Als er den Landevorgang einleiten wollte, führte er eine rechte Anhalte-Kurve durch. Hierbei stürzte der Hubschrauber ab.

## Einsatz als Unfall-Untersucher

Im Januar 1990 bekam ich einen Anruf, ob ich bei der Aufbereitung des Unfallgeschehens helfen könne, und ich sagte zu. Ich weiß nicht, ob ich bei unseren Besprechungen betreffend Kunstflug bei MBB einen guten Eindruck hinterlassen hatte. Stolz war ich schon, dass man mich fragte und nicht Karl Z., immerhin Flugsicherheitsoffizier, Wolfgang K. oder Hermann F., den amtierenden Weltmeister. Im Dienst waren zu dieser Zeit noch alle. Ich beantragte kurzfristig zwei Tage Urlaub, die ich nach meiner Erklärung auch sofort bekam, und fuhr nach Ottobrunn.

Noch am Abend meiner Ankunft schauten wir ein Video des Unfallablaufes an. Ein Touristen-Paar befand sich auf einer kleinen Tribüne des Geländes und hatte das Training einschließlich Unfall gefilmt. Durch dieses komplette Video waren Zeitablauf, Kurvenlage, Höhen und das wahrscheinliche Steuerverhalten recht gut zu erkennen. Ein Fehler, vor dem in einem Absatz des Flughandbuches gewarnt wurde, war die wahrscheinliche Ursache. Gerade Siegfried H. wusste mit Sicherheit um das Problem der BO 105 in einer Rechtskurve. Aber es sind immer Sekundenbruchteile, in denen man etwas eigentlich Selbstverständliches nicht beachtet und die zu Tragödien führen. Zu diesem Zeitpunkt war das Video bei MBB unter Verschluss, Jahre später tauchte es dann doch im Internet auf, wo man es immer noch finden kann. Rückblickend kann ich sagen, dass genau diese Anfrage und die daraus resultierende Besprechung des Flugunfalls mein Einstieg in den zivilen Hubschrauberkunstflug war.

Nach dem Unfall von Siegfried H. wurde die Stelle des Cheftestpiloten neu besetzt mit dem ehemaligen Stellvertreter, Udo H. Da MBB nun keinen Piloten mehr hatte, der eine Kunstflugberechtigung besaß, geschweige denn über fliegerische Erfahrung im Hubschrauber-Kunstflug, überlegte man, zwei neue Piloten im Kunstflug auszubilden. Für diese Lücke hatte Siegfried H. während seiner Zeit als Cheftestpilot letztlich selbst gesorgt. Es existierte eine „Fluganweisung für Kunstflug" der BO 105 aus dem Jahr 1973. Erlassen worden war sie vom Luftfahrt-Bundesamt und bis zu diesem Zeitpunkt niemals aufgehoben worden. In dieser Anweisung war Kunstflug unter bestimmten Auflagen und Betriebsgrenzen erlaubt. Zusätzlich stand ein Passus darin, der besagte, dass diese Flüge vom MBB-Piloten Siegfried H. oder einem anderen erfahrenen MBB-Piloten mit einer gültigen Kunstflugberechtigung für Hubschrauber BO 105 durchgeführt werden müssten. Da Siegfried darauf geachtet hatte, dass außer ihm niemand Kunstflug auf der BO 105 betreiben durfte, bestand diese Lücke, und MBB beabsichtigte deshalb, zwei ihrer Piloten ausbilden zu lassen. Der neue Cheftestpilot trat an mich heran, ob ich diese Ausbildung übernehmen würde.

## Umschreibung der Kunstflugberechtigung

Ich willigte gern ein, allerdings besaß ich selbst keine zivile Kunstflugberechtigung. MBB war bereit, mir die Ressourcen für den Scheineintrag zur Verfügung zu stellen. Allerdings verlangte die Behörde zunächst einen Nachweis über eine erfolgte Ausbildung. Ich erinnerte mich an das Angebot von Hptm Z. aus dem Jahr 1984, mir eine solche Bescheinigung auszustellen und fragte bei ihm an. Jetzt konnte er sich nicht mehr daran erinnern, so etwas jemals gesagt zu haben. Sein damaliger fliegerischer Vorgesetzter hatte allerdings weniger Probleme mit der Erinnerung. Er stellte mir in seiner Eigenschaft als damaliger Ausbildungsleiter eine Bescheinigung über den Besuch des entsprechenden Lehrgangs aus. Schließlich gab es diverse Papiere wie Kommandierungsverfügung, Lehrgangsnachweis usw. Letztlich verzichtete die Behörde auf die praktische Prüfung, es gab genug Videos mit denen Flüge von mir dokumentiert waren. Ich bekam die zivile Kunstflugberechtigung in meine Lizenz eingetragen und begann, ein Ausbildungskonzept auszuarbeiten. Dieses wurde von der Firma in eine den Ansprüchen der Behörde genügenden Form umgesetzt. Seitens MBB wurde ein Antrag auf Durchführung eines Lehrgangs „Ausbildung im Hubschrauberkunstflug" gestellt. Alles zusammen, Erwerb meiner Lizenz, Bearbeitung des Antrags – Neuland für das Luftfahrt-Bundesamt – und alle Vorbereitungen zogen sich länger hin.

In dieser Zeit begann ich mich verstärkt um die Teilnahme an Französischkursen innerhalb der Bundeswehr zu bewerben. Nach unserem ersten Urlaub in Südfrankreich 1986 hatte ich schon einen Grundlehrgang besucht, mehr zu dem Zweck, mich dort einigermaßen verständigen zu können. Danach waren wir fast regelmäßig nach Fréjus in den Sommerurlaub gefahren. Inzwischen waren die Planungen zum Nachfolger des PAH 1 (Tiger) schon weitergekommen, und es deutete sich an, dass eine Stationierung dieses neuen Hubschraubers im Rahmen der Ausbildung in Südfrankreich in Le Luc, in der Nähe von Saint Tropez und damit auch Fréjus, passieren könnte. Das wäre für mich eine ideale Perspektive. Ich stellte mir vor, dort für einen längeren Zeitraum in einer Auslandsverwendung tätig zu sein und auch nach der Pensionierung dort zu bleiben. Die Aussichten, in das Tiger-Programm zu kommen, waren nicht schlecht. 1990 wurde ich zu ATV kommandiert und auf eine Dienstreise nach München mitgenommen. Dort sollte ich den ersten Einblick in die Thematik des Cockpits Tiger erhalten. Es war beabsichtigt, mich als Nachfolger von Hptm K., der in absehbarer Zeit pensioniert werden sollte, einzuarbeiten. Das war allerdings nur die Planung von ATV und den Beteiligten am Tiger-Programm. Die Lehrgruppe sah es anders, sie wollte mich nur gegen gleichwertigen Ersatz gehen lassen. Außerdem sollte nach der Pensionierung von Hptm K. die höherwertige Planstelle, auf der er saß – und die nur vorübergehend eingerichtet worden war – nicht verlängert werden. So blieb ich in der Lehrgruppe. Was mir blieb, war nach Prüfung der Erhalt einer Leistungsstufe in der Fremdsprache Französisch.

## Dubioses Angebot

Im kommenden Jahr bekam ich von einem Bekannten einen interessanten Hinweis auf ein Inserat. Es ging es darum, dass Hubschrauberpiloten mit militärischen Hintergrund gesucht wurden. Er selbst, ebenfalls bei den Heeresfliegern, hatte schon etwas mehr herausgefunden. Es wurden offensichtlich Hubschrauberpiloten gesucht, die speziell Erfahrung auf dem Panzerabwehrhubschrauber hatten und bereit waren, für eine begrenzte Zeit für Ausbildungszwecke ins Ausland zu gehen. Als Familienvater für mich eigentlich nicht in Frage kommend, war ich trotzdem neugierig zu sehen, ob ich eine Chance hätte. Ich schrieb die genannte Adresse an, mit Telefonnummer für einen Rückruf. Diesen erhielt ich tatsächlich. Ich sollte meine fliegerische Vita auflisten und dann würden sich gegebenenfalls die Auftraggeber melden. Vermutlich war besonders die Schießlehrerqualifikation interessant, jedenfalls erhielt ich eine Einladung, mich zu einem festgesetzten Termin zu einem Vorstellungsgespräch in einem Hotel in Bonn einzufinden. Das war der Punkt, an dem ich den Rückzieher machte. Wer genau dahinter steckte, habe ich nie erfahren. Aber als ich Jahre später über Eurocopter fast eine Zeitlang in einem der arabischen Staaten gearbeitet hätte, vermute ich, dass es sich um eines dieser Länder handelte. Die letztgenannte Tätigkeit wäre übrigens mit der Bundeswehr abgestimmt gewesen. Ich hatte bereits Verbindung mit einem Werkspiloten aufgenommen, der dort anfänglich gewesen ist und die erste Ausbildung durchgeführt hatte. Er hatte mir den Aufenthalt schmackhaft gemacht. Wären nicht Unruhen in der Region dazwischen gekommen, hätte es eine interessante Abwechslung sein können.

Im Mai 1990 fand die letzte ILA in Hannover statt. Im Rahmen des Static Displays durfte ich wieder dabeisein. Hier hatte ich nach der Hubschrauber-Weltmeisterschaft 1986 zum zweiten Mal nähere Berührungen mit russischen Besatzungen. In Erinnerung sind mir abendliche Umtrunke in einem ihrer großen Transportflugzeuge geblieben. Glücklicherweise fuhr unser Bus für die Teilnehmer aus Bückeburg schon bald nach Schließung der Messe. So blieb es meist bei einem Glas Wodka, der auch noch aus Wassergläsern getrunken wurde.

Da ich durch meine Verbindungen zu Eurocopter einige Kontakte geknüpft hatte, konnte ich am Stand der Firma – oder noch besser im Chalet – immer mal wieder einen Kaffee trinken oder auch eine Kleinigkeit essen. Im Chalet saß man ruhig und ungestört und bekam von dem Trubel ringsherum nichts mit. Um in das Chalet zu kommen, musste man jedoch an der Rezeption vorbeikommen. Dort wachten in der Regel resolute Damen darauf, dass niemand Unbefugter hereinkam, denn das Chalet sollte eigentlich VIPs oder geladenen Gästen vorbehalten sein. Im Vorfeld der ILA wurde mir gesagt, ich könne jederzeit dorthin kommen. Ich fragte also für den Zutritt nach einem der Herren, die ich kannte. War derjenige da, wurde ich abgeholt, war er nicht da, blitzte ich ab. Das war mir jeweils sehr unangenehm, ich kam mir wie ein Bittsteller vor. An einem Tag – es war keiner der mir bekannten Herren anwesend – ging neben mir ein Gefreiter der Luftwaffe locker winkend an dem „Wachpersonal" vorbei. Am Nachmittag traf ich zufällig in der Halle Herrn X – damals in der Hierarchie der anwesenden Airbus-Vertreter sehr weit oben angesiedelt. Ich schilderte ihm dieses Erlebnis, weil ich zugegeben etwas angefressen war. Er entschuldigte sich, versprach das zu ändern und wir verabredeten uns im Chalet. Dort gab er mir einen Ausweis, gültig für die Dauer der ILA, erklärte den Damen wer ich bin, und dass ich jederzeit auch einen Gast mit ins Chalet nehmen dürfe. Außerdem lud er mich für den gleichen Abend zu einem kleinen Stehempfang am Stand von Airbus in der Halle ein. Ich dürfte auch Gäste mitbringen. Am Abend, etwa eine Stunde vor der Schließung, gingen Wolfgang B. und ich zum Stand von Airbus. Dort war ein Bereich für den Stehempfang trassiert. Wir wurden begrüßt und hatten einen schönen Ausklang des Tages mit Snacks und Getränken. Aber am schönsten war das Drumherum. Außerhalb des Bereiches liefen noch die Besucher und natürlich auch viele Angehörige der Bundeswehr vorbei. Darunter auch Generäle. Gerade letztere wunderten sich vermutlich, was sich ein Hauptmann und ein Oberleutnant in verschwitzter Fliegerkombi im vertrauten Gespräch mit hohen Politikern und Industrieführern so erzählten. Denn das war die Klientel dieses Empfangs. Wir beide haben diesen Abend genossen.

▸ **Einweisungsflug auf der BO 105 mit dem NATO-Generalsekretär Manfred Wörner im Jahr 1990.**

## Erster Flug in die neuen Bundesländer

Im Dezember 1990 führte mich mein erster Flug in die neuen Bundesländer nach Basepohl. Drei Angehörige des Ministeriums sollten dorthin, um im Rahmen einer möglichen Übernahme der Kampfhubschrauber Mil Mi-24 „Hind" einige Sachverhalte zu prüfen. Einer davon ein Oberstleutnant i. G. (im Generalstab) mit BO 105-Lizenz, der auf diesem Flug gleichzeitig Flugstunden zur Erhaltung der Fluglizenz sammeln konnte. Ich musste vorher den Flug beantragen und bekam eine Route zugeteilt. In dem Gebiet der ehemaligen DDR sah die Karte wie ein Strickmusterbogen aus. Es gab einen Flugplan mit einer Unzahl von Wendepunkten, immer mit geradlinigen Strecken dazwischen, den man zu befolgen hatte. So wie wir es gewohnt waren, selbständig eine Streckenplanung zu legen, war nicht erlaubt. Die zugewiesene Route führte ziemlich im Zick Zack und auch die Höhe war mit „300" festgelegt. 300 als Höhenangabe bedeutete für mich natürlich Höhe in Fuß. Aber wahrscheinlich habe ich das Fernschreiben nicht richtig gelesen.

▲ **Besuch von Ministeriumsmitarbeitern in Basepohl, um die Mi-24 Hind der NVA zu begutachten.**

Es waren Meter gemeint, also eigentlich rund 900 Fuß. Das Wetter am Flugtag war schlecht, aber der Termin wichtig und in 100 Fuß konnte man leicht fliegen. Die Route führte nördlich von Magdeburg entlang. Plötzlich tauchte eine breite Reihe von Panzern im Dunst auf. Offensichtlich flogen wir genau über die Basis einer Schießbahn. Im Vorbeihuschen mit rund 100 Knoten meinte ich zu erkennen, dass es sich um eine russische Einheit handelte. Sie standen auf einer Schießbahn aufgereiht und waren vermutlich genauso überrascht wie ich. In Basepohl angekommen, wurden meine Passagiere vom dortigen Kommandeur, bereits von der Bundeswehr für die Übernahme des Regimentes abgestellt, in Empfang genommen. Der Oberstleutnant hatte mir während des Fluges noch den Auftrag erteilt, mich bei den Flugzeugführern und den Technikern unauffällig ein wenig hinsichtlich der Hind umzuhören. Was mir rasch auffiel war, dass innerhalb von Gebäuden niemand mehr als unbedingt nötig sprach. Im Freien jedoch konnten wir uns recht ungezwungen unterhalten. Später auf dem Rückflug erfuhr ich von meinem Passagier auch den vermutlichen Grund. Als der Flugplatz übernommen wurde, ließ sich der neue Kommandeur natürlich alles zeigen und stieß dabei im Keller eines Gebäudes auf eine immer noch verschlossene Tür. Nach dem Öffnen fand man darin Reihen von Tonbandgeräten. Offensichtlich wurden nahezu alle Räume abgehört, und die Angehörigen der NVA (Nationale Volksarmee) wussten es oder vermuteten es. Als wir abends in Bückeburg zurück waren, wartete dort der General der Heeresflieger, und Oberstleutnant i. G. S. erstattete Bericht über diesen Besuch.

◀ **Sitzprobe in dem Kampfhubschrauber Mi-24 Hind.**

## ■ 5000 Flugstunden

1991 feierte ich meine 5000. Flugstunde. Im Vergleich zu vielen meiner Kameraden nicht viel, aber ich war trotzdem stolz. Im Hinterkopf hatte ich immer die Erinnerung daran, mit welchen Schwierigkeiten die Fliegerei für mich angefangen hatte. Deshalb war ich dankbar, dass ich überhaupt dazu kommen durfte.

Inzwischen hatte die Waffenschule auch einen französischen Verbindungsoffizier bekommen. Ich weiß nicht mehr, ob es der erste oder schon der zweite war. Diesen schulte ich auf die BO 105 um. Diese Ausbildung, im Gegensatz zu Musterschulungen, war sehr locker und zwanglos und machte sehr viel Spaß. Im Rahmen dieser Schulung landeten wir auch auf dem Flughafen Berlin-Tempelhof. Ich hatte mir nie vorstellen können, das einmal zu erleben und wiederholte das später, wann immer sich die Gelegenheit ergab.

Auch privat hatten wir ein wenig Kontakt, und da wir seit einigen Jahren jedes Jahr Urlaub in Südfrankreich machten, war der Austausch über die unterschiedlichen Gepflogenheiten immer interessant. Einen Unterschied demonstrierte er mir praktisch. Wir trafen uns meist vor dem Flugdienst nach dem Mittagessen im Barnebenraum des Kasinos. An diesem Tag trank er ein Glas Rotwein und ich wusste nicht so recht, wie ich das in Anbetracht des bevorstehen Fluges handhaben sollte. Ganz dezent erläuterte ich ihm, dass es in Deutschland verboten ist, innerhalb einer bestimmten Frist vor dem Flugbetrieb Alkohol zu trinken. Er wiederum bedeutete mir auf seine charmante Art, dass Rotwein ein Lebensmittel sei. Außerdem versicherte er mir glaubhaft, dass in Frankreich ein Glas Rotwein mittags durchaus erlaubt sei. Aber er versprach, in Zukunft nach unseren Regeln zu handeln. Wir flogen trotzdem unsere geplante Schulungsperiode.

## Missglückter Ausflug nach Paris

Im Juni dieses Jahres wollten Gisbert D., Michael B. und ich die Pariser Luftfahrtshow besuchen, die immer in den Jahren zwischen der ILA stattfindet. Wir hatten uns dazu ein Busunternehmen ausgesucht, das für ganz kleines Geld Tagesfahrten nach Paris anbot. Abends los, morgens in Paris an und abends wieder zurück. Natürlich machten wir uns dafür schick, Anzug bzw. Sakko mit Krawatte, wir wollten seriös auftreten. Zunächst mit der Bahn nach Hannover und dann ab Busbahnhof weiter. Es begann gut und wir schliefen sogar im Bus ein. Gegen Morgen wurde ich langsam wach. Die Augen noch zu, vernahm ich Vogelgezwitscher und wunderte mich über fehlende Fahrgeräusche. Als ich die Augen aufschlug, blickte ich auf einen großen Parkplatz an einer Sporthalle. Draußen liefen bereits einige Mitfahrer herum. Es stellte sich heraus, dass der Bus einen Schaden hatte und wir in Kassel standen. Ein Ersatzbus sollte gegen Mittag die Weiterfahrt übernehmen. Wir würden gegen Abend in Paris eintreffen und nach sehr kurzem Aufenthalt wieder zurückfahren. Für das Busunternehmen galt damit der Vertrag als erfüllt, uns half es nicht. Wir fuhren mit dem ICE zurück, der in diesem Jahr neu in Dienst gestellt worden war.

In der folgenden Zeit begann es langsam mit der Umschulung der ersten Flugzeugführer der ehemaligen Nationalen Volksarmee (NVA) auf die BO 105. Wir Fluglehrer waren gespannt, was uns dabei erwartete. Nicht wegen der fliegerischen Leistungen, sondern eher wegen der Einstellung. Es waren alles Offiziere, zu NVA-Zeiten zum Teil hohe Dienstgrade, die kommen sollten. Aus den Erfahrungen von Kameraden, die im Rahmen der Übernahme in den neuen Bundesländern Dienst versahen, wussten wir, dass die Offiziere sehr linientreu gewesen waren und ihr Wissen um uns genauso gering war, wie unseres über sie.

▲ **Erster Flug nach Berlin-Tempelhof.**

Mein erstes Aufeinandertreffen wird mir gut in Erinnerung bleiben. Es war eine gute Sitte, sich unmittelbar zu Beginn eines neuen Lehrgangs in ungezwungener Atmosphäre bei einem Kaffee zu beschnuppern. Bei diesem, unserem ersten Lehrgang mit Teilnehmern der NVA, fand dieses Treffen im Kaffeeshop der Halle 7 statt. Jeder stellte sich mit kurz vor, erzählte etwas über seinen Werdegang und seine Erwartungen. Als mein zukünftiger Lehrgangsteilnehmer an die Reihe kam, sagte er unter anderem sinngemäß: „Ich bin zur NVA gegangen, um meinem Land das Schicksal einer Okkupation durch die USA zu ersparen." Ich dachte mir nur, wie das wohl werden mag. Während seiner Zeit bei der NVA hat er niemals Westkontakt gesucht, er hat sich nie West-Fernsehen geschaut oder westliche Zeitungen gelesen. Seine Welt war vom Schwarzen Kanal (politische Fernsehsendung in der DDR) und den Informationen der Regierung bestimmt. Woher sollte er also wissen, dass wir, die NATO, niemals Interessen an einer Okkupation der DDR hatten. Er stellte sich als ein ausgesprochen feiner Kamerad heraus. Er wurde später in seinem weiteren Ausbildungsgang während der Fluglehrerausbildung erneut mein Schüler, und wir kamen immer gut miteinander aus. Er war vorher die Hind geflogen und er zeigte mir im Rahmen eines Navigationsfluges eine der ehemaligen Bereitschaftsstellungen der Hind für die Grenzsicherung und erklärte mir das System. Während wir an Wochenenden und zu den Feiertagen frei hatten, wurde dort erhöhte Bereitschaft geschoben, weil ihnen erzählt worden war, an solchen Tagen würde die NATO angreifen.

An der ersten ILA in Berlin, die 1992 stattfand, durfte ich nicht teilnehmen. Das Kontingent der Heeresflieger wurde nicht von der Heeresfliegerwaffenschule gestellt. Es hieß, die Waffenschule hätte keine Kapazitäten übrig. Es hätte sich ohnehin nur um ein Static Display gehandelt, trotzdem wäre ich gern dabei gewesen. So schlenderte ich als Besucher etwas traurig über das Gelände. Aber dafür durfte ich im Juni 1992 wieder einen Flugtag besuchen. Natürlich auch nur im Static Display, aber dafür wieder in Le Luc. Noch im gleichen Jahr wurde das generelle Verbot für Flugvorführungen in der Bundeswehr wieder aufgehoben. Natürlich gab es viel neue Regularien, vor allem Einschränkungen. Nach der Aufhebung entschlossen sich im Juli 1992 Hermann F. und ich einen Antrag an den General der Heeresflieger zu schreiben. Wir trugen unsere Absicht dem Lehrgruppenkommandeur vor, dieser folgte unserer Argumentation und schrieb eine positive Stellungnahme dazu. In dem Antrag baten wir den General darum, seinen Einfluss geltend zu machen, dass wir bei zukünftig anstehenden Flugvorführungen mit der BO 105 stärker berücksichtigt würden. Wir begründeten es damit, dass wir praktisch und theoretisch dafür ausgebildet worden sind. Auch wenn zukünftig kein Kunstflug mehr durchgeführt werden darf, wären wir durch unsere Ausbildung besonders dafür geeignet, auch ein Standardprogramm gut und vor allem sicher zu präsentieren. Wir verwiesen dazu auf einen Aspekt des Abschlussberichtes der Steinhoff-Kommission, dass Flugvorführungen möglichst von wenigen entsprechend ausgebildeten und erfahrenen Flugzeugführern in Szene gesetzt werden sollten. Dies wäre ein wesentlicher Beitrag zur Flugsicherheit. Vier Wochen später erhielten wir eine negative Antwort. Wir wurden regelrecht abgebügelt.

## „Nur Elemente der normalen Fliegerei"

Zwar erkannte der General an, dass wir einen hohen Leistungsstand hätten, allerdings könne er nicht erkennen, woraus wir ableiteten, für das vorgesehene Vorführprogramm der BO 105 besonders prädestiniert zu sein, da dieses Programm nur aus Elementen der normalen Fliegerei zusammengesetzt sein würde, könne es jeder erfahrene Hubschrauberführer ausreichend sicher durchführen und einer besonderen Ausbildung bedürfe es nicht.

Wir staunten darüber, dass „ausreichend" in Anbetracht des Unfalls von Ramstein genügen sollte, zumal es in der militärischen Fliegerei eigentlich üblich ist, für alles eine Ausbildung zu bekommen. Auch wurde unserer Auffassung nach dem psychologischen Effekt, der bei einer Flugvorführung ähnlich dem Auftritt auf einer Bühne ist, nicht genügend Beachtung geschenkt. Denn gerade das kann dazu führen, etwas zu riskieren, was man eigentlich nicht vorgehabt hatte. Die Geschichte von Flugtagen hat gezeigt, dass es zu Unfällen kam, wenn Piloten willkürlich und kurzfristig eingeteilt wurden. Andere Nationen machten und machen es anders.

Hermann hatte daraufhin genug und beabsichtigte nicht, das Thema weiter zu verfolgen. Er wollte nicht mit einem Flugprogramm, das weit unter den Möglichkeiten des Hubschraubers blieb, auf Veranstaltungen fliegen. Ich schwankte noch, aber ich wollte eigentlich nicht so schnell aufgeben. Ich hoffte darauf, dass Vorgesetzte erkennen würden welche Gefahr entstehen kann, wenn man nach dem Motto „Management of Corner" (Der nächste, der um die Ecke biegt, bekommt den Auftrag) arbeitet.

Im September 1992 war es endlich soweit, dass alle Vorbereitungen für die Schulung von zwei Piloten des in Eurocopter umbenannten Herstellers (vormals MBB) beginnen konnte. Geplant war eine Woche Ausbildungszeit, die auf dem Flugplatz in Manching stattfinden sollte. Unmittelbar südlich des Platzes, innerhalb der Kontrollzone, liegt eine große freie Fläche, die oft zu Übungszwecken von Hubschraubern genutzt wird. Diese hatten wir uns reserviert. Der Hubschrauber, auf dem geschult wurde, gehörte der Firma, und deshalb war es rechtlich kein Problem, diesen zeitlich auch für Kunstflug zuzulassen.

Ich erinnerte mich noch an meine eigene Einweisung, in der ich auf dem linken Sitz (Copilot) sitzen musste, weil mein Ausbilder sagte, von links könne er es nicht fliegen. Das entsprach nicht meiner Vorstellung dieser Ausbildung, denn schließlich würden die beiden den abschließenden Überprüfungsflug von rechts fliegen müssen. Dieser war im Ausbildungsprogramm vorgesehen und würde von einem Prüfer des Luftfahrt-Bundesamtes abgenommen werden. Allerdings ist nicht vorgesehen, dass der Prüfer mitfliegt, sondern die Beurteilung der Manöver findet vom Boden aus statt. Außerdem traute ich mir mittlerweile eher zu, auch Kunstflug von links zu betreiben. Aber einfliegen dafür wollte ich mich schon, und das erklärte ich auch so bei einem der Telefonate kurz vor der geplanten Ausbildungswoche.

▲ **Kunstflug-Ausbildung der Airbus-Hubschrauberpiloten.**

## Unterschiedliche Blickwinkel

Solo auf der linken Seite fliegend ist eigentlich nicht vorgesehen, aber da ich es als Fluglehrer ohnehin gewohnt war, stellte es grundsätzlich kein Problem für alle normalen Manöver dar. Problematisch war der unterschiedliche Blickwinkel bei Kunstflugmanövern. Außerhalb der Mittelachse sitzend, ist es ein großer Unterschied, ob man rechts oder links der Achse sitzt. Aber nach einiger Zeit der Eingewöhnung war ich zufrieden, und wir konnten das Flugtraining beginnen. Aufbauend vom einfachen zum schweren, ging es darum, die zu prüfenden Manöver zu vermitteln. Die vorgeschriebenen Manöver waren zu der Zeit: Turn, Immelmann Turn, Rollenkehre, Rolle und Loop. Es lief aus meiner Sicht gut, jeder hatte fünf Stunden zu absolvieren, und ich hatte auch ein Solo in das Programm eingebunden. Wir mussten aus Termingründen das Training in dieser einen Woche zu Ende bringen.

An einem Tag lag eine tiefe Wolkendecke über dem Platz, und die Verzögerung durch Flugausfall konnten wir uns eigentlich nicht leisten. Die Obergrenze lag nach Angaben der Wetterberatung aber bei nur 1000 Fuß. Das bedeutete, wir mussten darüber kommen, dann könnten wir über den Wolken trainieren. Zum Glück war knapp nördlich des Platzes eine aufgelockerte Wolkendecke. So konnten wir dort aufsteigen und flogen dann zu unserem Übungsraum. Die Wetterberatung hatte Recht gehabt und so übten wir an diesem Tag über der geschlossenen und gleichmäßigen Wolkendecke. Etwas gewöhnungsbedürftig, aber da der Horizont klar zu erkennen und auch gerade war, stellte es kein Problem dar.

## Kunstflug-Prüfung durch das LBA

Am letzten Tag fand dann der Überprüfungsflug statt. Dafür hatte ich ein kurzes Flugprogramm mit den geforderten Manövern zusammengestellt, welches zwei Mal geflogen werden sollte. Fairerweise muss man sagen, dass es für den Prüfer des LBA, Herrn E., nicht einfach war, da Hubschrauber-Kunstflug bisher noch kein Thema für ihn gewesen war. Natürlich wusste er und konnte auch erkennen, was ein Loop oder eine Rolle ist. Er konnte sehen, ob ungewollter Höhenverlust stattfand und ob die Reihenfolge eingehalten wurde. Beide Piloten bestanden die Prüfung und erhielten den Eintrag „Kunstflug" in ihre Lizenz.

Militärisch tat sich bei dem Thema Flugvorführungen für mich zunächst nicht viel. Inzwischen war das Jahr 1993 angebrochen und langsam fanden auch auf militärischen Flugplätzen wieder Veranstaltungen statt. Auch die Beteiligung von militärischen Luftfahrzeugen an zivilen Veranstaltungen gab es wieder.

So sagte zum Beispiel die Luftwaffe im April 1993 dem amerikanischen Militär die Teilnahme einer F-4F Phantom an einem Flugtag in den USA zu. Ein Kommando des Jagdgeschwaders 72 „Westfalen" aus Rheine befand sich gerade zum Tiefflugtraining in Kanada und es wurde kurzfristig eine Besatzung für diese Flugvorführung bestimmt. Für diese Besatzung sollte es die erste Teilnahme an einer Airshow sein. Eine Ausbildung oder eine Vorbereitung auf Flugvorführungen hatte es nie gegeben. Auch hier handelte es sich ja nur um „Elemente der normalen Fliegerei". Diese sollte jeder erfahrene Flugzeugführer durchführen können. Zu normalen Manövern im Luftkampf gehören natürlich Loop, Rolle, Immelmann Turn usw. Deshalb waren sie auch als legale Manöver trotz aller seit dem Ramstein-Unglück bestehenden Beschränkungen in Vorführungen erlaubt. Allerdings werden diese Manöver normalerweise in großer Höhe geflogen und nicht in Höhen, wie es bei Flugtagen üblich ist. Es war wenig Zeit zum Üben und bei einem Übungsflug stürzte die Phantom beim Einleiten der zweiten Rolle ab. Auch hier wurde offensichtlich unterschätzt, dass eine Flugvorführung, beziehungsweise auch schon eine Teilnahme an einer solchen Veranstaltung, etwas anderes ist als der normale Dienstbetrieb. In den Nachrichten wurde gemeldet, dass das Flugzeug bei einem normalen Übungsflug verunglückte.

Im gleichen Jahr bekam ich eine Anfrage von Eurocopter, ob ich für das Unternehmen in Paris Le Bourget auf der Luftfahrtshow Flugvorführungen machen würde. Natürlich sagte ich nach Rücksprache bei meiner Dienststelle zu und begann Urlaub zu planen. Aber es war nicht nötig. Relativ kurz vor dem Termin bekam ich eine Absage. Wie mir mitgeteilt wurde wollte das französische Mutterhaus es nicht. Jemand sagte mir hinter vorgehaltener Hand, es dürfe nicht sein, dass ein deutscher Hubschrauber mehr zeigt als ein französischer.

▼ **Deutsche Hubschrauber-Meisterschaft in Schönhagen.**

## Hubschrauber-Meisterschaft in Schönhagen

Im April 1993 hatten meine Lehrgangsteilnehmer, beides ehemalige NVA-Piloten, einen Flug nach Frankreich geplant. Dazu war auch eine Landung in St. Dizier geplant. Eigentlich zu dem damaligen Zeitpunkt ein Flugplatz der französischen Atomstreitkräfte und damit grundsätzlich für uns nicht als Landeplatz erlaubt. Aber er eignete sich aufgrund seiner geographischen Lage gut zum Tanken und zum Übernachten. Also stellte ich einfach über unsere Flugleitung eine Anfrage. Erstaunlicherweise wurde sie genehmigt. Als wir am Nachmittag dieses Flugtages auf die Kontrollzone zuflogen, beantragte ich im Funk die Landegenehmigung. Zunächst redeten der Tower-Controller und ich aneinander vorbei. Er gestatte uns den Durchflug durch die Kontrollzone, ich beharrte auf der Landung. Er versuchte mir klarzumachen, dass wir nicht landen dürften und ich ihm, dass wir eine Genehmigung hätten. Schließlich gab er nach, und wir durften landen. Nach der Landung wurden wir zu einem etwas abseits liegenden Hangar dirigiert. Dort stand ein Empfangskomitee bereit, bestehend aus einigen Soldaten und einem höheren Offizier, die bewaffnet um uns herum standen. Ich war froh, dass ich mich durch meine Französischlehrgänge und die dadurch erworbene Leistungsstufe ein wenig mit dem Leitenden unterhalten konnte. Die mögliche Verständigung hat sicher auch zur Entspannung der Situation beigetragen. Das Resultat unserer Unterhaltung war, dass wir den Hubschrauber auf dem Flugplatz lassen durften, aber für die Übernachtung zu einem Hotel außerhalb gebracht wurden. Es war ein Formule-1-Hotel, aber wir hatten grundsätzlich unseren Willen durchgesetzt. Die Abholung am nächsten Morgen klappte, und wir konnten unseren Flug fortsetzen. Die Flugleitung hatte offensichtlich eine liberalere Einstellung als der Kommandeur.

Ende April 1993 rief mich mein Inspektionschef zu sich, um mir ein Angebot zu unterbreiten. Es war von der vorgesetzten Dienstelle erlaubt worden, dass eine BO 105 an der deutschen Hubschrauber-Meisterschaften auf dem Flugplatz Schönhagen südwestlich von Berlin teilnehmen darf. Es würde der Hubschrauber gestellt und die Startgebühr übernommen. Tanken müsste man an Militärflugplätzen in der Nähe. Lediglich Unterkunft und Verpflegung wären in eigener Regie zu regeln. Das bedeutete, es würde persönliche Kosten verursachen. Trotzdem sagte ich spontan zu. Jetzt begann die Suche nach dem erforderlichen Copiloten und einem Techniker. Relativ schnell erklärte sich ein Techniker bereit, der dies trotz aller von ihm zu tragenden Kosten, als erfreuliche Abwechslung sah. Etwas schwieriger war die Suche nach dem Copiloten. Natürlich fragte ich zuerst andere BO 105-Piloten aus meiner Inspektion. Entweder scheiterte es daran, dass es keine Freigabe von dem entsprechenden Hörsaalleiter gab, oder es hatte andere Gründe.

Ich erinnerte mich an einen der Teilnehmer der Hubschrauber-Weltmeisterschaft in England. Ralph G., damals noch in Fritzlar stationiert und Alouette 2-Pilot. Er war inzwischen in Bückeburg auf Alouette in der Grundschulung als Fluglehrer eingesetzt. Er war sofort bereit, und konnte es auch erfolgreich sowohl mit seinem Hörsaalleiter und seinem Chef klären. Dass er zu diesem Zeitpunkt keine BO 105 Lizenz besaß, spielte eigentlich keine Rolle. Er war sofort sehr stark engagiert und wusste auch, woher wir all die Dinge bekommen würden, die wir zum Üben brauchten. Zum Beispiel Langseil und auch Stangen, die wir zum Aufstellen für einen Slalomparcours brauchen würden. In Fritzlar lagen noch sehr viele dieser benötigten Teile herum und er versprach, sie zu besorgen. Zeit dafür hatte er, denn ich hatte einen Urlaub geplant, aus dem ich erst am 18. Mai wieder zurück sein würde. Dadurch wurde allerdings die Zeit für ein Training knapp. Denn die Meisterschaft würde am 28. Mai beginnen, und ich hatte mit dieser Art der Fliegerei bisher nichts zu tun gehabt. Navigation traute ich mir auch ohne Training zu. Aber vor allem ein Slalomwettbewerb benötigt Training. Wir versuchten, in den wenigen verbleibenden Tagen so viel wie möglich zu trainieren. Unser Techniker half uns dabei. Erschwerend war, dass wir alle verschiedenen Teileinheiten angehörten. Unser Flugdienst im Hörsaal ging natürlich vor und fand nicht unbedingt parallel statt. Viel konnten wir so nicht mehr üben, aber wir freuten uns auf die Veranstaltung.

Am 28. Mai 1993 reisten wir an, und am nächsten Tag erfolgte der erste Wettbewerb, die Navigationsaufgabe. Zwei Sichtzeichen haben wir nicht erkannt und die Ziellinie fünf Sekunden zu spät überflogen, was uns einige Strafpunkte einbrachte. Zum Glück reichte es in diesem Wettbewerb zum zweiten Platz. Am nächsten Tag stand ein Zeitanflug mit Präzisionsaufgabe an. Es ging darum, eine Flugstrecke mit vier Abschnitten abzufliegen. An zwei Abwurfzonen musste jeweils ein Sandsäckchen aus mindestens zehn Meter Höhe in einen Zielkreis geworfen werden. Zum Schluss musste zu einer exakten Zeit eine Linie überflogen werden, dann in genau zwei Minuten eine rechtwinklige Box abgeflogen werden und zum Schluss eine Last innerhalb von 60 Sekunden in eine Dachluke eingebracht werden. Den Zeitanflug vergeigte ich um vier Sekunden, aber die Box flogen wir sekundengenau in zwei Minuten ab, und auch die Last wurde korrekt versenkt. Zu unserem Erstaunen erhielten wir jedoch nochmals Strafpunkte dafür, dass wir die Box nicht korrekt geflogen waren. Nach Auffassung des Schiedsgerichtes hätten wir unsere vier Sekunden Verspätung von den zwei Minuten abziehen müssen. Das Reglement sagte es zwar anders, aber ein Protest half nicht. Es reichte auch in diesem Teilwettbewerb knapp für den zweiten Platz. Am letzten Tag stand der Slalomwettbewerb an. Hier musste ein an einer fünf Meter langen Leine befestigter Eimer mit Wasser durch acht Slalom Tore bewegt werden, die sich auf einer zirka 100 Meter durchmessenden Rundfläche befanden. Zum Schluss sollte der Wassereimer möglichst zentral auf einem Tisch abgesetzt werden. Während der wenigen Trainingsmöglichkeiten in Bückeburg hatten wir uns für ein seitliches Durchfliegen der Slalom-Tore entschieden. Dadurch, dass das Seil über die Beine von Ralph lag, konnte ich nach seinen Anweisungen die Tore besser anfliegen. Es klappte, gemessen an unserem Trainingsstand, erstaunlich gut. Auch wenn wir bei diesem Teilwettbewerb einige Strafpunkte bekamen reichte es doch insgesamt noch zum 2. Platz in der Gesamtwertung. Wir waren glücklich, hatten wir diese paar Tage doch in erster Linie als eine spannende Abwechslung zum normalen Dienstbetrieb gesehen. Stolz natürlich auch, und ich war froh und dankbar zwei Kameraden gefunden zu haben, die bereit waren, dabei mitzumachen.

## ■ Flugtag mit gebremsten Programm

Im September 1993 durfte ich zum ersten Mal wieder einen Flugtag besuchen. Er fand in Schleswig statt, dem Platz auf dem ich 1984 meine erste Airshow fliegen durfte. Natürlich durfte kein Kunstflug durchgeführt werden, ich musste mir also irgend etwas einfallen lassen. Hochgezogene 180-Grad-Kehrtkurve, Steilkurve im Sinkflug, steiler Bahnneigungsflug, hochgezogene 360-Grad-Kurven usw. Das alles hörte sich beim Lesen zunächst unverdächtig an. Auf jeden Fall unverdächtig genug, um genehmigt zu werden. Vor Ort entschied ich, wie steil die Steig- oder Sinkflüge werden und in welchem Winkel eine hochgezogene 360-Grad-Kurve sein kann. Es fühlte sich gut an, wieder auf einer Luftfahrtveranstaltung zu sein und fliegen zu dürfen.

Im kommenden Jahr, 1994, war wieder die Internationale Luftfahrtausstellung in Berlin geplant. Eine große Beteiligung der Bundeswehr war vorgesehen, diesmal auch wieder mit Flugvorführungen der Heeresflieger. Im Vorfeld der Veranstaltung musste ich ein Flugprogramm einreichen, dass vom Fü L genehmigt werden musste. Das Programm war leicht kunstfluglastig aufgebaut. Es waren unter anderem Immelmann-Turn, Rolle, Loop und Cart wheel (540° Drehung) enthalten, nur mit anderen Worten. Zu meiner Freude wurde mir das Programm zehn Tage vor Beginn der ILA genehmigt. Am 28. Mai begann diese, und der Heeresfliegeranteil reiste einige Tage vorher an.

Nach der Ankunft war der Abnahmeflug, der bei vielen Luftfahrtveranstaltungen erforderlich ist, geplant. Natürlich hatte ich die Befürchtung, etwas ändern zu müssen. Denn auf dem Tower würden Vertreter der Luftfahrtbehörde, des Landes, des Veranstalters und des Militärs usw. stehen und diese mussten bewerten, ob die Vorführung den gesetzlichen Vorgaben entspricht. Auch, ob Höhen, Abstände usw. eingehalten werden. Gegen Mittag war mein Slot, und ich wartete auf der im Osten gelegenen Abstellfläche neben dem Hubschrauber auf meine Startfreigabe. Die Heeresflieger hatten diese Fläche im Osten des Flughafens Schönefeld zugewiesen bekommen. Unmittelbar vor mir war ein russisches Flugzeug, eine JAK-58, mit seinem Freigabeflug dran. Diese Maschine war auf der Abstellfläche wenige Meter von meinem Hubschrauber entfernt geparkt, und ich hatte mich die Tage vorher schon mit dem Piloten unterhalten. Als er losrollte, stand ich neben seiner Frau und wir winkten ihm noch zu. Er rollte zur Startbahn, startete Richtung Westen und wir verfolgten seinen Flug. Der Flug bestand, dem Flugzeugtyp entsprechend, nur aus normalen Manövern, und nach Beendigung des Flugprogramms flog er in Richtung Osten, um die Kurve zur Landung einzuleiten. In dieser engen Kurve konnte das Luftfahrzeug die Flughöhe nicht halten. Erst war der Feuerball zu sehen, dann der Aufschlag zu hören. Es war schrecklich, neben seiner Frau zu stehen, die das mitansehen musste. Es war für mich nach dem Unfall auf der ILA 1988 das zweite Mal, dass ich einen Flugunfall unmittelbar mit ansehen musste. Diese Erinnerung kam sofort wieder hoch.

Es ist ein großer Unterschied, von einem Unfall in einer Zeitung zu lesen, oder diesen direkt mitzuerleben. Besonders, wenn man denjenigen kennt, der in der Maschine sitzt. Die Gedanken kreisen dann auch darum, dass es einem selbst passieren könnte. Natürlich war zunächst alle Aktivität auf dem Teil des Berliner Flughafens, auf dem die ILA stattfinden würde, eingestellt. Bis zu meinem Abnahmeflug am nächsten Tag fand schon ein ziemliches Kopfkino statt. Mein Flug wurde nicht beanstandet, und ich durfte mein Programm wie eingereicht durchführen.

## Kunstflugpilot Frank Versteegh

Während dieser Tage lernte ich auch einige der Flächen-Kunstflugpiloten kennen, die auf der ILA ihr Programm zeigten. Zum Beispiel Jurgis Kairys und Frank Versteegh, einen niederländischen Piloten. Dieser machte mir das Angebot: er dürfe mit mir in der BO 105 mitfliegen, dafür dürfte ich mit ihm in seiner Extra 300. Ich willigte spontan ein, musste natürlich noch den Ausstellungsleiter der Bundeswehr überzeugen. Dieser hatte damit aber kein Problem.

Auf der Messe war ich außerhalb meiner Displays häufig zu Flügen mit allen möglichen Personen eingesetzt. Diese kleine Gefälligkeit sicherte der Bundeswehr in vielen Bereichen eine unkomplizierte Hilfe in den Dingen zu, die wir nicht so einfach lösen konnten. Unter diesem Gesichtspunkt wurde der Flug durchgeführt. Für mich war erstaunlich, dass Frank als reinrassiger Flächenflieger sofort Loops fliegen können würde, bei Rollen hätte er sich schwergetan. Umgekehrt war für mich das Fliegen von Loops, aber auch von Rollen mit seiner Extra überhaupt kein Problem. Gerade Rollen waren wesentlich einfacher, gibt es doch bei einem Flächenkunstflugzeug keinen störenden Heckrotor. Auch die Arbeit mit dem Pitch, die je nach Art der Rolle notwendig ist und dann auch immer Pedaländerungen mit den dazugehörenden Lageänderungen notwendig macht, entfällt. Es war für uns beide sehr aufschlussreich.

Während der ILA gab es keine negativen Anmerkungen, weil es sich eigentlich um Kunstflug handelte. Das Programm kam sogar gut an. Es wurde im Fernsehen gezeigt und auch der Staatssekretär, mit dem ich mich unterhalten durfte, fand es offensichtlich eindrucksvoll. Ein Ausschnitt des Programms wurde sogar in den Werbefilm für die ILA 1996 aufgenommen. Ebenfalls als Folge der Vorführung erhielt ich Anfang Juni eine Einladung zur „European Conference 1994 of Junior Chamber International (JCI)" in Den Haag, Niederlande. Dabei handelt es sich um ein weltumspannendes Netzwerk aus mehr als 100 Staaten mit rund 200.000 Mitgliedern. Im deutschsprachlichen Raum sind die „Wirtschaftsjunioren Deutschland", „Junge Wirtschaft" Österreich und „Junior Chamber International Switzerland" Mitglieder der JCI. Während dieser viertägigen Konferenz sollte im Rahmen einer „Holländischen Nacht" auf dem Flugplatz Valkenburg eine einstündige Airshow stattfinden. Die Veranstaltung würde von der Königlichen Hoheit, dem Prinzen von Holland, eröffnet. Der Organisator war Frank Versteegh, und er wollte mich gern dabeihaben. Es wäre nicht nur eine große Ehre gewesen, auch der Marketingwert wäre groß gewesen – wenn es bei der Bundeswehr nach wirtschaftlichen Gesichtspunkten gegangen wäre. So wurde der Antrag aber abgelehnt. Wie auch noch andere, die nach der ILA 1994 an den Ämterbereich gestellt wurden. Die Ablehnungen erfolgten nicht durch die Führung der Waffenschule, der Lehrgruppe oder meiner Inspektion. Die Ablehnung erfolgte im übergeordneten Ämterbereich.

## Luftfahrt bei der aufgeblasenen Konkurenz

Anfang 1995 machte ich einen „Ausflug" in das Ballonfahren. In meinen Augen auch eine Art des Fliegens, aber es heißt nun mal Fahren. In der Zeitung war Ende 1990 ein Artikel über einen Ballonfahrer erschienen, der in Bückeburg Station machte, um anschließend nach Namibia auszuwandern. Dort wollte er auf einer Farm ein Unternehmen für kommerzielle Ballonfahrten errichten. Mein Frau Rosita schenkte mir zu Weihnachten einen Gutschein für eine Fahrt, und unmittelbar nach Neujahr war es dann soweit. Der erste Versuch musste aus Wettergründen abgebrochen werden, aber bereits einige Tage später ging es wirklich los. Es war ein tolles Erlebnis, auch wenn das Wetter nach wie vor nicht berauschend war. Es wurde sehr tief gefahren, die Berge links und rechts des Weserdurchbruchs bei Porta Westfalica lagen in den Wolken. Am Abend dann die Ballontaufe ,und ich erhielt traditionell einen Titel: „Herzog Rainer, die diesige Luftfahrt bei der aufgeblasenen Konkurrenz genießender Ballöner von Bückeburg". Solange Charly der Ballonfahrer noch in Bückeburg war, machte ich noch zwei Fahrten mit. Außerdem agierte ich auch als Rückholer, unter anderem bei der ersten Ballonfahrt meiner Tochter Jessica. Charly und ich verstanden uns gut und wir vereinbarten, ihn in Namibia zu besuchen. Im Juli war es so weit. Der Flug bis Windhuk war gebucht, und Charly wollte uns am Flughafen abholen. Vielleicht hätte ich vorher auf eine Karte schauen sollen.

▲ **ILA: Fachlicher Austausch mit dem holländischen Kunstflugpiloten Frank Versteegh.**

## Im Pickup durch Namibia

Allein nach Usakos, einem kleinen Ort in Richtung Swakopmund, an dem wir Richtung Süden in die Wüste abbiegen mussten, waren schon mehr als 220 Kilometer zu fahren. Von dort ging es auf einer Schotterpiste rund 50 Kilometer in die Wüste. Charly fuhr einen Pickup, passend für Namibia, und mein Platz für die Fahrt war auf der Ladefläche. Das Ziel war ein kleines Gehöft, „Lodge" konnte man eigentlich nicht dazu sagen. Alles sehr einfach, aber mit allem ausgestattet, was notwendig ist. Natürlich wurde auch mit dem Ballon gefahren. So erhielt Rosita ihren Ballonfahrertitel in Namibia. Wir waren insgesamt zehn Personen auf der Farm, unter anderen ein Ehepaar aus Obernkirchen in der Nähe von Bückeburg. Mit ihnen unternahmen wir abseits des Ballonfahrens viele Ausflüge. Einer dieser Ausflüge brachte uns auf eine Jagdlodge, mehrere Stunden waren wir dahin unterwegs. Eine wunderschöne Anlage, mit für damalige Verhältnisse recht viel Luxus. Wir unternahmen einen Ausflug mit einem uralten offenen Range Rover ein kleines Stück in eine Bergregion, wo wir einen schönen Blick in die südlich davon gelegene Ebene hatten. Unser Gastgeber erklärte uns, dort liege Usakos. Mit dem Hubschrauber vielleicht eine halbe Stunde entfernt. Mit diesem Eindruck saßen wir vor der Rückfahrt noch länger in der Abendstimmung an einem offenen Feuer und fantasierten darüber, neben dem Ballonfahren einen Hubschrauber-Bringdienst aufzubauen. Es war ein fantastischer Urlaub, den wir erleben durften. Zurück in Deutschland hatte uns die Realität sehr schnell wieder eingeholt.

Sonst war das Jahr 1995 geprägt durch viele Ausbildungsvorhaben, leider ohne Vorführungen. Aber es ergab sich zufällig ein interessanter Aspekt für unsere häufig durchzuführenden Auslandsflüge. Meine Tochter Julia hatte über die Schule eine Brieffreundin, Stephanie, in Paris gefunden. Diese wollte Julia in Bückeburg besuchen. Aber ihre Eltern waren etwas reserviert, sie wollten sie persönlich zu uns bringen. Ich denke, sie wollten sich über das Umfeld informieren. Wir hätten sicher auch so gehandelt. Es waren sehr nette Leute, wir haben uns gut verstanden. In unseren Gesprächen stellte sich heraus, dass der Vater von Stephanie Angehöriger der Gendarmerie de l'air war. Die Tätigkeit dieser Gendarmerie umfasst gerichtliche, administrative und militärische Aufgaben zugunsten der französischen Luftwaffe (Güter und Personal). Er war auf dem Heliport von Paris in Issy-les-Moulineaux, im Herzen von Paris, stationiert. Natürlich sprach ich ihn auf die Möglichkeit an, dort mit einem deutschen Militär-Hubschrauber zu landen. Er meinte nur, ich solle ihn anrufen, wenn der Termin steht. Ich versicherte ihm, dass das passieren würde.

## Im Schneetreiben gestrandet

Im April 1996 planten wir einen Hörsaalabend in Le Luc, Südfrankreich. Dort war ein Verbindungsoffizier der Heeresflieger, zu dem wir gute Verbindungen hatten, stationiert. Es war ein Stehtag (Tag ohne Flugdienst) geplant, für den der Verbindungsoffizier ein Programm ausgearbeitet hatte. Für den Abend davor sollte auf einem typischen südfranzösischen Weingut ein Hörsaalabend stattfinden. Es war April, und das Wetter nicht sehr beständig. Im Rhônetal blieb nichts weiter übrig, als eine Außenlandung zu machen und abzuwarten. Sechs BO 105 standen einsam im Schneetreiben in einem Tal, und wir konnten mit etwas Glück ein Verkehrsflugzeug der Lufthansa über uns erreichen, dass die Flugleitung über unsere sichere Landung informierte. Aber wir hatten keine Ahnung, wie wir den Verbindungsoffizier erreichen konnten, um ihm direkt unser Problem mitzuteilen. Einer der Fluglehrer zog ganz locker sein Handy aus der Tasche, was 1996 noch nicht selbstverständlich war, und wir konnten die Informationen gleich an die richtige Stelle weiterleiten. Das war für mich der Moment, in dem ich mir sagte, so etwas brauche ich auch! Weihnachten schenkte mir meine Frau mein erstes Mobiltelefon.

Im Mai dieses Jahres gab es einen schweren Unfall mit einer BO 105 in der Nähe von Cottbus. Die Unfalluntersuchungskommission tagte in Bückeburg in einem Flügel des gemeinsamen Lehrsaal-, Stabs- und Lehrgruppengebäudes. Während der Tagung wurde ich aus dem Unterricht geholt und in den Tagungsraum befohlen. Es ging um die Klärung des Unfallgeschehens und dabei war der Gedanke aufgetaucht, es könne etwas mit dem spezifischen Verhalten der BO 105 beim Senken des Pitchs zu tun haben. Dazu wurde ich befragt und musste in den nächsten Tagen noch mehrmals dazu Stellung nehmen.

## Neuer Anlauf bei der ILA 1996

Im Juni 1996 war wieder die ILA in Berlin geplant, ebenfalls war wieder eine umfangreiche Beteiligung der Bundeswehr vorgesehen. Ich fing recht früh an, mir Gedanken über ein Flugprogramm zu machen. Eigentlich hatte ich vor, einen kleinen Schritt weiter in Richtung eines spektakuläreren Programmes zu machen. So bemühte ich mich auch darum, eine Aussage von Eurocopter zur Unbedenklichkeit zu bekommen. Seit der Besprechung des Flugunfalls von Siegfried H. und der Schulung von zwei Flugzeugführern der Firma im Kunstflug war der Kontakt nie abgerissen. Immer wieder hatte ich mich bei Fragen an den Hersteller gewandt und hatte stets Hilfe bekommen. In einem Telefonat mit dem damaligen Leiter Flugversuche, der sich vor unserem Telefonat meine Vorführung von 1994 angeschaut hatte, wurde mir versichert, dass dieses Programm völlig unbedenklich sei. Im Übrigen sei bereits 1986 schriftlich erklärt worden, dass selbst das

Programm, das anlässlich der Weltmeisterschaft von mir geflogen worden ist, von der Firma für unbedenklich gehalten wurde. Da diese Aussage unverändert gelte, gäbe es auch keine Veranlassung ein erneutes Fernschreiben zu schicken. Auf dieses Telefonat, von dem ich mit Einwilligung meines Gesprächspartners eine Aktennotiz fertigte, könne ich mich berufen. Ich reichte einen Antrag auf Änderung, zusammen mit der Gesprächsnotiz mit dem Leiter Flugversuche, ein. Aber mehr als das im Jahr 1994 genehmigte Programm war zu dieser Zeit noch nicht zu machen. Anfang Mai erfolgte durch den Führungsstab der Luftwaffe (Fü L) die Genehmigung zur Durchführung des Flugprogramms von 1994. Nicht ohne Hinweis, dass alle „offensichtlichen" Kunstflug-Manöver verboten seien und alle Bestimmungen der zentralen Dienstvorschrift über die Sicherheitsbestimmungen für Flugveranstaltungen der Bundeswehr eingehalten werden müssten. Mein Abnahmeflug vor dem offiziellen Beginn der ILA 1996 wurde nicht beanstandet, und so konnte ich erneut mein Programm fliegen. Wenn ich schon nicht mehr zeigen durfte, wollte ich es wenigstens „anders" fliegen. Eine hochgezogene 360°-Kurve, etwas schräg gegen die Blickrichtung der Zuschauer gelegt, ist ohnehin nur schwer von einem Loop zu unterscheiden. Da bleibt es manchmal nicht aus, dass es versehentlich steiler wird. An einem der ILA-Tage kam Patrick Paris an meinen Hubschrauber. Patrick Paris war mehrfacher Kunstflugweltmeister und Leiter des Breitling-Kunstflugteams, das in diesem Jahr auf der ILA flog. Er war sehr interessiert an Hubschrauber-Kunstflug und lud mich ein, ihn im Chalet von Breitling zu besuchen. Ich brauchte einige Tage, mich zu trauen, aber dann besuchte ich ihn. Er bot mir an, jederzeit auf einen Kaffee vorbeizukommen. Natürlich gingen auch nach dieser ILA 1996 wieder Einladungen zu Flugtagen ein. Viele davon direkt bei mir, aber auch wenn ich es an die übergeordneten Stellen weiterleitete – ich habe selten wieder etwas davon gehört.

Im August war es dann soweit, dass ich meinen Kontakt zur Gendarmerie de l'air ausnutzte und um eine Landegenehmigung für zwei BO 105 inklusive Übernachtung auf dem Heliport in Issy-les-Moulineaux ersuchte. Es klappte, und wir landeten mitten in Paris. Ein Hotel hatten wir uns im Vorfeld ausgesucht und reserviert, vor dem Heliport lag eine Metro-Station. Es war der ideale Ort für eine Landung in Paris.

## Spieletester im PC-Simulator

Im August 1996 trat eine Firma, die Computerspiele herstellte, an mich heran. Man hatte vor, einen EGO-Shooter auf den Markt zu bringen, der unter anderem auch die Möglich bieten sollte, mit einem Hubschrauber zu fliegen. Dieser Teil sollte so realistisch wie möglich sein, dafür war auch eine kleine Flugschule angedacht, um so auch Anhänger von Simulatoren als mögliche Käufer zu gewinnen. Der Firmensitz war Gütersloh, schnell mit dem Auto zu erreichen, und ich besuchte das Unternehmen. Das Projekt sprach mich an und wir vereinbarten eine Zusammenarbeit. Was einen erneuten Antrag auf Nebentätigkeit zur Folge hatte. Zunächst wurde einige Videosequenzen gedreht, in denen ich bestimmte Manöver, Flugverfahren erklärte. Das Ganze fand vor einer blauen Wand statt, für mich etwas völlig Neues. Im Spiel sollte dann im Rahmen der Flugschule das jeweils passende Video eingespielt werden.

Dann wurde mir ein leistungsstarker Computer gestellt, auf dem der Prototyp des Spiels installiert war. Meine Aufgabe bestand darin, möglichst viel zu spielen. Dabei mögliche Fehler zu erkennen, aber vor allem zu beurteilen, ob die Steuerbewegungen des Hubschraubers, natürlich einer BO 105, realistisch seien. Ich hatte es mir leichter vorgestellt, zu erklären warum welche Bewegung zu langsam, zu schnell, oder wie auch immer anders waren als in der Realität. Jeden Abend telefonierte ich mit dem Programmierer und versuchte es zu erklären. Er versuchte es zu ändern, und schickte mir dann die Updates zu. Es zog sich bis in den Januar 1997 hin, und ich denke, es ist zum Schluss recht ordentlich geworden. Im Spiel wurde später noch eine Sequenz einer Flugvorführung von mir eingespielt. Dann musste ich mir ein paar Tage Urlaub nehmen und es erfolgte eine Werbetour durch die Redaktionen der Verlage von Computerzeitschriften für Spiele. Meine Aufgabe lag darin, als „echter" Hubschrauberpilot für Authentizität für alle Sequenzen, bei denen die Fliegerei im Spiel war, zu stehen. Das Spiel kam dann unter dem Namen „Das Hexagon Kartell" auf den Markt.

Für den Teil Navigationsausbildung, der in der laufenden Musterausbildung im Februar 1997 stattfinden sollte, hatten wir Fluglehrer uns etwas Besonderes ausgedacht. Durch die vielen Auslandsflüge hatte ich besonders zu einem der Mitarbeiter der Auslandsflugberatung der Bundeswehr ein gutes Verhältnis aufgebaut. Eine Anfrage bei ihm ergab, dass es durchaus möglich sei, im Rahmen einer Ausbildung in die Tschechische Republik zu fliegen. Beim morgendlichen Kaffeegespräch unter uns Lehrern kam das Thema auf, und nach Prag würden einige gern einmal fliegen. Wir waren schließlich drei Besatzungen, die dort hinfliegen wollten.

## Erstlandung in Prag-Kbely

Ich stellte die offizielle Anfrage betreffend Übernachtung auf dem militärischen Flugplatz Prag-Kbely. Wir hatten vor, auf individuellen Strecken bis zur Grenze nach Tschechien zu fliegen, um dann gemeinsam die Reststrecke nach Prag zu bewältigen. Es war die Empfehlung der Auslandsflugberatung es so zu machen. Diese hatte auch inzwischen die Information bekommen, dass wir herzlich willkommen seien. Alle Genehmigungen lagen am Montag vor und wir starteten.

Es war beabsichtigt, dass wir uns im Raum Dresden zu einer festgelegten Zeit treffen würden. Bereits auf meinem ersten Zwischenlandeplatz in Holzdorf, südwestlich Berlin, fing das Drama an. Ich musste zur Flugabfertigung und mir wurde mitgeteilt, dass jetzt keine Landegenehmigung mehr für Prag-Kbely vorlag. Anrufe bei der Auslandsflugberatung konnten das Problem lösen. Alles schien wieder im Lot zu sein, und ich konnte die anderen Besatzungen über die nun notwendige zeitliche Änderung informieren. Bei Dresden trafen sich alle Hubschrauber, und wir flogen nach Anmeldung bei der tschechischen Luftaufsicht in deren Luftraum ein. Die Verständigung auf Englisch war besser als mit vielen Flugplätzen in Frankreich. Etwas nervös war ich schon, wir waren zu diesem Zeitpunkt die ersten Heeresflieger, die in Tschechien flogen. Nachdem wir einige Meilen geflogen waren, wurde der Tonfall der tschechischen Luftaufsicht plötzlich etwas formeller. Jeder Hubschrauber bekam einen individuellen Transpondercode zugewiesen, es wurde die zu fliegende Reihenfolge festgelegt. Außerdem wurden wir informiert, dass wir nicht auf dem militärischen Flugplatz landen durften, sondern auf dem zivilen Flughafen Prag-Ruzyně. Heute heißt er Václav-Havel-Flughafen Prag und ist der internationale Flughafen von Prag. Nach der Landung wurde ich zur Flugaufsicht gebracht, wo man mir sagte, dass ich sofort die deutsche Botschaft anzurufen habe. Ich erfuhr, dass der Botschafter aus einer Veranstaltung geholt worden war, um zu erklären wieso drei deutsche Militärhubschrauber einen tschechischen Militärflugplatz anfliegen wollten. Ich erklärte dem Militärattaché, dass wir aus unserer Sicht alle Erlaubnisse hätten. Sein Rückruf ließ lange auf sich warten, dann bekamen wir die Erlaubnis Kbely anzufliegen. Da es mittlerweile schon spät geworden war, der Sonnenuntergang stand bevor, durften wir auf kürzestem Weg mitten über die Stadt Prag zu unserem Bestimmungsort fliegen. Wir wurden freundlich im Funk begrüßt und nach unserer Landung standen schon zwei Fahrzeuge bereit, um uns in den Kasernenbereich zu bringen. Einer der beiden Fahrer war offensichtlich der Diensthabende in der Flugberatung. Er sprach ausgezeichnet Englisch und entschuldigte sich wegen der Umstände.

Wir wurden mit zwei Kleinbussen von den Abstellflächen zunächst zur Flugleitung gebracht. Auf halber Strecke stand ein Offizier, vermutlich ziemlich hoch im Rang, der einen Hund mit sich führte. Er stoppte die Fahrzeuge und veranlasste den Diensthabenden, der den ersten Wagen fuhr in dem ich vorn saß, das Fenster herunterzukurbeln. Ich hätte zu gern verstanden, was er sagte. So war mir lediglich klar, dass der arme Kerl einen ziemlichen Einlauf bekam. Er wurde immer kleiner in seinem Sitz. Ich wurde vorn sitzend überhaupt nicht beachtet. Dann fuhren wir weiter zur Flugleitung. Dort erklärte er uns die Situation. Die Flugleitung hatte unserer Auslandsflugberatung alles genehmigt, hatten aber die Rechnung ohne den Kommandeur des Flugplatzes gemacht. Dieser war noch ein östlicher Militarist alter Art. Als er erst am Tag unserer bevorstehenden Landung davon erfuhr, versuchte er sofort, alles zu unterbinden. Es ging zwischen der Botschaft und der militärischen Flugleitung in Köln einiges hin und her. Davon hatte ich bis auf das Telefonat in Holzdorf nichts mitbekommen. Jedenfalls musste der Kommandeur in Prag-Kbely entgegen seiner Meinung und durch leichten Druck seiner militärischen Führung, die wiederum von unserer Botschaft umgestimmt worden war, die Landung genehmigen. Allerdings wurde uns der geplante Rundflug innerhalb der Tschechischen Republik nicht erlaubt. Die kleine Rache des örtlichen Kommandeurs.

So waren wir gezwungen, einen Stehtag einzufügen. Das störte uns nicht so sehr, hatten wir doch dadurch Zeit, uns Prag etwas anzuschauen. Wir wurden nach diesen Informationen in die Stadt zu einem Militärhotel gebracht, das recht zentral lag. Der uns begleitende Stabsoffizier erklärte uns alles Notwendige, entschuldigte sich für die Umstände, wobei er auch bedauerte, dass er uns erst am übernächsten Tag wieder auf dem Flugplatz in Empfang nehmen darf. Er bot uns noch an, für die Rückkehr auf den Militärflugplatz einen Bus zu organisieren. Wir wollten nicht noch mehr Umstände verursachen und verzichteten dankend. In Anbetracht der Möglichkeit, uns diese wirklich schöne Stadt anzuschauen, hielt sich auch unsere Trauer über den entgangenen Rundflug in Grenzen. Am übernächsten Morgen organisierten wir uns Taxis und kehrten auf den Flugplatz zurück. Dort klappte alles hervorragend, und nachdem wir uns verabschiedet hatten starteten wir in Richtung des Heeresflugplatzes Roth in der Nähe von Nürnberg. Dort tankten wir, und jetzt würde es wieder auf individuellen Strecken Richtung Bückeburg zurück gehen. Aber vorher machten wir einen Abstecher in den Aufenthaltsraum der dortigen Flugzeugführer. Es war zu erwarten: Kaum betraten wir von der Waffenschule den Raum, begann die Frotzelei. Ob wir uns in der Flugplatzrunde verflogen hätten, weil wir ja so weit weg von Bückeburg waren, oder wo wir denn herkämen. Bei unserer Antwort „Wir kommen aus Prag!", war erst einmal Ruhe.

## Schwierige Unfalluntersuchung

Im März gab es erneut einen schweren Unfall mit einer BO 105. Auch in diesem Fall war der Verdacht aufgetaucht, es könne etwas mit dem spezifischen Verhalten des Hubschraubers beim Senken des Pitchs zu tun haben. Ich wurde als Mitglied in die Flugunfallkommission berufen. Am nächsten Tag ging es zum Unfallort in die Nähe von Fritzlar, wo auch die Unfalluntersuchung stattfinden sollte. Innerhalb der Kommission wurden sehr unterschiedliche Szenarien für einen möglichen Ablauf favorisiert. Eine Gruppe wollte es auf Kraftstoffmangel zurückführen, die andere – zu der ich gehörte – auf das unbeabsichtigte Senken des Pitchs mit dem damit verbundenen rapiden Sinkflug. Es zog sich bis zum Februar 1998 hin. Als der Abschlussbericht erschien, gab es eine gegen das Ergebnis gerichtete Stellungnahme, die auch ich unterschrieb. Diese führte dazu, dass im September ein erneuter und korrigierter Abschlussbericht erschien. In diesem wurde als mögliche Unfallursache das Senken des Pitch in den Vordergrund gestellt.

Im Winterhalbjahr, noch beginnend Anfang Dezember 1997, begann ich meine Ausbildung im Fliegen mit Nachtsehhilfe, genannt BIV (Bildverstärkerbrille). Ich hatte mich lange dagegen gewehrt, aber es war die Zukunft und es musste sein. Zumal es in die Musterausbildung BO 105 integriert werden sollte. Ich gebe zu, dass mich diese Fliegerei überzeugt hat. Die Technik ist im Laufe der Zeit immer besser geworden und die BIV-Brillen bieten im Nachtflug eine sehr hohe zusätzliche Sicherheit. Anfänglich wurde nur auf bekannten Strecken geflogen. Aber unser Ziel in der Musterschulung war anders und wir setzten es um, auch gegen einige Widerstände. Mit unseren Lehrgangsteilnehmern, die zum Teil gerade die Grundschulung hinter sich hatten, flogen wir in 250 Fuß über Grund (rund 75 Meter) nachts in unserem Übungsraum herum. Natürlich waren die Sektoren eingeteilt, aber wir flogen die gleichen Außenlandeplätze, die gleichen Confined Areas, Kuppe, Damm usw. an, wie es tagsüber stattfand. Unbeabsichtigte Einflüge in Wolken, wie sie mir im konventionellen Nachtflug auch passiert sind, waren eigentlich mit BIV-Brille ausgeschlossen.

## Auf der ILA 1988 wieder im Programm

Bei der nächsten ILA 1998 unternahm ich wieder einen Anlauf, um ein schärferes Flugprogramm durchführen zu dürfen. Zunächst fühlte ich bei einem Gespräch, das ich während eines Routinefluges mit dem Schulkommandeur führte, vorsichtig vor. Ich brachte alle meine Argumente vor: Werbewirkung, Unbedenklichkeit, bessere Darstellung usw. Ich erklärte, was ich machen wollte, dass es aus Sicht des Herstellers un-

**▼ Die Überlebensanzüge – Spitzname: „Frankenstein" – werden für lange Flüge über Wasser angelegt.**

bedenklich sei, usw. Seine Aussage dazu: wenn ich eine schriftliche Unbedenklichkeit des Herstellers vorlegen könne, sei er zur Unterstützung bereit. Diese Bescheinigung bekam ich. Der Entwurf, den ich im Januar 1998 an Eurocopter schickte, beinhaltete unter anderem Drehungen um die Längsachse im Geradeausflug (Rollen), hochgezogene 180°-Kehrtkurve mit halber Drehung um die Längsachse im Sinkflug (halbe Cubanische Acht), Überschläge (Loops), Überschlag rückwärts aus Senkrechtsteigflug. Im Grunde genommen war es ein reinrassiges Kunstflugprogramm. Ich erhielt Ende Januar 1998 ein Fax von Eurocopter, auf dem unter meinem Programm folgender Text stand: *„Gegen die Durchführung dieses Programmes mit einem BO105 VBH bestehen keine Bedenken, wenn es in gleicher Weise geflogen wird, wie ähnliche Programme in der Vergangenheit von H. Wilke geflogen wurden."*

Der Schulkommandeur wollte sich jetzt noch ein Bild davon machen, wie dieses Flugprogramm in der Praxis aussieht, und es wurde eine Vorführung am Flugplatz Achum angesetzt. Zu meinem Erstaunen wollte er es auch von innen sehen und so kam es auch. Sowohl von außen

▲ Flug über das neblige Kattegat.

▶ Einsam über dem Gletscher Richtung Geirangerfjord in Norwegen.

▲ **Grandiose Aussicht über dem Geirangerfjord.**

als auch von innen war er zufrieden und sagte zu, sich für dieses Programm einzusetzen. Für mich war zusätzlich wichtig, dass er von sich aus sagte, dass man auf jeden Fall eine Ausbildung benötigt, um ein Flugprogramm, egal welcher Art, durchzuführen. Er hatte erkannt, dass es einen großen Unterschied macht, ob man ein Manöver irgendwo im freien Raum durchführt, oder ob Manöver aneinandergereiht in einer definierten Höhe, einer festgelegten Linie unter Beachtung von Seitenabständen, Windrichtung und vor allem einer gewissen Gefälligkeit für den Zuschauer durchgeführt werden müssen. Dazu kam noch die Anspannung, die entsteht, wenn Menschen zuschauen. Es ist eine Art Bühne, die man betritt, und man möchte alles gut machen. Dadurch besteht auch die Gefahr, dass man etwas übertreibt oder etwas macht, was man nicht geübt hat. Diese Gefahr besteht vor allem, wenn man nur mal eben eine Flugvorführung machen soll.

Bevor es zur ILA nach Berlin ging, führten wir im Rahmen der Fluglehrerweiterbildung einen Flug mit mehreren Hubschraubern nach Norwegen durch. Wir hatten endlich unseren Hörsaalleiter soweit, dass er ernsthaft darüber nachgedacht hatte. Gedacht war es sowohl als Weiterbildung als auch für den Zusammenhalt im Hörsaalverbund. Er gab mir den Auftrag, etwas zu planen und dann wollte er entscheiden. Die Flugstundenlage war kein Problem, ebenso die finanziellen Mittel. Ich machte eine Grobplanung für den Flug nach Norwegen und legte sie ihm vor. Er war einverstanden, und so konnten wir Lehrer an die Ausplanung gehen. Im April 1998 flogen wir los. Über Kopenhagen, Göteborg, Oslo, Alesund, Bergen und nochmals Kopenhagen führte die Route. Zu dem beeindrucktesten Moment gehörte sicher das Eintauchen in den Geirangerfjord, nachdem wir vorher einen großen Gletscher überquert hatten. In solchen Momenten ist man voller Ehrfurcht vor der Natur. Diese Landschaft aus solch einem Blickwinkel sehen zu dürfen, ist unvergleichlich. Es wurde auf dieser Strecke sehr viel über Wasser geflogen, daher hatten wir den überwiegenden Teil unseren Kälteschutzanzug, umgangssprachlich „Frankenstein" genannt, an. In dem relativ engen Cockpit ist er nicht sehr komfortabel zu tragen, zumal wir die Schwimmwesten auch noch umhatten. Aber im Falle einer Notwasserung wären wir sicher dankbar gewesen.

◄ **Die Vorgabe, die Aufschrift Heer sollte besonders groß sein, wurde umgesetzt.**

► **Techniker bereiten die Sonderlackierung der BO 105 für die ILA vor.**

## Sonderlackierung der BO 105 zur ILA

Zurückgekommen befasste ich mich etwas intensiver mit der Vorbereitung der ILA. So stellte ich einen Antrag auf Lackierung des Hubschraubers, machte mir aber keine großen Hoffnungen auf Genehmigung. Um so mehr war ich überrascht, dass die Genehmigung erteilt wurde. Die Auflage war, das Wort Heer sollte zu sehen sein. Das Wort Heer, eingerahmt von den Farben der deutschen Flagge, wurde schließlich aufgebracht. Unsere Technik setzte es fantastisch um. Nicht nur, was die Qualität der Lackierung betraf, auch von der Arbeitsleistung. Pünktlich zur ILA wurde der Hubschrauber fertig.

Zum Einüben meines Programms, bei dem ich wieder etwas mehr machen wollte, bin ich meist in einen Übungsbereich nördlich des Steinhuder Meeres geflogen, die Leiersberg-Area. Wenige Tage, bevor wir nach Berlin verlegten, erhielt ich einen Anruf eines Bekannten. Er war auch Pilot bei den Heeresfliegern gewesen, ich kannte ihn seit seiner Umschulung auf die BO 105 und aus verschiedenen Lehrgängen. Zu diesem Zeitpunkt hatte er bereits eine Weile die Bundeswehr verlassen und arbeitete als Pilot bei einem Unternehmen in Süddeutschland. Dort flog er einen Kamera-Hubschrauber im Auftrag für einen Fernsehsender. Sie erstellten vorbereitende Aufnahmen für die ILA in Berlin, dazu war er gerade in Hannover. Im Gespräch erwähnte ich, dass ich gerade dabei war, mein Programm für die ILA zu trainieren. Davon wollte er einige Aufnahmen aus der Luft machen, er meinte es würde gut in den vorgesehenen Bericht des Senders passen. Wir verabredeten eine Funkfrequenz und eine Uhrzeit, um uns am nächsten Tag in der Leiersberg-Area zu treffen. Es wurden tolle Aufnahmen, die er mit einem stabilisierten Kamerasystem filmte. Später bekam ich einen mit Musik zusammen geschnittenen, knapp zweiminütigen Clip zugesandt.

Mitte Mai verlegte unser Kontingent nach Berlin. Es stand wieder der obligatorische Abnahmeflug bevor, und es war mir etwas mulmig zumute. Natürlich waren vorher diverse Faxe zwischen den verschiedenen Ämtern hin und hergegangen. Als Folge davon musste ich das von mir geplante und auch mit dem Schulkommandeur geflogene Programm wieder entschärfen. Auch in der schriftlichen Programmbeschreibung musste ich das entsprechend ändern. Aber wenigstens ansatzweise war das Programm so geblieben und damit in mehreren Teilen Kunstflug. Eine Drehung um die Längsachse im Geradeausflug ist nun mal eine Rolle. Michael B., der bei nahezu allen ILAs in der Leitung der Heeresflieger vertreten war, versprach mir, während meines Freigabefluges die Offiziellen ein wenig abzulenken. Wie mir später ein Bekannter, der ebenfalls in dieser Zeit auf dem Tower stand, erzählte, drehten sich einige Offizielle während meines Fluges um oder unterhielten sich angeregt. Es ist einfacher, Kritisches nicht zu sehen. Ich war freigegeben und durfte bei der ILA fliegen.

## Rennen zwischen Extra und Auto

Wieder traf ich Frank Versteegh. Er war diesmal als Solist mit seinem Sponsor, einem Kfz- Hersteller, auf der ILA vertreten. Er flog ein Soloprogramm, welches er damit begann, dass er parallel zu einem Cabrio startete.

Sobald die Geschwindigkeit hoch genug war, hob er ab und flog bis kurz vor dem Ende der Startbahn tief neben dem Fahrzeug. So tief, dass eine seiner Tragflächen knapp über dem offenen Fahrzeug hing. Er fragte mich ob ich diesen Wagen fahren würde. Natürlich wollte ich, und da es der Zeitplan hergab, spielte ich zweimal den Fahrer. Es war ein merkwürdiges Gefühl, machte aber mächtig Spaß.

Es war das letzte Mal, dass für die ILA ein Vorführprogramm beantragt werden musste. Der Beantragungsweg war immer zeit- und arbeitsaufwendig. Umgangen werden konnte er, indem ein Flugprogramm als sogenanntes Standardvorführprogramm festgelegt und in die entsprechende Vorschrift aufgenommen worden war. Im letzten Fax, in dem das diesjährige Vorführprogramm abschließend genehmigt wurde, war bereits der Zusatz aufgeführt, *„sind die ursprünglich nur für die ILA 98 vorgesehenen Vorführprogramme MTH (mittlerer Transporthubschrauber, CH-53) und VBH als Standardvorführprogramme durch den Führungsstab der Luftwaffe genehmigt."* Damit würde für die Zukunft der Antrag auf eine Einzelgenehmigung entfallen. Allerdings bedeutete das eine Bindung an den schriftlich vorgegebenen und damit immer gleichen Programmablauf. Gleichzeitig wurde darauf verwiesen, dass die Besatzungen im Rahmen der Ausbildung darauf vorzubereiten sind. Durch den General Heeresflieger wurde angeordnet, dass dafür eine besondere Ausbildung stattzufinden habe. Die entsprechende Dienststelle war jetzt gefordert, einen Lehrgang zu etablieren. Bis dieser eingerichtet war, sollte noch Zeit vergehen. Aber der Grundstein war gelegt.

## Vollständiges Programm in Koksijde

Ich durfte noch im Juli des gleichen Jahres einen weiteren Flugtag besuchen. Dieser fand in Koksijde in Belgien statt und war eine große Veranstaltung mit Beteiligung fast aller in der NATO vertretenen Nationen und darüber hinaus vielen anderen Ländern. Der Veranstalter fragte bei der Waffenschule an, ob ich dort teilnehmen könne. Das wurde abgelehnt, da keine Flugstunden zu Verfügung stehen würden. Allerdings ließ das belgische Militär nicht locker und fragte beim Führungsstab des Heeres (Fü H) nach. Was immer hinter den Kulissen ablief: Als Resultat wurde eine BO 105 aus Cottbus geschickt. Diese machte in Bückeburg einen Zwischenstopp, ich stieg zu. So konnte ich in Koksijde eine Vorführung fliegen, die ich anders als bei der ILA als komplettes Kunstflugprogramm gestaltete. Der Passus in der zuständigen Vorschrift hieß sinngemäß: Kunstflug im Luftraum der Bundesrepublik Deutschland ist verboten. Aber ich war ja nicht in Deutschland. Dort, wie auch bei anderen Veranstaltungen im Ausland und fern der Heimatbasis, flog ich immer etwas anders.

Bei der Vorstellung der Besatzungen durch den Kommandeur, die zum Abschluss der Veranstaltung im Kasino stattfand, erhielt ich zum ersten Mal in meinem Leben Standing Ovations. Es war ein gutes Gefühl. Aber vor allem wurde mir dadurch etwas bewusst, was auch durch Gespräche mit Zuschauern während der Veranstaltung zu hören war. Mit einfachsten Mitteln, wie der Teilnahme an einem Flugtag, lässt sich mehr Werbewert erreichen, als mit teuer geschalteten Anzeigen im Fernsehen. Allein in Lüttich, das ich in nachfolgenden Jahren mehrmals besuchte, war der überwiegende Anteil an Zuschauern deutsch. Pro Tag waren dort bis zu 80.000 Zuschauer, davon ein sehr hoher Anteil Jugendlicher, also eigentlich die gewünschte Zielgruppe der Bundeswehr.

## Es kommt auf dem Wortlaut an

Die Tatsache, dass wieder vermehrt an Flugveranstaltungen teilgenommen werden sollte, ließ mich hoffen. Bei GWE (Gruppe Weiterentwicklung) wurde bereits daran gearbeitet, wie ein Lehrgang für Flugvorführungen konzipiert werden könne. Der zuständige Sachbearbeiter, – er saß im gleichen Gebäude wie ich, nur eine Etage tiefer – war sehr engagiert und sehr an dem Thema interessiert. Es war ohnehin inzwischen der Herbst gekommen. Eine Zeit mit viel Flugdienstausfall, und sofern ich nicht durch Unterrichte eingebunden war, hatte ich auch die Zeit, eine Treppe tiefer zu gehen. Wir trafen uns häufig, um gemeinsam eine sinnvolle Lösung zu finden. Er erkannte rasch das Problem, welches sich ergeben hatte. Das von mir eingereichte Programm für die ILA 1998 war zwar als Standardvorführprogramm genehmigt worden. Aber die Genehmigenden im Ämterbereich waren sich offensichtlich nicht bewusst, was sich hinter der Sprache verbarg. Das Programm enthielt natürlich Kunstflugelemente. Waren Begriffe wie *„steiler Sinkflug mit Drehung um die Längsachse"* oder *„Senkrechtsteigflug bis zum Stillstand, Übergang in den steilen Sinkflug"* noch unverdächtig, wenn auch sehr individuell auslegbar, so waren andere Bezeichnungen schon deutlicher: *„Drehung um die Längsachse im Geradeausflug“* war natürlich eine Rolle, *„hochgezogene 180°-Kehrtkurve mit halber Drehung um die Längsachse im Sinkflug“* natürlich eine halbe Cubanische Acht und mit *„Abschwung links mit ½ Drehung um die Längsachse im Sinkflug“* war ein Split S gemeint. Dieses Programm war als allgemeingültiges zu schwer. Über eine Lösung nachzudenken, hatten wir den Winter über Zeit.

Im Februar 1999 flog ich mit meinen damaligen Lehrgangsteilnehmern wieder nach Paris. Wenn ich für den entsprechenden Teil der Navigationsausbildung jeweils fragte, wo sie gern hinfliegen würden, kam sehr oft das Wunschziel Paris. Mir war es egal, navigieren ließ sich in jeder Region, und wenn es durch Sperrgebiete, Kontrollzonen usw. anspruchsvoller wurde, war es mir nur Recht. Offensichtlich hatte sich Paris als guter Ort für einen Auslandsflug herumgesprochen, denn letztlich waren es sechs Lehrgangsteilnehmer, die diesen Wunsch hatten. So waren wir drei Hubschrauber die dort landeten. Aufgrund der Erfahrung bei dem Flug nach Prag, dass die deutsche Botschaft sehr hilfreich sein kann, wollte ich sie diesmal gleich beteiligen. Mein Kontakt in der Auslandsflugberatung konnte mir einen direkten Ansprechpartner nennen. Es war eine gute Entscheidung. Wir wurden nach unserer Landung in Paris von zwei Kleinbussen der Botschaft abgeholt, die uns zu unserem Hotel brachten. Dieses sehr gute Hotel war über die Botschaft zu günstigeren Konditionen gebucht worden. Ein Teil der Besatzungen – vor allem die jüngeren Lehrgangsteilnehmer – machten sich gleich zu einer Stadterkundung auf. Wir anderem aßen mit dem Botschaftsangehörigen zu Abend. So bekamen wir einen kleinen Einblick in sein Leben, und wir konnten ihm etwas von der Fliegerei erzählen. Der Rücktransport am nächsten Tag war ebenfalls organisiert, bequemer ging es nicht mehr.

## Flugvorführung im Auftrag von Eurocopter

Anfang Juni 1999 bekam ich erneut eine Anfrage von Eurocopter, ob ich für sie eine Flugvorführung machen würde. Diesmal in Boden in Schweden. Zwar sagte ich gerne zu, aber in Anbetracht der Erfahrungen, die ich 1993 mit der absagten Teilnahme an der Pariser Luftfahrtschau gemacht hatte, war ich skeptisch, ob es diesmal etwas werden würde. Allerdings soll es hier der Wunsch des potentiellen Kunden, der schwedischen Armee, gewesen sein.

Auf einem militärischen Flugplatz in dieser Stadt, die am nördlichen Polarkreis liegt, war eine große Veranstaltung geplant. Im Rahmen einer Luftfahrtmesse sollten auch einige Flugvorführungen stattfinden, und ein Auftritt der BO 105 war erwünscht. Die Veranstaltung war an einem Samstag. Mein Problem lag darin, dass wir für den Montag einen Überlandflug, wieder im Rahmen von Fluglehrerweiterbildung, nach Rom geplant hatten. Da ich diesen Flug auch ausgearbeitet hatte, wollte ich natürlich teilnehmen. Andererseits reizte mich diese Flugvorführung in Nordschweden schon sehr. Allerdings war bei einer Entfernung von rund 1700 Kilometer Luftlinie der Rückflug definitiv am Sonntag nicht zu schaffen. Zumal eine gesellige Veranstaltung am Samstagabend geplant war. Eurocopter bot mir an, den Hubschrauber von einer Besatzung der Firma überführen zu lassen und mich mit einem Linienflug nach Boden und zurück zu bringen. Das Angebot nahm ich gern an.

So nahm ich mir am Freitag Urlaub und flog sehr früh nach Lulea, dem nächstgelegenen zivilen Flughafen. Dort holte mich die Besatzung des Hubschraubers ab. Natürlich musste ich mich mit dieser BO 105 etwas vertraut machen und führte mit einer Stunde Abstand zwei Übungsflüge durch. Der Hubschrauber war die S-Version (25 cm längerer Rumpf) und mit den Super-Five-Rotorblättern ausgestattet. Diese sind praktisch identisch mit den Rotorblättern des BO 105-Panzerabwehrhubschraubers und haben ein anderes Rollverhalten als die normalen (alten) Rotorblätter. Für den Übungsflug suchte ich mir eine freie Fläche einige Meilen im Norden. Zwar war ringsherum viel unbewohntes Gelände, das zum Üben geeignet war. Aber ich wollte unbedingt den nördlichen Polarkreis überqueren. Die Vorführung fand am Samstag statt, und ich stand erneut vor einem Problem. Die Wolkenuntergrenze lag bei knapp 1000 Fuß (rund 305 Meter). Das bedeutete, ich musste alles etwas tiefer fliegen, um nicht im Rahmen eines Überkopfmanövers, zum Beispiel eines Loop oder eines schnellen Steigfluges, versehentlich in die Wolken zu tauchen. Absagen war in diesem Fall keine Option. Es lief alles gut, und am Abend war eine gelungene und sehr ungezwungene, gesellige Veranstaltung, die bis tief in die Nacht ging. Bei der Veranstaltung hatte ich die Gelegenheit, viele interessante Leute kennenzulernen, sowohl vom schwedischen Militär als auch von Eurocopter.

Als ich gegen 1 Uhr von der Flugzeughalle, in der es stattfand, nach draußen kam, um ins Hotel zu fahren, war es taghell. Es war das erste Mal, dass ich erlebte, wie es ist, wenn es nicht mehr dunkel wird. Am nächsten Tag wurde ich zum Flughafen Lulea gebracht und am späten Sonntagnachmittag war ich zurück in Bückeburg. Zeit, erneut einen Koffer für die nächsten fünf Tage zu packen. Montag früh starteten wir dann mit mehreren Hubschraubern in Richtung Rom. Auch hier hatte ich den Militärattaché der deutschen Botschaft um Unterstützung gebeten. Da wir für die Landung in Rom den Militärflugplatz Pratica di Mare nutzen mussten, waren wir auf Transportmöglichkeit angewiesen. Dafür sorgte die Botschaft. Zwei Großraum-Limousinen standen bereit und brachten uns die 30 Kilometer in ein ebenfalls über die Botschaft gebuchtes Hotel. Genau so kamen wir auch wieder zurück.

## Lehrgang für ein Standardprogramm

In der Zwischenzeit war die Überlegung zur Einrichtung eines Lehrgangs für ein Standardvorführprogramm weitergegangen und als Lösung erschien es am besten, zwei Programme zu etablieren. Dahinter steckte folgender Gedanke. Einerseits sollte bei einer Veranstaltung wie beispielsweise der ILA, ein Programm geboten werden können, das auch international eine gewünschte Außenwirkung erreichen kann. Da die Ausbildung und Inübunghaltung dafür einen relativ großen Aufwand verursachen würde, käme dafür nur ein sehr kleiner Personenkreis in Frage. Andererseits gab es viele kleinere Veranstaltungen, zu denen man auch einen Hubschrauber schicken wollte. Hierfür benötigte man kein so aufwendiges Programm, und es könnte ein erweiterter Personenkreis ausgebildet werden. Dazu verfasste GWE im Juli 1999 einen Antrag für die Einrichtung zweier Lehrgangstypen mit folgender Begründung:

*„Der zeitliche Aufwand zum Erlernen des neuen Standardvorführprogramms ist zu hoch. Luftfahrzeugführer, die dieses Programm jetzt schon sicher beherrschen, mussten dazu eine vierwöchige Ausbildung absolvieren und müssen ständig in Übung bleiben. Um aber alle Flugveranstaltungen den Forderungen gemäß mit „Flying Display" abzudecken, muss ein einfacher erlernbares Programm eingeführt werden".*

Der Vorschlag dazu: Standardvorführprogramm, vorgesehen für allgemeine Veranstaltungen. Geeignete Luftfahrzeugführer müssen von schon ausgebildeten Luftfahrzeugführern eine Einweisung erhalten.

Erweitertes Standardvorführprogramm, ein Programm das nur für besondere Veranstaltungen (z. B. ILA) vorgesehen ist, dessen Durchführung vom General der Heeresflieger gesondert genehmigt wird und das auf einen kleinen, besonders geeigneten Luftfahrzeugführerkreis beschränkt bleibt.

Das – ursprünglich für die ILA 1998 – genehmigte Programm, jetzt als erweitertes Standardvorführprogramm geführt, war allerdings irgendwo im Ämterbereich verändert worden. In dem Antrag vom Juli 1999 änderten wir es wieder auf den ursprünglichen Ablauf zurück. Mein Anliegen, gestützt vom Sachbearbeiter GWE, war natürlich, das Programm etwas spektakulärer zu gestalten. Aber der zuständige Bearbeiter im Fü H merkte es und prompt kam die Nachfrage, warum das sein sollte. Wir begründeten es damit, dass es der besseren Fliegbarkeit geschuldet sei, was aber nicht akzeptiert wurde. Es sollte noch bis zum Frühjahr 2000 dauern, bis die Bearbeitung abgeschlossen war und die Aufnahme in die AOP BO 105 (Aircraft Operating Procedures – Bedienungs- und Verfahrenshandbuch) genehmigt wurde. Leider nicht so spektakulär, wie ich es mir gewünscht hatte.

## Letzter Auslandsflug in der Lehrgruppe

Ende August 1999 machte ich im Rahmen der Musterschulung BO 105 meinen letzten Auslandsflug in der Lehrgruppe. In Le Luc war wieder ein Hörsaalabend mit anschließendem Stehtag vorgesehen. Auch hier plante jede Besatzung einen eigenen Weg nach Le Luc und wieder zurück. Meine beiden Lehrgangsteilnehmer entschieden sich, wie überraschend, über Paris zu fliegen. Die Land- und Parkgenehmigung war erneut kein Problem. Ich nahm diesen Flug, der über die belgische Nordseeküste, Paris, weiter über die Auvergne und die Mittelmeerküste vom Rhône-Delta bis Le Luc, zurück über die französischen Hochalpen und die Schweiz führte, sehr bewusst wahr. Denn meine Versetzung zur GWE stand bevor. Ich glaubte nicht, dass mir dort noch einmal die Möglichkeit für solche Flüge geboten werden würde. Noch während ich die letzten Tage in der Lehrgruppe verbrachte, führte ich ein erstes Gespräch mit dem Leiter GWE. Er informierte mich, dass ich meine Planstelle im Dezernat 1 finden würde. Dort würde ich mit dem Hubschrauber-

▲ **Landung mit Lehrgangsteilnehmern in Issy-les-Moulineaux bei Paris.**

typ CH-53 zu tun haben. Natürlich müsse ich dafür noch umschulen. Als ich ihn jedoch über meine Restdienstzeit aufklärte, konnte ich ihm ansehen, dass daraus wohl nichts mehr werden würde. Hatte ich doch nur noch zweieinhalb Jahre Dienstzeit vor mir.

Am 1. Oktober 1999 wurde ich zur Gruppe Weiterentwicklung versetzt. Nach meiner Zeit in Staffeln und in einer Ausbildungseinheit nun also die letzte Zeit in einem Stab. Zurückblickend im Vergleich zwischen einer Staffel und der Lehrgruppe dachte ich über den Unterschied nach. Der Zusammenhalt innerhalb der Lehrgruppe war anders als in einer Staffel. Wir Fluglehrer haben uns manchmal wochenlang nicht gesehen. Begründet durch den ständigen, in drei Schichten ablaufenden Flugbetrieb. Ob ein Kamerad aus einem Bell-Hörsaal oder der CH-53-Abteilung krank war – es war oft Zufall, das zu erfahren. Deshalb fand ich die Winterspaziergänge zum Jahresende mit anschließendem geselligem Beisammensein – früher sagte man Weihnachtsfeier dazu – immer sehr schön. Bei diesen Spaziergängen ging man häufig zufallsbedingt mit Kameraden zusammen, die man fast nur vom Sehen kannte und stellte in der Unterhaltung viele Gemeinsamkeiten fest.

## Im falschen Dezernat gelandet

Nun also Stabsbetrieb. Zuerst landete ich wie vorgesehen im für mich falschen Dezernat 1. Dort beschäftigte man sich mit Grundsatzfragen, und ich wurde dem Sachbearbeiter CH-53 zugeordnet. Sehr sinnvoll konnte ich dort nicht eingesetzt werden. So hatte ich ausreichend Zeit, mir im Lehrgangskatalog der Bundeswehr etwas auszusuchen und die Gelegenheit, den Lehrgang auch zu besuchen. Ich entschied mich für den Lehrgang „Auftreten und Durchsetzen" an der Bundesakademie für Wehrverwaltung und Wehrtechnik in Mannheim, der im März 2000 stattfinden sollte. Die Thematik klang nicht nur interessant, sie war es auch. Es ging um Selbstsicherheit, Selbstbewusstsein, Selbstvertrauen. Wie es zusammenhängt und wie man es steigern kann. Dazu sollten wir unter anderem auch praktische Übungen durchführen. Der Referent schlug uns Verschiedenes vor. Zum Beispiel mit zerlöcherten Strümpfen in das beste Schuhgeschäft zu gehen oder mit offenem Hosenstall durch die Lobby eines guten Hotels. Kein Fake, es sollte so in Mannheim tatsächlich durchgeführt werden und die anderen Teilnehmer dieser Klasse sollten es sich anschauen. Er wollte uns damit zeigen, wie wenig die Menschen auf ihre Mitbürger schauen und wie einfach man durch sein Verhalten eigene Schwächen überspielen kann. Wir glaubten ihm das alles, nur, wir taten es dennoch nicht. Wir diskutierten es lieber im Hörsaal. Ich empfand diesen Lehrgang, den ich eigentlich gemacht hatte, um dem Dezernat 1 ein wenig zu entkommen, als eine Bereicherung.

Zum Zeitpunkt meines Dienstantritts bei GWE wurde die Einheit generell durch viele neue Planstellen erweitert. Viele neue Mitarbeiter, versetzt aus anderen Verbänden, traten zum gleichen Zeitpunkt ihren Dienst an. Auch das Dezernat 4 bekam einen neuen Leiter, aus Fritzlar kommend, und ehemals ein Flugschüler von mir. Dieser wurde beim Leiter GWE vorstellig, um mich für das Dezernat 4 abzuwerben. In diesem Dezernat ging es um Standardisierung, Vorschriftenerarbeitung usw. für die jeweiligen Muster. Kurz: um den Flugbetrieb. Dort wäre ich deutlich besser aufgehoben.

## Wechsel in das Dezernat 4

Der Leiter GWE war einverstanden, und ich durfte in das Dezernat 4 wechseln. Dort fühlte ich mich wohl und kam glücklicherweise mehr zum Fliegen, als ich vorher gedacht hatte, obwohl der überwiegende Teil natürlich aus Schreibtischarbeit bestand. Dieses Dezernat war auch für die Bearbeitung der Vorführprogramme und die Aufnahme in die

AOP BO 105 zuständig. Das bedeutete, ich konnte intensiv an diesem Projekt mitarbeiten. Der ursprüngliche Sachbearbeiter war inzwischen versetzt, aber der jetzige war ebenso engagiert und unterstützte meine Absichten.

Inzwischen stand die ILA 2000 vor der Tür, und es deutete sich an, dass ich trotz des Dienstpostenwechsels teilnehmen würde. Diese ILA würde meine letzte werden, glaubte ich damals, und natürlich ließ ich nicht locker, doch etwas mehr als das genehmigte erweiterte Vorführprogramm fliegen zu dürfen. Also schickte ich Anfang Mai ein Fax an Fü H. Die Vorschrift ließ es nach wie vor zu, dass man eine Einzelgenehmigung für eine Flugvorführung beantragen durfte. Allerdings setzte ich mich über den Dienstweg hinweg, ich schrieb das Fax, ohne dass ich meinen unmittelbaren Vorgesetzten informierte. Ein Fehler. Den Rüffel bekam ich natürlich prompt und zurecht. Allerdings wurde mir signalisiert, dass grundsätzlich nichts dagegen spreche, zusätzlich zu den genehmigten Programmen eine Einzelgenehmigung zu erwirken, wenn es von der Ebene GenHFlgTr (General Heeresfliegertruppe) ausdrücklich gewünscht werde. Zumindest für diese ILA war es aber zu spät für einen solchen Antrag.

## Ausbildung anderer Piloten

Da die Vorführprogramme in die AOP aufgenommen worden waren, ging es jetzt darum, andere Flugzeugführer auszubilden. Als erstes war ein Fluglehrer aus der Lehrgruppe A ausgewählt, Andreas S. Seine Ausbildung zielte auch darauf ab, zukünftig die Flugvorführungen bei der ILA zu bestreiten.

Ich hatte mir bei der Erstellung des Lehrgangablaufs vorbehalten, mit zu entscheiden, wer dafür zugelassen wird. Das Recht wollte ich mir nehmen, weil ich der Auffassung war, dass nicht nur die fliegerische Eignung, sondern auch die charakterliche Eignung und die Stressresistenz eine wichtige Voraussetzung dafür waren. Vielleicht etwas anmaßend von mir, aber es wurde akzeptiert. Es fand so statt, dass ich mit dem jeweiligen Chef vorher ein informelles Gespräch führte. Da ich fast mein ganzes Fliegerleben auf der BO 105 verbracht hatte – die letzten 20 Jahre als Fluglehrer in Achum – waren mir nahezu alle BO 105 -Flugzeugführer mehr oder weniger bekannt. Die Chefs kannten ihre Leute natürlich gut und es gab fast nie ein Problem bei der Auswahl. Im Lehrgangsplan stand ohnehin ein Eignungsflug. Nur in zwei Fällen habe ich Teilnehmer abgelehnt und zu diesen Entscheidungen stand ich auch.

Andreas war jedenfalls nicht nur ein guter Pilot, sondern generell in meinen Augen sehr gut dafür geeignet. Die Ausbildung mit ihm diente mir auch als Vorlage für einen Lehrgangsentwurf, denn darauf würde es später hinauslaufen. Andreas wurde für das erweiterte Vorführprogramm ausgebildet und er machte seine Sache sehr gut. Es war geplant, dass er zur ILA 2000 nach Berlin mitkommt, um dort im Wechsel mit mir eingesetzt zu werden. Zunächst war für ihn seine erste Veranstaltung vorgesehen. Ich meine mich zu erinnern, dass es nach Westfrankreich ging. Diese sollte über das Wochenende 19. bis 22. Mai stattfinden. Ich war am 2. Juni zu den Belgian Helidays für eine Vorführung eingeladen, was meine Vorgesetzten zu meiner Freude genehmigt hatten. Diese Veranstaltung hatte einen sehr guten Ruf, und darauf freute ich mich, auch wenn der Zeitplan knapp war. Nach der Rückkehr aus Lüttich am Montag würde ich frische Wäsche einpacken können und am nächsten Tag zur ILA nach Berlin weiterfliegen. Das war der Plan, deshalb hatte ich mir einige Tage Urlaub vor diesem Zeitraum genommen.

## Eine Million Flugstunden mit der BO 105

Während meines Urlaubs, Montag den 22. Mai 2000, war eine größere Veranstaltung an der Heeresfliegerwaffenschule geplant. Der Anlass war, dass 1.000.000 Flugstunden mit den militärischen BO 105 bei der Bundeswehr erreicht waren. Dazu kam kurzfristig die Idee auf, eine Flugvorführung mit der BO 105 am Flugplatz Achum zu fliegen. Man informierte mich über den geplanten Einsatz, aber ich musste leider absagen, da ich einen genehmigten und auch gebuchten Urlaub hatte. Die Frage nach dem Piloten, den ich ausgebildet hatte, erübrigte sich auch, er würde erst Montagabend zurückkommen. Irgendjemand kam auf die Idee, Hermann F. wieder zu aktivieren. Ich sprach ihn an und erklärte ihm das Problem. Er war inzwischen in der technischen Abteilung als Werkstattpilot und natürlich mehr als prädestiniert dafür, bei der Veranstaltung zu fliegen. Er willigte ein, und Mitte Mai begannen wir damit, gemeinsam zu fliegen. Meine Aufgabe bestand darin, ihm das erweiterte Standardvorführprogramm zu zeigen. Nach einiger Zeit meinte er sinngemäß, das sei doch Mist. Bis er das jetzt vernünftig könne, würde es zu lange dauern und im Übrigen gäbe das Programm nicht so viel her. Ich gab ihm zwar Recht, aber erklärte ihm, dass ich froh gewesen bin, wenigstens dieses Programm fest genehmigt zu bekommen. Er meinte trotzdem, er werde sein Programm von der WM 1986 fliegen, das hätte er noch drauf. Er werde ohnehin bald pensioniert, deshalb seien ihm die Konsequenzen egal. Mir waren sie auch egal, ich würde ohnehin nicht da sein. Daraufhin übten wir sein Programm. Im Gegensatz zu unserem ersten und letzten gemeinsamen Kunstfliegen, hatte ich diesmal kein Problem damit, links zu sitzen. Es machte Spaß, und wir profitierten beide. Einige Tage später ging ich in den Kurzurlaub. Ich war gespannt was daraus werden würde, wenn er das scharfe Programm von der WM 1986 fliegen würde. Was tatsächlich passiert ist, kenne ich nur vom Erzählen. Natürlich war die Führungsriege von Eurocopter vertreten, als Hermann sein altes Programm flog. Das militärische Führungspersonal soll nicht begeistert gewesen sein. Die Vertreter des Herstellers, vor allem der Präsident, waren dagegen hellauf begeistert. Schließlich war es rund 14 Jahre her, dass auf diese Art geflogen wurde. Sie lobten die Vorführung in höchsten Tönen, und als Hermann aus dem Hubschrauber ausgestiegen war, gratulierte der Präsident ihm unmittelbar. Was blieb den Militärs übrig, als dem beizupflichten. So wurde es mir nach meinem Kurzurlaub erzählt.

## Eigenes Programm für Lüttich?

Jetzt hatte ich ein Problem. Eigentlich hatte ich vor, in Lüttich mein eigenes Programm zu fliegen, welches in etwa dem entsprach, was Hermann dargeboten hat. Es war ja eine Vorführung im Ausland und dort hatte ich es bisher so gehalten. Aber was sollte ich anschließend auf der ILA fliegen? Diesmal war als Delegationsleiter der Heeresflieger ein Oberst i.G. anwesend. Ich hatte ziemlichen Respekt, obwohl er eigentlich ein ausgesprochen vernünftiger und beliebter Vorgesetzter war. Mir war klar, wenn ich dort das genehmigte, erweiterte Standardvorführprogramm fliegen würde, wäre ich der Depp. Auch wenn ich formal alles richtig gemacht hätte. Das ganze Kontingent der Waffenschule, das Hermanns Vorführung in Bückeburg gesehen hat, würde doch denken, ich hätte es nicht drauf. Ich flog nach Lüttich und war mit meinen Gedanken doch bereits in Berlin. Zwar war ich noch immer unsicher, ob ich in Berlin nicht doch das genehmigte Programm fliegen sollte. Dann könnte ich es in Lüttich noch einmal üben. Andererseits war es nicht so anspruchsvoll, um es nicht auch ohne weiteres Üben hinzubekommen. So plante ich, in Lüttich mein eigenes Programm zu verfestigen. Einmal Vorüben am Freitag und jeweils Samstag und Sonntag zwei Vorführungen, es könnte ein gutes Training für Berlin sein. Noch am Sonntagabend ging es zurück nach Bückeburg und Montagmittag flog ich weiter nach Berlin. Dort war ich noch am Abend gegen 18 Uhr für den Abnahmeflug eingeplant. Ich war mir bis zum Schluss unsicher, aber Michael B. versprach mir, es wieder wie 1998 bei der ILA zu handhaben: Ablenkung der Offiziellen während meines Freigabefluges. Nach der Landung ging ich zum Display-Tower, um mir das Ergebnis abzuholen. Alle waren begeistert, und ich war freigegeben und durfte bei der ILA fliegen. Drei Mal durfte ich fliegen, die restlichen Vorführungen bestritt Andreas S. Vor allem am Sonntag erkannte ich nach einem Gespräch mit unserem Delegationsleiter, dass er mich dadurch, dass er mich zu geplanten Vorführzeiten der BO 105 zu einer Podiumsdiskussion schickte, letztlich nur schützen wollte. Sein Argument, am Wochenende sehen es zu viele Zuschauer und ich hätte doch meinen Spaß gehabt.

Während der Veranstaltung hatte ich ein längeres Gespräch mit dem ILA-Flugbetriebsleiter Dieter Thomas. Ich

◀ **Koordinationsübungen im Rahmen der Ausbildung.**

kannte ihn seit meiner ersten ILA, und wir hatten häufiger Gespräche miteinander. Er fragte mich, ob ich mir nicht vorstellen könne, nach meiner Bundeswehrzeit weiter Hubschrauber-Kunstflug zu betreiben. Es wäre schade, wenn ich nicht mehr fliegen würde und es sei eine Marktlücke. Ich war völlig seiner Meinung, aber ich fragte ihn etwas ungläubig, wer denn das finanzieren soll. Ich würde einen guten Sponsor brauchen, denn die Zulassung für einen zivilen Kunstflughubschrauber dürfte extrem teuer und aufwendig sein. Er war zwar der gleichen Meinung, sagte aber, er kenne nur einen der das machen könnte und es vielleicht auch tun würde: Red Bull. Meine Gegenfrage, wie ich den Einstieg schaffen sollte, konnte er nicht beantworten. Ich war sehr skeptisch und hatte auch keine Vorstellung wie ich den Kontakt herzustellen könnte. Es war ein nettes Gespräch, aber das Thema hatte ich bald vergessen.

Im Juli dieses Jahres durfte ich entgegen allen Befürchtungen noch einen Auslandsflug zur Weiterbildung durchführen. Zusammen mit einem jüngeren Kameraden aus einem anderen Dezernat planten wir einen Flug nach Rimini. Dort hatten wir einen Stehtag, an dem wir San Marino besuchten. Mit dabei als Bordwart Andreas L., der mich auf nahezu allen meinen Flugtagen und auf vielen meiner Überlandflüge begleitet hatte. Diesen Flug empfand ich wie ein Abschiedsgeschenk von meiner Bundeswehrzeit.

▲ **Auf dem Weg zum Hubschrauber beim Flugtag in Lüttich.**

Noch während meiner Zeit in der Lehrgruppe hatte es sich ergeben, wenn der neu ins Amt gekommene General Flugsicherheit seinen Antrittsbesuch in Bückeburg machte, meist ich den Einweisungsflug auf der BO 105 mit ihm machte. So auch in diesem Jahr. Seinen Namen hatte ich in vorangegangenen Jahren oft gehört oder gelesen, war er doch gerade in der Zeit der Gestaltung und Genehmigung der Standardvorführprogramme bei der Dienststelle Fü L. Ich sollte ihm dieses Programm zeigen. Ich bin mir nicht sicher, ob es ihm von innen aus dem Hubschrauber heraus betrachtend gefallen hatte, jedenfalls machte der Kommandeur der Waffenschule anschließend eine diesbezügliche Bemerkung.

## Erste Kontakte zur Filmfliegerei

Das Jahr 2001 war angebrochen, und ich hatte mir bis zu diesem Zeitpunkt überhaupt keine Gedanken gemacht, was ich und ob ich nach meiner Bundeswehrzeit noch beruflich irgendetwas tun wollte. Es bestand die Möglichkeit, direkt zu meinem Geburtstag pensioniert zu werden. Das hätte für mich bedeutet, dass ich bereits im Novem-

▲ **Warten auf die Startfreigabe.**

ber dieses Jahres auf Dauer zuhause sein könnte. Ein Gedanke, der mich ein wenig erschreckte. Denn eigentlich fühlte ich mich viel zu jung, um nichts mehr zu tun. Dieses halbe Jahr bis zu meinem regulären Ausscheiden, Winterzeit in der man ohnehin nicht viel unternehmen kann, wollte ich mir noch gönnen.

Im Frühjahr 2001, rund ein Jahr vor meiner Pensionierung, erhielt ich während des Dienstes einen Anruf. Ein mir bis dahin unbekannter Gesprächspartner stellte sich vor, erklärte mir, in wessen Namen er anrief und fragte, ob ich Interesse an einer Zusammenarbeit hätte. Es ging um die Arbeit in einer Filmfirma. Der Besitzer und Produzent hatte mich auf der ILA fliegen sehen. Er hatte offensichtlich Erkundigungen über mich eingeholt und es ging ihm um eine mögliche Zusammenarbeit nach Ende meiner Dienstzeit. Hatte ich mir bisher noch keinerlei Gedanken über eine mögliche anschließende Tätigkeit gemacht, fing ich jetzt damit an. Es klang spannend, was er mir erzählte, und ich nahm das Angebot zum Besuch der Filmfirma dankend an. Es handelte sich um die Firma Action Concept in Köln Hürth. Dort wurde und wird immer noch unter anderem die Fernseh-Serie „Alarm für Cobra 11" produziert. Der Besuch dort war sehr interessant. Eine völlig andere Welt tat sich für mich auf. Der Chef Hermann Joha persönlich führte mich herum und erklärte mir alles. Er war mir auf Anhieb sympathisch.

Zu diesem Zeitpunkt besaß die Firma einen eigenen Hubschrauber, eine Bell 407. Aber es war beabsichtigt, zwei weitere Hubschrauber anzuschaffen. Zwei BO 105, für mich natürlich ideal. Ich lernte den fest angestellten

Piloten kennen. Auch er war gleich sehr offen und sympathisch, wie überhaupt mein Eindruck von allen Bereichen der Firma sehr gut war. Zu diesem Zeitpunkt hatte ich noch einige Zeit bei der Bundeswehr vor mir, aber wir wollten in Verbindung bleiben und ich sagte ihm zu, dass ich gern für ihn fliegen würde. Um zivil gewerblich fliegen zu können, benötigte ich allerdings noch eine Berufspilotenlizenz. Bis zu diesem Zeitpunkt hatte ich nur meine Privatpilotenlizenz. Ich versprach, mich darum zu kümmern und Hermann sagte mir Unterstützung zu. Zum Beispiel durch Gestellung eines Laptops mit einem guten Programm als Lernhilfe zur Vorbereitung auf die Theorie-Prüfung.

Da wir gelegentlich miteinander telefonierten, erzählte ich ihm von einem bevorstehenden Flugtag in Belgien. Eine große Veranstaltung in Lüttich, zu der ich auch in den Vorjahren schon eingeladen war und die für mich die letzte Flugvorführung bedeuten würde – glaubte ich damals. Er kam spontan auf die Idee, mich dort zu besuchen, um mich erneut live fliegen zu sehen. Man könne ja auch gleich ein paar Videoaufnahmen machen.

## ■ Riesenaufwand für ein paar Minuten Film

Anfang Juni traf ich in Lüttich ein und fiel aus allen Wolken. Aus dem angekündigten Besuch, um ein „paar Aufnahmen" zu machen war ein größeres Unternehmen geworden. Er war mit Fahrzeugen, seiner Bell 407 und einer eigens für die Veranstaltung gecharterten AS350 da. Mit dem Veranstalter hatte er bereits gesprochen und hatte Sonderausweise für seine gesamte Crew – es waren mit ihm sieben Personen – erhalten. Dazu die Erlaubnis, während der Flugvorführungen mit seinem Kamera-Hubschrauber Aufnahmen zu machen. Natürlich sollte auch aus dem Hubschrauber heraus gefilmt werden. Ich fühlte mich in einer Zwickmühle. Die ganze Crew war extra angereist, es würde sicher die tollsten Aufnahmen geben, die wir bis dahin überhaupt hatten. Andererseits bedurfte es natürlich einer Genehmigung durch meine Dienststelle, wahrscheinlich sogar höher, um das zu erlauben. Am Wochenende eine Genehmigung erhalten? Völlig unmöglich! Ich ließ es einfach zu. Eine Kamera im Hubschrauber zu platzieren konnte ja nicht so aufwendig sein. Glaubte ich! Es handelte sich allerdings nicht um Hobbykameras, sondern um richtige Filmkameras. Diese waren im Jahr 2001 noch etwas größer und schwerer als heute. Es wurde eine aufwendige Konstruktion im Hubschrauber befestigt, denn das letzte was ich brauchen würde, war ein ohnehin unerlaubtes Teil im Luftfahrzeug, das während der Vorführung herumfliegt. Aber es gab Andreas L. und er überwachte es sehr penibel. Alles wurde sehr gut und absolut sicher befestigt. Jeweils vor dem Start wurden beide Innenkameras rechtzeitig eingeschaltet und so wurden meine beiden Vorführungen mit zwei Innen-, einer Außen- und einer Kamera aus einem weiteren Hubschrauber heraus aufgenommen. Aus diesem Filmmaterial wurde schlussendlich ein knapp viereinhalb Minuten langes Video erstellt, das, wie ich finde, sehr gut gelungen und heute noch im Internet abrufbar ist.

Im weiteren Verlauf des Jahres, mein unmittelbarer Vorgesetzter war im Jahresurlaub, sichtete und ordnete ich die vielen Akten, die in meinem Dienstzimmer standen. Ich hatte das immer wieder sporadisch zwischendurch neben meinen eigentlichen Aufgaben getan. Zum Teil waren es ziemlich alte Unterlagen, vieles vermutlich inzwischen völlig bedeutungslos. Aber jetzt war ich auf eine Ordnerreihe gestoßen, die mich sehr interessierte. Es handelte sich um die Geschichte und Entwicklung der Vorführungen mit der BO 105. Alle die Dinge, die sich vor 1986, in der Zeit nach der Hubschrauber-Weltmeisterschaft bis zur endgültigen Ablehnung der angebotenen Vermessung durch MBB 1988 und der Einführung des neuen Standardvorführprogramms abgespielt hatten. Geschehnisse, die ich teilweise von Erzählungen kannte und anderes, das ich unmittelbar miterlebt hatte. Für mich eine unglaublich spannende Lektüre, zumal ich mit diesem zeitlichen Abstand jetzt erkennen konnte, wer damals für die Blockierung einer genaueren Festigkeitsuntersuchung gesorgt hatte. Alles, was sich ergeben hatte, nachdem ich Ende 1999 zu GWE gestoßen war und ich auch beteiligt war, kannte ich. Auch diese Unterlagen waren dort abgeheftet. Natürlich war das meiste als VS NfD (Verschlusssache – nur für den Dienstgebrauch) eingestuft. Aber Lesen durfte ich es und war bei einigen Dokumenten doch überrascht.

Im September wurde ich zum dritten Mal in eine Flugunfalluntersuchung berufen. Eine BO 105 hatte während einer Autorotation an einem unserer Außenlandeplätze die Graslandebahn nicht erreicht und war auf einem davor gelegenen Feld hart aufgesetzt. Aufgrund der dabei entstandenen Schäden wurde dieser Zwischenfall als Flugunfall eingestuft und entsprechend untersucht.

Glücklicherweise war kein Personenschaden entstanden. Auch wenn die Anlässe meist traurig waren, die Gelegenheit bei Flugunfalluntersuchungen mitwirken zu dürfen, war immer interessant. Weil ich Einblick in Abläufe bekam, die mir sonst verborgen geblieben wären und es möglich war, die gleichen Geschehnisse aus unterschiedlichen Blickwinkeln zu betrachten.

▲ Der Einbau der überraschend umfangreichen Kamera-Ausrüstung.

## Freelancer bei Action Concept

Im November beantragte ich im Hinblick auf meine eventuelle Tätigkeit bei Action Concept die Genehmigung zur Ausübung einer Nebentätigkeit. Zwar würde ich noch nicht arbeiten, aber ich beabsichtigte, ein Gewerbe anzumelden, um zum Beispiel anfallende Fahrtkosten abzurechnen. Nach dieser Genehmigung meldete ich im Januar 2002 ein Gewerbe an. Ich nannte es „Beratung und Dienstleistung im Hubschrauberbereich". Ich wusste nicht genau, was ich tun würde, ob es nur Fliegen, oder auch andere Dienstleistungen beinhalten würde und hoffte so, alle Eventualitäten abgedeckt zu haben. Meine Absicht war es nicht, fest bei einem Luftfahrtunternehmen angestellt zu sein. Ich wollte mir meine Freiheit als Freelancer im fliegerischen Bereich oder auch im Bereich Beratung auf jeden Fall erhalten.

Im Dezember führte ich mit zwei weiteren Fluglehrern der Lehrgruppe einen Eignungsflug für die Ausbildung im Vorführprogramm durch. Beide kannte ich sehr gut, sie

▶ Der Start in Lüttich wurde auch von Kamera- und Tonleuten von außerhalb begleitet.

waren gemeinsam mit mir im gleichen Hörsaal gewesen. Insofern war der Eignungsflug eigentlich eine Formsache. Aber im Laufe der Jahre hatte ich immer mal festgestellt, dass ganz hervorragende Piloten diese Art von Manövern nicht mögen, oder ihnen sogar etwas übel dabei wird. Es ist überhaupt nicht schlimm, es mag auch nicht jeder in ein extremes Karussell einsteigen. Deshalb macht der Eignungsflug auch in dieser Hinsicht einen Sinn. Zu Beginn des kommenden Jahres führten wir dann die Ausbildung durch. Bis zur Beendigung meiner Dienstzeit kamen noch weitere Ausbildungen dieser Art hinzu.

Ich denke, dass es einige Flugzeugführer gab, die der Ausbildung für das normale Standardvorführprogramm zunächst sehr skeptisch gegenüberstanden. Hauptsächlich, weil sie es für überflüssig hielten. Es änderte sich, wenn sie die erste Stunde hinter sich hatten. Es ist einfach, ein Manöver irgendwo in großer Höhe durchzuführen. Etwas anderes ist es, dieses Manöver unmittelbar hinter einem anderen und unmittelbar vor dem nächsten auf einer festgelegten Linie, in einer vorgegeben Mindesthöhe mit festen Eckbegrenzungen zu fliegen. Das zu erlernen war der Zweck dieses Lehrgangs.

## Umschreibung in eine zivile Lizenz

Noch vor Ende meiner Dienstzeit, am 13. Februar 2002, beantragte ich beim Luftfahrt-Bundesamt die Umschreibung meines Militärluftfahrzeugführerscheins in eine zivile Lizenz. Sechs Wochen später erhielt ich vom LBA ein Schreiben, in dem mir mein Prüfungstermin sowie die zu absolvierenden Prüfungen mitgeteilt wurden. Es handelte sich um Luftrecht, Flugleistung und Funknavigation. Luftrecht bedeutete auswendig lernen, Flugleistung wurde auf Grundlage des Flughandbuches BO 105 durchgeführt. Ein Themengebiet, was ich jahrelang unterrichtet hatte und wo die Tabellen beherrschte. Soweit kein Problem. Nur die Funknavigation bereitete mir Kopfschmerzen, hatte ich doch als VFR-Flieger bei der Bundeswehr damit nie etwas zu tun gehabt. Aber da mein Termin auf den 11. Juni 2002 festgelegt war, hatte ich noch genügend Zeit, mich auf die Theorieprüfung vorzubereiten. Als ich mit Hermann telefonierte, um ihm zu erzählen, wie es bei mir weitergehen würde, erneuerte er sein Angebot zur Unterstützung. Den Kostenbescheid für die Prüfung und Umschreibung erhielt ich vom LBA übrigens gleich.

In meiner letzten Dienstwoche kam ich noch dazu, fast zwölf Stunden zu fliegen. Überhaupt bin ich in meiner Zeit bei GWE viel mehr geflogen als ich vorher geglaubt hatte. Meinen Vorgesetzten dafür herzlichen Dank! Meine letzten Flüge bei der Bundeswehr fanden am 28. März statt. Den letzten zum Schluss mit Ralph G., mit dem mich das gemeinsame Erlebnis bei der deutschen Hubschraubermeisterschaft einige Jahre früher verband. In beiden Flügen flog ich noch einmal Manöver im aerodynamischen Grenzbereich. So nannte ich Flüge, die nicht nur geradeaus führten.

## Ende der Dienstzeit bei der Bundeswehr

Mein letzter Diensttag war Freitag der 29. März 2002. An den Tagen vorher lag immer noch Arbeit auf meinem Schreibtisch, aber die Flugstunden wollte ich keineswegs abschreiben. All das ließ mich den Umstand, meine gesamte militärische Ausrüstung abzugeben, vergessen. Kurz vor der Mittagspause machte ich mich noch schnell auf den Weg in die Jägerkaserne in der Stadt Bückeburg, um das zu erledigen. Dem Oberfeldwebel der Bekleidungskammer war es zeitlich zu knapp. ich solle Montag wiederkommen. Dass ich Montag bereits pensioniert wäre, interessierte ihn nicht. Ein kurzes Telefonat und Übergabe des Hörers an ihn änderten seine Meinung, und ich konnte meine Ausrüstung abgeben. 32 Jahre und 3 Monate, davon 19 Jahre und 8 Monate bei der Heeresfliegerwaffenschule – das Kapitel Bundeswehr war für mich zu Ende. Es gab Gutes und Schlechtes, was ich in dieser Zeit erlebt hatte. Das Gute überwog bei Weitem, und ich erinnere mich sehr gern an diese Zeit.

Von der Terrasse unserer Wohnung hatte ich einen freien Blick auf den Flugweg der Hubschrauber, die in Röcke übten und den An- und Abflug dorthin durchführten. Ich wäre traurig gewesen, wenn ich nach meiner Pensionierung auf der Terrasse sitzend, ständig diese Hubschrauber in der Luft gesehen hätte, ohne selbst noch zu fliegen. Aber durch die Option, bei Action Concept weiterfliegen zu können, sah ich gern den Hubschraubern hinterher.

# 5 Stuntfliegerei und Ausbilder von Testpiloten

Am Montag, den 1. April 2002, war mein erster Tag als Pensionär. Es war kein Aprilscherz, von nun an würde ich jeden Tag ausschlafen und mir den Tag frei gestalten können. Obwohl meine Planung zum Erwerb einer Berufspilotenlizenz angelaufen war, gab es dafür zunächst nichts zu tun. Am 11. April fuhr ich zur Firma Action Concept. Wir wollten uns einerseits gegenseitig auf dem Laufenden halten und andererseits übergab mir Hermann den versprochenen Laptop. Das Trainingsprogramm zur Vorbereitung auf die Theorieprüfung war richtig gut und half mir sehr.

Der Sommer war da, auf der Terrasse sitzend sah ich den Hubschraubern zu, die nach Röcke flogen, dort übten und zurückkamen. Dabei lernte ich, und dieser Anblick stimmte mich nicht traurig, sondern eher zuversichtlich. Wenn alles glatt lief, hatte ich die Perspektive, in absehbarer Zeit wieder in einem Hubschrauber zu sitzen.

## Theorieprüfung in Braunschweig

Hermann selbst befand sich ebenfalls in der Vorbereitung zur Theorieprüfung für den Erwerb der Berufspilotenlizenz. In seiner Firma wurde er natürlich immer wieder durch administrative Unterbrechungen abgelenkt. Daher hatte er sich in Braunschweig in einem Hotel für einige Tage ein Zimmer genommen, um dort unter anderem auch mit Theorielehrern in Ruhe lernen zu können. Er bot mir an, gern dazu zu kommen. Für den Bereich Radionavigation nahm ich dieses Angebot sehr gerne an. An einigen Tagen, an denen dieser Ausbilder Hermann in Braunschweig besuchte, fuhr ich dorthin, um am Individual-Unterricht teilzunehmen. Ohne diese Hilfe hätte ich diesen Themenbereich sicher nur mit großen Schwierigkeiten geschafft. Der Theorielehrer, Karsten F., machte es wirklich gut. Er konnte das Thema Radionavigation so gut erklären, dass sogar ich als eingefleischter VFR-Flieger problemlos inbound, outbound usw. verstand.

## Flugleistung als Lieblingsfach

Am 11. Juni 2002 fuhr ich wieder nach Braunschweig zu meiner theoretischen Prüfung. Die Reihenfolge der Themen waren Luftrecht, Funknavigation und Flugleistung. Nachdem die beiden ersten Prüfthemen hinter mir lagen, hatte ich ein gutes Gefühl. Stand doch nunmehr nur noch meine geliebte Flugleistung an. Ein Thema, was ich mit links zu absolvieren glaubte.

Allein schon, weil alle Diagramme und Tabellen aus dem Handbuch BO 105 stammten, und ich genau diese jahrelang in der Unterrichtung selbst benutzt hatte.

Es war genau, wie ich es mir vorgestellt hatte. Die Fragen und die Diagrammbearbeitung erledigte ich zügig ohne Probleme. Probleme bereitete mir nur meine Blase und ich fragte den beaufsichtigenden Prüfer, ob ich kurz auf die Toilette dürfte. Er erlaubte es ohne weitere Worte. Als ich nach wenigen Minuten zurückkam, war mein Platz mit allen Unterlagen abgeräumt. Ich fragte erstaunt, wo meine Sachen denn wären. Er antwortete, da ich aufgestanden sei, wäre die Prüfungszeit für mich beendet und das wäre doch klar gewesen. Er ließ sich auf keinerlei Diskussion ein und bestätigte nochmals, dass meine Prüfung hiermit beendet sei. Da ich keinerlei Erinnerung hatte, dass er das zu Beginn der Prüfung deutlich gemacht hatte – und er mir auch bei meiner Frage zum Besuch der Toilette keine Angabe dazu gemacht hatte, suchte ich den Abteilungsleiter auf. Ich erklärte ihm meinen Standpunkt und wir kehrten gemeinsam in den Prüfungsraum zurück. Es fand ein Gespräch vor dem Raum statt und es wurde ein Kompromiss gefunden. Ich durfte die Prüfung weiterschreiben, allerdings würde ich keine zusätzliche Zeit bekommen. Das hieß für mich, es würde zeitlich knapp werden, da diese Diskussionen einen großen Teil der gesamten Prüfungszeit gekostet hatten. Deshalb erwartete ich mit Spannung das Prüfungsergebnis. Mit den erreichten 88 Prozent konnte ich nach der verkürzten Zeit dann doch noch zufrieden sein, vor allem, weil ich damit bestanden hatte. Mir fiel ein Stein vom Herzen.

Im Juni fuhr ich nach Hürth, um den Laptop mit dem Programm wieder abzugeben, aber vor allem, um zu besprechen, wie es weitergehen sollte. Bei dieser Gelegenheit bot mir Hermann auch an, seinen Hubschrauber für Übungsflüge zu nutzen, wenn ich den Termin für meine praktische Prüfung hätte. Hermann hatte in der Zwischenzeit von der Polizei zwei BO 105 erworben und aufbereiten lassen. Andere Sitze, andere Funkgeräte usw. Beide Hubschrauber waren in einem ausgezeichneten Zustand.

## ■ Praktische Übungen im UH-1D-Simulator

Im August dieses Jahres organisierte mir ein noch aktiver Kamerad drei Stunden im Bell UH-1D Simulator der Heeresflieger auf dem Flugplatz in Bückeburg zum praktischen Üben der Radionavigation. Radionavigation war der Bereich, vor dem ich bei der praktischen Prüfung viel Respekt hatte. Über alles andere machte ich mir keine Gedanken, weil ich nach meiner Auffassung die BO 105 ausreichend beherrschte. Dann erhielt ich meinen Termin für die praktische Überprüfung. Es sollte der 14. November sein. Die Flugpause bis dahin war doch recht lang, und so nahm ich das Angebot von Hermann, seinen Hubschrauber für einen Übungsflug zu nutzen, gerne an. Am 14. Oktober flog ich mit Markus S., dem fest angestellten Piloten von Action Concept, noch einmal 45 Minuten zur Vorbereitung.

Da die Verlängerung meines Gesundheitszeugnisses anstand, schaute ich mich nach einem neuen Fliegerarzt um. Der militärische Fliegerarzt in Achum, den ich eigentlich gern weiter genutzt hätte, durfte leider zu diesem Zeitpunkt im zivilen Bereich nur Privatpiloten untersuchen. Ein Kamerad aus der Bundeswehrzeit, der ebenfalls nach seiner Pensionierung noch weiterflog, hatte mir einen zugelassenen Arzt in Hannover empfohlen. Dieser wiederum hatte mir dann einen Augenarzt empfohlen, denn eine augenärztliche Untersuchung benötigte ich auch. Beides erledigte ich noch vor meinem Prüfungsflug, der ja Mitte November anstand. Auch für diesen Flug stellte mir Hermann eine seiner beiden BO 105 zur Verfügung.

▲ **Umschulung auf die Bell 407.**

Den Prüfer des Luftfahrt-Bundesamtes (LBA) hatte ich einige Jahre zuvor kennengelernt, als ich die beiden Piloten von Eurocopter im Kunstflug ausgebildet hatte. Er hatte die Prüfung abgenommen und ich hatte ihn damals als einen kompetenten und praxisorientierten Prüfer kennengelernt. Es war ein ausgesprochen fairer Prüfungsflug, den ich absolvieren musste. Da ich selber jahrelang Prüfungsflüge bei der Bundeswehr durchgeführt hatte, erlaube ich mir dieses Urteil. Besonders der Teil Radionavigation, vor dem ich richtig Respekt hatte, verlief für mich zufriedenstellend.

Zu diesem Zeitpunkt hatte ich rund 7000 Flugstunden auf der BO 105 verbracht, davon etwa 6500 als Fluglehrer. Wenige Tage später erhielt ich meine Berufspilotenlizenz CPL H mit dem Eintrag BO 105 und Kunstflug. Der Eintrag Einweisungsberechtigung war leider nicht enthalten, jedoch wurde er mir nachträglich problemlos eingetragen. Ich hatte irgendein Formular nicht vollständig ausgefüllt.

Als ich auf der Rückfahrt nach Hause war, rief mich Hermann an. Er meinte, ich könne doch auch gleich noch die Musterberechtigung für die Bell 407 erwerben. Dann könnte ich auch auf diesem Muster im Bedarfsfall eingesetzt werden. Warum nicht? dachte ich und fragte, ab wann er sich das vorstellen kann. Er meinte, wir sollten doch gleich am kommenden Montag anfangen. Und so kam es auch.

## Type Rating auf Bell 407

Am Montag, den 18. November, fuhr ich wieder in Richtung Köln, genauer gesagt zur Westricher Mühle in der Nähe von Erkelenz. Dort befand sich Hermans Privatwohnsitz. Eine umgebaute ehemalige Windmühle mit einem eigenen Hubschrauberlandeplatz. Die Mühle war abgelegen, daher auch problemlos, ohne die Gefahr von Lärmbeschwerden, bei Nacht anfliegbar. Die Beleuchtung wurde über Funk eingeschaltet. Auch sonst war es ein fantastischer Wohnsitz mit großem Pool, eigenem Kino usw. Ich würde später noch oft an dieser Mühle sein. Entweder, um direkt dort zu fliegen oder von dort zu anderen Einsatzorten zu starten oder zurückzukehren. Zunächst fand dort meine Ausbildung auf der Bell 407 statt.

Den ersten Tag machten wir nur Theorie. Am 19. dann meine erste Stunde Flugdienst. Gegen Abend des zweiten Tages musste der Fluglehrer weg, und so setzten wir am 27. November 2002 die Schulung für das Type Rating fort. An diesem Tag flog ich die restlichen notwendigen Flugstunden und absolvierte meinen Checkflug.

Anfang Dezember wurde mir die neue Berechtigung in die Lizenz eingetragen. Mein neues Beiblatt enthielt nun die Musterberechtigungen für BO 105 und Bell 407, die Kunstflugberechtigung für BO 105 und die Einweisungsberechtigungen für die BO 105 und die Bell 407. Letzteres hat mich doch erstaunt, weil ich nach meinem Verständnis dafür noch nicht reif war. Aber die Vorschriften gaben es her. Genutzt habe ich diese Zusatzberechtigung für die Bell allerdings nie. Aber auch daran merkte ich, dass die zivile Fliegerei in vielen Dingen doch ziemlich anders ist als die militärische. Damit war das Jahr fliegerisch für mich zu Ende. Aber für das kommende Jahr waren mir viele Flugstunden im Rahmen von Dreharbeiten angekündigt worden.

Im März 2003 musste ich zum ersten Mal einen Company Checkflug absolvieren. Auch eine neue Erfahrung für mich, dass ich neben dem normalen Checkflug noch einen Company Check machen musste. Noch dazu jedes halbe Jahr und auch in jedem Unternehmen, in dem ich gemeldet war. Zu meinem Glück war ich nur in einem Unternehmen gemeldet. Ich stellte mir vor, wie es sein müsste, in mehreren Unternehmen und mit mehreren Mustern gemeldet zu sein. Den Checkflug absolvierte ich in Bonn/Hangelar. Dort war der Checklehrer in einem Unternehmen tätig, mit ihm sollte ich später noch einige Checkflüge absolvieren.

Im April machte ich dann meinen ersten Flug mit Hermann. Auch er hatte inzwischen seine Berufspilotenlizenz erworben. Wir flogen gemeinsam nach Lohr, dort hatte er ein Gebäude gekauft, das zu einem Hotel umgebaut wurde. Für mich war es eine gute Gelegenheit in Übung zu bleiben. Im Verlaufe des Jahres waren einige Filmaufnahmen angekündigt, und ich wollte davor keine lange Flugpause haben.

## Pilot gebucht, aber nie bezahlt

Im Mai rief mich ein ehemaliger Fluglehrer aus gemeinsamen Zeiten in Achum an, der auch nach seiner Dienstzeit privat weiterflog. Er hatte gehört, dass ich inzwischen auch das Rating für die Bell 407 erworben hatte. Er kannte jemand aus Vennebeck, in der Nähe von Bückeburg gelegen, der einen Piloten für die Bell 407 suchte. Für jede Gelegenheit, Flugerfahrung auf der Bell 407 zu sammeln, war ich froh und meldete mich bei ihm. Einige Tage später fuhr ich nach Vennebeck, dort wies mich der Pilot – nach meinem Verständnis auch der Besitzer, denn ich sollte an ihn die Rechnung schicken – ein und wir machten gleich einen ersten Flug.

Am nächsten Tag stand der eigentliche Flug an, für den er jemanden gesucht hatte. Einige Mitarbeiter der Firma Melitta aus Minden mussten nach Neu Kaliß gebracht werden. Ein Flug über die Elbe unmittelbar hinter die Landesgrenze zu Mecklenburg-Vorpommern. Ein schöner Tag mit einem schönen Flug. Auch wenn ich meine Rechnung von der Firma nie bezahlt bekam. Immerhin hatte ich etwas Praxis auf der Bell 407 gesammelt. Der Besitzer/Pilot von Helicopterservice hatte mir erzählt, dass Melitta Wert darauf legte, dass ihre Mitarbeiter grundsätzlich von zwei Piloten geflogen werden. Wie mir später jedoch von anderer Seite zugetragen wurde, war es für den Besitzer der Firma eine Notwendigkeit, einen Berufspiloten mit an Bord zu haben. Denn er hätte keine Berufspilotenlizenz und ich musste somit notwendigerweise mit an Bord sitzen. Dass ich auch noch die Einweisungsberechtigung besaß, war für ihn zusätzlich praktisch. Am 18. Juli 2003 entnahm ich einem Zeitungsartikel, dass die Firma zahlungsunfähig ist. Damit war dieses Unternehmen, das meines Wissen nach immer nur aus einer Person bestanden hatte, sehr schnell verschwunden. Aus diesem Grund hörte ich auch niemals etwas bezüglich meiner offenen Rechnung.

## Erste Vorbereitungen für „Der Clown"

Ende Mai fuhr ich nach Hürth bei Köln, um an einer Besprechung für den Kinofilm „Der Clown" teilzunehmen. Wir wollten über meine Flüge bei diesem Film sprechen. Mitte Juni sollten Teile des Films in einem ehemaligen Bundeswehrdepot gedreht werden. Für mich wäre ein großer Anteil Kunstflug dabei. Deshalb hatte ich Hermann gesagt, dass ich zur Betreuung des Hubschraubers gern Andreas L. dabeihaben würde. Wenn Kunstflug durchgeführt wird, ist eine gründlichere technische Betreuung in meinen Augen wichtig. Er willigte sofort ein und so fuhren Andreas L. und ich am 18. Juni mit dem Auto nach Mönchengladbach, um dort eine BO 105 zu übernehmen. Am Abend des Tages landeten wir in dem Depot, dass in der Nähe von Kastellaun im Hunsrück lag.

Ich war nervös, denn seitens Action Concept hatte ich viele Erwartungen geweckt und wollte diese natürlich nicht enttäuschen. Zum anderen würde ich zum ersten Mal zivilen Kunstflug außerhalb von Eurocopter fliegen. Die Schulung der beiden Piloten von Eurocopter war absolut legal, mit Billigung des LBA, auf einem eindeutig für diesen Zweck und die geplante Zeit zugelassenen Hubschrauber. In diesem Fall war es aus meiner Sicht auch legal. Eine Lizenz hatte ich, die anderen gesetzlichen Voraussetzungen, was Höhe, Ort und Mitflieger betraf, waren ebenfalls erfüllt. Die Zulassung des Hubschraubers war zwar etwas schwammig. Aber es gab diese Fluganweisung für Kunstflug aus dem Jahr 1973, ich hatte sie schon an anderer Stelle erwähnt, die niemals aufgehoben worden war. Dort war ein Passus enthalten, dass Kunstflüge von „... oder einem anderen erfahrenen MBB-Piloten mit einer gültigen Kunstfluglizenz für Hubschrauber BO 105 durchgeführt werden müssen". Deshalb hatte ich im Vorfeld den Hersteller darüber informiert, dass ich beabsichtigte, im Rahmen der Filmaufnahmen Kunstflug durchzuführen und gefragt, wie sie dazu stehen würden. Es wurde mir signalisiert, dass die Firma keinerlei Einwände dagegen hätte, wenn ich diese Flüge durchführte. Insofern fühlte ich mich auf der sicheren Seite.

Wir wurden bei der Landung im Depot sehr freundlich empfangen. Besonders erinnere ich mich an die erste Begegnung mit dem Hauptdarsteller des Films, Sven Martinek. Wir waren auf einer asphaltierten Ringstraße zwischen den Hangars gelandet, eine große Grasfläche lag zwischen dem entgegengesetzten Teil dieser Straße. Er ging gerade auf der anderen Seite des Landeplatzes, zirka 100 Meter entfernt, vorbei und kam sofort herüber und begrüßte uns herzlich. Er hätte schon so viel gehört und sei sehr gespannt.

## Spannende Eindrücke am Filmset

Es war das erste Mal, dass ich direkt an einem Filmset sein durfte und es waren so viele Eindrücke, die auf mich einstürmten. Aber mein Part war es zu fliegen, insbesondere Kunstflug durchzuführen. Ich weiß nicht mehr, wie viele Loops und Rollen ich gemacht habe. Ständig musste etwas wiederholt werden, weil es ja noch bessere Bilder geben könnte. Fotografen und Kameraleute sind da alle gleich. Für einige Aufnahmen musste ein Kameramann hinten im Hubschrauber sitzen. Ich habe ihn nicht beneidet. „Ihn" ist allerdings falsch ausgedrückt, es waren mehrere, die sich abwechseln mussten.

Nach knapp sieben Flugstunden waren wir am 21. Juni zurück in Mönchengladbach. Es war nicht viel Flugzeit, aber in Anbetracht dessen, dass es bis auf Hin- und Rückweg zumeist Kunstflug war, doch anstrengend.

Anfang des nächsten Monats war für mich der nächste Dreh an der Reihe, diesmal nur zwei Tage. Auch hier

▲ **Damit der Darsteller Thomas Anzenhofer (re.) auch mit seinem Pilotendouble Rainer Wilke verwechselt wird, tragen beide identische Kleidung.**

▲ **Spektakuläre Explosion eines BO 105-Modells für den Film.**

▲ **Sven Martinek, der Hauptdarsteller des Films „Der Clown" vor der BO 105.**

war Andreas wieder dabei. Bei Zülpich gibt es eine Bundestraße, die B 56n, die als Verbindung zwischen der Autobahn A1 und der Bundesstraße 265 dient. Offensichtlich scheint diese Straße nicht von großer Bedeutung zu sein. Sie wurde häufiger für Filmaufnahmen angemietet. Sowohl für Serien, aber auch für den Kinofilm. Für zwei Tage wurde dort gedreht. Diesmal kein Kunstflug, aber trotzdem interessante Flüge. Absetzen von Stuntmen auf einen fahrenden LKW zum Beispiel.

Ich erinnere mich an eine Szene, in der ich möglichst tief zwischen den fahrenden PKWs (die zur Filmausstattung gehörten) und der mit Büschen bestandenen Böschung einen Sattelschlepper von hinten anfliegen musste. Im letzten Augenblick sollte ich dann schnell hochziehen, damit der Stuntman auf den LKW springen konnte. Meine Aufgabe war es, so tief wie möglich anzufliegen und dabei möglichst spektakulär die Autos zu überholen. Das versuchte ich natürlich. Hinterher sagte der Stuntman, der während eines Fluges auf der Kufe stand, er hätte einmal leichte Vibrationen in der Kufe verspürt. Er meinte sich an das Auto, dass wir zu dem Zeitpunkt passierten, zu erinnern. Als wir nachschauten, waren tatsächlich ganz leichte Kratzer auf dem Dach zu erkennen.

▼ **Im Film sieht es nachher so aus, als würde der Hubschrauber fliegen.**

▲ Solch ein Stunt ist nur bei Filmaufnahmen erlaubt.

▼ Die Filmfliegerei erfordert exaktes Timing zum Beispiel beim Überfliegen einer Explosion.

▼ Dreharbeiten zum Kinofilm „Der Clown“

◄ **Die chinesischen Teilnehmer an der Ausbildung der Test Flight Academy South Africa in Kapstadt.**

## Landung auf einem fahrenden LKW

Besonders anspruchsvoll empfand ich eine Landung auf einen fahrenden LKW. Anspruchsvoll deshalb, weil die Landung von der Seite auf das fahrende Fahrzeug erfolgte, das nicht gerade langsam unterwegs war. Zum einen musste der Anflug zeitlich genau erfolgen, damit an der richtigen Stelle gedreht werden konnte, zum anderen musste ich komplett absetzen, da die Darsteller in den Hubschrauber steigen sollten. Natürlich wurden Szenen oft einzeln gedreht und anschließend zusammengeschnitten.

Eine Woche später fand der nächste Dreh auf dem Flugplatz Essen/Mühlheim und in der näheren Umgebung statt. Zum einen ging es um Aufnahmen der Schauspieler im Cockpit. Dazu wurde der Hubschrauber auf einen Stapel Paletten gestellt, was mein Part bei diesem Dreh war. Für mich der interessantere Einsatz war, viele Rollen und andere Manöver zu fliegen, die simulieren sollten, anfliegenden Raketen auszuweichen. Das Ganze wurde aus einem uns begleitenden Kamera-Hubschrauber aufgenommen. Beim Schneiden des Films wurde später eine Rakete digital in die Aufnahmen eingefügt. Diese Aufnahmen waren im Film wirklich gut anzuschauen. Während meiner Flüge bekamen wir noch eine zusätzliche Begleitung. Ein Polizeihubschrauber tauchte auf, da sich offensichtlich besorgte Anwohner über die Flugmanöver irritiert zeigten. Irgendwie regelte sich das, eine Genehmigung lag schließlich vor. Immerhin hatten wir für den nächsten Tag einer bekannten Tageszeitung zu einer dicken Überschrift verholfen: Luftkampf über Essen.

▲ **Einweisung der chinesischen Piloten auf der BO 105 in Kapstadt.**

## China braucht Testpiloten

Im Juli erreichte mich der Anruf eines US-Amerikaners. Er stellte sich vor und fragte mich ob ich Zeit für ihn hätte, er wolle mir ein Angebot machen. Natürlich war ich neugierig und gab ihm die Zeit. Es ging um eine geplante Ausbildung chinesischer Piloten zu Testpiloten. Ein großes chinesisches Luftfahrtunternehmen namens CATIC hatte vor, Hubschrauberpiloten nach westlichem Standard zu Testpiloten ausbilden zu lassen. Zu der damaligen Zeit gab es nur in den westlichen Staaten Testpilotenschulen. In einigen Ländern, unter anderen in China, wurden bis dahin Testpiloten eher „ernannt". China fragte bei allen Testpilotenschulen an. Aber zu dieser Zeit galt ein Technologieembargo, welches auch solche Ausbildungsvorhaben einschloss. In Kapstadt befand sich eine Niederlassung der National Test Pilot School (NTPS), die in Kalifornien beheimatet ist. Das Mutterhaus lehnte erwartungsgemäß ab, aber die Niederlassung in Südafrika wollte sich das Geschäft nicht entgehen lassen. Sie machte sich als TFASA (Test Flight Academy South Africa) selbstständig und übernahm den Auftrag. Es wurde ein Vertrag mit der CATIC abgeschlossen und man begann, das Personal zusammenzustellen. Da die chinesische Seite den Wunsch geäußert hatte, auch eine Einweisung in das Fliegen im aerodynamischen Grenzbereich mit Hubschraubern zu erhalten, wandte sich die TFASA an Eurocopter, denn die Flugeigenschaften der BO 105 waren weltweit bekannt. Eurocopter gab nach meinem Einverständnis meine Adresse weiter und so kam der Kontakt zustande. Nachdem man mir per Mail mehr Informationen zugeschickt hatte, wurden wir uns einig und ich sagte die Teilnahme zu. Meine Aufgabe würde darin bestehen, sowohl Theorie zu unterrichten als auch praktisch auf einer BO 105 Erfahrungen beim Fliegen im aerodynamischen Grenzbereich zu vermitteln. Der Zweck bestand nicht darin, eine Einweisung oder gar Ausbildung im Kunstflug durchzuführen. Der Hauptzweck war, dass die angehenden Testpiloten das Fliegen im absoluten Grenzbereich gezeigt bekommen sollten, wozu allerdings Kunstflug demonstriert werden sollte. Sitzen würden alle Anwärter auf der linken, also der Copiloten-Seite. Der Hubschrauber würde in Kapstadt gechartert werden. Die zeitlich begrenzte Zulassung für den Kunstflug schien kein Problem zu sein.

Mitte Juli fand in Köln die Abschlussveranstaltung zur Fertigstellung des Kinofilms „Der Clown" statt. Eine gelungene Veranstaltung an einem schönen Ort. Es wurden unter anderem Filmausschnitte vom Making-of gezeigt. Etwas, das immer wieder für große Erheiterung sorgt. Meine Vorfreude darauf, irgendwann den Film in einem Kino sehen zu dürfen, war groß.

Anfang August übernahm ich eine BO 105 in Bonn/Hangelar und mit Hermann flogen wir über das Romantik Hotel Klostergut Jakobsberg am Rhein zu einem RWE Kraftwerk in der Nähe von Hürth. Dort waren jeweils Absprachen zu treffen. Im Kraftwerk würde die nächsten Tage gedreht werden, zwar ohne Beteiligung des Hubschraubers, aber der Hubschrauber blieb dort stehen. Zwei Tage später sollte ich den Hubschrauber dort wieder abholen und mit Darstellern nach Bitburg fliegen, weil dort der nächste Dreh – diesmal auch mit Hubschrauber – geplant war. Wir fuhren zunächst mit einem Fahrzeug zurück nach Hürth, dann wurde ich nach Bonn/Hangelar gebracht, wo mein Auto stand. Zwei Tage später wurde ich mit einem Fahrzeug nach Hürth gebracht, um

▲ **In Südafrika gab es kaum Beschränkungen bezüglich der Mindestflughöhe.**

von dort mit mehreren Passagieren nach Bitburg zu fliegen. Die Logistik mit dem häufigen Hin- und Herbringen zu meinem Auto, zum Hubschrauber, zum Drehort usw. klappte ausgesprochen gut. Diesen Service hätte ich mir in meinem vorherigen Berufsleben auch manchmal gewünscht.

## Lesson learned: Keine Hektik vor dem Start

Als ich mit meinen Passagieren von Hürth nach Bitburg flog, wurde mir zum ersten Mal bewusst, was man bei der Fliegerei als Erstes verlernen kann. Bei mir war es jedenfalls die Navigation. Zwar war zu dieser Zeit die Karte auf dem Knie für mich immer noch mehr wert als das Navigationsgerät im Hubschrauber. Aber die Strecke von Punkt A nach B eingeben konnte ich und nutzte es grundsätzlich auch. Leider blieb das Üben der Navigation dabei auf der Strecke. Bei diesem Flug lief das Navi allerdings ohne Eingabe von Zielort mit, weil es beim Start

▲ **Außer beim Kunstflug flog die chinesische Dolmetscherin immer mit.**

etwas hektisch zuging und ich für die Eingabe der Daten immer noch etwas mehr Zeit brauchte. Erdogan A., einer der Passagiere, war so interessiert an der Fliegerei, dass er unterwegs ständig etwas wissen wollte und andauernd Fragen stellte. Eigentlich mache ich so etwas gern. Aber als ich wieder auf die Karte schaute, erschrak ich mich doch etwas. Ich brauchte eine Weile, um wieder die Orientierung aufzunehmen. Ich hoffte nur, niemand hat meine Unsicherheit bemerkt. Es wäre extrem peinlich gewesen, wenn ich mich verflogen hätte. Zum Glück kamen wir direkt und pünktlich an. Ich nahm mir vor, mich doch zukünftig etwas mehr mit dem Navigationsgerät zu beschäftigen.

Im August 2003 bekam ich den geplanten Ablauf und zusätzliche Informationen für die gesamte Ausbildung der chinesischen Piloten zugeschickt, die vom 11. August bis zum 21. Oktober dauern sollte. Die chinesische Delegation bestand aus vier Piloten, einem Techniker, Betreuern und einer Dolmetscherin. Englischkenntnisse wären beim fliegenden Personal nicht vorhanden. Mein Anteil war für die letzten beiden Wochen geplant und ich hatte Zeit meinen Theorieanteil auszuarbeiten. Zumal für mich bei Action Concept erst im November der nächste Einsatz geplant war.

Ende August absolvierte ich ein Seminar zum Nachweis von Kenntnissen „der relevanten Abschnitte von JAR FCL und JAR OPS". Die Voraussetzung dafür, meine Lizenz bei der kommenden Scheinverlängerung vom nationalen Luftfahrerschein in eine JAR-FCL-Lizenz umzuschreiben. Checkflug und Medical galten noch bis zum 23. Oktober, also gerade über den geplanten Zeitraum. Aber ich wollte vor der Abreise nach Kapstadt unbedingt alles für die neue Lizenz erledigen, damit sie nach der Rückkehr vorlag. So machte ich Ende September meinen Checkflug und am Montag den 6. Oktober, unmittelbar vor meinem Abflug nach Kapstadt, noch die fliegerärztliche Untersuchung.

## ■ Individuelle Betreuung am Kap

Dienstagmittag flog ich nach Südafrika, wo ich Mittwochmittag eintraf. Da die Kursteilnehmer am Donnerstag noch gebunden waren, konnte ich zur Akklimatisierung ein wenig Kultur genießen. Ulf S., ein Deutscher der seit vielen Jahren in Südafrika lebte und für die TFASA arbeitete, war während meiner gesamten Zeit zu meiner Betreuung abgestellt. So machten wir an diesem Tag einen ganztägigen Ausflug im Raum um Kapstadt, unter anderem an das Kap der Guten Hoffnung. Was für ein Gefühl, dort stehen zu dürfen. Am nächsten Tag begann ich mit dem Theorieunterricht, der von einer Dolmetscherin übersetzt wurde. Sie sprach ein hervorragendes Englisch mit starkem US-Akzent. Wie ich später erfuhr, hatte sie in ihrer Heimat einen Privatlehrer gehabt und war eine Zeitlang zum Studium in den USA gewesen. Außerdem war sie vermutlich die Vorgesetzte aller anderen anwesenden Kursteilnehmer. Jedenfalls entnahm ich es aus unseren Gesprächen.

Als Nichtfliegerin war das Übersetzen der fliegerischen Themen trotz ihrer Sprachkenntnisse manchmal etwas problematisch. Noch spannender war jedoch die Praxis. Die junge Frau flog im Verlauf des Lehrgangs mit, auch bei den Autorotationen. Aber sie weigerte sich mitzufliegen, als es um das Fliegen im aerodynamischen Grenzbereich ging.

Am darauffolgenden Montag war der Beginn des Flugdienstes mit den chinesischen Piloten geplant. Für den Flugdienst war es eigentlich so gedacht, dass ich einen südafrikanischen Testpiloten vorher in Kunstflug einweisen sollte. Damit wollten wir dann alle Flüge mit den chinesischen Piloten innerhalb der geplanten Woche schaffen. Der Beginn der Einweisung von Trevor H. war für den Freitag vorgesehen. Über das Wochenende dachten wir,

▲ **Fantastische Kulisse vor dem Tafelberg in Kapstadt.**

damit durch zu sein. Der Antrag auf eine südafrikanische Lizenz für mich war bereits im September gestellt worden. Dazu hatte ich alle geforderten Unterlagen wie Lizenz, Referenzen, Werdegang usw. an die TFASA geschickt. Aber es hatte sich hingezogen. Als ich am Freitag das Training mit Trevor aufnehmen wollte, gab es immer noch keine schriftliche Antwort. Auf telefonische Nachfrage stellte sich heraus, dass die Behörde sich zierte, weil es sich um Kunstflug handeln würde. Der Sachbearbeiter wollte noch eine Bestätigung des Hubschrauberherstellers, also Eurocopter, haben. So schickte Eurocopter noch am gleichen Tag eine Unbedenklichkeitsbescheinigung. Darin stand, dass ich bereits für die Firma Piloten im Kunstflug ausgebildet hatte und darin Erfahrung besaß. Das reichte offensichtlich, am gleichen Tag wurde die Lizenz ausgestellt.

Allerdings dauerte die Zustellung noch bis zum Dienstag den 14. Oktober, vorher durften wir nicht mit der Einweisung für Trevor beginnen. Mit meiner Lizenz war alles klar, aber die Genehmigung dafür, dass auch Trevor anschließend mit den chinesischen Piloten Kunstflug demonstrieren durfte, ließ noch auf sich warten. Die Zeit drängte, und so machte ich auf Verdacht den ersten Einweisungsflug mit Trevor und am gleichen Tag noch zwei Flüge mit den Kursteilnehmern. Als ich am nächsten Tag von dem zweiten Einweisungsflug mit Trevor zurückkam, lag die Entscheidung der Behörde vor. Die CAA (Civil Aviation Authority) von Südafrika ließ die Einweisung von Trevor nicht zu. Unsere Planung war geplatzt; ich war gezwungen, die gesamte Einweisung allein durchzuführen. Das bedeutete für mich rund 20 Stunden Kunstflug an den verbleibenden Flugtagen. Da es sich nur um eine Einweisung, nicht aber den Erwerb der Kunstflug-Berechtigung handelte, war der Erfolgsdruck nicht groß. Alle Teilnehmer waren mit großer Disziplin und nach einer Weile auch mit Freude dabei. Während des Fliegens war ich darauf angewiesen, mit Zeichensprache die notwendigen Erklärungen zu geben und vor oder nach dem Flug, falls erforderlich, mit Hilfe der Dolmetscherin die notwendigen Informationen. Den Versuch, einige chinesische Worte zur Erklärung während des Fliegens zu erlernen, gab ich schnell auf. So blieb nichts weiter übrig als „vormachen – nachmachen – üben“. Zusätzlich half heftige Gestik, Fehler zu erklären und die Manöver zu verbessern. Nach anfänglichem Unbehagen beim Kunstflug folgte schnell die Begeisterung und alle machten ihre Sache für die relativ geringe Flugstundenzahl gut.

## ■ Das Kulturprogramm musste entfallen

Das letzte Wochenende war eigentlich für Kultur vorgesehen. Allerdings musste der Samstag als Reservetag genommen werden. Denn ein ganz wichtiger Programmpunkt musste noch hinzugenommen werden. Ich sollte mit jedem Kursteilnehmer einen kurzen Flug für Vi-

▲ **Dreharbeiten zur Fernsehserie Lasko.**

deoaufnahmen machen. Sie waren die ersten chinesischen Piloten, die je mit einem Hubschrauber einen Looping oder eine Rolle geflogen waren und darauf waren sie unendlich stolz. Das musste natürlich dokumentiert werden.

Das Filmteam, das ohnehin die gesamte Ausbildung festgehalten hatte, bereitete alles dafür vor. Jeder Lehrgangsteilnehmer flog in meiner Begleitung einen Loop und eine Rolle, jeweils gefilmt von einer auf das Gesicht gerichteten Kamera, die zwischen den Füßen befestigt war. Für Außenaufnahmen flog ich einige Manöver in niedriger Höhe und natürlich vor der typischen Kulisse von Kapstadt. Am späten Nachmittag des Samstages waren wir durch. Noch am gleichen Abend fand die feierliche Abschluss Veranstaltung statt. Die Kursteilnehmer erhielten neben ihrem Diplom als Testpiloten ein zusätzliches „Zeugnis“ darüber, dass sie beim Kunstflug in einem Hubschrauber mitgeflogen waren. Zusätzlich dazu das kurze Video von dem Flug.

Am Sonntag und Montag, bis zu meinem Abflug, zeigte mir Ulf noch die Stadt und die Umgebung. Am Montagnachmittag begann der Rückflug und Dienstag früh kam ich erschöpft, aber mit einer Unmenge von Erfahrungen und Eindrücken, wieder in Hannover an. Meine neue Lizenz, meine erste JAR-Lizenz, war in der Zwischenzeit zuhause eingetroffen.

Bereits während der Fliegerei für Action Concept hatte ich gemerkt, dass ich mich im Kunstflug deutlich weiterentwickelt hatte. Aber gerade das Fliegen in Kapstadt, mit den doch für unsere westlichen Verhältnisse recht unerfahrenen Piloten, hatte mich erheblich weitergebracht.

▼ **Die Kunstflugberechtigung war in JAR-Lizenz nur noch als Anlage geführt.**

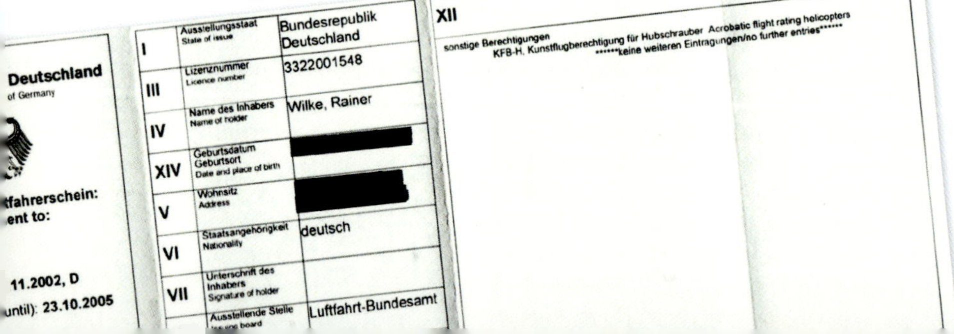

Deutschland
of Germany

…fahrerschein:
…ent to:

11.2002, D
…until): 23.10.2005

| | | |
|---|---|---|
| I | Ausstellungsstaat / State of issue | Bundesrepublik Deutschland |
| III | Lizenznummer / Licence number | 3322001548 |
| IV | Name des Inhabers / Name of holder | Wilke, Rainer |
| XIV | Geburtsdatum Geburtsort / Date and place of birth | [redacted] |
| V | Wohnsitz / Address | [redacted] |
| VI | Staatsangehörigkeit / Nationality | deutsch |
| VII | Unterschrift des Inhabers / Signature of holder | |
| | Ausstellende Stelle / Issuing board | Luftfahrt-Bundesamt |

XII

sonstige Berechtigungen
KFB-H. Kunstflugberechtigung für Hubschrauber Acrobatic flight rating helicopters
******keine weiteren Eintragungen/no further entries******

## ■ Flug durch Schnee und Regen

Mitte November ging es wieder nach Bonn/Hangelar, wo ich eine der beiden BO 105 übernahm. Es war wieder ein Dreh an der Bundestrasse 56n geplant. Hier lernte ich Jörg Adam kennen, einen Fotografen, der häufig für Action Concept Fotos machte und den ich im weiteren Verlauf meiner Fliegerei noch viele Male treffen sollte. Die Tage waren schon recht kurz, mein Einsatz verschob sich immer mehr nach hinten und das Wetter wurde immer schlechter. Unmittelbar vor dem zeitlichen Ende der genehmigten Drehzeit fand mein kurzer Einsatz statt und ziemlich genau zum Sonnenuntergang kam ich los. 20 Minuten später, nach einem Flug durch Regen, Schneeregen und tiefer Bewölkung kam ich in Hangelar an. Was war ich froh, dass der Hubschrauber wie ein richtiger Polizeihubschrauber aussah. So war nicht zu erwarten, dass mein Flug, den ich wie einen Tiefflug zu militärischen Zeiten durchführen musste, Konsequenzen nach sich ziehen würde. Mit diesem Einsatz endete das fliegerische Jahr für mich.

Im Februar 2004 waren die nächsten Dreharbeiten angesetzt. Auf einer Bundesstraße direkt neben dem Flughafen Düsseldorf fanden sie statt. Es war wie meist beim Film üblich.: Möglichst früh da sein, oft lange warten und erst spät ist Drehschluss.

An diesem Tag landete ich um 8:30 Uhr. Dafür musste ich zuhause an meiner Wohnung um 5:30 Uhr losfahren, um den Hubschrauber zunächst in Bonn/Hangelar zu übernehmen. Mein erster Einsatz für den Film erfolgte dann um 15 Uhr für drei Minuten, noch mal einer für 15 Minuten, danach konnte ich wieder zurück nach Hangelar fliegen. Immerhin war ich schon um 21 Uhr wieder zuhause. Es ist halt Film. Aber ich hatte es mir ja ausgesucht und es machte natürlich Spaß. So viele neue Eindrücke und Erlebnisse.

In Kassel-Calden befand sich ein kleines Luftfahrtunternehmen, die Helicopter Flug-Service GmbH. Dieses Unternehmen war ursprünglich von einem ehemaligen Fluglehrerkameraden aus Bückeburg gegründet worden. Der Gründer war in der Zwischenzeit verstorben, das Unternehmen existierte damals noch. Über einen anderen ehemaligen Angehörigen der Bundeswehr, inzwischen als Theorielehrer bei diesem Luftfahrtunternehmen in Kassel tätig, wurde mir ein Kontakt vermittelt. Es ging um eine Tätigkeit als Theorielehrer. So fuhr ich im März nach Kassel-Calden für ein Vorstellungsgespräch. Da von beiden Seiten das Interesse an einer Zusammenarbeit bestand, bekam ich alle Theorieunterlagen mit, um mich einzuarbeiten. Allerdings ergab sich zunächst keine Möglichkeit, Unterricht durchzuführen, die Schulungslage gab es nicht her.

Im März hatte Hermann einen Geschäftstermin in Berlin, und wir flogen mit der BO 105 dorthin. Er hatte in unmittelbarer Nähe zum Funkturm, direkt am Lietzensee, einen Besitz und in einer der Wohnungen durfte ich übernachten. Am Nachmittag des nächsten Tages ging es zurück zu seiner Mühle. Diese Art Flüge hatten im Gegensatz zu der Filmfliegerei eigentlich nichts mit Arbeit zu tun, für mich ähnelte es mehr einem Urlaub.

Der April war für mich ein ereignisreicher Monat. Zunächst wurde ich zum ersten Mal Großvater. Dabei kam ich mir noch gar nicht alt vor. Aber mächtig stolz.

Eine Woche später fanden Testflüge für eine neue Serie von Action Concept statt, die von der Mühle bei Erkelenz aus begonnen wurden. In diesem Monat machte ich auch zum ersten Mal Besucherrundflüge von Bonn/Hangelar aus. Zum Glück alles Flüge mit Personen, die einen etwa 30-minütigen Flug gebucht hatten. Die kurzen Rundflüge, die oft bei Veranstaltungen stattfinden und die zehn Minuten nicht überschreiten, wollte ich mir als Durchführender nicht vorstellen. Dann erschien im April in der Zeitschrift Rotorblatt ein Artikel über meine Zeit bei der TFASA in Kapstadt. Ich war kurz nach der Rückkehr aus Südafrika angesprochen worden, etwas darüber zu schreiben. Dieser Artikel sollte dazu beitragen, mein Fliegerleben in eine andere Richtung zu lenken.

▲ **Als Polizist verkleidet, und der Helikopter ist entsprechend lackiert, fliegt es sich leichter.**

## Im Rennstil über den Nürburgring

Im Juni war ich wieder in Hürth, um von dort mit dem Auto zu einer Erkundung am Nürburgring aufzubrechen. In diesem Monat sollte das 24-Stunden-Rennen dort stattfinden. Dazu war die Überlegung entstanden, an verschiedenen Stellen des alten Nürburgrings eine kurze Flugvorführung zu fliegen. Das war der Zweck dieser Erkundung. Wir begannen bei Start und Ziel und fuhren dann die gesamte Runde ab, um uns anzuschauen, welche Stellen am besten dafür geeignet wären. Aus meiner Sicht war natürlich wichtig, wo ich eine Vorführung sicher fliegen kann. Wir hatten vier Stellen festgelegt, und als wir zurück waren, bot unser Fahrer an, mit uns eine schnellere Runde auf der Nordschleife zu fahren. Dieser Fahrer war ein Angestellter bei Action Concept und ist als Rennfahrer einige Male das 24- Stunden-Rennen am Ring mitgefahren. Er kannte sich also aus und war ein sehr guter und sicherer Fahrer. Wir waren zwei, die mitfahren wollten und es ging los. Das Fahrzeug war ein 3er BMW, die Motorisierung weiß ich nicht mehr, aber es war nicht die schwächste. Auch wenn später die Behörden keine Genehmigung für die Flugvorführungen erteilen sollten, allein diese Fahrt über die Nordschleife war den Tag wert. Es war sicher die beeindruckteste Fahrt, die ich je gemacht hatte.

Anfang Juli war wieder einer der schönen Flugtage bei Hermanns Mühle. Diese Tage fanden jeweils an einem Wochenende statt und es waren immer einige Gäste aus

▲ **Im Anflug auf den Zug.**

unterschiedlichen Bereichen aus Kultur und Politik anwesend. Es wurde gegrillt, Kaffee getrunken, ein wenig geflogen, und vor allem fanden viele Unterhaltungen statt und es konnten Kontakte geknüpft werden. Tage, die ich immer sehr genoss.

Im Sommer dieses Jahres stellte Hermann einen weiteren Piloten fest an und ich bekam den Auftrag, ihn auf die BO 105 umzuschulen. Sein Name war Günter K. und er war ein guter Bekannter eines beim ÖAMTC angestellten Hubschrauberpiloten. Er fragte mich im Verlauf der Ausbildung, ob ich mit ihm nicht einen Loop und eine Rolle fliegen könnte. Ich versprach ihm, nach Beendigung der Ausbildung – vielleicht. So hielt ich es auch und führte ihm nach unserem letzten Schulungsflug jeweils ein Manöver vor. Auch diese kurze Episode sollte noch eine Rolle für mein weiteres Leben spielen.

Anfang September suchte ich noch einmal das Luftfahrtunternehmen in Kassel-Calden auf, diesmal um dort den Lehrgang „Fluglehrerweiterbildung" zu absolvieren. Über die geplante Tätigkeit als Theorielehrer sprachen wir nicht, auch nicht über die Ausbildungsunterlagen die bei mir zuhause herumlagen. Es war auch mein letzter Kontakt zu diesem Unternehmen und es dauerte nicht mehr lange, dass es geschlossen wurde. Das Zertifikat über diese Ausbildung brachte mir auch keinen Nutzen, denn als Inhaber einer TRI (Type Rating Instructor) wurde mir eine Fluglehrerweiterbildung nicht anerkannt. Dazu hätte ich eine Weiterbildung für TRI besuchen müssen – die es allerdings nicht gab.

Zwei Tage nach meiner Rückkehr war ich wieder zu Hermanns Mühle unterwegs, um dort einen weiteren dieser schönen Nachmittage zu verbringen. Diesmal ging es auch darum, einen seiner Gäste nach Düsseldorf zum Flughafen zu bringen. Die Ehefrau eines bekannten Politikers, der nicht anwesend sein konnte. Aber gerade ihn hätte ich sehr gern kennengelernt.

## ■ Spektakuläre Stunts

Im Oktober dann die beiden letzten Einsätze in 2004. Zunächst meine Checklüge auf BO 105 und der Bell 407. Ende des Monats dann die Dreharbeiten für eine Fernsehserie. Es waren wieder spannende Flüge. Vier Stuntleute,

◂ **Die beiden Hubschrauber setzen das Einsatzkommando am Zug ab.**

die auf den Kufen standen, wurden im Tiefflug mit hoher Geschwindigkeit an einen fahrenden Zug gebracht und dort abgesetzt. Es waren Stuntleute im Nebenberuf. Im Hauptberuf waren sie etwas anderes. Wegen dieses Berufes wollten sie nicht fotografiert werden. Aber gerade mit vermummten Gesichtern sahen die Bilder, die Jörg Adam bei diesen Dreharbeiten machte, ausgesprochen gut aus.

Von den vielen Dreharbeiten in diesem Jahr ist mir besonders ein Stunt in Erinnerung geblieben. Der Plan war, dass zwei Sattelzüge frontal mit einer Geschwindigkeit von jeweils ca. 80 km/h zusammenstoßen sollten. Der Hauptdarsteller sollte im Flug an der Kufe hängend genau zum Zeitpunkt des Zusammenstoßens über der Unfallstelle zu sehen sein. Der Punkt, an dem die Fahrzeuge, automatisch gesteuert, zusammenstoßen würden, war festgelegt. Der Kamera-Hubschrauber und ich mit dem Darsteller an der Kufe, kreisten in einigem Abstand um diesen Punkt. Abstand deshalb, weil nicht klar war, wie viele und wie weit Trümmerteile dieses Zusammenstoßes fliegen würden. Außerdem war Pyrotechnik in die Fahrzeuge eingebaut, die natürlich zu einem spektakulären Feuerball führen sollte. Die Vorbereitungen dauerten den ganzen Tag. Es war klar, dass beide Fahrzeuge hinterher Schrott sein würden. Am Nachmittag war es soweit. Die Fahrzeuge waren bereit und beide Hubschrauber kreisten um den geplanten Punkt. Nach dem Start der Lkws teilten wir unsere Fluggeschwindigkeit so ein, dass beide Hubschrauber auf entgegengesetzten Seiten genau im Moment des Zusammenstoßes über den Fahrlinien sein würden. Es klappte perfekt. Der Zusammenprall der Fahrzeuge war gewaltig, die Linie stimmte und die Bilder passten. Es gab nur ein kleines Problem: die Pyrotechnik funktionierte nicht. Damit gab es nicht den gewünschten Feuerball. Natürlich konnte dieser Stunt nicht wiederholt werden. Glücklicherweise konnte mit Hilfe digitaler Technik die Explosion nachträglich in die Szene eingearbeitet werden.

## ■ Angebot für Flüge in der Antarktis

Im November erhielt ich den Anruf eines Mitarbeiters der Firma Heli Transair. Dieses Unternehmen stellte zu dieser Zeit den Hubschrauber für das Forschungsschiff „Polarstern", eine BO 105. Seine Frage war, ob ich grundsätzlich interessiert wäre, an Einsätzen als Pilot auf der „Polarstern". Sie waren auf der Suche nach einem erfahrenen BO 105-Piloten. Es klang sehr interessant und wir vereinbarten ein Treffen. Dieses fand an einer Autobahnraststätte auf der A7 in der Nähe von Hannover statt. Sie erläuterten mir den Ablauf und die Rahmenbedingungen und wir vereinbarten, dass ich es mir überlege und mich dann melden würde. Es war nicht so dringend, dass sie unmittelbar eine Entscheidung brauchten und ich wollte vor der Entscheidung natürlich mit meiner Frau sprechen. Denn diese Einsätze dauern nicht nur ein Wochenende. Außerdem hatte ich vor, mich bei Piloten, die solche Einsätze bereits mitgemacht hatten, umzuhören. Bei all dem Reiz, den das Fliegen in der Arktis oder Antarktis auf mich ausübte, hatte ich trotzdem meine Bedenken. Mein Interesse war hauptsächlich Neugier und da hätte mir ein Einsatz genügt. Es wäre dem Unternehmen allerdings nicht geholfen, wenn ich lediglich einen Einsatz mitmachen würde. Aber mehrmals für Monate hintereinander unterwegs zu sein war etwas, was ich eigentlich nicht wollte. Deshalb wollte ich sehr gründlich darüber nachdenken und ließ erst einmal das Jahr zu Ende gehen.

▲ **Präzision ist nicht nur von den Piloten, sondern auch von den Stuntmännern gefragt.**

# 6 Die Zeit des Übergangs

Das Jahr 2005 war für mich ein Wendepunkt. Zunächst setzten wir im Januar die Dreharbeiten für die geplante Fernsehserie von Action Concept fort. Wie ich mit dem Angebot von Heli Trans Air zum Einsatz auf der Polarstern umgehen sollte, war mir immer noch nicht klar, obwohl ich inzwischen von ehemaligen Teilnehmern dieser Missionen einiges gehört hatte und mich das Fliegen in der Antarktis oder Arktis sehr reizte. Aber während ich noch überlegte, klopfte Red Bull an meine Tür.

Drei Dinge liefen nahezu parallel ab: Zum einen hatte Jörg Adam, der Fotograf, den ich bei Dreharbeiten für Action Concept kennengelernt hatte, ohne dass es mir bewusst war, indirekt einen Kontakt zu Red Bull hergestellt. Er hatte bereits Mitte Januar eine Mail an jemanden in dem Unternehmen geschickt, der maßgeblich mit Marketing zu tun hatte. Er gab ihm eine verkürzte Vita, beschrieb was ich tat, und schrieb, dass er es mit Bild- und Filmdokumenten belegen könnte.

Günter K., den ich im Sommer des vergangenen Jahres auf die BO 105 weitergeschult hatte, erzählte dem ihm bekannten ÖAMTC-Piloten Siegfried S. davon, dass er Loop und Rolle mit dem Hubschrauber geflogen sei.

## Red Bull zeigt Interesse

Siegfried S., genannt Blacky, hatte ebenfalls den Artikel in der Zeitschrift Rotorblatt gelesen, in dem ich über meine Zeit bei der Testpilotenschule in Kapstadt geschrieben hatte. So waren von drei voneinander unabhängigen Quellen Informationen über meinen Hubschrauber-Kunstflug an den in Österreich ansässigen Red Bull-Konzern gelangt. Das Unternehmen, von dem bereits fünf Jahre zuvor Dieter Thomas zu mir sagte, dass nur dieses in der Lage wäre, zivil und kommerziell Hubschrauber-Kunstflug zu betreiben.

Im Januar 2005 klingelte bei mir das Telefon. Die Telefonnummer hatte eine österreichische Vorwahl. Der Anrufer stellte sich als Siegfried S. von den Flying Bulls vor. Sehr relaxed vereinbarten wir sofort, uns zu duzen und er erklärte mir sein Anliegen. Der Red Bull-Konzern dachte über ein Projekt mit Hubschrauber-Kunstflug nach und dazu würden sie sich gern mit mir treffen. Ich versicherte Blacky, dass ich natürlich sehr an einem Treffen interessiert sei. Daraufhin sagte er mir, dass der für das Projekt Zuständige mich in Kürze kontaktieren würde. Wenige Tage später rief als Zuständiger Hannes Arch an. Zu dem Zeitpunkt für mich unbekannt, erfuhr ich schnell, dass er ein ausgezeichneter und bekannter Kunstflieger mit Flächenflugzeugen war. Er fragte, wo ich wohnte, welcher Flughafen in der Nähe sei, und wenige Tage später waren wir in einem Hotel am Flughafen Hannover verabredet.

Ich war schon vor der Fahrt zum Hotel nervös. Natürlich wollte ich einen seriösen und guten Eindruck machen. Deshalb entschied ich mich, eine Stoffhose und ein Sakko anzuziehen. Ich wartete in der Lobby und dann kam Hannes auf mich zu. Ich war total „overdressed“ angezogen. Er trug, was ich auch am liebsten getragen hätte: Jeans und Shirt. Ein guter Start. Von Beginn an war es eine lockere und entspannte Atmosphäre, in der er die Ideen zu dem geplanten Projekt vortrug. Ein Programm mit Hubschrauber-Kunstflug sollte in den USA aufgebaut werden. In den USA deshalb, weil ein solches Unterfangen dort vermutlich leichter realisiert werden könne. Gedacht war an zwei Hubschrauber, die als Experimental Helikopter für Kunstflug zugelassen sein sollten. Zu diesem Zeitpunkt war es nur eine Vision, aber schon diese Vision genügte mir, mich von dem Projekt Polarstern zu verabschieden. Hannes versprach, mich auf dem Laufenden zu halten und alles für direkte Gespräche mit weiteren Beteiligten vorzubereiten.

Dieser Beginn und die Anfangszeit bei Red Bull überlappten sich mit der Zeit bei Action Concept. Noch im Januar war ich wieder mit Hermann unterwegs. Aber bereits im Februar meldete sich Hannes mit weiteren Fragen. Es ging in erster Linie um Dinge wie Art der Zulassung, generelle Erlaubnis von Kunstflug, wie steht der Hersteller Eurocopter dazu, Eignung der BO 105 Super 5 usw. Auch mein Erwerb einer US-Fluglizenz spielte bereits eine Rolle. In den Mailverkehr waren bereits Greg N. und Leif L. eingebunden, die auf Seiten von Red Bull in den USA involviert waren.

## Unterschiedliche Definitionen von Kunstflug

Mitte Februar, 23 Tage nach dem allerersten Kontakt, flog ich dann zum ersten Mal in die Vereinigten Staaten. Wie mir noch kurz vor dem Start per Mail mitgeteilt wurde, hatte man einen Mietwagen für mich reserviert. Es war mir etwas peinlich, aber zu diesem Zeitpunkt hatte ich meinen Führerschein gerade für vier Wochen zur Aufbewahrung abgegeben. Es ging natürlich auch ohne, aber ich denke, ich war noch nicht in der Firma angekommen, da war es schon herum, dass ein Deutscher ohne Führerschein da ist. In den Räumen von Red Bull, die in Santa Monica in Kalifornien lagen, traf ich auch zum ersten Mal Chuck A. Ich werde nie seine Worte vergessen, mit denen er sich vorstellte: „Hi I'm Chuck A., I'm doing helicopter aerobatics." Mein erster Gedanke war: „Wozu bin ich dann hier?" Diese Ansage relativierte sich allerdings bald, als ich hörte, dass zu dieser Zeit bereits das Überschreiten einer Kurvenlage von 60 Grad und einer Nicklage von 30 Grad in den USA als Kunstflug galt. Ich musste an Musterschüler bei der Umschulung auf BO 105 während meiner Bundeswehrzeit denken. Bei engeren Platzrunden waren Kurven mit 60 Grad, oder auch mehr, nach wenigen Flugstunden für diese relativen Fluganfänger völlig normal.

Außerdem stand es für Red Bull fest, dass dieses Projekt nur mit Hubschraubern des Typs BO 105 realisiert werden kann, einem Muster, dass Chuck bis zu diesem Zeitpunkt noch nicht geflogen war. Außerdem konnte dieser Hubschrauber nicht nur Kunstflug, er durfte es auch. Jetzt spielte die Fluganweisung für Kunstflug aus dem Jahr 1973 eine Rolle. Darüber hinaus gab es sehr viele Videos im Internet, die Kunstflug mit der BO 105 zeigten, und ich konnte mittlerweile Referenzen aus Kapstadt und der Filmfirma vorweisen – natürlich alles mit einer BO 105. Trotzdem wurde ich das Gefühl nicht los, dass Chuck mich bei diesem Projekt als überflüssig empfand.

Dieser erste Besuch in Los Angeles diente vor allem dazu, alle am geplanten Projekt Beteiligten zusammenzubringen und sich kennenzulernen und darüberhinaus, ernsthaft zu besprechen, ob und wie es verwirklicht werden könne. Zu meiner Freude wurde übereinstimmend beschlossen, das Projekt zu verfolgen. Als wichtigste Aufgabe wurde zunächst die Beschaffung von zwei geeigneten Hubschraubern bestimmt. Ich brachte Andreas L. ins Spiel, er hatte die Kenntnisse, um Hubschrauber anhand der technischen Informationen wie Intervalle, Teilelaufzeiten usw. zu beurteilen.

## Im Hangar stand eine Bell AH-1 Cobra

In diesen Tagen besuchten Hannes und ich auch den Flugplatz Camarillo, nördlich von Los Angeles. Dort hatte Chuck einen Hangar gemietet, und der Flugplatz war auch für die Stationierung der geplanten Hubschrauber

▼ **Erster Mitflug auf der Bell AH-1 Cobra der Flying Bulls.**

vorgesehen. Chuck war auch fest als Pilot für das Projekt in den Staaten eingeplant. Noch stand dort im Hangar ein Kampfhubschrauber Bell AH-1 Cobra. Dieser war von den Flying Bulls erworben worden, und Blacky wurde gerade auf dieses Muster geschult. Später sollte der Hubschrauber nach Salzburg überführt werden.

Am nächsten Tag bekam ich die Gelegenheit, mit der Cobra zu fliegen. Es war ein Erlebnis! Da der Hubschrauber keine schweren Waffenanbauten mehr hatte, war er sehr leicht und die Leistung war beeindruckend. Im vorderen Sitz hatte man zur Steuerung einen kurzen Stick an der rechten Seite. Für mich etwas ungewohnt. Aber ich brachte den Hubschrauber hoch, und Schwebeflug war auch kein Problem, da die Cobra sehr stabil liegt. Nach der Startfreigabe erhöhte ich zügig die Leistung und erschrak mich regelrecht, wie schnell ich bei 150 Knoten war. Der rote Strich war bei 190 Knoten, und diese Geschwindigkeit war tatsächlich zu erreichen. Wir flogen Richtung Küste und dort über den Strand und das Wasser. Ich fragte Chuck, wie tief es erlaubt sei zu fliegen, und er meinte: so tief ich will. Da kam der Heeresflieger, der am liebsten die Tiefflugstrecken fliegt, in mir durch, und er bat mich, etwas höher zu fliegen. Es war ein beeindruckender Flug: Noch nie war ich so schnell so tief geflogen.

Einen anderen Termin nahmen wir auch bereits in diesen Tagen war. Den Besuch in einem Büro der FAA (Federal Aviation Administration), der US-Luftfahrtbehörde in Van Nuys. Dort beantragte ich eine Validierung meiner EASA-Lizenz (Agentur für Flugsicherheit der Europäischen Union). Das war die schnellste Möglichkeit, eine US-Lizenz zu bekommen.

Bereits zwei Tage nach meiner Rückkehr wurde die Hubschraubersuche gestartet, und Andreas war mit Begeisterung dabei. Anfangs lief es noch etwas durcheinander, da sowohl die US-amerikanische als auch wir als europäische Seite ziemlich unabhängig nach Hubschraubern suchten. Ende Februar hatten wir uns in groben Zügen auf das Vorgehen geeinigt, alle Informationen sollten zunächst bei Andreas und mir zusammengeführt werden. Im Verlauf der nächsten Wochen liefen jede Menge Daten bei uns auf. Wir erstellten Listen mit weltweit verfügbaren BO 105, ließen uns bei infrage kommenden Angeboten alle Unterlagen zusenden, die dann von uns überprüft wurden. Letztlich mündeten die Ergebnisse in einer Excel Tabelle, in der die verfügbaren BO 105 in eine grüne, blaue, gelbe und eine rote Kategorie zusammengefasst wurden. Maßgeblich bestimmt wurde diese Aufzählung von Andreas' Expertise.

## Über dem Projekt lag ein Schleier der Geheimhaltung

Aber es wurde auch darüber gesprochen, wie und wo die Piloten ausgebildet werden sollten, wie es mit der Zulassung realisiert werden sollte, selbst spätere Air Shows wurden schon angedacht. Zu diesem Zeitpunkt sollten alle Informationen über das Projekt noch möglichst wenig bekannt werden. Erst wenn es notwendig würde, wollten wir Behörden und Hersteller kontaktieren. Hannes ließ durchblicken, dass er und Blacky sich durchaus vorstellen könnten, solch ein Projekt auch in Europa zu starten. Darüber sollte allerdings gegenüber allen Beteiligten zunächst Stillschweigen gewahrt werden.

Anfang März bekamen wir Informationen über drei Hubschrauber, die in den Emiraten zum Verkauf standen. Da sie sehr wenig geflogen waren und ziemlich neuen Datums waren, landeten sie zunächst oben auf unserer Liste. Grundsätzlich hatten wir vor, einen Probeflug zu machen, bevor die Hubschrauber gekauft werden, egal wo sie standen. Zu diesem Zeitpunkt kristallisierten sich die drei in den Emiraten stehenden Hubschrauber als klare Favoriten heraus. Anfang April war ein Red Bull Air Race in Abu Dhabi geplant. Im Rahmen dieser Veranstaltung sollten Andreas und ich ebenfalls dorthin fliegen, um die Hubschrauber anzuschauen und gegebenenfalls zu fliegen. Hannes als Beteiligter beim Air Race wäre ohnehin dort und Jürg F., ein Schweizer Pilot, der die Air Race Serie mit seinem Kamera-Hubschrauber begleitete, ebenfalls. So wäre genug Sachverstand zur Bewertung dort. Andreas, der zu dieser Zeit immer noch als aktiver Soldat und Techniker bei der Bundeswehr tätig war, konnte zum fraglichen Zeitpunkt Urlaub nehmen.

Einige Tage später bekam ich ein Schreiben der FAA, dass ich bis zum 30. September Zeit hätte, persönlich beim zuständigen Distriktsbüro in Van Nuys betreffend meiner beantragten US-Lizenz vorstellig zu werden. Der zweite Schritt zum Erwerb der US-Lizenz war getan.

Mitte März musste ich alle Planungen für Red Bull zunächst wieder unterbrechen, denn es stand ein wichtiger Dreh für Action Concept an. Die Premiere des Kinofilms „Der Clown" war für diesen Monat geplant.

Dazu sollte wenige Tage vorher im Rahmen des Marketings ein Auftritt der Hauptdarsteller in der Sendung TV Total von und mit Stefan Raab stattfinden. Ein kleiner Mitflug von Stefan Raab im Rahmen seiner Serie „Raab in Gefahr" war ebenfalls vorgesehen und würde in dieser Sendung gezeigt werden. Dieser Flug sollte von Hermanns Mühle aus stattfinden. Der Regisseur nahm mich vorher an die Seite und sagte, ich soll es ruhig etwas heftiger angehen. Trotzdem hatte ich natürlich Respekt. Ich habe es bei einem Flug niemals darauf angelegt, dass meinem Passagier schlecht wird. Ich habe eher versucht zu beruhigen, schließlich sollte jeder Flug mit mir Spaß machen. Deshalb fühlte ich mich etwas unsicher und ging es vorsichtig an. Aber bereits bei dem senkrechten Start mit Drehungen machte Stefan seinen ersten Fehler. Anstatt den Kopf wie ein Eiskunstläufer bei Pirouetten zu bewegen, schaute er amüsiert herum. Ich fing etwas sanft an und als ich gerade dachte, jetzt können wir loslegen, wurde ihm plötzlich übel. Ich landete rasch. Sein Aussteigen und das „In-Hermanns-Haus-Verschwinden" waren eins. Danach war er erst einmal eine Weile verschwunden. Ich empfand es als einen angenehmen Flug – er offensichtlich nicht. Auf diesen Flug werde ich bis heute immer wieder angesprochen.

▲ **Der Flug wurde etwas früher abgebrochen als ursprünglich geplant.**

Einige Tage später war die Filmpremiere des „Clown" in einem großen Kinocenter am Medienhafen in Düsseldorf. Zur Premiere lief der Film gleich in fünf Kinos. Zum ersten Mal in unserem Leben durften Rosita und ich über einen roten Teppich schreiten, und wir hatten feste Plätze im Kino Nummer 1. In dem Film waren sehr viele und sehr gute Action-Szenen. Nicht umsonst wurde der Film im September des gleichen Jahres beim Taurus World Stunt Award in der Kategorie „Beste Action in einem ausländischen Film" ausgezeichnet. Als ich längere Zeit später die Information über die Auszeichnung bekam, musste ich an Hermanns Worte während der Filmpremiere denken. Ich fühlte mich ein wenig stolz, dazu beigetragen zu haben und auch ein Teil dieses Preises zu sein. Am Abend der Premiere feierten wir lange. Was wir in diesem Moment nicht wissen konnten, war, dass der Film nicht wie erhofft ankommen würde. Bereits zwei Tage nach der Premiere teilte mir Hermann mit, dass er die BOs verkaufen würde. Er wusste ja, dass Red Bull Hubschrauber suchte. Anfang Mai, nachdem wir alle Daten hatten, konnte ich beide Hubschrauber auf unsere Liste nehmen. Ein Hubschrauber, die BO 105 mit dem Kennzeichen D-HAYA, stuften wir als blau ein, den anderen in die gelbe Kategorie. Es waren lediglich anstehende Kontrollen, die zu dieser Wertung führten, generell waren beide Hubschrauber in einem ausgezeichneten Zustand. Da ich einige Stunden auf diesen Maschinen verbracht hatte, konnte ich das gut beurteilen. Für mich ein weiterer wichtiger Punkt: es waren kurze Versionen der BO 105, die in meinen Augen für den Kunstflug besser geeignet waren.

▲ **Stefan Raab flog anlässlich der Sendung „Raab in Gefahr" in der BO 105 mit.**

▲ **Auf der Suche nach BO 105 für Red Bull besichtigten wir auch Hubschrauber in Abu Dhabi.**

▲ **Und machten auch einen Probeflug.**

## Auf der Suche nach BO 105 in Abu Dhabi

Am 7. April flogen Andreas und ich nach Abu Dhabi. Natürlich war die Besichtigung der Hubschrauber der Hauptgrund, aber für uns war es der erste Besuch eines Air Race. Die Möglichkeit, es „von hinter der Bühne" zu sehen, war schon spannend.

Eigentlich war im Vorfeld geklärt worden, wo sich die Hubschrauber befanden. Es hieß in Schardscha, einem nördlich von Dubai gelegenen Emirat. Nur konnten wir sie da nicht finden und mussten weiter nachfragen. Nach längeren Recherchen erfuhren wir, dass die Hubschrauber der Polizei gehörten und direkt in Abu Dhabi, nur wenige Kilometer vom Ort des Air Race entfernt, auf dem Flugplatz Al-Bateen standen. Natürlich war es nicht so, dass wir einfach auf diesen Flugplatzteil hätten gelangen können, um uns die Hubschrauber anzuschauen. Zum Glück waren beim Air Race auch hohe Offizielle aus den Emiraten beschäftigt. Diese sorgten für die Zutrittserlaubnis, und dann wurden wir zunächst beim Kommandeur dieser Einheit empfangen. In einem sehr bequemen Büro von der Größe einer kleinen Turnhalle wurde erst einmal Tee gereicht. Wir erläuterten unsere Absichten, dann gab es noch etwas Small Talk, und schließlich konnten wir zu den Hubschraubern. Sie hatten einige BO 105, drei davon standen zum Verkauf. Diese waren auch flugklar, die anderen waren in Folie verpackt. Alle Hubschrauber waren aus 1992, waren damit recht jung, und alle hatten erst wenig über 1000 Flugstunden. Auch der Testflug – Andreas und ich flogen ein komplettes Prüfprogramm – war überzeugend. Etwas ungepflegt sahen sie allerdings aus. Selbst der Preis war für diese Hubschrauber völlig in Ordnung, und nach unserer Rückkehr rückten diese Maschinen auf der Liste zunächst weiter nach oben.

Für mich war zu diesem Zeitpunkt die Struktur dieses Projekts noch nicht so richtig klar. Denn für alle fliegerischen Dinge des Konzerns waren eigentlich die Flying Bulls zuständig. Das Hubschrauber-Kunstflugprojekt sollte jedoch autark in den USA laufen. Das bedeute, es war nicht so richtig klar, wer eigentlich die Hubschrauber kaufen würde. Auf jeden Fall wurde mir angekündigt, dass am 28. April eine Delegation der Flying Bulls nach Köln kommen würde, und ich diese für ein Probefliegen vom Flughafen zu Hermanns Mühle bringen sollte. Die Flying Bulls wollten sich davon überzeugen, dass es sich beim Kunstflug mit der BO 105 um eine seriöse Sache handelt. Theoretisch waren sie bis auf Blacky offensichtlich noch nicht überzeugt.

## Hubschrauber werden gekauft

Es kamen der Chef Siegfried A., der Geschäftsführer Harald R., der damalige Chef der Technik Thomas Ü. und Blacky. Sie landeten in Köln mit einem Wasserflugzeug, einer Cessna 208 Caravan. Das sorgte natürlich auf dem Flughafen für einige Aufmerksamkeit. Ich nahm alle mit an Bord, und wir flogen zu Hermanns Mühle. Dort stiegen nacheinander die Vertreter der Flying Bulls zu, und ich flog mit ihnen einige Kunstflug-Manöver. Mein Bemühen war natürlich, die Manöver so leicht, so selbstverständlich und so sanft durchzuführen, dass alle den Eindruck bekamen, Kunstflug sei für diesen Hubschrauber die normalste Sache der Welt. Was es in meinen Augen ja auch ist. Blacky ließ ich mitfühlen, und ich hatte den Eindruck, es machte ihm viel Spaß. Auch alle anderen glaubte ich von der Seriosität des Hubschrauber-Kunstflugs überzeugt zu haben. Wie mir Hannes hinterher bestätigte, war mein Eindruck richtig. Wie er mir schrieb, stand jetzt die Entscheidung grundsätzlich fest, dass Hubschrauber gekauft würden. Außerdem wäre klar, dass die Hubschrauber ausschließlich für Kunstflug eingesetzt werden sollten und das Projekt in den USA als „Vorzeigemodell" für einen eventuellen späteren Einsatz in Europa begonnen werden sollte. Mitte Mai kristallisierte sich heraus, dass die Verantwortung für den Kauf der Hubschrauber bei den Flying Bulls liegen würde. Wie es hieß, war die Absicht, die Hubschrauber aus den Emiraten zu erwerben.

Ich nahm gegen Ende des Monats direkten Kontakt zu dem Geschäftsführer der Flying Bulls auf und fragte ihn, ob ich informell bei einigen mir bekannten Mitarbeitern des Herstellers und der Behörde hinsichtlich unserer Absicht vorfühlen soll. Die Auffassung war, kein Aufsehen, aber informell Informationen zu bekommen, sei hilfreich. Bei dieser Gelegenheit erfuhr ich, dass sich der Kauf der in den Emiraten stehenden Hubschrauber erledigt hatte. Nachdem der Name Red Bull gefallen war, hatte sich der Kaufpreis schlagartig deutlich erhöht.

## Super-Five-Rotorblätter machen einen Unterschied

Am 28. Mai war ich zu einer Veranstaltung bei der Firma Siegl in Oberdolling in der Nähe von Ingolstadt eingeladen. Die beiden damaligen Chefs dieser Firma waren flugbegeistert und ein guter Bekannter von mir, ehemals auch Fluglehrer bei der Bundeswehr, hatte den Kontakt hergestellt. Sie planten, anlässlich eines Firmenjubiläums, ein großes Fest zu veranstalten. Einer der Programmpunkte sollten Rundflüge mit einem Hubschrauber sein. Nicht einfach ein kleiner Rundkurs um die Firma, sie dachten an eine Art Erlebnisflug mit steileren Kurven- und Nicklagen. Dazu wurde bei Eurocopter eine BO 105 gechartert, und ich flog ziemlich viele kleine Rundflüge. Den Hubschrauber kannte ich. Es handelte sich um denselben, mit dem ich 1999 für Eurocopter eine Flugvorführung in Boden/Nordschweden gemacht hatte. Also eine S-Version mit den Super-Five-Rotorblättern. So konnte ich noch einmal bewusst sowohl den Unterschied zu der kurzen Version beurteilen als auch die Eignung dieser Blätter für Kunstflug betrachten. Deutlich spürbar war, dass das Rollverhalten und das Abreißverhalten der Super-5-Blätter anders ist. Für den normalen Flugbetrieb besser, aber für den Kunstflug schlechter. Außerdem verstärkte sich mein subjektiver Eindruck, dass ein kurzer Hubschrauber besser für den Kunstflug geeignet ist. Somit fiel bei diesem Meeting auch für das geplante Kunstflugprojekt eine Erkenntnis ab. Außerdem bekam ich einige neue Ansprechpartner genannt, und neue Verbindungen wurden geknüpft. Dass ich am nächsten Morgen die Gelegenheit bekam, mit einem Ferrari im übernächsten Dorf Brötchen für das Frühstück zu holen – natürlich in Begleitung des Besitzers – rundete dieses Wochenende für mich ab.

Ich begann in der kommenden Zeit mit den ersten informellen Gesprächen mit guten Bekannten beim Hersteller und bei Behörden. Dort waren inzwischen viele ehemalige Lehrgangsteilnehmer aus meiner Bundeswehrzeit beschäftigt, mit denen ich wirklich informell reden konnte. Langsam kristallisierte sich heraus, wer die richtigen Ansprechpartner sein würden. In meiner Euphorie für das Projekt schlug ich im Juni Blacky und Hannes schon die ersten Möglichkeiten vor, wo man im Rahmen des Marketing Einsätze planen könne. DTM (Deutsche Tourenwagen Meisterschaft), Flugtage in den osteuropäischen Staaten, „Pausenclown" bei den „Air Races". Zu diesem Zeitpunkt zugegeben etwas vermessen von mir. Gleichzeitig fragte ich beim Geschäftsführer der Flying Bulls nach, ob ich das Hubschrauberforum in Bückeburg, das Ende des Monats Juni stattfinden würde, als Möglichkeit der Kontaktaufnahme zum Hersteller nutzen dürfe. Anfang Juli sagte er mir, dass die Konzeption darauf beruhen sollte, dass diese Unternehmung möglichst mit voller Kooperation von Eurocopter und des LBAs laufen soll. Es wurden grundsätzliche Dinge festgelegt. So wurde mir zum ersten Mal klar, dass die Überlegung auch dahin ging, die Hubschrauberbeschaffung in Europa und den USA getrennt zu betrachten, um das Projekt nicht unnötig zu bremsen. Aus dem gleichen Grund sollten des Weiteren Gespräche mit Hersteller und Behörden unabhängig von der Beschaffung der Hubschrauber stattfinden. Daraufhin schickte ich Mails an Bekannte bei Eurocopter, die ich bat, mir kompetente Ansprechpartner der Firma für dieses Projekt zu benennen.

## Action Concept wollte die BO 105 verkaufen

Parallel zu allem lief meine Tätigkeit für Action Concept mit Dreharbeiten für verschiedene TV-Serienprojekte weiter, wenn auch in einem geringeren Rahmen. Auch wenn wir bei Dreharbeiten die BO 105 noch nutzten, ihr Verkauf war fest geplant. Günter K., den ich auf die BO 105 weitergeschult hatte, wurde offiziell als Ansprechpartner dafür genannt, und ich gab seine Kontaktdaten an Harald weiter.

Die Planung der Beschaffung von Hubschraubern änderte sich ständig. Blacky schrieb mir einmal, es würde schon die 8. Variante vorliegen. Dann erhielt ich wieder eine Mail von Hannes, dass das LBA auf jeden Fall noch offiziell herausgehalten werden soll. Auch bei Eurocopter sollte nicht mehr unternommen werden, als bisher schon geschehen war. Man befürchtete Schwierigkeiten in den USA, wenn es in Europa schon zu sehr publik werden würde. Es klang für mich alles noch etwas verworren, aber Fakt war natürlich, dass wir versuchten, ein Projekt auf die Beine zu stellen, das es so noch nie gegeben hatte. Ein kleiner Fehler durch eine falsche Information an irgendeinen Entscheider hätte negative Folgen haben können.

Chuck hatte in den USA zwei BOs ins Auge gefasst und war offensichtlich entschlossen, diese kaufen zu lassen. Ich konnte das nur indirekt aus den Fragen, die mir Greg N. zu diesem Komplettpaket stellte, vermuten. Mein Eindruck zu diesem Zeitpunkt war, dass die US-Seite und die Salzburg-Seite offensichtlich nicht komplett über die jeweils anderen Interessen und Zustände informiert waren.

Ende Juli erhielt ich von einem Vertreter von Eurocopter das Angebot, sich mit ihm und kompetenten und zuständigen Mitarbeitern in Donauwörth zusammenzusetzen, um unser Projekt zu besprechen. Sein Vorschlag war Mitte August. Aber es sollte Monate später werden.

## Herausforderung Orientierung im Raum

Für die Ausbildung hatte ich mittlerweile ein Konzept ausgearbeitet. Meine Erfahrung war, dass es zunächst das größte Problem für alle Flugzeugführer darstellte, mit den ungewöhnlichen Fluglagen umzugehen, mit der Orientierung im Raum. Vereinfacht gesagt: bei Überkopfmanövern sofort zu wissen, in welche Richtung es weiter geht. Hannes als erfahrener Kunstflugpilot pflichtete mir bei, und ich schlug ihm vor, als ersten Teil der Kunstflug-Einweisung ein kunstflugtaugliches Flächenflugzeug zu chartern, um damit einfach nur den Kunstflug als Passagier zu erleben. So könne man sich am kostengünstigsten an die Orientierung in diesen Lagen gewöhnen. Er pflichte mir bei, und ich integrierte es in meinen gedachten Ausbildungsplan. Im Übrigen griff ich auf die Erfahrungen bei der Einweisung der Eurocopter-Piloten und den Piloten der Bundeswehr für das Bundeswehr-Vorführprogramm zurück. Schwierigkeiten hatte ich noch bei der geplanten Einstiegshöhe der Ausbildung. Chuck hatte bis zu diesem Zeitpunkt noch überhaupt keine Erfahrung mit der BO 105 und wer sonst noch dabei sein würde, wusste ich noch nicht. Also plante ich auch einen kleinen Umfang an Stunden für Notverfahren, speziell Autorotationen und das Gewöhnen an die andere Art der Steuerführung aufgrund des gelenklosen Rotorsystems.

Immer wieder gab es kleine Einsätze bei Action Concept, auch abseits der Flüge für Filmproduktionen. Ich war froh darüber, denn gerade diese Flüge empfand ich entspannter als die Filmarbeit. So sollte ich Ende Juli den Schauspieler Ralf Moeller mit der BO zum Hockenheimring bringen, er war dort bei einem Formel-1-Team als Gast eingeladen. Nur schade für mich, dass ich als großer Formel-1-Fan nichts vom Rennen mitbekommen würde. Das Absetzen der Passagiere erfolgte zwar am Ring, aber anschließend standen alle Hubschrauber auf dem Flugplatz Speyer herum. Der Rückflug war etwas länger, aufgrund des Wetters mussten wir einige Umwege fliegen. Aber uns wurde die Zeit nicht lang. Das Cockpit der BO 105 ist nicht besonders geräumig, aber bis zu diesem Tag hatte ich alle Mitflieger auch vorn bequem untergebracht. Nur bei Ralf wurde es wirklich schwierig. Mit seiner Größe von knapp zwei Metern und seinen unglaublich breiten Schultern nahm er sehr viel Raum ein.

Wenige Tage später hatte ich erneut einen interessanten Flug. Ich war im Grunde genommen ein Geburtstagsgeschenk. Es ging nach Bad Urach, dort feierte ein guter Bekannter von Hermann einen runden Geburtstag. Dieser führte in der Nähe eine große Firma, in der Porsche-Fahrzeuge zusätzlich veredelt wurden. Der Plan war wie folgt: Wir würden auf einer Wiese unmittelbar neben dem angemieteten Gasthaus landen. Nachdem Hermann ihm gratuliert hatte, würde er das Geburtstagskind nach draußen an den Hubschrauber bringen und ihm dort beim Einsteigen erklären, dass er jetzt fünf Minuten Erlebnisachterbahn bekäme. Uwe G. kam nichts ahnend mit einem Sektglas an den Hubschrauber. Hermann nahm es ihm ab und erklärte ihm was jetzt passiert. Wir starteten zu einem kurzen Flug, bei dem ich in der Enge des mir zur Verfügung stehenden Platzes versuchte, das Achterbahngefühl zu erzeugen. Natürlich flog ich definitiv nicht über besiedelte Bereiche. Aber wer die BO 105 kennt weiß, dass bei engen Kurven das Geräusch der Rotorblätter sehr intensiv ist. Verstärkt durch das enge Tal kam dieser Flug bei einigen Anwohnern nicht gut an. Diese wandten sich an den zuständigen Landtagsabgeordneten, und in der Folge wurde ich zu einer Stellungnahme beim Regierungspräsidium Tübingen aufgefordert. Ich war froh, dass meine Stellungnahme akzeptiert wurde.

## In den USA ging es nicht recht voran

Bei der Planung für das Kunstflugprojekt in den USA ging es immer noch nicht richtig voran. Von Greg N. hatte ich schon länger nichts gehört und so fragte ich Mitte August nach, wie der Stand sei. Natürlich interessierte mich am meisten, ob Chuck inzwischen eine Einweisung auf die BO 105 erhalten hatte. Davon würde mein endgültiger Entwurf für die Ausbildung abhängen. Ich erinnerte ihn auch daran, dass Ende September der späteste Termin für die persönliche Anwesenheit im FAA-Büro in Van Nuys wäre, um meine US-Lizenz zu erhalten.

Die Antwort von Greg N. auf meine Mail ließ fast zwei Wochen auf sich warten, weil er „mit dem Kauf der beiden Hubschrauber beschäftigt war". Diese Aussage überraschte mich. Ich hatte bis hierhin den Eindruck gewonnen, für den Kauf der Hubschrauber seien die Flying Bulls zuständig. Außerdem war in den Mails zwischen allen in den USA Beteiligten vorher übereinstimmend gesagt worden, dass ich die Hubschrauber vorher, möglichst zusammen mit Andreas, besichtigen und probefliegen sollte. Aber nun waren die ehemals im Offshore-Dienst eingesetzten Hubschrauber gekauft und sollten Mitte September in Los Angeles eintreffen. Ich denke, dass Chuck viel Druck aufgebaut hatte, weil er nicht wollte, dass die Flying Bulls bestimmen, was gekauft wird.

Zu diesem Zeitpunkt vermutete ich, dass es sich damit erledigt haben würde, dass auch eine BO 105 nach Salzburg kommen würde. Zumal ich von Verkaufsgesprächen mit Action Concept nichts mehr gehört hatte. Greg N. schrieb weiter, dass er das Konzept für das Trainingsprogramm benötigte, da er bereits Mitte Oktober das erste Training durchführen möchte. Er stellte viele Einzelfragen, die zeigten, dass er es einerseits so schnell wie möglich bis zur Air-Show-Reife durchziehen wollte, andererseits aber auch die Komplexität des Hubschrauber-Kunstflugs nicht verstanden hatte. Zugleich schrieb er, dass wir Andreas nicht mehr benötigen.

Die nächste Zeit wechselten die Mails sehr schnell hin und her. Nebenbei plante ich noch etwas Urlaub, und bei Action Concept standen auch noch Vorhaben an. Noch wurden die beiden BO 105 dort eingesetzt, als wäre von einem Verkauf keine Rede.

Auf Gregs Mail antwortete ich bereits den nächsten Tag. Ich erinnerte ihn nochmals daran, dass eine generelle Einweisung in den Kunstflug auf einem Flächenflugzeug wichtig sei. Es war mir immer noch nicht klar, welche Erfahrung die Auszubildenden auf der BO 105 haben würden. So stellte ich in einem groben Ablaufplan dar, wie ich mir die Ausbildung vorstellen könnte, unter der Voraussetzung, alle Auszubildenden hätten eine Lizenz für die BO 105 und möglichst viel Flugerfahrung auf diesem Muster. Auch bot ich ihm wieder an, in die USA zu kommen, eventuell zur Überführung des Hubschraubers. Was ich zu diesem Zeitpunkt nicht wusste, dass die Lizensierung für ein Hubschraubermuster in den USA grundsätzlich anders ist als in Deutschland beziehungsweise in Europa.

## Der Hersteller sollte mit an Bord

Zwischendurch fragte ich bei Harald R. nach, wann es von Seiten der Flying Bulls zu einem Gesprächstermin mit Eurocopter kommen würde. Die Absicht, beim Hersteller vorzusprechen, um die grundsätzliche Einstellung des Herstellers zu unserem Vorhaben zu ergründen, sollte nach meinem Kenntnisstand wahrgenommen werden. Es gab durchaus positive Signale von Herstellerseite und Anfragen, wann wir denn soweit wären. Während in den USA bereits Hubschrauber gekauft waren, aber noch Stillschweigen gegenüber dem Hersteller und Behörden gewahrt werden sollte, gab es in Europa zwar keine Hubschrauber, aber durchaus die Absicht, den rechtlichen Aspekt auszuloten.

Am 26. August dieses Jahrs machte ich meinen jährlichen Überprüfungsflug auf der BO 105 in Bonn/Hangelar. Zu diesem Zeitpunkt wusste ich noch nicht, dass dies mein letzter Flug auf einer BO 105 bei Action Concept war. Als ich abends zurückkam, hatte ich eine Mail von Hannes im Postfach. In dieser Mail, die auch an Greg N. und Leif L. adressiert war, gab er mir noch einige Tipps zur Ergänzung meines Programmentwurfes und machte klar, dass aus seiner Sicht nicht vor 2007 mit der Teilnahme an Air Shows begonnen werden sollte.

Seine Ergänzungen zeigten, dass er ein erfahrener Kunstflugpilot war, und so wie er das Programm aufbauen würde, war es eigentlich genau in meinem Sinn. Allerdings hatte ich das Gefühl, dass dies Greg N., der offiziell als Leiter und Koordinator eingesetzt war, alles zu lange dauerte. Ich war dankbar, dass Hannes es war, der es so skizziert hatte. Es gab Momente, wo ich das Gefühl hatte, dass Greg N. der Meinung war, ich würde es unnötig schwer darstellen. Allerdings erfuhr ich durch die Mail von Hannes auch indirekt, dass keiner der beiden geplanten Teilnehmer vorher BO 105 geflogen war. Über den dritten Teilnehmer wusste ich überhaupt nichts, außer dass Greg N. ihn in das Programm gebracht hatte.

Da ich den nächsten Tag wieder für Action Concept unterwegs war – diesmal auf der Bell 407 – konnte ich Hannes erst zwei Tage später antworten. Ich stellte nochmals klar, dass es sich bei dem von mir angegebenen Stundenumfang um die absolute Mindestanzahl handelt. Für mich blieben neben der Tatsache, dass bisher niemand Erfahrung auf der BO 105 hatte, einige weitere drängende Fragen offen. Wer würde sie auf die BO 105 einweisen, wann und wo würde das geschehen. Wäre das meine Aufgabe? Der Rahmen für weiterführende Manöver nach der generellen Einweisung würde von dieser abhängen und natürlich wäre es für mich einfacher, wenn ich selbst eingewiesen hätte.

## Loop und Rolle sollten reichen

Die absolut unbekannte Größe war schließlich, wie weit wären Chuck und die beiden anderen bereit zu gehen, wenn sie erst einmal mit dem Kunstflug in Berührung gekommen waren. Denn darüber zu reden und es dann tatsächlich zu tun, waren aus meiner Erfahrung zwei verschiedene Dinge. Ich erinnerte auch daran, dass in der Anfangszeit die Rede davon war, Loop und Rolle würden reichen. Für Greg N. fügte ich hinzu, dass ich nach dem Besuch des Flight Standard District Office in Van Nuys, wo ich mit dem zuständigen Prüfer sprechen soll, eine vorläufige US-Lizenz erhalten werde. Das bedeutete, dass ich nach diesem Besuch fliegen dürfte.

Neben der Planung für das Training war Greg mit der weiterführenden Planung des Kunstflugprojektes beschäftigt. Er dachte über den Ort für einen Hangar nach, welche Zertifizierung wir als Piloten benötigten, den Umfang erforderlicher Versicherungen, und er machte sich erste Gedanken zur Lackierung. Als Resultat seiner Überlegungen bzw. seiner Recherchen schickte er dazu Anfang September eine Mail. Unter anderem schrieb er, dass alle am Programm beteiligten Piloten jährlich an einem Werkslehrgang für die BO 105 teilnehmen müssen. Dies wäre verpflichtend, um die Versicherungsanforderungen zu erfüllen. Ein einfacher 3-Tages-Kurs, mit einer Prüfung am 4.Tag. Es würde sich dabei nicht um einen erfahrungsabhängigen Kurs handeln, auch 20.000-Stunden-Piloten müssten einen solchen Kursus jedes Jahr besuchen. Er meinte zu mir, dass ich aufgrund meines Status bei Eurocopter möglicherweise einen anderen Weg einschlagen könne. Über diese Art Lehrgang war ich verwundert. Ich erkundigte mich in Deutschland bei Behörden und Hersteller, niemand hatte von solch einer Art Kursus je etwas gehört. Ich schrieb ihm am nächsten Tag eine Mail, etwas drastisch, in der ich meinen Unmut darüber kundtat. Mir leuchtete nicht ein, dass wir nach Abschluss unseres Ausbildungsprogramms, in dem wir hoffentlich alle in der Lage sein würden, den Hubschrauber in allen Lagen inklusive Kunstflugs zu beherrschen, jährlich im Rahmen von abgeprüften Platzrunden unsere Flugleistung nachzuweisen sollten. Dafür waren eigentlich die ohnehin jährlich notwendigen Überprüfungsflüge da. Auf Nachfrage gab Greg zu erkennen, dass es die Versicherung war, die das offensichtlich haben wollte.

Mitte September stand fest, dass ich Ende des Monats nach Los Angeles fliegen würde. Zum einen, um meine US-Lizenz zu erhalten und natürlich war ich auch neugierig, die gekauften beiden Hubschrauber anzuschauen. Außerdem war es wesentlich besser, direkt und unmittelbar die Planung zu besprechen. Dieser ewige Umweg über hin- und hergehende Mails war ziemlich nervig.

Vor meinem Abflug fragte ich erneut bei den Flying Bulls zum dortigen Sachstand nach, weil Eurocopter mir erneut mitgeteilt hatte, dass sie für Gespräche bereit wären. Sie hätten in der Zwischenzeit Unterlagen zum Thema Kunstflug aus den Archiven geholt und wären vorbereitet. In seiner Antwort teilte mir Harald R. zwar mit, dass ein gemeinsamer Termin mit Action Concept zum Abschluss des Kaufvertrages gesucht werde, aber über ein Treffen mit Eurocopter konnte er noch nichts sagen.

Am 26. September flog ich dann zum zweiten Mal nach Los Angeles, und gleich den nächsten Tag fuhren wir zum Flughafen in Camarillo. Dort war ein neuer Hangar angemietet, in dem der erste Hubschrauber stand. Er war bereits neu lackiert, schwarz und auf beiden Seiten unterhalb der Wartungsklappen das Red Bull-Logo. Es sah gut aus. Von dort fuhren wir noch am selben Tag nach Van Nuys. Im dortigen Flight Standard District Office sollte mein Gespräch zum Erwerb der US-Lizenz stattfinden. Ich unterhielt mich sehr nett mit einer Dame über alle möglichen Dinge des täglichen Lebens, so wollte sie zum Beispiel wissen, wie das Urlaubssystem in Deutschland ist. Ich hielt das für ein Gespräch, um die Wartezeit bis zu meiner Prüfung zu überbrücken. Es war aber das Prüfungsgespräch, und ich bekam meine zeitlich begrenzte, vorläufige US-Lizenz. Das Original bekam ich später zugeschickt. Es handelte sich um eine Validierung, das heißt, die Lizenz enthielt alle Berechtigungen, die ich in meiner europäischen Lizenz eingetragen hatte, inklusive der zeitlichen Gültigkeit. Theoretisch hätte ich jetzt die BO fliegen dürfen – und der erste Hubschrauber war auch flugklar. Aber das wollte Chuck nicht. Er hatte Bedenken. Er selbst hatte in der Zwischenzeit beim Eurocopter Training Center in Texas sein Rating auf der BO 105 gemacht und erledigte bereits kleinere Einsätze. Das war natürlich hilfreich, Erfahrung auf dem Muster zu sammeln. Am nächsten Tag stand wieder einer dieser Einsätze für Red Bull an. Er sollte Fallschirmspringer über Santa Monica absetzen. Immerhin durfte ich zum Absetzen der Fallschirmspringer links sitzend mitfliegen und sogar teilweise steuern. Am Samstag wäre dann Zeit für mich gewesen, die BO zu fliegen. Aber er musste die Cobra bewegen und allein wollte er mich nicht fliegen lassen. Er erzählte etwas von rechtlichen Gründen. Greg unterstützte es, aber für mich war es nicht nachprüfbar. So durfte ich ein weiteres

▲ **Rainer Wilke und Hannes Arch machen Pause beim Trainingslager in Camarillo.**

Mal mit der Cobra mitfliegen. Es machte mir zweifelsohne Spaß, aber die BO zu bewegen wäre mir lieber gewesen.

## Das Variometer war eine Überraschung

Sonntag war Sonntag, da wollte er grundsätzlich nicht zum Hangar fahren und Montag flog ich zurück. So konnte ich mir leider keinen richtigen Eindruck von der Maschine machen. Es waren beides S-Versionen und durch die Mehrausstattung wirkte das Panel größer. Es erinnerte mich vom Sitzgefühl etwas an den PAH. Ich war erstaunt, dass der VSI Indicator nur bis 4000 ft/min (Fuß pro Minute) Sinkflug anzeigte, worauf ich Greg nebenbei hinwies. Er fragte sofort, ob er einen anderen einbauen lassen sollte, was ich allerdings als nicht notwendig erachtete. Es ist zwar nett zu wissen, ob die Sinkrate bei 4000 oder 8000 ft/min liegt, aber ist es nicht entscheidend. Ich hätte nur gern allen in der Einweisung einmal gezeigt wie es aussieht, wenn das Variometer am Anschlag steht.

Was wir in diesen Tagen auch erledigten, war in ein großes Bürocenter zu fahren und – in meinen Augen recht planlos – jede Menge Büromaterial zu beschaffen, von Möbeln bis hin zu Papier. Alles wurde dann in den Hangar gebracht.

Am ergiebigsten waren für mich die Besprechungen mit Leif und Greg. Wir konnten die Planung konkretisieren und zum ersten Mal sprachen wir auch über meine zukünftige Rolle und die finanziellen Aspekte. Zwar hieß es schon das ganze Jahr, dass ich fest eingeplant sei, nur meine Rolle noch definiert werden müsse. Bei einem abschließenden Frühstück vor meinem Rückflug mit Leif und Greg sprachen wir über dieses Thema, kamen zu einer Einigung und das Ganze wurde mit Handschlag besiegelt. Es gab nichts Schriftliches und das sollte es auch nicht geben. Der Handschlag galt. Ich fand es beeindruckend, dass so etwas noch möglich war und es hat die ganzen Jahre über einwandfrei funktioniert. Im Übrigen erfuhr ich, wer der letzte fehlende Teilnehmer war. Fred N., ein Kamerapilot, der für Hollywood Produktionen fliegt und ein guter Bekannter von Greg N. war. Somit würden es Chuck, Blacky und Fred sein, die beim ersten Trainingslager dabei sein würden. Als ich zurück war, mailte ich zunächst Hannes meine Eindrücke. Ich hatte das Gefühl, dass innerhalb des US-Teils der Firma noch ein paar Kompetenzen geklärt werden müssen. Außerdem versuchte ich Hannes zu beruhigen, was Chuck betraf. Er hatte befürchtet, dass Chuck übermütig werden könne und damit Probleme verursachen würde. Diese Befürchtungen teilte ich nach unseren kurzen gemeinsamen Flügen nicht.

In der Zwischenzeit kamen wieder Anfragen von Eurocopter zu der geplanten Besprechung. Ich gab Harald die entsprechenden Telefonnummern weiter und damit blieb ich jetzt von weiteren Anfragen verschont.

## Uups. Wir haben vier Hubschrauber!

Kurze Zeit darauf – ich war gerade mit meiner Frau auf einem Kurztrip in Hamburg – erhielt ich einen Anruf von Hannes. Er begann mit den Worten: „jetzt haben wir ein Problem… Es wurden versehentlich vier Hubschrauber gekauft". Ich weiß nicht, als wie groß das Problem intern betrachtet wurde, für das Projekt war es auf jeden Fall gut. Der Kauf zumindest eines Hubschraubers für Salzburg hatte sich ja angekündigt. Jetzt beide, aus meiner Sicht – gut so!

Anfang Oktober schickte ich mein Konzept für die Ausbildung an Hannes. Ausführlicher als das für Leif, der nur etwas für die Nichtflieger im Management haben wollte. Hannes' Reaktion war wie erwartet. Als erfahrener Kunstflieger warnte er nochmals, dass es sich bei der Ausbildung um Kunstflug handelt, den man normalerweise in Jahren schrittweise erlernt und nicht in relativ kurzen Trainingslagern. Natürlich hatte er vollkommen Recht, aber das Konzept war der Spagat zwischen einer möglichst guten Ausbildung und dem Zeitplan, den das Management – und hier vor allem Greg – haben wollte. Ich antwortete ihm, dass ich mir dessen völlig bewusst war und versicherte ihm, dass ich alles tun würde, um sicherzustellen, dass alle drei absolut sicher das beherrschen werden, wofür ich sie freigebe. Er sicherte mir uneingeschränkte Rückendeckung dafür zu, und es war gut, ihn an meiner Seite zu wissen.

Zu diesem Zeitpunkt war immer noch im Gespräch, dass ich den Werkslehrgang bei Eurocopter machen müsste und es wurden Zeiträume für Trainingslager und das Training eingeplant. Ebenfalls tauchte die Frage auf, ob die Hubschrauber für das erste Trainingslager bereits die Zulassung als Experimental für den Kunstflug haben müssen. Denn richtiger Kunstflug war zu diesem Zeitpunkt erst frühestens ab dem zweiten Trainingslager angedacht. Chuck sagte erwartungsgemäß, dass wir die Zulassung bräuchten. Hannes war anderer Meinung. Er vertrat den Standpunkt, dass wir bis zum siebten Trainingslager mehr oder weniger in Kunstflug nur „reinschnuppern" und deshalb auch ohne diese besondere Zulassung beginnen könnten. Gleichwohl war unser beider Gedanke, dass wir sieben Trainingslager in einem Jahr durchziehen könnten und sollten. Dieses wäre auch nötig, weil er davon überzeugt war, dass sowohl Blacky als auch Fred durch ihre anderen Tätigkeiten gar nicht die Zeit haben würden, zwischen den Trainingslagern selbständig zu üben. Deshalb planten wir gedanklich sieben Trainingslager im kommenden Jahr, und ich einigte mich mit ihm darauf, dass wir Ende des Jahres sehen würden, wie weit wir gekommen sind. Meine Hoffnung war, dass alle drei zu diesem Zeitpunkt ein einfaches Programm mit den Basismanövern beherrschen. Es sollte alles ganz anders kommen.

## Erste Schritte mit Flächenflugzeug

Greg machte ziemlich Druck, endlich zu beginnen. Seine Vorstellung, noch Anfang Oktober war, dass wir noch Ende des Monats mit dem ersten Lager beginnen würden. Am 24. Oktober teilte er uns allen mit, dass es nichts werde und setzte als neuen Beginn den 5. Dezember fest. Inhalt des ersten Lagers: Kunstflug auf einer Flächenmaschine erleben und eine erweiterte Einweisung auf die BO 105. Er wüsste noch nicht genau wo, das würden wir rechtzeitig erfahren. Zugleich teilte er mit, dass er für alle Teilnehmer, auch für mich, einen Platz beim Auffrischungskurs bei Eurocopter USA buchen würde. Dieser letzte Punkt war für mich noch nicht geklärt, und ich teilte ihm das mit. Für die drei Teilnehmer fand ich es gut, denn aus meiner Sicht sollten alle vor Beginn unseres ersten Trainingslagers eine Basisschulung auf der BO 105 haben und der Auffrischungskurs bei Eurocopter würde ihnen darüber hinaus zusätzliche Erfahrung bringen.

Chuck machte umgehend Bedenken zu dem Zeitplan von Greg geltend. Er verwies auf den Auffrischungskursus, und im Übrigen hätte er noch so viel zu tun, dass wir doch besser erst im Januar beginnen sollten. Er glaube nicht, dass das alles in sechs Wochen zu schaffen sei. Aber Greg stellte klar, dass der Start dieses Programms absolute Priorität hätte.

Ich selbst wartete immer noch auf eine Entscheidung, dass ich den Auffrischungskursus bei Eurocopter, den die Versicherung haben wollte, nicht machen müsste. Ich hatte in der Zwischenzeit durch Vermittlung von Eurocopter Deutschland einen Ansprechpartner bei der US-Tochter von Eurocopter erhalten. Ich schrieb an Del L., erklärte ihm meinen fliegerischen Hintergrund und bat ihn um Hilfe bei der Erstellung einer Bescheinigung für die Versicherung. Nach einigem Hin und Her klappte es. Mitte November hatte Manfred K., seines Zeichens Chefpilot von Eurocopter Deutschland, an Del L., offensichtlich Chefpilot bei Eurocopter USA, bestätigt, dass ich ausreichend Erfahrung auf der BO 105 besaß. Letzterer stellte eine Bescheinigung für die Versicherung aus, und ich bekam die Information, dass diese auf meine Teilnahme an dem jährlich stattzufindenden Auffrischungskurs auf der BO 105 verzichtete. Eigentlich hätte es Manfred auch an die Versicherung schicken können, aber es musste die Bestätigung einer US-Stelle sein.

In Europa war die Situation im November mittlerweile so, dass die beiden von den Flying Bulls gekauften BO 105 noch bei Action Concept in Hürth standen. Wann sie überführt werden sollten, war noch nicht klar. Ebenso wenig, wann die lang geplante Besprechung mit Vertretern von Eurocopter Deutschland stattfinden würde.

Einige Tage vor dem Abflug nach Los Angeles schickte ich dem inzwischen bei Eurocopter als verantwortlich Benannten noch eine Mail, um mich zu vergewissern, ob der zwischenzeitliche Kontakt zwischen ihm und den Flying Bulls stattgefunden hatte. Obwohl ich dafür eigentlich nicht mehr zuständig war, fühlte ich mich doch verantwortlich. Schließlich hatte ich bei der Firma alles angeschoben. Aber wie mir Herr D. versicherte, war alles in Ordnung.

## Training in Santa Paula

In den USA stand Mitte des Monats fest, dass wir das Kunstflugtraining auf dem Flächenflugzeug in Santa Paula durchführen würden. Hannes hatte es sich angeschaut und akzeptiert. Santa Paula lag nur wenige Flugminuten von Camarillo, dem Standort der BO 105, entfernt. In unmittelbarer Nähe befand sich auch eine Kunstflugbox. Unser Trainingsprogramm auf der BO 105 würde anschließend lediglich eine „Fortgeschrittenenschulung" enthalten. Bestehend aus Notverfahren und Gewöhnung an das andere Flugverhalten des Hubschraubers mit Drehungen, Kurvenflug, Stallgrenzen usw. Kunstflug war nicht geplant, die Zulassung dafür lag noch nicht vor. Ich teilte Greg meine Vorstellungen für das erste Trainingslager mit. Meine Planung sah pro Teilnehmer fünf Flugstunden vor, die paral-

▲ **Theorieunterricht im Kunstflug mit einem Modell der Decathlon.**

lel zu den auch jeweils fünf Flugstunden auf dem Flächenflugzeug stattfinden sollten. Außerdem hatte ich einiges an Theorie in Form von PowerPoint Unterrichten vorbereitet und bat um Bereitstellung von Projektor und Leinwand. Je näher das erste Trainingslager kam, desto heftiger wurde der Mail-Austausch. Zum Teil kamen Mails doppelt oder überschnitten sich, wozu der neunstündige Zeitunterschied sicher beitrug. Aber die letzten offenen Fragen konnten letztlich geklärt werden.

Am Morgen des 30. November flog ich nach Los Angeles. Bis zum Vorjahr nicht einmal in den USA gewesen, war es in diesem Jahr bereits das dritte Mal. Durch die Zeitverschiebung kam ich noch am gleichen Tag kurz nach Mittag an, diesmal hatte ich sogar einen Führerschein dabei. Alles, was an Überlegungen, Planungen, und Besprechungen bisher nur theoretisch gewesen war, sollte nun tatsächlich praktisch beginnen: Der Start des Kunstflugprojektes.

Wie auch im September, stand nur die N154EH flugklar in Camarillo. Für den geplanten Beginn der Ausbildung sollte das auch reichen. Zumal für die fünfstündige Einweisung in den Flächenkunstflug eine Decathlon angemietet war. Das einmotorige Flugzeug stand in Santa Paula, einem kleinen Flugplatz, etwa 15 Kilometer nördlich von Camarillo. Es gehörte zu einer Flugschule, deren Besitzer Patrick D. uns eine theoretische und dann vor allem die praktische Einweisung geben würde.

Die ersten beiden Tage waren noch organisatorische Dinge zu erledigen. Am Samstag den 3. Dezember, flogen wir zum ersten Mal nach Santa Paula. Nachdem Blacky, Chuck und Fred in die Obhut von Patrick gegeben waren, flog ich zunächst eine halbe Stunde allein in die Box, um mich etwas mit dieser BO 105 vertraut zu machen. Natürlich flog ich, trotz fehlender Erlaubnis, einige Kunstflugmanöver, das gehört für mich zum Vertrautmachen dazu. Als ich zurückkam, nahm ich Hannes auf. Er hatte den Kunstflug noch nie aus einem Hubschrauber erlebt, und ich wollte ihm es als Projektleiter natürlich zeigen. Als wir zurückwaren und uns mit zu Patrick in den Unterricht begaben, hatte Chuck uns etwas mitzuteilen.

## Angebliche Beschwerden über Kunstflug

Er sagte uns, dass es Beschwerden über unerlaubte Hubschraubermanöver gab, und ein Polizist oder ein Sheriff hätte gesehen, wie ein Hubschrauber Kunstflug durchführen würde. Das würde Konsequenzen haben, und wir müssten mit einer Anzeige rechnen, die das gesamte Projekt in Gefahr bringen würde. Natürlich war ich besorgt, denn es konnte sich nur um meine Flüge handeln. Obwohl ich mich etwas wunderte, wie man Kunstflugmanöver in einer Flughöhe von 1500 Fuß, entsprechend 457 Metern, überhaupt als solche erkennen kann. Chuck ergänzte noch, dass es besonders schlimm sei, dass ich jemanden dabeigehabt hätte. Natürlich meinte er meinen Flug mit Hannes. Woher er allerdings diese Information hatte und woher der Unbekannte wissen wollte, dass noch jemand außer mir im Hubschrauber gesessen hat, sagte er nicht. Hannes konnte es nicht verstehen, ich wusste nicht wie ich das wechseln sollte, und Greg war nicht amüsiert. Fred, der schon seit vielen Jahren in den USA flog und sich gut in den fliegerischen Vorschriften und auch den Gepflogenheiten bei Verstößen auskannte, nahm mich beiseite. Er sagte, wenn es der Vertreter einer Behörde gesehen hätte, dann würde er gleich hier sein und mit uns sprechen wollen. Beschwerden von Anwohnern, wenn innerhalb einer zugelassenen Box oberhalb 1500 Fuß (ca. 500 Meter) geflogen wird, gäbe es in den USA ganz sicher nicht. Es kam niemand, es kam auch keine Meldung geschweige denn eine Anzeige.

Chuck meinte zwar, er hätte das Dank seiner Verbindungen unterbinden können. Allerdings nahm ihm das niemand von uns ab. Es ist nie herausgekommen, was tat-

▲ Auf dem Muster wurde nachher auch im Flug trainiert.

sächlich passiert war. Aber natürlich versprach ich, den Kunstflug in diesem Trainingslager sein zu lassen. Mit den Teilnehmern war es ohnehin nicht geplant gewesen.

So verging der Samstag, und am nächsten Tag wollten wir die Ausbildung eigentlich weiter fortsetzen. Aber es war Sonntag, und sonntags flog Chuck nicht. Blacky nahm ihm den Schlüssel zum Hangar ab und erklärte, dass wir beide fliegen würden. Widerworte an Blacky kamen von Chuck nicht, und so flogen wir unsere erste Periode. Fred hatte leider keine Zeit.

Montag früh ging es nach Santa Paula und dort sollten im Wechsel die Stunden auf der Decathlon und mit mir auf der BO 105 absolviert werden. Natürlich wollte ich auch auf der Decathlon fliegen, hatte ich doch bis auf mein dreistündiges Screening auf einer Do 27 im Jahr 1971 keinerlei Erfahrung auf Flächenflugzeugen. Ich machte drei Flüge, verteilt auf die nächsten Tage, die ich sehr genoss. Nicht nur den Kunstflugteil, auch die Starts und Landungen fand ich sehr spannend. Die Landungen empfand ich einfacher als die Starts. Es erinnerte mich an eine Einmotorenlandung mit der BO 105. Aber während die Flüge auf der Decathlon für mich nur Spaß waren, sollte es für die Anderen ein Teil der Ausbildung sein. Leider war der Ausbildungserfolg nicht bei allen gegeben. Blacky zog alle fünf Stunden durch, und es machte ihm richtig Spaß. Als wir später mit dem Kunstflug auf dem Hubschrauber anfingen, war zu merken, wie hilfreich diese Gewöhnung an die Fluglagen war. Chuck flog höchstens zwei Perioden, ich denke eher anderthalb. Er hätte ständig wichtige Dinge zu erledigen. Fred soll bereits während des ersten Fluges Patrick zum Abbrechen überredet haben. Es waren ihm zu hohe g-Belastungen, und er wollte nicht weiter mit der Decathlon fliegen.

## Umstieg von der Decathlon auf die BO 105

Das anschließende Training auf der BO 105 verlief auch anders als ich es mir gedacht hatte. Trotz der insgesamt geringen oder auch nicht vorhandenen Erfahrung auf der BO hatte ich mir eine Art „Fortgeschrittenenschulung“ ausgedacht. Da alle drei sehr erfahrene Hubschrauberpiloten waren, nur eben nicht auf der BO 105, wollte ich die Zeit nicht mit Standardmanövern verbringen. In diesem Trainingslager hatte ich mir idealerweise rund fünf Stunden pro Teilnehmer vorgestellt. Als erstes eine Art Eingewöhnungsflug, um das BO 105 spezifische Verhalten zu demonstrieren und etwas üben zu lassen. Dann Notverfahren, hierbei besonders die Art Autorotationen, die nicht zum üblichen Lehrumfang gehören. Bei all der berechtigten Diskussion, ob Autorotationen bei einem Hubschrauber mit zwei Triebwerken überhaupt notwendig sind, haben mir diese Manöver immer sehr viel für das Verständnis des Fliegens gebracht. Ohne Antrieb die

▲ **Danach sind wir auf dem Hubschrauber geflogen.**

Drehzahl zuhalten, das Einschätzen von Gleitwinkel und Entfernung im Sinkflug, der Einfluss von Drehzahlaufbau und -abfall in den unterschiedlichen Fluglagen: Nach meiner Auffassung ist dies für das Verständnis des Flugverhaltens immens hilfreich, besonders, wenn man wie im Kunstflug, an die aerodynamischen Grenzen geht.

## Anflug über bewohntes Gebiet

Den Teil Autorotationen führten wir von Camarillo aus in Oxnard durch, einem Flugplatz in knapp sechs Meilen Richtung Küste gelegen. Alle drei Teilnehmer führten die Autorotationen wirklich gut durch, und ihre große Flugerfahrung war deutlich zu erkennen. Der Flugweg in Oxnard führte bei einer Südplatzrunde und der Anflugrichtung Westen direkt über den Naples Drive und den Ventura Boulevard, also mitten über dichtes Stadtgebiet, bevor wir auf den Grasstreifen neben der Runway landeten. Offensichtlich war ein solcher Flugweg hier völlig normal.

Eine Pause über die Mittagszeit, wie in Deutschland oder den meisten Ländern Europas, brauchten wir nicht einzuhalten. So konnten wir diesen Teil der Ausbildung einigermaßen wie geplant abschließen. Bei den Autorotationen so weit zu gehen, wie ich es zum Beispiel bei Fluglehrerausbildungen während meiner Militärzeit getan hatte, war ohnehin nicht beabsichtigt. In den restlichen Perioden war unter anderem auch die Demonstration von Stall, Steig- und Sinkflüge mit hoher *g*-Belastung, enger Kurvenflug geplant. Ein erster kleiner Schritt Richtung Kunstflug. Heraus kam etwas anderes. Mit Blacky flog ich etwas mehr als sieben Stunden. Mit ihm habe ich mein gesamtes, geplantes Programm fliegen können. Er war am konzentriertesten und konsequentesten dabei, um nicht zu sagen: er hatte die richtige Einstellung. Mit Fred bekam ich knapp fünf Stunden zusammen. Er ging nach den ersten Bewegungen mit der BO (zum Beispiel schnelles Drehen am Ort) mit sehr viel Skepsis weiter an die Sache heran. Aber langsam fühlte er sich sicherer und vertrauter, und ich hatte den Eindruck, er gewann Gefallen an dem Flugverhalten der BO 105. Grundsätzlich war ihm jedoch das einfache Gewöhnen an den Hubschrauber ausreichend. Chuck kam nur auf zwei Flugstunden, er hatte ständig etwas anderes, wichtigeres zu tun. Ich hatte eher das Gefühl, er stand immer noch auf dem Standpunkt, dass ich in dem Programm eigentlich überflüssig sei und gab es mir durch diese Art der Nichtbeteiligung zu verstehen.

Mit ihm flog ich die erste Stunde, in der wir autorotierten, am 6. Dezember. Das machte er gut. Da mein Rückflug für den 9. Dezember geplant war und er schon erklärt hatte, dass er am 8. Dezember nur kurz Zeit haben würde, wollte ich mit ihm nach der Periode Autorotation wenigstens noch etwas auf das besondere Flugverhalten der BO 105 eingehen. Dazu flogen wir den nächsten Tag in die Box in der Nähe von Santa Paula.

## Loops und Rollen ohne Ausbildung?

Dort angekommen, erklärte er mir, dass wir diesen Kleinkram, den ich mir vorgestellt hatte, nicht zu machen bräuchten. Er wäre bereits Loops und Rollen geflogen, dort könnten wir gleich weitermachen. Ich sollte ihm die Cuban Eight zeigen, damit er die schon mal bis zum nächsten Trainingslager üben könne.

Ich war platt. Zum einen hatte er uns allen erklärt, dass mein Flug, bei dem ich mich an das Verhalten des Hubschraubers gewöhnen wollte, das Programm gefährden würde, weil der Hubschrauber noch nicht die Zulassung für Kunstflug hatte. Jetzt erzählte er mir, dass er bereits Loops und Rollen geflogen sei und jetzt gern eine Cuban Eight gezeigt bekommen würde. Zunächst war ich sprachlos. Dann sagte ich ihm, er möge mir doch mal einen Loop vorfliegen. Er begann sehr forsch, nahm Fahrt auf und zog nach oben. Dann begann das Problem. Er konnte mit der Über-Kopf-Lage überhaupt nichts anfangen. Er wusste nicht, in welche Richtung es weiterging, er hatte kein Gespür dafür, die Leistung richtig zu setzen, und der Sinkflug hätte im Chaos geendet. Mein erster Gedanke war: er will uns umbringen. Ich beendete das Manöver, wir flogen etwas geradeaus und er merkte offensichtlich selbst, dass dieser Versuch misslungen war. Ich fragte ihn, ob er es nochmal versuchen wolle und ich ihm bei der Steuerführung unterstützen soll. Er war einverstanden, und wir setzten zum zweiten Versuch an. Gemeinsam ging es zwar besser, aber die Seitenrichtung war purer Zufall. Es war deutlich zu erkennen, dass ihm die Orientierung über Kopf große Schwierigkeiten bereitete. Er wollte zur falschen Seite korrigieren. Nach einem weiteren Versuch ließen wir es sein und machten einiges von dem, was ich ursprünglich vorgehabt hatte. Seine Erzählung, dass er bereits Loop und Rolle geflogen war, nahm ich nach diesem Flug nicht mehr ernst. Wir führten anschließend eine Nachbesprechung durch und ich hatte das Gefühl, dass er jetzt verstand, warum ich bei diesem Programm dabei war. Er wirkte jetzt recht zahm und unser Verhältnis wurde fortan deutlich besser. Er sagte mir sogar freiwillig zu, dass er das Fliegen mit der Fläche nachholen würde, wenn wir abgereist seien.

Blacky flog bereits am 8. Dezember zurück, und Chuck hatte vormittags noch Zeit, ihn mit dem Hubschrauber zum Flughafen zu bringen. So flogen wir mit der BO 105 von Camarillo zum Los Angeles International Airport (LAX). Einen Luftraum A hatte ich bisher noch nie durchflogen. Zwar gab in der Kontrollzone Los Angeles einige feste Routen zum Durchfliegen, aber der Anflug auf den Heliport des Flughafens gehörte nicht dazu. Es ging die Küste Richtung Süden entlang in einer Flughöhe von rund 100 Fuß (30 Meter). Eine kleine Mole und ein Parkplatz kennzeichneten den Punkt, an dem man rechtwinklig Richtung Tower eindrehte. Den Flughafen selbst konnten wir erst sehen, als wir über den Dünen waren. Der Landeplatz lag nicht weit vom Tower entfernt. Ich war fasziniert, wie unproblematisch der Anflug war. Blacky stieg bei laufendem Rotor aus, und wir flogen auf der gleichen Route zurück, ungeachtet der an- und abfliegenden Passagierflugzeuge. Leider hat man den Heliport Jahre später zugunsten zusätzlicher Parkplätze

**▼ Die Hubschrauber hatten noch nicht ihre endgültige Lackierung.**

geschlossen. Zurück in Camarillo, machte ich am Nachmittag noch einen Flug mit Fred und damit war das erste Trainingslager beendet.

Am letzten Abend vor Blackys Rückflug, Hannes hatte uns schon zwei Tage früher verlassen, hatten wir bei Chuck einen geselligen Abend. Dort waren wir uns alle einig, dass umgehend das zweite Trainingslager stattfinden sollte. Die vorläufige Planung ging von Montag, den 6. Februar 2006 bis Freitag den 10. Februar 2006 aus. Das erwähnte ich auch in meinem Erfahrungsbericht, den ich unmittelbar nach meiner Rückkehr in Deutschland verfasste und an Hannes und Greg schickte. Das Trainingslager sollte insofern fix sein, da Greg bei dieser Besprechung anwesend war. Was ich beifügte, war meine Planung für diese Tage und meine informellen Bewertungen der absolvierten Flüge. Ich erinnerte mich an einen Austausch im Oktober zwischen Hannes und mir, wo er seine Befürchtungen äußerte, dass Chuck übermütig werden könnte. Damals hatte ich Hannes beruhigt, jetzt kamen mir nach der einen Trainingseinheit doch Bedenken, die ich Hannes und Greg ebenfalls mitteilte. Meine Hoffnung war, dass Chuck sich nicht allein weiter vorwagen würde. Wie das Management mit ihm klar kommen würde, war zum Glück nicht meine Baustelle. Greg antwortete, er werde sicherstellen, dass alle Teilnehmer vor Beginn des nächsten Trainingslagers die gleiche Flugzeit auf der Fläche haben würden. Außerdem wolle er dafür sorgen, dass alle mehr Flugzeit und damit Praxis auf der BO 105 bekommen würden. Zu diesem Zeitpunkt gingen wir noch davon aus, dass beide Hubschrauber die nötige Kunstflugzulassung zügig bekämen. Denn meine Planung sah vor, beim nächsten Training alle Teilnehmer langsam an den Kunstflug heranzuführen. Auch wenn ich mit den Teilnehmern nicht so viel geflogen war wie geplant, Kenntnis über den Leistungsstand der Teilnehmer hatte ich gewonnen. Alle waren erfahrene und gute Hubschrauberpiloten und wenn Greg seine Versprechungen einhalten würde, erwartete ich keine grundsätzlichen Probleme. Allerdings deutete sich bereits an, dass es zwischen Chuck und Fred zwischenmenschliche Probleme geben würde. So wie Chuck mich als eigentlich überflüssig ansah, war es meinem Eindruck nach bei Fred noch mehr.

Fliegerisch war damit das Jahr 2005 für mich abgeschlossen. Die beiden bei Action Concept erworbenen und für die Flying Bulls geplanten BO 105 waren noch nicht wieder flugklar. Ein Hubschrauber war noch komplett ohne Zulassung und der andere gerade in einer großen Inspektion. Als Greg das mitbekam, hatte er die Idee, eventuell eine der US BO 105 nach Europa zu verschiffen, um zu erreichen, dass Blacky mehr BO 105 fliegen kann. Hannes und ich redeten ihm das aus. Der Aufwand, eine US-zugelassenen Maschine in Europa zu bewegen, war es für diese begrenzte Zeit nicht wert.

## Viele Mails statt vieler Flugstunden

2006 begann für mich völlig ohne praktisches Fliegen, dafür begann wieder der heftige Mailverkehr. Es war so, dass selbst in den USA der Wechsel in die Experimental-Kategorie, um Kunstflug durchzuführen, doch nicht so einfach war wie gedacht. Die erste Konsequenz war, dass das zweite Trainingslager auf unbestimmte Zeit verschoben wurde. Am 20. Januar schrieb Chuck eine Mail an alle Beteiligten, dass er Besuch von mehreren FAA-Beamten hatte. Er meinte, es gäbe keine grundsätzlichen Probleme, aber sehr viel Papierkram und Organisation, die er jetzt zu erledigen hätte. Er war zwar optimistisch, konnte aber über den Zeitfaktor auch nichts sagen. Greg fragte an, wie es sich mit Kunstflug als Experimental- Flugzeug in Europa verhalten würde. Offensichtlich hatte er das Gefühl, nicht alles von Chuck gesagt zu bekommen und holte sich jetzt von Hannes und mir Informationen. Ihm ging alles nicht schnell genug.

Ende Januar schickte mir Chuck eine Datei mit den Kunstflugmanövern, die er bei der FAA für unsere Hubschrauber beantragen wollte. Ich sollte die Liste gegebenenfalls ergänzen. Natürlich steckte ich im Thema Zulassung eines Hubschraubers in den USA nicht in der Materie. Aber ich hatte mir inzwischen Informationen von Menschen geholt, die es wussten. Unter anderem vom langjährigen Flugdirektor der ILA in Berlin, Dieter Thomas. Da Hannes selbst ein in den USA zugelassenes Kunstflugzeug flog, kannte auch er sich damit aus. Er war lediglich nicht sicher, ob es einen Unterschied zwischen Hubschrauber und Flächenflugzeug zu beachten gab. Aber grundsätzlich musste für Experimentalflugzeuge ein sogenanntes „Waiver" erstellt werden, egal ob Hubschrauber oder Fläche. Dabei handelt es sich um ein Formblatt der FAA. In diesem ist beschrieben, was das Luftfahrzeug darf und darum ging es bei Chucks Anfrage. Er hatte mir auch geschrieben, dass wir davon ausgehen müssen, dass wir die Manöver der FAA vorfliegen müssten. Ich fügte noch einige Manöver hinzu und schickte es Chuck wieder zu. Unsere Linie war, so viele Manöver wie möglich in den „Waiver" zu bekommen. Allerdings hatte mir Dieter Thomas inzwischen mitgeteilt, dass die FAA sich die Manöver vom jeweiligen Hersteller bestätigen ließe, bevor die Aufnahme in den „Waiver" erfolgt. Ich hoffte, dass dies hier nicht der Fall sein würde. Denn dann müssten wir entgegen der Absicht, auch für die Zulassung in den USA den Hersteller beteiligen.

▲ **Aufmerksame Zuhörer bei der Berlinale.**

## Gefangen in einer Sackgasse

Ich sah uns zu diesem Zeitpunkt in einer Sackgasse. Wir durften keinen Kunstflug machen, also konnte ich den drei Teilnehmern auch keine Manöver zeigen. Sollte der Hersteller allerdings doch noch hinzugezogen werden müssen, dann sollte das Gespräch mit Eurocopter – was seitens der Flying Bulls ohnehin stattfinden würde – schnellstens durchgeführt werden.

In den nächsten Tagen gab Chuck insofern Entwarnung, als er schrieb, dass die FAA mit Eurocopter nicht darüber sprechen werde. Er war der Meinung, durch die Einstufung als Experimental sei der Hersteller aus dem Spiel. Hannes war ebenfalls dieser Auffassung, ich war etwas skeptisch. Greg schickte daraufhin eine lange Mail an uns alle. Darin mahnte er dringlich an, in dieser Angelegenheit keinen Kontakt zum Hersteller Eurocopter zu haben, weder in Europa noch in Deutschland. Er wollte keine Gefährdung des Projektes dadurch, dass Eurocopter von unserem Vorhaben erfuhr. Außerdem sollten alle Fragen mit der FAA nur über ihn oder Chuck laufen, alles andere wäre kontraproduktiv. Seine Mail klang einerseits sehr enthusiastisch, dass es ein einmaliges und erstmaliges Vorhaben sei und uns die FAA unterstützen würde. Andererseits wirkte sie skeptisch und ängstlich. Hannes kurze Mail als Antwort – nur an mich: „Mail von Greg – einfach nicht ernst nehmen – wir sind alle am richtigen Weg!"

In meiner Antwort an Greg erinnerte ich ihn daran, dass die Flying Bulls auch zwei Hubschrauber hätten, und dort ein anderer Weg beschritten werden sollte, nämlich Zusammenarbeit mit Eurocopter und den Behörden und eine vollständige Zulassung für Kunstflug mit einer D-Registrierung. Darüber hinaus erinnerte ich ihn, dass er vor einiger Zeit Referenzen von Eurocopter über meine Erfahrungen im Kunstflug haben wollte, die er weitergegeben hatte. Das Verstecken war in meinen Augen vorbei. Die beiden in Deutschland stehenden BO 105 waren noch in der Überholung und würden frühestens Ende Februar 2006 in Salzburg sein. Davor würde sicher keine Besprechung stattfinden. Aber anschließend wäre Eurocopter informiert, und zwar auch über das Vorhaben in den USA. Wir würden es nicht verhindern können.

## Die Berlinale war ein schöner Abschluss

Eine Abwechslung zu diesem ständigen Hin- und Her von Mails brachte noch einmal die Firma Action Concept. Am 12. Februar 2006 wurde ich von Hermann J. nach Berlin auf die Berlinale eingeladen. Cocktails, Häppchen und nette Gesprächspartner waren angekündigt, und so war es auch. Auf einem großen Bildschirm lief als Dauerschleife der Film, den Hermann in Lüttich gemacht hatte. Ein großes Modell seiner BO 105 – inzwischen ja den Flying Bulls gehörend – stand auf einem Podest. Es war ein netter Nachmittag mit vielen guten Gesprächen und der Möglichkeit, viele neue Kontakte zu knüpfen. Es war auch ein schöner Abschluss meiner Zeit bei Action Concept.

# 7 Der Beginn bei Red Bull

In den USA lief es schleppend weiter. Ständig sollte ich Greg oder Chuck neue Unterlagen über Belastungen, Verschleiß, Laufzeitenreduzierung usw. schicken. Chuck rief einige Male an, um Details zu erfahren oder mich um weitere Unterlagen anzusuchen. Unterlagen, die eigentlich nur der Hersteller besitzt, der jedoch unbedingt außen vorgehalten werden sollte. Selbst meine eigenen Unterlagen dazu – die ich auch einmal von der Firma bekommen hatte – konnte ich nicht unbedenklich weitergeben. Ich hätte dazu mindestens die Genehmigung einholen müssen.

Ich wandte mich an Hannes und Blacky und schilderte ihnen das Dilemma, in dem ich mich befand. Denn ich wusste, dass auf Seiten der Firma bereits alte Unterlagen, die genau zu den offenen Fragen der amerikanischen Seite Antworten liefern würden, vorgehalten wurden. Eurocopter wartete ja bereits einige Zeit auf unsere Zusage zur ersten Besprechung und hatte bereits das Archiv bemüht. Außerdem könnte ich dann vermutlich meine Unterlagen unbedenklich der US-Seite zur Verfügung stellen. Aber ich hätte das Gefühl, dass die Entscheidung für die direkte und offizielle Besprechung mit dem Hersteller zwecks Hubschrauber-Kunstflug eine „politische" Entscheidung war.

## Vorsichtiges Herantasten

Meine Auffassung war – entgegen der Ansicht von Greg – eine erste Besprechung mit Eurocopter durchzuführen. Als Kompromiss schlug ich vor, informell mit einem guten Bekannten in entsprechender Position des Herstellers vertraulich über dieses Thema zu sprechen. Noch später am gleichen Tag rief mich Hannes an. Er teilte mir zunächst zu meinem Bedauern mit, dass er nicht mehr bei dem Programm mitarbeiten würde. Er äußerte die Vermutung, dass die amerikanische Seite, eventuell Greg, das initiiert hätten, um ihn aus dem Projekt zu drängen. In meinen Augen war das ein großer Verlust. Nach meiner Erfahrung hatten besonders Hubschrauberpiloten wenig Verständnis für Kunstflug. Deshalb empfand ich es als sehr angenehm, dass hier jemand im Projekt involviert war, der einerseits aus der Kunstflugszene kam und damit alle Marotten dieser Klientel kannte, aber andererseits auch einen Hubschrauberschein hatte. Hannes sagte mir, dass er sich per Mail an zwei Entscheidungsträger auf der höheren Ebene bei Red Bull wenden würde. Er wollte sie informieren, dass ich sie über den Stand des Projekts in Kenntnis setzen würde. Er schickte diese Mail als Kopie an mich. Daraufhin setzte ich eine längere Mail auf, in der ich über den Stand informierte, meine Auffassung dazu mitteilte und meine Absicht darlegte. Außerdem hielt ich zwei Plädoyers: Eines für dieses Kunstflugprogramm. Denn es schlich im Moment vor sich hin und ich fürchtete, es würde trotz des Ankaufs von vier Hubschraubern nicht realisiert werden. Ein weiteres für Hannes, dessen Herauslösung aus diesem Programm in meinen Augen aus oben genannten Gründen einen Verlust darstellte.

## Ausufernder Mailverkehr

Wenn der Mailverkehr mit Greg und Chuck in die USA im Jahr der Anschaffung der Hubschrauber schon intensiv war, so steigerte er sich jetzt in der Phase der Zulassung um ein Vielfaches. Ich hatte zu diesem Zeitpunkt den Eindruck, dass die linke Hand (USA) nicht weiß, was die rechte (Europa) tut. Aber jeder schien anzunehmen, dass ich beim jeweils anderen aus- und eingehe und über alles informiert bin. Daraus folgte, dass es für mich den Mailverkehr mit den USA, mit den Flying Bulls, mit Eurocopter und mit Red Bull gab. Alles musste ich unabhängig voneinander betrachten und streng darauf achten, nicht an den einen oder anderen Dinge weiterzugeben, die er nicht wissen sollte. Einzig mit Red Bull und Blacky konnte ich über alles sprechen.

Ende Februar fragte Greg, wann ich Zeit für ein Treffen mit der FAA hätte. Nur außer dieser wiederkehrenden Frage kam keine konkrete Ansage zu einem Termin, obwohl ich ihm ständig meine Bereitschaft signalisierte.

Anfang März erhielt ich eine Mail von Red Bull mit einem gründlichen Feedback. Leider fand mein Begehren, Hannes bei dem Projekt zu belassen, kein Gehör. Die US-Seite hatte sich offensichtlich durchgesetzt. Greg und Chuck sollten die Hauptansprechpartner sein, wobei Greg die Rolle von Hannes als Kenner von Flächenflugzeug und Hubschrauber darstellen sollte. In meinen Augen war das nicht befriedigend. Mehr Gehör fand ich in dem Punkt, den Hersteller mehr zu beteiligen. Darüber sollte erneut diskutiert werden. Mein Argument, dass ich Aussagen treffen soll, die eigentlich nur die Firma treffen kann, ohne dass ich diese beteiligen darf, hatte offensichtlich Erfolg. Es wurde vorgeschlagen, in nächster Zeit ein Treffen in Salzburg durchzuführen, bei dem auf jeden Fall auch Blacky dabei sein sollte. Er war für mich Bindeglied zwischen den beiden doch leicht unterschiedlichen Vorhaben in den USA und Europa. Natürlich setzte ich Hannes von dieser Antwort in Kenntnis, ebenso informierte ich Blacky darüber. In meiner Antwort an Red Bull machte ich noch einmal klar, dass ein gemeinsamer Koordinator für beide Vorhaben sinnvoll wäre. Außerdem war ich überzeugt, dass es sinnvoll wäre, die Firma Eurocopter Deutschland zu involvieren. Eine Besprechung würde der Auffassung nicht widersprechen, das Thema intern zu behandeln. Denn nach meiner Überzeugung hatte Eurocopter überhaupt kein Interesse daran, das Thema Hubschrauber-Kunstflug breit zu betrachten. Dafür war der Respekt vor möglichen

▼ **Red Bull gab mir die Möglichkeit der Mitgestaltung des Cockpits im Rahmen der gesetzlichen Möglichkeiten.**

▲ **Eine neue Lackierung beim nächsten Training in Kalifornien.**

Nachahmern mit dem Risiko von Unfällen und einem damit verbundenen Imageverlust zu groß. Man würde uns sicher relativ große Hürden aufstellen, aber trotzdem kooperativ sein. Das war mein Eindruck nach vielen Gesprächen. Ich schlug für ein Treffen in Salzburg einen Termin noch im März vor.

## Gastspiel auf zwei Bühnen – gleichzeitig

Wir spielten auf zwei Bühnen gleichzeitig. In den USA durfte man zwar von den Aktivitäten in Österreich wissen, wollte diese aber nicht. In Österreich sollten die Teilnehmer möglichst wenig von dem wissen, was in den USA passierte. Dieses Spiel auf zwei Bühnen war in meinen Augen äußerst unglücklich.

Aus meiner Sicht fand ich es nur fair, dass ich Hannes weiter über den Stand des Projektes unterrichtete. Ich war immer noch optimistisch, dass er irgendwann wieder zu dem Projekt stoßen würde. Auch Greg vermittelte mir zu diesem Zeitpunkt, dass er auch davon ausgehe. Außerdem wollte ich weiter zu Hannes Kontakt halten, er war schließlich derjenige, mit dem ich den ersten persönlichen Kontakt hatte, und ich hatte das Gefühl, ihm voll vertrauen zu können. So teilte ich ihm immer meine persönlichen Bedenken mit.

Besonders in der Zeit Anfang März fühlte ich mich hingehalten. Die vielen Unterlagen und Statements, die Chuck von mir wollte, dass er einen ehemaligen Testpiloten von MD Helicopters in das Projekt bringen wollte, weil er wichtig für das Gelingen wäre. Sein Vorhaben, von mir eine Bescheinigung zu bekommen, dass ich ihn ausgebildet habe und er dann weiter ausbilden wolle – alle diese Dinge hatte er mir während unserer Telefonate so nebenbei erzählt. Zwar hatte Hannes einmal gesagt: „Jeder im Projekt ist ersetzbar, nur ich nicht." Aber mir waren Zweifel gekommen, und darüber sprach ich mit ihm und bat ihn um Rat.

Erneut kamen ständig weitere Fragen von Chuck und Greg. Zusätzlich schickte Chuck vorbereitete Dokumente, die ich durchsehen und erweitern oder berichtigen sollte. Entgegen meiner eigentlichen Absicht schickte ich auch Unterlagen, die ich eigentlich zu diesem Zeitpunkt nicht weitergeben wollte. Die Besprechungen schienen in einer Sackgasse angekommen zu sein. Das größte Problem für die FAA war die Frage nach der Lebensdauer von Komponenten durch den Kunstflug. Die FAA im District Büro von Van Nuys schlug zusammen mit Chuck ein umfangreiches Testprogramm vor. Nach Ausarbeitung des Testprogramms sollte dieses zusammen mit einem „Forschungs- und Entwicklungspaket" zur Genehmigung eingereicht werden. Danach sollte mit der „experimentellen" Forschungs- und Entwicklungszertifizierung fortgefahren werden. Das klang für mich alles sehr kompliziert und vor allem überflüssig. Der grundsätzliche Nachweis für die Kunstflugtauglichkeit der BO 105 war schließlich bereits 1973 erbracht worden.

## Umfangreiche Erfahrungswerte

Ich erstellte ein Statement, in dem ich alle meine bisherigen Erfahrungen über den Kunstflug mit der BO 105 zusammenfasste. Ausgehend von der Manöverliste, die 1986 für Eurocopter erstellt worden war. In dieser waren die Erfahrungswerte von Dauer eines Manövers und den jeweiligen oberen und unteren Spitzenbelastungen mit der jeweiligen Dauer dieser Belastung aufgeführt. Da es in jedem Flugprogramm zwischen den Manövern Anteile von Geradeausflug gibt, folgert daraus, dass in einer kompletten Kunstflugkür mit Start direkt am Vorführort der Anteil an Kunstflug zwar hoch, aber natürlich keine 100 Prozent sein wird. Bei Trainingsflügen mit Hin- und Rückflug zum Übungsgelände und größeren Pausen zwischen den Manövern sogar noch weit geringer. Über einen Schlüssel lässt sich das gut ermitteln.

Das veranschaulichte ich mit den entsprechenden Daten. Außerdem stand die maximal zulässige g-Belastung

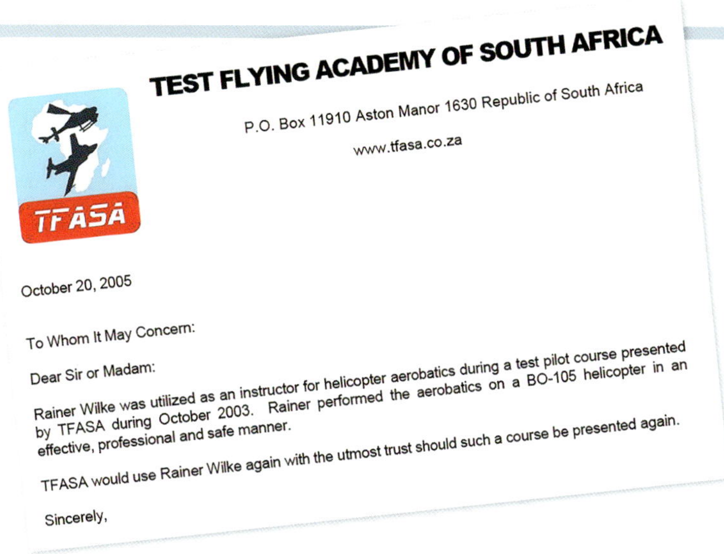
TEST FLYING ACADEMY OF SOUTH AFRICA

P.O. Box 11910 Aston Manor 1630 Republic of South Africa

www.tfasa.co.za

TFASA

October 20, 2005

To Whom It May Concern:

Dear Sir or Madam:

Rainer Wilke was utilized as an instructor for helicopter aerobatics during a test pilot course presented by TFASA during October 2003. Rainer performed the aerobatics on a BO-105 helicopter in an effective, professional and safe manner.

TFASA would use Rainer Wilke again with the utmost trust should such a course be presented again.

Sincerely,

▶ **Referenz der Test Flying Academy of South Africa**

basierend auf den bereits 1973 erflogenen Werten fest. Diese Daten waren damals behördlich vom deutschen Luftfahrt-Bundesamt abgenommen worden. Ich hoffte, dass diese Aussage – zusammen mit den entsprechenden Papieren sowie der Zustimmung zu diesem Verfahren seitens der südafrikanischen CAA, als ich dort Kunstflug durchgeführt hatte – ein wenig Schwung in das Verfahren bringen würde. Außerdem wies ich nochmals darauf hin, dass eine Beteiligung von Eurocopter Deutschland helfen würde, da es uns den Zugriff auf weitere Unterlagen ermöglichen würde.

▼ **Auf der einen Seite steht der Bulle auf dem Kopf.**

▲ **Eine Rolle, aufgenommen mit Mehrfachbelichtung.**

Mitte März teilte mir Chuck daraufhin mit, dass eventuell das Fliegen der Manöver mit Dehnmessstreifen ausreichen sollte. Das klang schon etwas entspannter. Allerdings sollte Eurocopter weiterhin außen vorgehalten werden. Greg fragte erneut nach, wann ich in die USA kommen könne, auch um gegebenenfalls die Flüge mit den Messstreifen durchzuführen.

In der Kommunikation mit Red Bull war es inzwischen so, dass mir von dieser Seite folgendes geschrieben wurde: „Zum Thema Einbindung ECD kann ich nicht viel sagen, da fehlen mir die genauen Kenntnisse. Ich denke, dass es am besten ist, sich mit den Kollegen in USA, vor allem Greg, abzustimmen. Aber ich gehe davon aus, dass Sie als der Experte die Situation am besten einschätzen können und entsprechend die nächsten Schritte vornehmen."

Für mich klang das nach der Befugnis, den Hersteller doch einzubinden. Auf der Ebene des „kleinen Dienstwegs" tat ich das. Die Informationen, die ich erhielt, waren sehr hilfreich. Sie gaben einerseits die unterschiedliche Einstellung zu Kunstflug von Eurocopter Deutschland (ECD) und USA wieder. Außerdem wurde meine Annahme bestätigt, dass es viele Informationen über Belastungen und Werte beim Kunstflug gab. Die beiden Piloten der Firma, die ich 1992 ausgebildet hatte, hatten diverse Einätze im Rahmen des Marketings durchgeführt, die als Versuchsaufträge zu immer weiteren Daten geführt hatten. Nur würden diese Informationen offiziell erst dann vom Hersteller verwendet werden, wenn wir auch offiziell über die europäische Zulassung für Kunstflug verhandeln würden. Ganz beiläufig erfuhr ich, dass Eurocopter eine Einladung an die Flying Bulls zum Familientag geschickt hat. Zwar im Moment nur zur allgemeinen Teilnahme, aber man hoffte, dass bis dahin für eine Kunstflug-Zulassung alles geklärt sei und würde sich über eine Vorführung der BO 105 freuen. Offensichtlich war Eurocopter Deutschland sehr optimistisch und das zeigte deutlich, wie positiv man diesem Vorhaben gegenüberstand.

Inzwischen war der Besprechungstermin bei ECD auf Anfang April festgelegt. Vorher sollte eine Vorbesprechung bei den Flying Bulls in Salzburg stattfinden. Dort würde ich auch die Vertreter von Red Bull treffen. Natürlich erwähnte ich Greg gegenüber, dass ich regelmäßig mit Red Bull kommunizieren würde, aber nicht die Inhalte.

## ■ Unbedenklichkeitsbescheinigung lag vor

An Chuck schickte ich nochmals Unterlagen. Papiere, die zwar auch von Eurocopter stammten, die ich aber schon seit meiner Bundeswehrzeit besaß, und die ich deshalb ohne Bedenken weitergab. Zum Beispiel eine persönliche Unbedenklichkeitsbescheinigung für mein Programm bei der ILA 1998. Alles wurde der FAA vorgelegt, die aber ständig neue Fragen hatte. Einmal gab Chuck die Frage an mich weiter, ob eine BO 105 schon mal im Flug einen Rotorkopf verloren habe. Eine Aussage dazu sollte ich an den Entwurf seines Schreibens für die FAA, das Chuck mir zugesandt hatte, anhängen. So richtig schienen mir die Behördenvertreter bisher nicht vom Konzept überzeugt zu sein. Zumindest bei diesem Vorhaben schien sich die FAA nicht mit Chucks freundlichen Kontakten zufrieden zu geben.

Meine Skepsis zu der Aussage, dass bei einem Experimental-Hubschrauber der Hersteller völlig außen vor

ist, schien berechtigt zu sein. Dazu passte auch Gregs Wunsch, den er äußerte, nachdem ich ihm neben vielen anderen Unterlagen auch ein Empfehlungsschreiben des damaligen Cheftestpiloten Andrew W. zugeschickt hatte. In diesem hatte er mir bescheinigt, dass ich bereits Kunstflugausbildung für Eurocopter durchgeführt hatte und ich professionell und sicherheitsbewusst mit diesem Thema umgehen würde. Greg wollte, dass Eurocopter diese Empfehlung um den Passus „Es bestehen keine technischen Einwände dagegen, dass Herr Wilke Kunstflugmanöver oder Kunstflugtraining mit der BO-105 durchführt" ergänzt. Ich machte ihm klar, dass ich diese Aussage nicht von der Firma bekommen würde und es deshalb auch gar nicht erst versuchen würde. Zumal ich zu diesem Zeitpunkt, nach Aussage von Greg, die Firma offiziell noch heraushalten sollte.

## Der Hangar-7 ist unbeschreiblich

Am Donnerstag den 30. März war ich zum ersten Mal im Hangar-7 und Hangar-8 in Salzburg. Dieses Gefühl ,die Hangars zu betreten, war unbeschreiblich. Die Größe dieser Hangars – diese Flugzeuge, die Sauberkeit und Ordnung – das kannte ich aus der Fliegerei bisher so nicht. Selbst bei der Bundeswehr, wo es keinen Personalmangel gab und alles geordnet war, die Flugzeuge sauber und gut gewartet waren, hatte ich so etwas nie erlebt. Hier war es für einen Piloten wie das Ankommen im Paradies. Anders kann ich es nicht ausdrücken. Als Junge hatte ich unter anderem ein Modell der Vought F4U Corsair in meinem Zimmer stehen. Ein Trägerflugzeug aus dem Zweiten Weltkrieg, welches ich nun im Hangar real vor mir stehen sah. Zusammen mit vielen anderen Flugzeugveteranen, alle in einem fantastischen Wartungszustand. Alle Personen, die ich zum ersten Mal traf, waren freundlich und zuvorkommend. Vom ersten Moment an fühlte ich mich irgendwie angekommen. Der Pilotenraum im Hangar-8 wirkte wie ein gläserner Horst über den Flugzeugen thronend. Der Blick von dort in den Hangar ist für mich bis heute ein Traum. Im Hangar-8 stand bereits eine der beiden BO 105, noch teilweise auseinandergenommen.

Ich sprach mit den Technikern und ich durfte sogar kleine Änderungswünsche äußern. Natürlich nur soweit sie gesetzlich erlaubt waren. Zum Beispiel wurde der Lüftungshebel an der Pilotenseite der Mittelkonsole so versetzt, dass etwas mehr Beinfreiheit zur Konsole hin möglich war, was bei den doch extremen Bewegungen des Steuerknüppels beim Kunstflug hilfreich war. Diese Möglichkeit bei der Gestaltung des Hubschraubers mitzuwirken – ein Traum!

Neben den Besprechungen über das weitere Vorgehen ging es auch um das Kennenlernen. Ich hatte Gelegenheit, alle Personen persönlich kennenzulernen, die ich bisher nur aus den Mails kannte. In den Besprechungen kamen wir überein, das LBA zunächst außen vor zu lassen. Lediglich gegen eine inoffizielle Unterhaltung meinerseits mit einem für die Zulassung zuständigen Mitarbeiter des LBA hatte niemand etwas einzuwenden. Diesen kannte ich als ehemaligen Kameraden bei der Bundeswehr und wir würden uns nur privat unterhalten. Was mich bei diesem Besuch in Salzburg besonders beeindruckt hat, war eine Begegnung mit Dietrich Mateschitz. Selbst bei der kurzen Unterhaltung war zu erkennen, wie viel er über dieses doch aus der Konzernsicht kleine Projekt des Hubschrauber-Kunstflugs wusste.

## Rundflug über Salzburg in einer Bell 47

Neben unseren Besprechungen nahm sich Blacky die Zeit, mit mir einen Rundflug um Salzburg zu machen. Dazu flogen wir mit einer Bell 47, allerdings ausgerüstet mit einem Allison C-20 Triebwerk. Dieser Flug rundete meinen Tag perfekt ab, bevor ich spät nachts wieder in Bückeburg zurück war.

Von Greg erhielt ich am Sonntag eine zuversichtlich klingende Mail. Zwar wollte er erneut zusätzliche und neuere Unterlagen haben, aber er meinte auch, dass die zuletzt geschickten Papiere schon sehr hilfreich waren. Außerdem deutete er an, dass eventuell Hannes wieder in das Projekt zurückkehren könnte. Letzteres hörte ich sehr gern.

Wenige Tage später fand die erste Besprechung zwischen den Flying Bulls und Eurocopter in Donauwörth statt. Neben den verantwortlichen Vertretern der Flying Bulls waren einige Personen anwesend, die mich noch aus der Zeit bei der Bundeswehr und Einsätzen für oder im Namen von Eurocopter kannten. Über zwei Möglichkeiten wurde debattiert: Den Kunstflugbetrieb mit einer „Vorläufigen Verkehrszulassung", ähnlich dem Experimental Status in den USA, oder einer regulären Kunstflugzulassung, für die eine Erweiterung des Flughandbuches notwendig werden würde. Die zweite Lösung würde natürlich weitaus komplizierter. Außerdem waren Bedenken der Art vorhanden, dass man eine Verbreitung des Hubschrauberkunstflugs nicht haben wollte, was aber auch nicht in unserem Interesse lag. Man erkannte an, dass unsere Absicht ein sehr seriöses Vorhaben ist, und sicherte uns Unterstützung zu. Zunächst bekamen wir Unterlagen, die wir auch für die Zulassung in den USA verwenden durften. Weitere Unterlagen wollte man uns zur Verfügung stellen. Jetzt bekamen wir offiziell mitgeteilt, dass im September bei Eurocopter in Donauwörth ein Familientag geplant ist. Sollte bis dahin eine Zulassung für Kunstflug erfolgt sein, würde man sich sehr über eine Vorführung dieses Hubschraubers freuen. In meinen Ohren eine ausgesprochen gute Nachricht, die zeigte, dass die zugesagte Unterstützung ernst gemeint war.

Wiederum einige Tage später machte ich einen Besuch beim LBA in Braunschweig und traf mich zu einem Kaffeetrinken mit meinem Bekannten. Es war eine völlig unverbindliche Begegnung, aber er wollte seinen Vorgesetzten dazuholen. Ich war erst etwas skeptisch, er konnte mich jedoch beruhigen. Als Fazit kann ich sagen, dass auch das LBA dem Vorhaben aufgeschlossen gegenüberstand. Natürlich ging man davon aus, dass wir mit ECD kooperierten. Man sah ebenfalls zwei grundsätzliche Möglichkeiten. Zum einen die der vorläufigen Verkehrszulassung, was der unkomplizierte und schnellere Weg wäre. Die zweite Möglichkeit wäre, eine Ausnahme zum Flughandbuch zu erreichen. Es geht um den Passus „Aerobatic is prohibited" im Flughandbuch. ECD müsste einen Anhang zum Flughandbuch erstellen, der nur für Red Bull galt und in dem sowohl die Betriebsgrenzen für Aerobatic als auch eventuelle Auflagen stehen. Allerdings müsste dann der Hubschrauber über die Zulassungsstelle erneut normal zugelassen werden und sicherlich müsste der Hersteller dazu eine nicht unerhebliche Anzahl an Nachweisen erbringen. Dass das LBA diese Möglichkeit, die wir bei Eurocopter nur nebenbei diskutiert hatten, tatsächlich ernsthaft ansprach, überraschte mich. Wie ich überhaupt angenehm über diese informelle und kooperative Unterhaltung überrascht war. Auch von dieser Seite hatten wir offensichtlich volle Unterstützung zu erwarten. Auch wenn mir die zweite Möglichkeit nur als eine Zukunftsversion, als ein Traum erschien – nichts geschieht, ohne dass ein Traum vorausgeht (Carl Sandburg). Noch am Abend informierte ich die Flying Bulls über den Inhalt der Besprechung. Gleichzeitig teilte ich mit, dass ich schon mal einen Entwurf für eine Unbedenklichkeitsbescheinigung erstellen werde, den ich dann an die Flying Bulls zur Bearbeitung leiten werde.

## Jetzt machte die US-Seite Druck

Zwei Tage nach meinem Besuch in Braunschweig bekam ich im Zeitraum von anderthalb Stunden vier Mails von Chuck: Ob ich neue Unterlagen hätte, ob ich in den nächsten Tagen nach Los Angeles kommen könnte, einen Termin für die Besprechung bei der FAA in Van Nuys und dass er den Flug buchen möchte. Durch die Zeitverschiebung kamen die Mails bei mir mitten in der Nacht an.

Nun überschlug sich plötzlich alles. Ich gab ihm Bescheid, dass ich frühestens am 18. April abfliegen könnte. An diesem Tag sollte auch um 13 Uhr Ortszeit die Besprechung stattfinden. Ich teilte ihm mit, dass die Linienmaschine erst um 12:35 Uhr in LA landen würde. So wurde die Besprechung auf 14 Uhr verlegt, was zeitlich auf Grund der Entfernung immer noch knapp war. Am Abend war alles Organisatorische erledigt. Flug und Hotel waren gebucht, und Greg würde mich am Flughafen abholen. Die FAA wollte offensichtlich denjenigen kennen lernen, der Hubschrauber-Kunstflug gemacht hatte, der für den Hersteller der BO 105 geflogen war, die meisten Papiere zur Verfügung gestellt hatte, und von ihm persönlich Erklärungen dazu haben.

Wir waren insgesamt eine Gruppe von rund zehn Personen. Darunter auch Kirby Chambliss, ein hochgeschätzter und weltbekannter Kunstflugpilot. Ich war froh, dass gerade er mit seiner Expertise und seiner großen Bekanntheit, besonders in den USA, dabei war. Denn es gab nicht nur Befürworter unseres Vorhabens. Es war besonders ein Teilnehmer, er war Cheftestpilot der FAA für den Bereich Südwest, der mit teilweise an den Haaren herbeigezogenen Argumenten dagegen argumentierte. Fast spaßig zu nennen war eine Diskussion, in der Kirby und ich die Anwesenden zu überzeugen versuchten, dass 3 *g* gleich 3 *g* sind. Für einige Beamte war das anders. 3 *g* im Kunstflug seien schlimmer als 3 *g* im Kurvenflug. Kunstflug schien generell etwas Schlimmes zu sein, mit einem Hubschrauber ganz besonders. Es kostete uns viel Aufwand, sie von dieser Auffassung abzubringen und letztlich glaubten sie vor allem Kirby, dass 3 *g* im Loop phy-

▼ **Start zur Vorführung beim Familientag bei Eurocopter in Donauwörth.**

sikalisch die gleiche Belastung darstellen wie 3 *g* in einer steilen Kurve. Interessant war, dass die anwesenden Verantwortlichen der FAA meinten, wenn ich die aus dem Jahr 1973 stammende erweiterte Verkehrszulassung für Kunstflug mit einem aktuellen Datum vorlegen könnte, würden sie sofort die Zulassung erteilen. Natürlich konnte ich das zu diesem Zeitpunkt nicht. So kamen beide Bekannten von Chuck, die er schon seit einiger Zeit in das Projekt eingebunden hatte, zum Zug.

## ■ Unnötiger Vergleich der Rotorsysteme?

Sie bekamen den Auftrag, eine Expertise zu einem Vergleich der Rotorsysteme AH-64 Apache und MD 520 zu erstellen. In dieser sollte dargestellt werden, dass im Versuchsflugbetrieb niemals Probleme mit den jeweiligen Rotorsystemen aufgetreten waren und daraus ableiten, dass es bei dem Rotorsystem der BO 105 noch weniger zu erwarten wäre. In meinen Augen war dies ein überflüssiges Alibi-Dokument – zumal beide über keinerlei Erfahrung mit der BO 105 verfügten – aber die FAA wollte es in Ermangelung der BO 105 spezifischen Unterlagen haben. Jetzt rächte es sich, dass wir Eurocopter nicht früher mit einbezogen hatten. Außerdem sollte Chuck einen Programmablauf für die Lufttüchtigkeitszulassung von der Kategorie „Normal" in die Kategorie „Experimental" zum Zweck der Vorführung des Luftfahrzeugs auf Flugshows erstellen. Es klang alles so, als ständen wir kurz vor dem Durchbruch. Deshalb waren auch alle Vertreter von Red Bull sehr optimistisch. Ich persönlich hätte gern ein sofortiges Ergebnis gesehen, hatte aber auch das Gefühl, einen Erfolg erreicht zu haben. Greg brachte mich in mein Hotel und auf der Rückfahrt deutete er an, dass er mich gern früher bei den Besprechungen dabeigehabt hätte.

Die nächsten beiden Tage hatte ich Gelegenheit, auf beiden Hubschraubern etwas Flugerfahrung zu sammeln. Als längere Versionen (BO 105 S) fühlten sie sich in meinen Augen etwas anders an. Am Dienstagnachmittag angekommen, flog ich am Freitag bereits wieder zurück.

Noch am Sonntag schrieb ich inen ausführlichen Erfahrungsbericht an die Flying Bulls (FB) nach Salzburg. Denn die Aussage der FAA, dass die erweiterte Verkehrszulassung der BO 105 aus dem Jahr 1973 mit einem aktuellen Datum versehen alle Probleme beseitigen würde, hatte mich nicht losgelassen. Das brachte mich auf die Idee, ob man nicht versuchen sollte, dieses Dokument von 1973 auf die Belange von Red Bull 2006 umzuschreiben. Vielleicht wäre Eurocopter sogar bereit, dieses Papier zu unterschreiben. Es wäre noch ein Schritt mehr als eine Unbedenklichkeitsbescheinigung. Ich teilte den Flying Bulls mit, dass ich mich einfach mal daran setzen werde, einen Entwurf für eine neue erweiterte Verkehrszulassung zu schreiben. Bereits den nächsten Tag wurde im Rahmen eines Besuches der FB in Donauwörth der Entwurf einer Unbedenklichkeitsbescheinigung übergeben. Die entsprechende Stelle von Eurocopter nahm diesen Entwurf wohlwollend entgegen, und ich war sehr optimistisch.

Weniger optimistisch war ich bezüglich der Situation in den USA. Von dort kamen wieder so viele erneute Nachfragen zu Dokumenten, die ich schicken sollte. Es ging darum, dass die Ersteller der Expertise zu den Rotorsystemen der AH-64 und MD 520 diese Informationen haben wollten. Offensichtlich hatte man ihnen meine Unterlagen nicht weitergeleitet. Ich versuchte, es noch einmal ausführlicher zu erklären.

Ende April lag die Expertise vor, Mitte Mai lag Chucks Programmablauf für die Lufttüchtigkeitszulassung von der Kategorie „Normal" in die Kategorie „Experimental" zum Zweck der Vorführung des Luftfahrzeugs auf Flugshows vor. In diesen Programmablauf schrieb Chuck als Minimum *g*-load – 1,0 *g* hinein. Mit diesem Wert dürfen bis heute alle für Kunstflug als Experimental-Hubschrauber zugelassenen BO 105 in den USA betrieben werden. Ich greife vorweg, wenn ich an dieser Stelle erwähne, dass die in Salzburg zugelassenen BOs, die einer wesentliche strengeren Überwachung unterliegen, nur bis – 0,5 *g* zugelassen sind. Was nebenbei bemerkt, völlig ausreichend ist.

Nachdem nun alle Unterlagen bei der FAA eingereicht waren, konnten wir nur abwarten.

Ebenfalls Mitte Mai war in Donauwörth unser Entwurf für eine Unbedenklichkeitsbescheinigung in Bearbeitung. Zusätzlich schickte ich an die Flying Bulls die Unterlagen, die ich bereits früher in die USA geschickt hatte.

## ■ Die FAA genehmigte unser Vorhaben

Ende Mai bekam ich aus den USA die Information, dass das spezielle Lufttüchtigkeitszertifikat für den Kunstflug in Kürze vorliegen würde und wenige Tage später, am 2. Juni, erteilte die FAA die lang ersehnte Genehmigung. Wir bekamen das „Special Airworthiness Certificate" ausgehändigt.

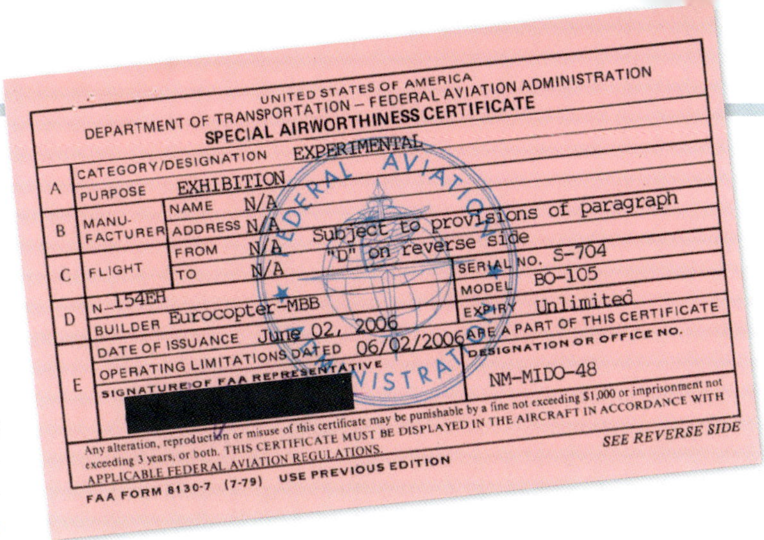
UNITED STATES OF AMERICA
DEPARTMENT OF TRANSPORTATION – FEDERAL AVIATION ADMINISTRATION
SPECIAL AIRWORTHINESS CERTIFICATE

| | | | |
|---|---|---|---|
| A | CATEGORY/DESIGNATION | EXPERIMENTAL | |
| | PURPOSE | EXHIBITION | |
| B | MANU-FACTURER | NAME N/A | |
| | | ADDRESS N/A | Subject to provisions of paragraph "D" on reverse side |
| C | FLIGHT | FROM N/A | |
| | | TO N/A | SERIAL NO. S-704 |
| D | N-154EH | | MODEL BO-105 |
| | BUILDER Eurocopter-MBB | | EXPIRY Unlimited |
| E | DATE OF ISSUANCE June 02, 2006 | | |
| | OPERATING LIMITATIONS DATED 06/02/2006 ARE A PART OF THIS CERTIFICATE | | |
| | SIGNATURE OF FAA REPRESENTATIVE [redacted] | | DESIGNATION OR OFFICE NO. NM-MIDO-48 |

Any alteration, reproduction or misuse of this certificate may be punishable by a fine not exceeding $1,000 or imprisonment not exceeding 3 years, or both. THIS CERTIFICATE MUST BE DISPLAYED IN THE AIRCRAFT IN ACCORDANCE WITH APPLICABLE FEDERAL AVIATION REGULATIONS. SEE REVERSE SIDE

FAA FORM 8130-7 (7-79) USE PREVIOUS EDITION

▲ **Special Airworthiness Certificate: Die Erlaubnis für den Kunstflug in den USA.**

Aber was uns allen damals nicht klar gewesen ist, wir hatten ein großes Fass aufgemacht, das uns viele Jahre später auf die Füße fallen sollte. Wir hatten in den USA bei der FAA nicht nur eine Kunstflug-Zulassung für unsere BO's erreicht – wir hatten eine generelle Zulassung für die BO 105 im Kunstflug erreicht, sogar mit bis zu –1,0 g. Das hatten wir übersehen.

Telefonisch hatte mir Chuck erklärt, dass es absolut keine Einschränkungen für den Betrieb geben würde. Leider entsprach das nach Durchsicht der kompletten Unterlagen nicht ganz der Realität. Es gab Einschränkungen des Operationsbereiches. Zunächst nur auf einen Radius von 25 Meilen um den Standort Camarillo begrenzt, würde der Radius danach auf 300 Meilen (umgerechnet 482 Kilometer) erweitert werden. In den ersten fünf Stunden sollten Kunstflugmanöver mit Kameraaufzeichnung geflogen werden, um die Durchführbarkeit zu dokumentieren. In diesen Stunden durfte sich außer dem Piloten niemand an Bord befinden. Auch das Absetzen von Fallschirmspringern war und ist gemäß Zulassung nicht erlaubt. Für jeden Flug zu einem anderen Flugplatz war eine spezielle Genehmigung einzuholen und natürlich war der Überflug dicht besiedelter Gegenden verboten. Wahrscheinlich war das für Experimentalflugzeuge und -hubschrauber normal, aber ich empfand es schon als Einschränkung.

Greg begann jedenfalls direkt mit der Terminplanung für das nächste Trainingslager. Anfang Juli war seine Vorstellung, allerdings deutete sich bereits an, dass Fred nicht dabei sein würde. Er war für Dreharbeiten in Hollywood eingeplant. Dann verschwand Greg in den Urlaub und wollte erst am 27. Juni wieder zurück sein.

## Termindruck durch Airshow-Termine

Ich wandte mich an Chuck, um etwas zu erfahren, auch für meine eigene Zeitplanung. Chuck erklärte mir, dass er nicht sicher sei, ob wir an dem geplanten Termin überhaupt trainieren können. Er hatte ein Leck im Tank entdeckt, dann sollte der Hubschrauber für 10 – 14 Tage zum Lackierer. Allerdings erfuhr ich auch, dass er bereits vier Airshow-Termine bei Greg angemeldet hatte. Einen davon in Camarillo, seiner Heimatbasis.

Vor der Aufnahme des Trainingsflugbetriebs mussten natürlich die fünf Stunden mit Kameraaufzeichnung geflogen werden, und ich stellte ich mir die Frage, wer das tun würde. Denn

Chuck durfte zu diesem Zeitpunkt noch keinen Kunstflug fliegen. Der Antwort wich Chuck auch bei unseren Telefonaten in dieser Zeit aus. Ich bin jedenfalls nie mit Kamera geflogen. Ohnehin erinnerte mich die Situation an den Dezember 2005. Er sprach von 2 – 3 Stunden fliegen, dann sollte ich ihm eben eine Bescheinigung ausstellen und los geht es. Kleinkram wie Turn sollte nur kurz gestreift werden, ihn interessierten vor allem die schwierigen Elemente wie Rolle und vor allem der Rückwärtsloop aus dem senkrechten Steigflug, den er auf Videos gesehen hatte. Die Erfahrung, als er mir einen Loop zeigen wollte, hatte er offensichtlich bereits verdrängt. Greg war nicht da, die Stellung von Chuck in den USA war gefestigt – ich hielt mich zurück und beschäftigte mich zunächst mit der Zulassung in Europa.

## Deutsches oder US-Kennzeichen?

Die Zulassungsunterlagen aus den USA gingen natürlich auch an Salzburg. Aber wir gedachten sie in Europa zunächst nicht zu verwenden. Wir wollten abwarten, bis wir die Unbedenklichkeitsbescheinigung von ECD in Händen hielten. Danach sollte auch entschieden werden, ob die beiden BO 105 in Salzburg mit deutschem Kennzeichen oder doch als US-Experimental zugelassen werden. Die erste BO 105 in Salzburg war jedenfalls – bis auf die Blätter – bereits lackiert. An Hannes gab ich den Sachstand und meine Überlegungen und Bedenken weiter. Er war in meinen Augen nach wie vor der Initiator, und ich fand, er hätte es verdient, auf dem Laufenden gehalten zu werden. Meine Hoffnung, dass er zu dem Projekt zurückkehren würde, war noch immer vorhanden. Denn in den USA war die fehlende, ordnende Hand zu merken. Als sich jemand aus der Führungsetage aus Fuschl Anfang 2006 bei Greg nach dem Projekt erkundigte hatte, lief anschließend eine Zeitlang alles sehr geordnet. Jetzt war eher wieder ein gewisser Schlendrian eingekehrt. Auch diese Empfindungen schilderte ich ihm. Hannes erinnerte mich daran, welche Bedenken er zu Chuck bereits zu Beginn geäußert hatte. Einige Tage danach erfuhr ich, dass es geplant sei, Blacky an die Spitze dieses Projektes zu stellen, was sowohl Hannes als auch mich freute. Versprachen wir uns doch beide, dass sowohl Greg, aber vor allem Chuck mehr an die Leine genommen würden. Von Greg hatte ich seit dem 14. Juni nichts mehr gehört und am 1. Juli schrieb ich ihn dezent an. Ich konnte mir die Frage nicht verkneifen, ob er in der Antarktis gewesen sei, so ganz ohne Kontakt zur Außenwelt. Denn in Anbetracht dessen, dass Chuck im August bereits seine erste Airshow fliegen wollte, fand ich es an der Zeit, mit der Ausbildung zu beginnen.

Am 5. Juli antwortete er mir und für den 12. Juli wurde mein Flug nach Los Angeles gebucht. So schnell konnte es gehen. Nach einem Tag Akklimatisierung begannen wir am 14. Juli zu fliegen. Die Hubschrauber waren zu diesem Zeitpunkt – anders als noch im Dezember 2005 – neu lackiert. Die N133EH ähnlich der geplanten Lackierung, allerdings war das Rot eher Lila, und der Bulle war noch nicht zu sehen. Der andere Hubschrauber, N154EH, auf dem wir das gesamte Training flogen, war komplett schwarz. In Silbergrau war auf jeder Seite das Symbol mit einem Bullen zu sehen. Allerdings auf der linken Seite auf dem Kopf liegend, so dass es in Rückenlage richtig zu erkennen war. Es sah wirklich originell aus. Bei den Flügen ging es auch darum, Luftaufnahmen des Hubschraubers in allen Lagen zu machen. Dazu wurde für einen Tag ein Hubschrauber gechartert, in dem der Fotograf und auch Greg saßen. Chuck ließ ich auf der rechten Seite sitzen, so konnte er mitfühlen, während ich von links flog. Dadurch konnten wir diese Zeit auch zur Ausbildung nutzen. Bis zu meinem Rückflug schafften wir mehr als zehn Flugstunden. Erstaunlicherweise flogen wir sogar Samstag und Sonntag jeweils eine Periode.

## Das nächste Trainingslager ist geplant

Ich entwarf mit Chuck gemeinsam ein kleines Programm für ihn, und wir studierten es ein. Als ich am 22. Juli zurückflog, hatte ich in Anbetracht der Übungszeit ein gutes Gefühl, dass er es allein weiter trainieren kann. Vor meinem Abflug versprach ich Chuck noch, ihm sein Programm als grafische Darstellung zu erstellen und ihm zuzuschicken. Auf meine Nachbereitung, die ich Greg schickte, antwortete dieser, dass er vorhätte, Ende August ein weiteres Trainingslager durchzuführen. Dort sollte auch Fred teilnehmen. Da ich vorhatte, meine Frau zu diesem Trainingslager mit in die USA zu nehmen, war mir natürlich daran gelegen, möglichst früh den genauen Zeitraum zu kennen. Außerdem sollte ich dann meine Prüfung für die US-Kunstflugerlaubnis machen. Denn zu diesem Zeitpunkt war angedacht, dass ich die BO 105 im Rahmenprogramm der San Francisco Fleet Week, bei der auch ein Air Race stattfinden würde, vorführen sollte.

Während ich in den USA die Ausbildung durchführte, legte Eurocopter am 7. Juli seinen Entwurf für die Unbedenklichkeitsbescheinigung der beiden in Salzburg stationierten BO 105 vor. Aufgrund der Zeitverschiebung konnte ich mich bequem abends aus dem Hotel an den noch zu klärenden Fragen beteiligen. Nachdem wir zugesichert hatten, dass wir auf den beiden für Kunstflug geplanten Hubschraubern keine Lastenflüge und Autorotationen bis zum Boden durchführen würden, sowie der Kunstfluganteil zum Anteil der anderen Flugarten definiert war, gab es keine Einwände mehr. Am 24. Juli wurden uns beide Unbedenklichkeitsbescheinigungen ausgehändigt. Die Auflage bestand darin, kurz vor Erreichen von zehn Stunden Kunstflug Verbindung mit Eurocopter aufzunehmen, um über Maßnahmen zur Verlängerung zu entscheiden. Dazu mussten die tatsächlichen Kunstflugstunden aufgezeichnet werden. Der nächste Schritt war jetzt, analog zu dem Verfahren in den USA, die Behörde für die Zulassung zu überzeugen. Nur erschien es mir in diesem Fall einfacher, da wir die Unterstützung des Herstellers mit den notwendigen Dokumenten hatten. Zunächst musste der Entwurf für eine Fluganweisung erstellt werden, eine Auflage der Behörde für den Betrieb. Ich kannte das noch aus meiner Zeit bei der Bundeswehr und auf dieser Basis erstellte ich ein Muster, dass ich an die Flying Bulls schickte. Ende Juli fuhr ich noch einmal zum LBA, um dort meinem Bekannten im direkten Gespräch mitzuteilen, wie weit wir sind, welche Papiere wir haben und zu erfragen, was wir noch benötigen. Er signalisierte mir, dass wir in der Bearbeitungszeit von ein bis zwei Wochen ein PTF (Permit-to-fly) bekommen würden, wenn alle Unterlagen vollständig seien. Ich informierte die Flying Bulls über alles, und man begann alle Papiere vorzubereiten. Damit war für mich zunächst hier nichts mehr zu tun.

Aber mit den Flying Bulls waren wir uns bereits einig, dass wir als folgenden Schritt versuchen würden, von ECD ein Supplement für beide Hubschrauber zu bekommen. Das würde eine normale Zulassung ohne jedwede Einschränkungen bedeuten.

## Spezielles Design für die BO 105

Inzwischen war die erste BO 105 in Salzburg fertig lackiert, inklusive eines speziellen Designs der Rotorblätter. Auf den Bildern gefiel mir die Lackierung ausgesprochen gut. Was die Rotorblätter betraf, stellten wir später fest, dass sich Aufwand und Kosten dafür nicht gelohnt hatten. Im Flug war von dieser schönen Lackierung nicht viel zu erkennen.

Chuck erstellte ich sein eingeübtes Programm als Powerpoint-Datei. Einmal nur in grafischer Form und einer Größe, um es im Hubschrauber anbringen zu können, sowie eine Version in DIN-A4-Größe und mit Bezeichnungen der Manöver. So etwas ist immer für Veranstalter und Medien gedacht. Für sein Programm hatte ich ihm auch einen Überschlag rückwärts aus dem senkrechten Steigflug mit anschließender halber Rolle – oder ohne – je nach gewünschter Abflugrichtung, gezeigt und beigebracht. Das Manöver liebte er. So sehr, dass er ihm anschließend seinen Namen gab: Chuckslowak. Wenn ich ehrlich bin, fand ich das damals nicht so lustig. Ich zeigte ihm ein jahrelang geflogenes Manöver und er benennt es dann nach sich.

Außerdem fragte Chuck nach, ob ich ihm ein „Certificate for Aerobatics" ausstellen könnte. Dafür schickte er eine Musterdatei als Beispiel mit. Ich weiß nicht, wofür er das haben wollte, denn da ich keiner Ausbildungseinrichtung angehörte, konnte es sich nach meiner Auffassung nur um ein Papier für ihn selbst handeln. Aber ich erstellte es. Er hatte noch Änderungswünsche. So sollte ich noch die geflogenen Manöver einfügen und vor allem schreiben, dass er „erfolgreich abgeschlossen" habe. Da er außerdem die Nummer meiner Pilotenlizenz haben wollte, kam mir langsam der Verdacht, dass es vielleicht doch nicht nur für ihn sei. Am 4. August teilte er mir mit, dass er seinen Checkflug für Kunstflug vor der FAA absolviert habe. Offensichtlich hatte ich ihm das erfolgreiche Ende seiner Ausbildung bescheinigt.

## Fred war plötzlich nicht mehr dabei

Die von Greg Ende August geplante weitere Ausbildung schien sich fast erledigt zu haben. Chuck brachte auf, dass Fred kein Interesse an Airshows hatte, sondern die Kunstfluglizenz nur für Einsätze in Hollywood wollte. Greg war derjenige, der Fred ins Programm gebracht hatte und stand deshalb hinter ihm. Ich wollte nur wissen, ob und wann die Ausbildung stattfinden würde. Politik war nicht mein Feld. Außerdem würde Chuck bei der Airshow in Camarillo bereits seine erste Vorführung fliegen, und die sollte am 19. August stattfinden. Für ihn wäre es also maximal ein Trainingslager, und seine Einstellung dazu kannte ich. Ich telefonierte mit Blacky, aber er wusste auch nicht, wie es mit Fred weitergehen würde. Greg stellte inzwischen in Aussicht, dass Ende September Training/Ausbildung stattfinden könnte, er es aber erst final klären könnte, wenn Chuck aus dem Urlaub zurück sei. Dieser schrieb mir zur gleichen Zeit, vermutlich aus diesem Urlaub, dass er da etwas gehört hätte und deshalb Greg täglich über Fred Bericht erstatten müsse. Er mag Fred zwar, aber dieser hätte ohnehin nicht die Absicht, jemals eine Airshow zu fliegen. Natürlich wollte Chuck nichts Böses über Fred sagen, zumal dieser ja ein Freund von Greg sei, aber… Um es vorwegzunehmen, ich habe Fred nie wiedergesehen. Er war raus aus dem Programm. Dieses Spiel wirkte auf mich etwas merkwürdig, und ich war froh, dass es in Salzburg nicht so ablief. Mich interessierte, wie es in den USA zeitlich weitergehen würde, besonders hinsichtlich des anstehenden Termins in San Francisco.

Zunächst flog ich Mitte August nach Salzburg, wo ich erstmals die neu lackierten Hubschrauber im Original sah. Mit der D-HTDM flog ich von dort zum Air Race nach Budapest. Eine Vorführung durfte ich noch nicht fliegen, aber ich flog dort mit den Fotojournalisten. Es war sehr interessant, ich durfte sowohl über der Strecke als auch unmittelbar daneben fliegen. Da sich die Rennstrecke in Budapest innerhalb der Stadt über der Donau befindet, begrenzt durch die Kettenbrücke und die Margareteninsel, flog und schwebte ich immer über dem Stadtgebiet in einer Höhe zwischen 100 Fuß und weit über 1000 Fuß. Das Ganze unmittelbar am Parlamentsgebäude! Eine Fliegerei, für die ich in anderen Orten und Ländern verhaftet worden wäre. Ich sollte noch sehr viele Einsätze in Budapest, sowohl als Fotohubschrauber-Pilot als auch im Rah-

▲ **Tag der Heeresflieger auf dem Flugplatz Bückeburg. Hier wurde der Kampfhubschrauber Tiger in Begleitung eines echten Tigers getauft.**

▲ **Fachgespräch mit dem Testpiloten des Kampfhubschraubers Tiger.**

men von Vorführungen – dann direkt oberhalb der Donau – bekommen.

Zurück aus Budapest fragte ich wieder in den USA betreffend der Planung nach, und natürlich war ich neugierig, wie es Chuck bei seiner ersten Flugvorführung in Camarillo ergangen war. Allerdings war der einzige Kommentar von Chuck, dass es nichts zu berichten gäbe. Greg informierte ich über den Stand der Zulassung in Europa und dass wir zuversichtlich waren, in Kürze die endgültige Zulassung der Behörde zu bekommen. Seine Antwort war, dass meine Frau und ich irgendwann nach dem 26. September in die USA kommen sollten, um Kalifornien und die Show bei der Fleet Week zu genießen. Von Trainingslager keine Rede, aber mit meiner Frau nach San Francisco zu kommen, das klang gut.

Zwischen den Flying Bulls und dem LBA fand ein reger Austausch von Dokumenten statt. Antrag auf Flugzulassung, Fluganweisung, Versicherungsbestätigung, die inzwischen auch für Kunstflug auf Hubschrauber vorlag, mein CPL mit Kunstflugberechtigung, Unbedenklichkeitsbestätigung des Herstellers, Nachprüfschein und andere Papiere mussten vorgelegt werden. Speziell an der Fluganweisung waren noch kleine Änderungen notwendig, aber grundsätzlich funktionierte der Austausch und vor allem die Bearbeitung durch das LBA problemlos.

## Ein echter Tiger beim Tiger

Eine Abwechslung in diesen Tagen war der Tag der Heeresflieger in Bückeburg. Nach langer Zeit war es wieder eine große Luftfahrtveranstaltung, die viele Tausend Zuschauer anzog. Neben der großen Beteiligung mit vielen Teilnehmern aus unterschiedlichen Nationen war eine Hauptattraktion ein echter, kleiner Tiger. Jörg Adam hatte durch seine Kontakte eine Verbindung zwischen der Leitung der Heeresfliegerwaffenschule und dem Zirkus René und Patrizia Althoff hergestellt. Die Heeresfliegerversuchsstaffel hatte, beginnend mit dem Tag der Heeresflieger, die Patenschaft für diesen kleinen Tiger übernommen und das wurde medienwirksam vor dem Kampfhubschrauber Tiger präsentiert. Wir, meine Frau und auch meine Kinder und Enkel, hatten die Gelegenheit, abseits des offiziellen Geschehens direkt in Kontakt mit dem kleinen Tiger zu kommen und ihn zu streicheln.

Da der Termin für den Tag der offenen Tür bei Eurocopter in Donauwörth immer näher rückte – geplant war der 16. September 2006 – fragte Manfred K. in dieser Zeit gelegentlich nach, ob es denn mit der Zulassung des Hubschraubers klappe. Am Montag, den 11. September, konnte ich ihm voller Freude mitteilen, dass ich fliegen darf. Wir hatten die Zulassung der BO 105 mit dem Kennzeichen D-HSDM für den Kunstflug erhalten!

Von der ersten Besprechung am 4. April 2006 beim Hersteller bis zu der Zulassung waren 160 Tage vergangen. Dafür, dass wir in den USA bereits im Oktober 2005 mit der FAA in Kontakt gestanden hatten, dauerte es dort im Endeffekt deutlich länger. Weit über 200 Tage brauchten wir, obwohl beide Arten der Zulassung von der Art her gleich waren.

Im Nachhinein war die Einstellung von Greg und Chuck, aber auch die Billigung dieser Vorgehensweise durch höheres Führungspersonal bei Red Bull, ein Fehler gewesen. Wir hätten es mit Unterstützung des Herstellers schneller geschafft und vielleicht auch exklusiver. So hatten wir zwar bei der FAA eine generelle Kunstflug-Zulassung der BO 105 in der Einstufung als Experimental Hubschrauber erreicht, sogar mit bis zu – 1,0 g. Damit hatten wir aber auch zugelassen, dass die Exklusivität in den USA gefährdet war, da anderen Betreibern – nach entsprechender Ausbildung des Piloten – ebenfalls diese Möglichkeit eröffnet wurde. Ich erwähnte diesen Gedanken bereits vorher und Jahre später sollte sich das bewahrheiten. Ich möchte aber auch an dieser Stelle eine Lanze für das deutsche LBA brechen. Wir haben bei dieser Zulassung ausgesprochen gute Erfahrungen gemacht, sowohl hinsichtlich Kooperation und Entgegenkommen und Geschwindigkeit.

Zwei Tage nach dem Erhalt der Zulassung flog ich nach Salzburg. Mittags angekommen, begann ich gleich, mich an den Hubschrauber zu gewöhnen. Die „D“ kannte ich bereits aus Budapest, die „S“ noch nicht. Natürlich war ich beide Hubschrauber schon in der Zeit bei Action Concept geflogen. Aber egal, wie gut der Zustand bereits dort gewesen ist – wenn ein Flugzeug zu den Flying Bulls kommt, wird es dort in einen besseren Zustand versetzt und ist damit auch etwas anders zu fliegen. Außerdem lag mein Augenmerk jetzt darauf, Kunstflug durchzuführen.

## Premiere in Donauwörth

Ich erinnerte mich an die Ausbildung der beiden Piloten von Eurocopter in Ingolstadt. Die Übungsfläche dort war perfekt, und ich holte mir die Erlaubnis, dort zu trainieren, um mir ein Programm für die Veranstaltung bei Eurocopter zusammenzustellen. Außerdem war es ein rechtliches Problem. Der Hubschrauber hatte die Zulassung für den Kunstflug, das heißt wir hatten ein „Permit-to-fly“ (Vorläufige Verkehrszulassung) mit dem wir Kunstflug durchführen durften und eine Fluganweisung für die Durchführung. Letzteres war vom LBA gefordert worden. Aber damit durften wir zu diesem Zeitpunkt nur im Luftraum der Bundesrepublik Deutschland Kunstflug durchführen. Die Genehmigung der österreichischen Austro Control bekamen wir erst im November des Jahres. Somit musste ich in Deutschland trainieren. Die Genehmigung für Österreich musste übrigens anfangs immer halbjährlich erneuert werden, in Deutschland galt das PTF (Permit-to-fly) für ein Jahr.

Sowohl den nächsten, als auch den übernächsten Tag flog ich nach Ingolstadt. Am zweiten Tag hatte ich ein einfaches Programm und flog von Ingolstadt die kurze Strecke nach Donauwörth. Dort hatte ich am Freitag Gelegenheit, einmal zu üben. Die Runway selbst war nur rund 500 Meter lang, aber Richtung Westen lagen Parkplätze. Nur im Osten, nicht weit entfernt, gab es eine Hochspannungsleitung. Da die Zuschauer in der Masse auf einem engen Raum standen, wollte ich, dass alle möglichst gut sehen konnten. Daher war ich dankbar, direkt vor Ort auszuprobieren, wie ich mit dem eingeübten Programm auf der kurzen Strecke zurechtkam. Am Samstag flog ich sowohl vormittags als auch nachmittags, und ich hatte das Gefühl, dass es ok war. Für mich war es besonders wichtig zu sehen und es machte mich auch etwas stolz, dass mein Kunstflug mit der BO 105 von der Firma selbst und allen Testpiloten absolut akzeptiert wurde. Noch am gleichen Tag flog ich zurück nach Salzburg, wo es am Abend mit der Lufthansa wieder nach Hause ging.

## Vorführung bei der Fleet Week

Zurück in Bückeburg mailte ich Chuck an, ob es Neuigkeiten betreffend des weiteren Vorgehens gäbe. Chuck antwortete mir indirekt, indem er mich bei einer Mail an Greg auf CC setzte. Der Inhalt: „Greg, hast Du etwas, dass Rainer bei der Fleet Week machen kann?“ Damit deutete sich an, dass ich die Vorführung dort nicht fliegen würde. Aber noch am gleichen Tag schrieb mir Greg, dass er die Reiseunterlagen für Rosita und mich in Kürze schicken würde. Offensichtlich hatte er Chuck damit beauftragt, alles zu organisieren, denn dieser meldete sich zwei Tage später, um die Daten abzusprechen.

▲ **Rolle in Bodennähe.**

Fünf Tage bevor wir abflogen, meldete sich Greg noch mit einer langen Mail, um uns eine Richtschnur für die Tage vor der Fleet Week zu geben. Mit dem bisher einstudierten Programm von Chuck war er zwar grundsätzlich zufrieden, äußerte aber noch kleine Änderungswünsche, die wir noch üben sollten. Es sollten Bild- und Videoaufnahmen zur medialen Vorbereitung der Veranstaltung erstellt werden, wofür sowohl Chuck als auch ich jeweils eine Periode fliegen sollten. Deshalb sollte Chuck mir einen Checkflug für die ACE-Karte (Aerobatic Competency Evaluation) bei dem zuständigen Prüfer der FAA besorgen. Diese Karte benötigt man in den USA, um eine öffentliche Vorführung fliegen zu dürfen. So richtig verstand ich das Procedere nicht. Einerseits durfte ich als verantwortlicher Fluglehrer Chuck ohne die ACE-Karte im Kunstflug ausbilden, aber allein, nur für die Medienaufnahmen zu fliegen, sollte nicht gehen? Natürlich klappte der Checkflug nicht vor der Fleet Week. Wie mir Chuck schrieb, hätte der Prüfer erst am 11. Oktober Zeit, kurz vor unserem Rückflug.

Am 30. September flogen wir nach Los Angeles. Für Rosita war es der erste Aufenthalt in den USA. Alles war organisiert, wir holten den Leihwagen ab und fuhren nach Westlake Village. In diesem kleinen Ort, am Interstate 101 zwischen der Van Nuys Area und Oxnard gelegen, wohnte Chuck. Dort war im Hyatt Hotel ein Zimmer für uns reserviert und von dort waren es knapp 30 Kilometer zum Flugplatz Camarillo, auf dem beide Hubschrauber stationiert waren. Nach dem Bezug des Zimmers erkundeten wir die Umgebung des Hotels und versuchten, am frühen Abend zu schlafen. Die nächsten beiden Tage hatten wir Zeit für uns.

Am Sonntag, den 1. Oktober, fuhren wir zunächst nach Los Angeles und schauten uns etwas in der kalifornischen Metropole um. Beginnend natürlich in Santa Monica mit dem Georgian Hotel, in dem ich bei meinen ersten Aufenthalten in den USA übernachtet hatte, der Santa Monica Pier und dann Venice. Abends besuchten wir Chuck, er wohnte nicht weit vom Hotel entfernt. Auch den folgenden Tag verbrachten wir auf diese Weise, am Dienstag fuhren wir dann nach Camarillo.

## ■ Training zur Abrundung des Programms

Chuck wollte vor seinem Display in San Francisco noch trainieren. Damit bestätigte er offiziell, was ich eigentlich wusste, aber was sich Greg nicht auszusprechen getraut hatte. Gleich am Vormittag flogen Chuck und ich eine längere Trainingseinheit. Dabei ging es vor allem darum, sein Programm, das noch genau dem Entwurf entsprach, den ich ihm geschickt hatte, in der Durchführung „abzurunden". Am Nachmittag trainierte er allein weiter, und Rosita und ich nutzten die Gelegenheit zu einem Besuch im nahe gelegenen Outlet Center. Auch den nächsten Tag trainierte Chuck für sich, um am Donnerstag doch noch nach einer gemeinsamen Trainingseinheit zu fragen. Er war zwar insgesamt sicherer – und auch selbstsicherer – geworden, aber vor dem ersten richtig großen Einsatz hatte er offensichtlich doch Respekt. Denn so groß er bei den ersten Trainings immer getan hatte, vor diesem Einsatz bei der Fleet Week wirkte er sehr unsicher.

Am Nachmittag nutzte ich die Gelegenheit, um mit Rosita einen Rundflug bis hin über Los Angeles zu machen. Am Freitag stand dann der Überführungsflug nach

San Francisco an. Mit einem Zwischenstopp flogen wir in 2 Stunden und 40 Minuten zum Oakland International Airport. Von hier aus würden sowohl die Air-Race-Flugzeuge als auch alle anderen beteiligten Flugzeuge und Hubschrauber starten. Nachdem alle Formalitäten am Platz erledigt waren, fuhren wir die rund 35 Kilometer zu unserem Hotel in San Francisco. Wir waren mit den Piloten und der Rennleitung direkt am Fisherman's Wharf im Argonaut Hotel untergebracht, mit einer fantastischen Sicht auf die Bucht und die Insel Alcatraz. In einem rund zehnminütigen Fußweg konnten wir den Pier 39 erreichen. Da am Samstag lediglich die Trainings anstanden, setzten sich Rosita und ich ab, um die Stadt zu erkunden. Stadtrundfahrt mit Golden Gate Brücke, Cable Car, Lombard Street usw., halt das übliche Touristenpaket. Am Sonntag war dann der Renntag und auch Chucks Auftritt. Er machte es gut, das eingeübte Programm saß und sah auch von unten gesehen relativ flüssig aus. Ich erwähne das deshalb, weil Chuck mir bei meinem nächsten Besuch in den Staaten ein überraschendes Geständnis machte. Darauf gehe ich weiter hinten ein.

Ich war natürlich etwas enttäuscht, hier in San Francisco vor der Kulisse dieser Stadt nicht selbst fliegen zu dürfen. Allerdings wurde diese Enttäuschung durch ein wenig Stolz gemindert, schließlich hatte ich es ihm beigebracht.

## ■ California Dreamin' für die Seele

Den Rückflug führten wir ohne Zwischenlandung durch und waren nach 2 Stunden 10 Minuten wieder in Camarillo. Bis zu unserem Abflug am Samstag hatten wir noch Zeit, „Kalifornien zu genießen". So hatte es Greg ausgedrückt, und das taten wir auch. Touristische Exkursionen von Santa Barbara bis San Diego und den Hollywood Studios. Dazwischen zeigte ich Rosita Los Angeles aus der Luft, und am Freitag wollte Chuck auch noch eine letzte Trainingseinheit fliegen. Zum Ende des Aufenthalts hatte ich doch das Gefühl, dass er gern meine Hilfe annahm und hoffte auf weitere Trainingslager. Am Samstag den 14. Oktober um genau 14.45 Uhr hoben wir in Richtung Frankfurt ab. Die Rückfluge von LA habe ich auch später immer genossen. Kurz nach dem Start wurde das Abendessen serviert, und dann konnte man das Bett machen und sich schlafen legen. Wenn man vor der Landung in Frankfurt, geplant um 10:20 Uhr, zum Frühstück geweckt wurde, fand man sich gleich im normalen Zeitablauf wieder. In West-Ost Richtung hatte ich nie ein Problem mit dem Jetlag.

Zurück in Deutschland begannen wenig später reichlich Mails von Greg und Chuck einzutreffen. Chuck teilte mir mit, dass er einen Helm für mich gekauft und ihn zum Lackierer gegeben hatte. Bei meinem nächsten Besuch würde ich ihn benutzen können, denn eine der Auflagen für den Kunstflug bestand eigentlich darin, mit einem Helm zu fliegen, was ich bisher nicht tat. Außerdem drängelte er, ihm sein etwas geändertes Flugprogramm wieder grafisch für den Zettel im Cockpit auszuarbeiten. Greg wollte die Formulare sehen, die wir in Europa ausfüllen mussten, um Kunstflug betreiben zu können, da er sie entsprechend für die Staaten anpassen wollte. Dann plante er bereits das nächste Training, für das sich Blacky mit ihm verständigen wollte. Schließlich ging es noch um einen größeren Torquemesser für die BO 105. Das zivile Instrument ist klein. Militärische Hubschrauber haben ein deutlich größeres Instrument, das gerade im Kunstflug besser wäre, da man sich oft an der Torquegrenze bewegt. Nachdem ich es angesprochen hatte, sprang vor allem Chuck darauf an.

Zurück aus Los Angeles, teilte ich Hannes meine Erlebnisse und meine Erfahrungen hinsichtlich Chuck mit. Hannes war ein erfahrener Kunstflieger und deshalb waren mir seine Sichtweise und vor allem seine Tipps wichtig. Außerdem konnte ich mit ihm offen sprechen. Mir war bei Chuck aufgefallen, dass er meist nach einer Periode Training genug hatte. Sein Einleiten einer Rolle glich eher einem „Herumwuchten" als einer leichten Steuerbewegung . Im Übrigen war ich mit seiner Entwicklung zu diesem Zeitpunkt zufrieden. Zumal er offensichtlich eingesehen hatte, dass Kunstflug mehr Arbeit bedeutet als er glaubte und vor allem, dass er Respekt davor hatte. Hannes, der ihn nach der Fleet Week getroffen hatte, bestätigte diesen Eindruck und meinte, er hätte einen viel bodenständigeren Eindruck gemacht als in der Vergangenheit. Als grundsätzlichen Tipp gab er: Training, Training, Training .... Er bot an, ein Trainingslager so zu organisieren, dass er mit seiner Flächenmaschine mehr oder weniger zufällig dabei sein würde und er dann als unauffälliger Besucher zuschaut. Leider ist es dazu nie gekommen. Sein Zuschauen und seine Expertise hätte ich gern genutzt.

Am 23.Oktober flog ich nach Salzburg, um meinen jährlichen Checkflug zu absolvieren. Ich hatte vorher im

Internet einen Prüfer gesucht, der nicht weit davon erreichbar war. Ein Fluglehrer bei der Bundespolizei, Thomas P., war sofort bereit gewesen, nach Salzburg zu kommen, um mir diesen Check abzunehmen. Noch am gleichen Tag flog ich wieder zurück. Einen Monat später stand wieder ein Tagesflug nach Salzburg an. Diesmal flog ich mit der BO 105 und unserem „Organisator" nach Kitzbühel. Hans H. war für die Organisation bei Veranstaltungen unentbehrlich, da er überall sehr gut vernetzt war. In diesem Fall ging es um die Vorbereitung und Erkundung für eine Flugvorführung anlässlich des Hahnenkamm-Rennens. Dazu landeten wir mit dem Hubschrauber direkt im unteren Bereich der Strecke, die natürlich ohne Schnee total anders aussah. Aber nicht weniger steil! Als Nichtskifahrer konnte ich mir überhaupt nicht vorstellen, dass man diesen steilen Hang überhaupt herunterfahren kann. Es waren sowohl Behördenvertreter als auch ein Angehöriger der Flugsicherung anwesend, und sie hatten eine grobe Übersicht, in welchem Bereich ich fliegen durfte. Es handelte sich um Fläche, die links und rechts jeweils von einem Sessellift begrenzt war. Bevor wir nach Salzburg zurückflogen, kreisten wir um den angegebenen Vorführbereich, und ich konnte erkennen, wie klein dieser war und vor allem wieviel Höhenunterschied vorhanden war. Aber bis zum Hahnenkamm-Rennen im Januar 2007 würde ich genug Zeit haben, ein Programm zu entwickeln. Diese Vorführung würde nach dem Familientag bei Eurocopter, der mehr oder weniger eine interne Veranstaltung war, der erste öffentliche Kunstflug-Auftritt der BO 105 auf internationaler Ebene werden. Entsprechend ernst nahm ich dieses Vorhaben.

## Fantastisches, aber ungewohntes Fotoshooting

Noch im November war ich wieder in Salzburg, diesmal zwei Tage für ein Fotoshooting. Ein Fotograf war engagiert, um unter anderem von der BO 105 medienwirksame Fotos sowohl am Boden als auch in der Luft zu machen. Im Juli hatten wir bereits in den USA Fotos in der Luft gemacht, allerdings flog dort die kleine Flächenmaschine mit dem Fotografen nicht so nah wie es jetzt in Salzburg sein sollte. Etwas unangenehm war es am Anfang schon, direkt neben einem anderen Flugzeug zu rollen oder Loops zu machen. Unbewusst schaut man doch zu diesem Flugzeug, obwohl man eigentlich seinen heiligen Punkt für das jeweilige Manöver nicht aus den Augen lassen sollte. Aber die Fotos waren fantastisch!

Die folgende Zeit war der Vorbereitung eines weiteren Trainingslagers in den USA gewidmet. Dazu ging wieder eine regelrechte Flut von Mails hin und her. Neben den Terminabsprachen und Buchungen war das Thema des größeren Torquemessers wichtig geworden. Ich hatte recherchiert und herausbekommen, dass schwedische BO 105 ebenfalls mit dem großen Torquemesser ausgestattet sind. Interessanterweise gab es die Seriennummer dieses Artikels zwar im zivilen Ersatzteilkatalog, aber trotzdem bekam ich die Auskunft, dass dieser in Deutschland nicht erlaubt sei. Ich gab alle Informationen zu dem Instrument, Ansprechpartner der Herstellerfirma, sowie für einen zusätzlichen Dämpfer der bei dem größeren Instrument eingebaut werden musste, an Chuck weiter. Allerdings ist aus dem Einbau in den Staaten nie etwas geworden. Dabei wäre es dort bei den als Experimental zugelassenen Hubschraubern einfach gewesen. Bei uns in Europa war es nicht so einfach. Wir hatten ein Angebot der Herstellerfirma, und die für den Einbau des größeren Torquemessers notwendigen Dämpfer hatten wir auch. Aber der Einbau war legal nur möglich, wenn eine Zertifizierung seitens der Hubschrauberherstellers erfolgte. Damit verzichteten wir auf den Einbau. Das Instrument allein kostete bereit knapp 7000 Euro, die Zertifizierung ein Vielfaches und jede Menge Zeit.

Hannes hielt ich weiter auf dem Laufenden. Er war Kunstflieger und als solcher hatte er mehr Verständnis für die Art der Fliegerei, die wir vorhatten. Er gab mir Unterlagen, die der Schule von Patrick Paris entstammten, bei der Hannes auch gelernt hatte. Diese versuchte ich so umzuschreiben, dass ich sie für das nächste Trainingslager und auch die zukünftigen verwenden konnte. Auch für die spätere Weiterbildung standen sehr hilfreiche Dinge in diesen Unterlagen. Um es schon an dieser Stelle zu sagen, es ist leider nie dazu gekommen, diese tollen Ideen umzusetzen.

Die Weiterentwicklung, um mit der BO 105 als Hubschrauber in der normalen Kategorie Kunstflug machen zu dürfen, hatte auch Greg aufgegriffen. Bereits bevor wir in den USA die Zulassung als Experimental hatten. Das war schon im April. Er meinte, wir sollten nach der Erlaubnis für den Kunstflug alle Werte aufzeichnen, um somit eine Datenbasis zu haben. Diese Informationen könnten für eine normale Zulassung hilfreich sein. Aber im November schmetterte es Chuck mit einem Hinweis auf die FAA-Regularien ab. Ich denke, er wollte es einfach nicht. In Europa waren wir dabei, diesen Weg zu beschreiten und ich bin sicher, wir hätten es letztlich auch in den USA erreicht.

## Und wieder zurück in den USA

Am 7. Dezember flog ich dann wieder nach Los Angeles, der Rückflug war für den 20. Dezember gebucht. Angedacht war eigentlich ein strammes Trainingsprogramm. In der Hauptsache mit Blacky für die Vorbereitung seines Checkflugs, aber auch mit Chuck zur Verfestigung seines Programms und zum Erlernen neuer Manöver. Für ihn also mehr Weiterbildung. Nur, so richtig stramm wurde es nicht, zumindest nicht für Chuck. Er hielt eine Weiterbildung für überflüssig, neue Manöver interessierten ihn im Moment auch nicht. Aber inzwischen machte ich mir um seine Weiterbildung weniger Gedanken. Diese Einstellung hatte er schon länger gezeigt. So konnte ich intensiv mit Blacky fliegen. Er war mit Freude bei der Sache, und wir flogen gemeinsam über acht Stunden. Besonders gefreut habe ich mich, dort auch Hannes wieder zu sehen.

Chuck machte uns mit einem Holländer bekannt, der seinen Hangar 100 Meter weiter hatte. Er zeigte uns seinen Bereich, der um ein Vielfaches größer war als unser Hangar und am Ende der Hangarreihe stand. Er hatte eine North American P-51 Mustang gekauft, die erst in den letzten Kriegstagen hergestellt worden war und irgendwo „herumstand". Jetzt restaurierte er sie. Es war nicht die erste Maschine, die er restaurierte, davon schien er zu leben. Daneben stand eine bereits flugfähige North American T-6. An der Seitenwand seines Hangars hatte er eine Empore gebaut, die über eine seitliche Treppe erreichbar war. Darunter waren Werkbänke und Lager eingerichtet, oben befand sich eine kleine Wohnung. Große Fenster zur Halle und in der Außenwand mit ziemlich freiem Blick nach Westen und damit zum Sonnenuntergang. Dort schlief er meistens, so konnte er lange und viel arbeiten. Wenn wir nachmittags flogen, gingen wir einige Male dorthin, um ein Feierabendbier zu trinken und beim Anblick der untergehenden Sonne Fliegergeschichten zu erzählen.

Auch der kulturelle Teil, den wir zusätzlich nach den Trainings absolvierten, kam nicht zu kurz. Barbecue bei Chuck, Ausflüge nach Hollywood und den Besuch im Getty Museum zum Beispiel. Besonders gefiel mir der Besuch eines Eishockeyspiels der Los Angeles Kings. Wir flogen mit dem Hubschrauber von Camarillo zum Santa Monica Airport. Dort holte uns eine Stretch-Limousine direkt am Hubschrauber auf dem Flugfeld ab. Wir wurden mit anderen Angehörigen der Firma zum Stadion gebracht, wo eine Loge für uns reserviert war. Häppchen und Getränke waren reichlich vorhanden, und wir genossen ein Eishockeyspiel der NHL. Als es gegen 22 Uhr zu Ende war, brachte uns die Limousine direkt wieder an den Hubschrauber. Wir ließen die Triebwerke an und fragten dann über Funk kurz in den Äther, ob noch jemand am Flugplatz oder in der Umgebung sei. Keine Antwort, also starteten wir und überquerten die Santa Monica Mountains, immerhin rund 3000 Fuß hoch. In der Nähe von Camarillo angekommen, wieder der Ruf über Funk, ob jemand anderes noch in Luft sei. Da keine Antwort kam, flogen wir zum Platz und landeten direkt auf unserer mobilen Landeplattform. Dann zogen wir den Hubschrauber mit der kleinen Zugmaschine in den Hangar, und der Nachtflug war beendet. So unkompliziert wäre ich gern einmal in Deutschland geflogen ....

## Triebwerksausfall bei der Vorführung?

An einem Abend beim Barbecue in Chucks Haus nahm dieser mich zu Seite und erzählte mir von seiner Vorführung in San Francisco. Er meinte, er hätte während der Vorführung einen Triebwerksausfall gehabt und wäre die Vorführung mit nur einem Triebwerk geflogen. Ich dachte zunächst, mich verhört oder es falsch verstanden zu haben. Da ich die Leistungsparameter der BO einigermaßen kenne, auch mit der N154EH oft genug geflogen war, konnte ich es nicht glauben. Mit einem Triebwerk hält man sich in der Luft, bei dem leichten Startgewicht für eine Vorführung natürlich ganz bequem. Aber jeder Steigflug, jeder Abfangvorgang wäre nur mit einem hoffnungslosen Übertorquen möglich. Und dabei rede ich nicht nur vom Überschreiten der 100 % Leistung. Normal dürfen nur zweimal 86 % je Triebwerk gleichzeitig genutzt werden. Deshalb war meine Annahme, die ich ihm auch gleich so mitteilte, dass er beim Versuch, den Torque der Triebwerke anzugleichen, versehentlich den Vierwegeschalter in die falsche Richtung bewegt hatte. Das kann im Stress vielleicht mal passieren. Dieser Schalter wird mit dem linken Daumen am kollektiven Leistungshebel betätigt. Und während einer laufenden Vorführung ist man genug beschäftigt und möchte sich nicht noch um die Angleichung der Leistung bemühen. Aber er ließ es sich nicht ausreden, und ich hatte nicht die Muße, mich in eine Grundsatzdiskussion verstricken zu lassen. Meine Überzeugung ist, dass er versehentlich die Triebwerke auseinander statt zusammen getrimmt hatte, und die Vorführung mit einem sehr großen Unterschied des Torque zu Ende geflogen ist. Belastend für den Hubschrauber war es auf jeden Fall, weil ein Triebwerk immer sehr viel und das andere sehr wenig Drehmoment lieferte. Ich hoffte nur, dass er auch mit dem stärker geforderten Triebwerk immer unter 100 % geblieben war. Aber schließlich waren wir aus San Francisco heil zurückgekommen und danach sind einige Stunden problemlos mit dem Hubschrauber geflogen worden – jedenfalls nach meinem Kenntnisstand.

Den Abschluss unseres Kulturprograms bildete ein Kurztrip nach Las Vegas. Mit dem Auto fuhren wir über das Death Valley in die Spielerstadt, wo wir im Hotel Luxor Zimmer hatten. Es war mein erster Besuch in Las Vegas, und ich muss gestehen, dass mich diese Stadt beeindruckt hat. Dieses Lichtermeer, diese vielen Hotels mit den unterschiedlichen Themenwelten und überall die Spielautomaten. Leben würde ich hier nicht wollen, aber es zu sehen, war beeindruckend. Von Las Vegas ging es direkt nach Los Angeles zurück, wo wir noch einmal im Georgian Hotel übernachteten, bevor am nächsten Tag die Rückflüge nach Europa anstanden und damit das Jahr fliegerisch für mich abgeschlossen war.

Das Jahr 2007 begann wieder mit einem regen Austausch von Mails. Chuck schlug vor, ich solle etwas ausarbeiten, damit wir gemeinsam mit zwei Hubschraubern etwas vorführen. Dann hatte er eine Idee für ein Manöver, die ich theoretisch bewerten sollte, damit er es üben konnte. Ständig hatte er den Wunsch, das Layout für seine Vorführung geändert zu bekommen, weil er die Reihenfolge seines Programms umschmiss. Es wurde mir langsam etwas viel. Natürlich wollte ich ihm zeigen, welche Reihenfolge der Manöver sinnvoll ist und welche nicht. Aber am besten wäre das im praktischen Training. Nur stand der nächste Termin für ein Trainingslager noch nicht fest, er musste aber möglichst bald sein. Denn es war geplant, dass wir alle drei, Blacky, Chuck und ich, die Prüfung für die ACE Card ablegen. Auch deshalb fragte ich bei Greg nach, wo und wann er mich für Training oder Vorführung einplanen wollte. Denn die Planung für Europa war schon weit fortgeschritten, und der erste wichtige Termin für mich war das Hahnenkamm-Skirennen in Kitzbühel Ende Januar. Allerdings hatte Greg seine Planung noch nicht fertig. Von den Flying Bulls wurde mir signalisiert, dass mein Haupteinsatzgebiet in Europa liegen sollte, da es in den USA Chuck für die Flugvorführungen gäbe. Aber natürlich könnte ich die Einsätze bestimmen.

## Diskussion über die Mindestflughöhe

Mitte Januar hatte Chuck mit Greg eine Diskussion in Gang gesetzt, das Programm tiefer zu fliegen. Er wollte gleich auf null Fuß gehen. Eine Rolle ist in niedriger Höhe immer ein Risiko mit dem Hubschrauber. Das hängt mit der Auftriebserzeugung und der Steuerung zusammen. Ich gehe im Kapitel „Kunstflug mit Hubschrauber“ darauf ein. Aber auch die Sichtbarkeit für die Zuschauer, für die schließlich die Vorführung gemacht wird, ist nicht mehr gegeben, wenn man zu tief fliegt. In Europa hat sich als niedrigste Höhe für die meisten Veranstaltungen 300 Fuß (rund 91 Meter) durchgesetzt. Selbst das ist bei einigen Manövern mit dem Hubschrauber sportlich. Aber diese Höhe ist einerseits sicher genug und andererseits dicht genug beim Zuschauer. Schließlich ist die BO 105 nicht besonders groß und wird so auch aus dem hinteren Bereich noch gesehen. Insofern hielt ich für die USA 250 Fuß für völlig ausreichend. Greg fragte mich, was ich von Chucks Idee halte und ich sagte ihm dazu: nichts. Er ließ sich überzeugen und ging sogar so weit zu sagen, dass er die Hubschrauber stilllegen würde, wenn Chuck entgegen dieser Auffassung versuchen würde, Absprachen mit dem Prüfer zu treffen. Ich weiß, wie es sich anfühlt auch mal in 150 Fuß die Rolle zu fliegen, weil man aus dem Manöver davor etwas tiefer herausgekommen ist. Deshalb wollte ich als Basishöhe bei Vorführungen auf keinen Fall 100 Fuß oder tiefer ansetzen – und Chuck war dazu sicher nicht in der Lage.

Ein guter Bekannter, Guido S., der als freier Redakteur schon viele Fernsehberichte über die Fliegerei gemacht hatte, fragte an, ob er den Einsatz in Kitzbühel mit der Kamera begleiten darf. Ich leitete die Anfrage weiter, und es wurde vom Management genehmigt. Überhaupt hatte sich das Thema Hubschrauber-Kunstflug inzwischen herumgesprochen und es trudelten mehr und mehr Anfragen ein.

## Vorführung zwischen Sesselliften

Am 22. Januar flog ich nach Salzburg und konnte dort in der Praxis testen, ob mein ausgedachtes Programm für Kitzbühel funktioniert. Natürlich musste ich es an einigen Stellen umstellen, etwas weglassen oder ein anderes Manöver einfügen. Denn es musste auf dem kleinen Raum zwischen den beiden Sesselliften geflogen werden. Bis zum 24. Januar flog ich noch einige Durchgänge, dann verlegten wir nach Kitzbühel. Die Unterbringung in Kitzbühel war im Hotel „Schwarzer Adler" mitten im Ort, und wir konnten jeden Tag bequem zu Fuß zum Hubschrauber laufen.

Vor Ort bekam ich den genauen Plan, in welchem Bereich ich die Vorführung fliegen durfte. Linke und rechte Grenze waren mir durch die Festlegung im November bereits grob bekannt gewesen. Zusätzlich sollte ich noch einen Bauernhof, der innerhalb des Bereiches lag, meiden. Dadurch bekam der gesamte Vorführbereich ein nierenförmiges Aussehen. Die größte seitliche Ausdehnung betrug 500 Meter. Am gleichen Tag und am folgenden Tag durfte ich über dem Vorführgelände etwas üben. Glücklicherweise, denn der enorme Höhenunterschied und die sehr kleine Fläche waren sehr gewöhnungsbedürftig. Außerdem musste ich durch die Form der Vorführfläche noch einen Bogen einfügen.

Mir war dieser Einsatz deshalb besonders wichtig, weil es nach der mehr internen Vorführung in Donauwörth der erste richtig große Kunstflug-Auftritt mit der BO 105 werden würde. Groß deshalb, weil nicht nur vor Ort jede Menge Zuschauer sein würden, sondern auch eine weltweite Übertragung des Skirennens stattfinden würde. Da als Vorführzeit die letzten Minuten vor dem Hauptrennen festgelegt waren, war die Wahrscheinlichkeit einer weltweiten Übertragung gegeben. Es musste einfach gut werden, und natürlich war ich vor der Vorführung extrem nervös. Wie ich hinterher vom Marketing hörte, kamen aus weiten Teilen der Welt positive Rückmeldungen. Nach dem guten Debüt bei Airbus Helicopters im September 2006 war auch dieses Debüt offensichtlich geglückt. Der Bericht, den Guido S. für den Sender N24 gemacht hat, wurde in meinen Augen wirklich sehr gut. Der Titel „Durchgedreht – Heliflug extrem" war lan-

▲ **Vorbereitung auf die Vorführung beim Hahnenkamm-Rennen in Kitzbühel.**

▼ **Landung in Kitzbühel nach der Vorführung.**

▲ **Training der US-Piloten und Blacky S. in Camarillo.**

ge im Internet und ist wahrscheinlich noch in einigen Mediatheken zu finden. Er zeigt auch einiges über die Vorbereitung und etwas zur Geschichte zur BO 105.

## Kitzbühel hat meine Einstellung verändert

Dieser Einsatz in Kitzbühel hat mich hinsichtlich der Anlage von Flugprogrammen verändert. Ich war zum einen gezwungen, die Manöver so dicht wie möglich aneinander zu reihen. Außerdem musste ich die Fluggeschwindigkeit verringern, um weniger Strecke über Grund zu verbrauchen. Diese Art zu fliegen habe ich beibehalten. Es ist eben leichter, eine Vorführung auf einer großen Fläche zu strecken, als sie auf einer kleinen Fläche zu stauchen.

Ich informierte auch Greg über das Debüt und er antwortete unter anderem, dass er in wenigen Tagen den Airshow-Plan für die USA fertig hätte und er mir dann auch sagen würde, an welchen Veranstaltungen er mich gern fliegen sehen würde. Nur hatte Greg zunächst andere Probleme. Anfang Februar schickte er eine Mail, in der er von Schwierigkeiten mit Chuck berichtete. Ich musste an eine Mail von Hannes aus dem Oktober 2006 denken. Er schrieb: „… ist doch Chuck nur noch im Boot weil RB „menschlich" eine gute Firma ist, ansonsten wäre Chuck schon längst weg!" Ich konnte und wollte es nicht beurteilen, denn das war Politik und davon hatte ich eigentlich genug bei der Zulassung erlebt.

Aber immerhin wurde der Termin für das nächste Trainingslager festgelegt. Es sollte Ende Februar beginnen. Allerdings wollte Chuck unbedingt an der globalen Leitmesse für Hubschrauber, der Heli-Expo in Orlando, teilnehmen, die auch Ende Februar beginnen würde. Dazu hatte er, ungeachtet des Trainingslagers, schon einmal Zimmer in Orlando vom 27. Februar bis zum 2. März 2007 reserviert. Das würde das Trainingslager verkürzen. Außerdem hatte ich bereits gegenüber Greg gesagt, dass ich aus privaten Gründen am 1. März zurück sein wollte. Was ich zu diesem Zeitpunkt noch nicht wusste: Chuck hatte gar nicht vor, mit mir zu üben.

Ich schickte Greg meine Flugdatenwünsche und fragte außerdem an, ob ein befreundeter Fotograf, Jörg Adam, der eine Titelgeschichte für den aerokurier machen wollte, das Trainingslager begleiten dürfe. Außerdem bat ich um den kompletten Einsatzplan für die USA, den er mir auch schickte. Auf dem Plan hatte er angekreuzt, bei welchen Veranstaltungen er mich fliegen sehen wollte. Am 25. Mai wäre für mich der erste Einsatz auf der Andrews Air Force Base in der Nähe von Washington, D.C. geplant und ich freute mich darauf. Aber er schrieb dazu, dass wir die endgültige Planung besprechen sollten, wenn ich in Los Angeles bin. Einige Tage später schickte Chuck an Blacky und mich ein Dokument und bat uns, es zu unterschreiben. Es war eine Verzichtserklärung, in der wir als Piloten auf alle Ansprüche aufgrund der Risiken beim Flugdienst verzichten sollten. Selbst dann, wenn sie aufgrund von Fahrlässigkeit bei der Wartung von ihm oder seinen Angestellten entstanden wären. Es wäre die Gegenleistung für die Erlaubnis, bestimmte Flugaktivitäten, gemeint der Kunstflug, auf seinen Hubschraubern durchzuführen. Chuck schob dieses Ansinnen darauf, dass er noch keinen Vertrag mit Red Bull hätte. Was ich nicht verstand war, wieso er dieses Papier aufsetzen wollte, obwohl die Hubschrauber gar nicht ihm gehörten, sondern Red Bull. Auf meine Nachfrage bei Greg antwortete dieser, es sei definitiv nicht in Ordnung und ich solle das ignorieren. Wir hörten von diesem Papier nichts mehr.

## ■ Prüfungsflug für die ACE Card

Am 22. Februar flog ich nach Los Angeles. Während dieser Trainingszeit flog ich reichlich mit Blacky, auch während des Fotoshootings nutzten wir die Zeit.

Mit Chuck sprach ich lediglich das Programm durch, das ich ihm gezeichnet hatte, fliegen wollte er es allein. In der zweiten Hälfte meines Aufenthaltes kamen dann zwei Prüfer der FAA, um uns den Prüfungsflug für den Erwerb der ACE Card abzunehmen. Die Flüge fanden in der Kunstflugbox von Santa Paula statt. Da diese in einem Tal lag, hatte der Prüfer vom südlichen Höhenrücken den idealen Blick auf die in gleicher Höhe fliegenden Hubschrauber. Dort konnten wir auch bequem zum Pilotenwechsel landen. Natürlich fanden die Überprüfungsflüge in der Höhe statt, die im ersten Jahr nach Erwerb der Berechtigung vorgesehen war, nämlich in 800 Fuß.

Ich versuchte noch während meines Aufenthaltes mit Greg über meine weiteren Termine in den USA betreffend Vorführungen, aber auch weiteren Trainingslagern zu sprechen. Aber er wich mir aus, er müsse es noch mit Chuck abstimmen. Um es vorweg zu sagen, in diesem Jahr war ich nur noch einmal als Urlauber in den Staaten. Allerdings ahnte ich das zu diesem Zeitpunkt noch nicht.

**▶ Die FAA-Prüfer bei der Abnahme der Prüfung für die ACE Card. Das Programm wurde vorher eingereicht.**

**▼ Die Abnahme erfolgt durch zwei Prüfer.**

▲ Blacky war mit Begeisterung beim Training dabei.

◀ Die Trainings in Camarillo fanden vor imposanter Bergkulisse statt.

◀◀ Korrekte Kopfhaltung beim Loop.

▲ **Der Rotorkopf der BO 105 ist nahezu unzerstörbar.**

Von einem guten Bekannten erhielt ich einige Tage nach meiner Rückkehr die Information, dass ich mir die Homepage von Red Bull USA anschauen sollte. Es war – einfach ausgedrückt – überraschend. Dort stand, Chuck hätte den Kunstflug mit Hubschraubern erfunden, nachdem er einige Jahre experimentiert hatte, oftmals mit dem „Eurocopters werkseigenem Testpiloten Rainer Wilke". Er hätte das Genehmigungsverfahren zur Zulassung erreicht, er könne jetzt zusätzlich zu Loop und Rolle nahezu alles fliegen, was Starrflügler können und er würde ein Manöver nach sich benennen, den für Hubschrauber abgewandelten „Lomcovák". Er nannte ihn „Chuckcovak". Abgesehen davon, dass er nichts weiter als einen Überschlag rückwärts mit einer halben Rolle dafür flog, hatten wir dieses Manöver bereits zu Bundeswehrzeiten geflogen, nie benannt und ich hatte es ihm bei einem seiner Flüge mit mir gezeigt. Zudem hat es mit dem richtigen „Lomcovák" nicht viel zu tun. Aber am „besten" war seine Aussage, dass ihm als erstem Zivilisten weltweit eine Kunstfluglizenz für Hubschrauber erteilt wurde. Ehrlich gesagt, war ich etwas sauer, und das teilte ich Greg auch mit. Er bat mich, ihm die korrekte Vorgeschichte aufzuschreiben. Das tat ich in verkürzter Form, und er versprach die Homepage entsprechend zu ändern. 2019,

## ■ Kein „Zurück-auf-Anfang"

Wir führten an einem Tag sogar eine harte Diskussion über das Thema, dass wir alle die absolut identische Flugvorführung machen sollten. Damit war ich überhaupt nicht einverstanden. Ich hatte Jahre Vorsprung, flog dadurch viele andere Manöver. Ich sah nicht ein, dass ich mich freiwillig wieder auf das beschränken sollte, was ich in der Anfangszeit vor rund 20 Jahren bereits gemacht hatte. Inzwischen hatte ich mich deutlich weiterentwickelt, durch die Stuntfliegerei, den Einsatz in Südafrika und nicht zuletzt das Fliegen bei Red Bull. Darauf hätte ich verzichten müssen, und das sah ich nicht ein. Ich konnte mich durchsetzen. Den letzten Flug mit Blacky machte ich am 27. Februar, dann reiste auch er nach Orlando zur Heli-Expo. Chuck war bereits früher dorthin abgereist. Am 1. März war ich wie geplant zurück in Deutschland.

Die Fotos, die Jörg Adam gemacht hatte, waren sehr gut und es wurde eine Titel-Geschichte mit sieben Seiten im aerokurier daraus.

▲ **Die BO 105 der Flying Bulls sind in den USA als Experimental zugelassen.**

Chuck war schon nicht mehr bei Red Bull, erschien in dem Luftfahrtmagazin „Vertical Magazine" ein langer Artikel, in dem die Geschichte erstmalig richtig dargestellt wurde.

Anfang April schickte mir Chuck eine Mail, in der er davon sprach, dass er Risse im Rotorkopf eines der beiden Hubschrauber entdeckt hätte. Ich hatte noch nie davon gehört, dass in diesem mächtigen Rotorkopf Risse aufgetaucht wären. Natürlich war ich etwas alarmiert und bat ihn darum, mir Bilder zu schicken. Einen Tag später hatte ich die Bilder. Für meine Augen sah es eher wie Kratzer aus, so als wäre jemand mit einem falschen Werkzeug abgerutscht. Ich fuhr zunächst mit den Bildern auf den Flugplatz in Bückeburg und ließ dort Prüfer einen Blick darauf werfen. Außerdem fragte ich bei Airbus an, ob es generell schon einmal Risse in einem Rotorkopf gegeben habe. Natürlich nur als allgemeine Frage „aus purem Interesse". Es hatte nach Aussage der Flugsicherheits-Abteilung weltweit so etwas nie gegeben. Die Dehnschrauben an der Unterseite des Rotorkopfes konnten schon betroffen sein, aber der aus einem Stück geschmiedete Rotorkopf galt als im Flug unzerstörbar. Ich teilte Chuck diese Informationen mit, aber er war nicht überzeugt. Bei der Frage, ob er eine Vorstellung habe, wie ein Riss hätte passieren können, war er rasch dabei, es auf Blackys Checkflug zu schieben, was in meinen Augen Blödsinn war. Denn nach dem Checkflug sind Blacky und ich noch geflogen und diese deutlich sichtbaren Kratzer auf dem Rotorkopf wären uns bei der Vorflugkontrolle sofort aufgefallen. Es ging hin und her mit Telefonaten und Mails und schließlich legte ich die Bilder doch einem Fachmann von Airbus vor. Auch nach dem Anschauen der Bilder sah er keinen Hinweis, dass es etwas anderes als Kratzer sein könnten. Außerdem konnte er mir Beispiele von Belastungen des Rotorkopfes zeigen, die weit über das Normale hinausgegangen sind und nicht in der Lage waren, den Rotorkopf an sich, der ebenfalls auf der EC 145 eingesetzt war, auch nur ansatzweise in Mitleidenschaft zu ziehen. Ich teilte es sowohl Chuck als auch Greg mit. Greg hatte sich inzwischen in seinen Urlaub verabschiedet, von ihm hörte ich lange nichts mehr. Von Chuck hörte ich, er hätte den Rotorkopf bereits überprüfen lassen und es wären definitiv Risse. In der gleichen Mail schrieb er mir, dass er den Rotorkopf jetzt zur Überholung gebe und dann wieder auf den Hubschrauber baue. Einen aus einem Stück gefertigten Rotorkopf mit Rissen zu überholen, so etwas hatte auch bei Airbus noch niemand gehört. Jetzt war der Punkt erreicht, an dem ich

▼ **Für das Bewegen der Hubschrauber am Boden gibt's eine fahrbare Plattform.**

▲ **Ein ehemaliger Flugschüler von mir nahm mich auf einen Flug im Zeppelin mit.**

diese Geschichte ins Reich der Märchen verbannte. Nur meine Neugier blieb – und die Vermutung, dass er beim Versuch, den Rotorkopf abzubauen, mit einem nicht geeigneten Werkzeug abgerutscht ist.

## Auftritt auf der AERO

Der Zeitpunkt meines nächsten Einsatzes, die AERO in Friedrichshafen rückte näher. Am 17. April, einem Dienstag, flog ich nach Salzburg. Zu dieser Zeit gab es noch Direktflüge mit TUI, und so war ich bereits um kurz vor 8 Uhr dort. Dadurch konnte ich noch um 9 Uhr nach Ingolstadt fliegen und den ganzen Tag Trainingsflüge absolvieren. Denn ich hatte mein Programm gegenüber Kitzbühel und auch gegenüber dem Familientag in Donauwörth theoretisch verändert. Kitzbühel hatte auf Grund der Vorführfläche ohnehin eine eingeschränkte Vorführung verlangt, jetzt konnte ich mich mit mehr und auch anderen Flugfiguren beschäftigen. Das wollte ich in die Praxis umsetzen. Abends im Hotel verarbeitete ich meine Trainingseindrücke, und am nächsten Tag konnte ich erneut in Ingolstadt das neue Programm einüben. Am Donnerstag flog ich dann nach Friedrichshafen, wo ich an vier Tagen jeweils eine Vorführung flog und wir an einem Tag noch eine Fotosession mit einem Fotografen, Cornelius Braun, absolvierten. Auch das waren tolle Fotos, die unter anderem einige Jahre später für einen Artikel im Playboy verwendet wurden. Jaaa – über mich ist ein Artikel im Playboy erschienen. Die ganzen Tage über machte auch ein Luftschiff Passagierrundfahrten. Natürlich ging ich zum Start- und Landeplatz und schaute zu; das sieht man schließlich nicht alle Tage. Dort kam jemand von den Angestellten zu mir und bat mich, an das Luftschiff zu kommen. Überrascht war ich, einen ehemaligen Lehrgangsteilnehmer aus meiner Bundeswehrzeit dort zu treffen. Jürgen W., er war jetzt Kapitän dieses Luftschiffes. Natürlich war es eine Freude, ihn wiederzusehen, aber besonders hatte es mich gefreut, dass ich einen Flug mit dem neuen Zeppelin mitmachen durfte.

Nach einer meiner Vorführungen sprach mich eine Moderatorin eines griechischen Fernsehteams an. Sie hatte die Vorführung gefilmt und war begeistert, da sie noch nie Hubschrauber-Kunstflug gesehen hatte. Sie meinte, die Vorführung wäre etwas für eine Airshow in Griechenland. Ich glaube, es erfolgte auch eine Einladung, leider hatte ich damit nichts zu tun. Übrigens habe ich auch Stefan Raab im Flugbereich der AERO nach zwei Jahren wieder getroffen und einige Worte mit ihm gewechselt. Aber er war ziemlich in Eile für einen Termin. Insgesamt flog ich in Friedrichshafen fünf Vorführungen. Das ist für eine Veranstaltung viel, denn ich bin später oft auf Veranstaltungen gewesen, auf denen ich zwar acht Stunden An- und Abreise hatte, aber gerade sechs Minuten Flugzeit bekam.

Ende April sprach ich Greg in einer Mail wieder einmal darauf an, dass ich auch gern in den USA eine Flugvorführung machen würde. Die Airshow, für die er mich eigentlich haben wollte, war Ende Mai geplant. Dazu musste der Hubschrauber quer durch die USA gebracht werden. Also fragte ich, ob es nicht sinnvoller wäre, direkt nach Washington zu fliegen. Denn ich vermutete zu diesem Zeitpunkt, dass der Hubschrauber per Landtransport dorthin gebracht werden würde. Später stellte sich heraus, dass der Hubschrauber geflogen wurde und in der Saison zum Teil ein Hubschrauber an der Ostküste und einer an der Westküste stationiert wurde. Außerdem wollte ich wissen, ob es neue Informationen zu dem angeblich gerissenem Rotorkopf gibt. Es dauerte zwei Wochen, bis ich wieder einmal etwas von Greg und auch von Chuck hörte. Mir wurde erneut bestätigt, dass zwei Techniker, die lange an einer BO 105 gearbeitet haben, bestätigten, dass es sich um Risse am Rotorkopf handeln soll. Diese wären möglicherweise durch Überdrehzahl zustande gekommen. Jetzt sollte der Rotorkopf zur Bestätigung zu einer Prüfung geschickt werden.

Sicherlich hatte Greg diese Informationen immer von Chuck erhalten. Nur hatte mir Greg und auch Chuck schon Wochen vorher das gleiche geschrieben und auch gesagt, dass der Rotorkopf zur Überholung geht. Was sollte ich glauben? In einem Gespräch mit einem Vertreter von Airbus wurde mir bestätigt, dass Überdrehzahl zwar die Bendix-Knochen angreifen könne, aber niemals den Rotorkopf. Und dass selbst dazu extrem hohe Überdrehzahlen nötig wären. Das gab ich als Information an Greg weiter. Außerdem erwähnte Greg zwar, dass ich für die Andrews Air Show herzlich willkommen sei, aber nichts davon, mich dort fliegen zu lassen. Ich teilte ihm jedenfalls mit, dass ich in diesen Tagen in Europa keinen Einsatz hätte und zur Verfügung stünde. Auch die anderen Zeiten, an denen ich in den USA fliegen könnte, teilte ich ihm mit.

Mitte Mai durfte ich in Lüttich bei der Internationalen Helicopter Airshow, den Belgian Helidays, fliegen. Ich freute mich deshalb besonders darauf, da ich hier während meiner Bundeswehrzeit einige Male gewesen bin und es mir immer gut gefallen hatte. Zumal ich mit Raul S. dort einen Freund gefunden hatte. Auch hier war wieder Cornelius dabei und machte viele Bilder. Vor allem auch Bilder während der Rolle von „außerhalb". Mit den heutigen Kameras ist das leicht machbar, 2007 musste es noch etwas konventioneller gemacht werden.

Dass ich bei der Airshow auf der Andrews Air Force Base nicht fliegen würde, stand inzwischen fest, auch ohne, dass es mir gesagt werden musste. Denn keine der Mails, die ich noch aus Lüttich und in der Woche danach in die USA schickte, wurde beantwortet. Am 19. Mai erinnerte ich Greg noch einmal daran, dass er es war, der mich in den USA fliegen sehen wollte und mir dazu eine Liste geschickt hatte, auf der er die nach seiner Sicht bevorzugten Termine angekreuzt hatte. Ende Mai bekam ich von den Flying Bulls eine Mail, in der es um die Frage der Prioritäten zwischen Einsätzen in Europa und den USA ging. Der Wunsch war, dass ich vorrangig in Europa fliegen sollte, da in den USA ein Pilot zur Verfügung stand, aber Blacky in Europa noch nicht fliegen

▼ **Bei der theoretischen Einweisung auf eine neue Kunstflug-Figur ist ein Modell immer hilfreich.**

▲ **Blick in den einmaligen Werkstatt-Hangar-8 der Flying Bulls am Flughafen Salzburg.**

durfte. Angehängt war eine Liste der bisher in Europa anstehenden Termine. Just am Tag, an dem ich diese Mail erhielt, rief mich Greg an. Als ich ihm von dem Wunsch der Flying Bulls erzählte, wollte er die Liste der europäischen Einsätze haben. Er wollte eine Planung machen, um die Einsätze zu koordinieren. Ein Trainingslager wollte er auch noch planen, eventuell in Europa. Von der Andrews Air Show kein Wort mehr.

## ■ Keine Antworten aus den USA

Aber Anfang Juni gingen sowohl Blacky als auch ich noch davon aus, dass wir in den USA ein Trainingslager durchführen würden. Im Gespräch war Anfang August, zu dem Zeitpunkt war auch eine Airshow in Seattle geplant, und ich hatte die Hoffnung immer noch nicht aufgegeben, in den USA auch etwas anderes als nur Trainings zu fliegen. Außerdem mussten Blacky und ich unseren jährlichen Checkflug für den Erhalt der ACE Card absolvieren. Auf meine Nachfragen zum Rotorkopf erhielt ich immer nur ausweichende Antworten, dass das Ergebnis bald kommen würde. Es war so widersprüchlich: Es wäre bereits repariert, das Ergebnis der Analyse komme bald, es würde jetzt zur Analyse abgegeben…

Mit Blacky konnte ich bei kürzeren Aufenthalten in Salzburg üben, auch wenn ich in Verbindung mit einem Einsatz in Salzburg war, konnten wir uns immer wieder Übungszeit nehmen. Schön war, dass er Freude an dieser Art der Fliegerei hatte und gerne Trainingseinheiten mit mir flog. Im Gegensatz zu Chuck, der daran kaum Interesse zeigte.

Mitte Juni konnte ich Rosita zum ersten Mal nach Salzburg mitnehmen. Am 21. Juni flogen wir, und ich konnte ihr zunächst einmal den Hangar zeigen, in dem ich jetzt vorrangig arbeiten würde. Darüberhinaus natürlich die wunderschöne Umgebung von Salzburg. Verbunden war dieser Besuch mit einem Einsatz beim Donauinselfest in Wien. Dort spielten eine große Anzahl von Musikgruppen von Rainhard Fendrich über Gianna Nannini, Juli, Silbermond bis zu den Rubettes. Ich meine es waren über 80 Gruppen und Sänger. Und eben auch ein kleiner „Sideact" mit dem Red Bull Fallschirmteam und mir mit einer Kunstflugvorführung.

Nachdem wir zurück in Bückeburg waren, flog ich bereits drei Tage später wieder frühmorgens nach Salzburg, und von dort flogen wir zu dritt mit dem Hubschrauber nach Donauwörth zu einer Besprechung. Das eigentliche Thema war, wie wir zukünftig verfahren können, um das Permit-to-fly zu erhalten und wie es sich dazu mit dem Nachprüfschein verhält. Außerdem war die Überlegung, wie wir zu verfahren haben, wenn wir eines Tages mit den beiden Hubschraubern keinen Kunstflug mehr machen wollten und ein erneutes Lufttüchtigkeitszeugnis erlangen möchten. Aber ich hatte für den Bereich immer noch den Gedanken im Kopf, der bei der Besprechung mit dem LBA angesprochen wurde: Die reguläre Zulassung unserer beiden Hubschrauber für den Kunstflug. Ich hatte als Vorlage die „Special Flight Instructions for Aerobatic Flights with BO 105 Helicopters", also die Fluganweisung für Kunstflug aus dem Jahr 1973 genommen und sie nach meinen Vorstellungen umgeschrieben. Meinen Entwurf hatte ich natürlich mit den Verantwortlichen von den Flying Bulls abgesprochen und bereits vorab an die Sachbearbeiter des Herstellers geschickt. Jetzt hoffte ich, dass wir auch dieses Thema zielorientiert besprechen würden. Unsere Idee war, ein entsprechendes Flight Manual Supplement exklusiv für unsere beiden Hubschrauber zu erzeugen, und dies beim LBA beziehungsweise der EASA zuzulassen. Der Vorteil, damit würde die vorläufige Verkehrszulassung und die damit verbundenen Schwierigkeiten (halbjährliche Verlängerung, Einflugprobleme in benachbarte Länder) entfallen. Bei der Besprechung baten wir die Firma offiziell um Unterstützung für dieses Vorhaben. Das Ergebnis war, dass der Hersteller uns zusagte, die Vorgehensweise mit dem LBA abzusprechen und ein entsprechendes Supplement auf der Grundlage meines Entwurfes zu erzeugen. Die Grundlagen für ein solches Supplement wurden besprochen. Wie zum Beispiel die reine Kunstflugzeit mit einem Faktor in der Lebensdauerdokumentation zu beaufschlagen. Damit könnten die Lebensdauerzeiten in Kapitel 4 des Wartungshandbuches unverändert bleiben. Die Wartungsfrage und die Kostenfrage wurde angesprochen und wir waren guter Dinge als wir auf dem Rückflug waren. Unser Optimismus wurde einige Tage später bestärkt, als wir von Eurocopter eine Mail mit der Zusammenfassung der Besprechung erhielten. Darin stand auch der Hinweis, dass man bereits mit dem LBA gesprochen habe und dieses der von uns geplanten Vorgehensweise zustimme.

## Einsatz beim „Züri Fäscht" in der Schweiz

Der nächste Einsatz für mich war beim „Züri Fäscht" in der Schweiz. Nach der Vorführung blieb der Hubschrauber am Airport Zürich stehen, da bereits eine Woche später das Air Race in Interlaken anstand. Dort würde ich das erste Mal im Rahmen des Air Race eine Vorführung fliegen. Vor dieser Veranstaltung war ich wieder sehr nervös. Schließlich nahmen am Air Race die weltbesten Kunstflugpiloten teil und dass diese in der Lage wären zu beurteilen, was ich da tue, war klar. Ich hatte vorher Gelegenheit, mich an die Vorführfläche zu gewöhnen, es gab eine Runway mit mehr als 1500 Metern Länge, also ideale Voraussetzungen. Ich flog mein Programm und zu meinem Erstaunen waren anschließend einige der Air-Race-Piloten an meinem Landeplatz. Das Gespräch zeigte mir, dass sie es akzeptierten, was ich tat und das machte mich sehr stolz. Es fanden auch einige Rundflüge mit Zuschauern statt und hier zeigte sich, dass unsere alte BO 105, vom Gewicht her verhältnismäßig leicht, mühelos mit CAT-A-Hubschraubern auf dem Weg zur Spitze des Eigers mithalten konnte. Übrigens vermisste ich Greg in Interlaken, denn er hatte angekündigt, dort zu sein. Aber offensichtlich hatte sich zu diesem Zeitpunkt schon etwas in den USA geändert. Auf dem Rückweg nach Salzburg wurde kurzfristig noch ein Stopp mit Vorführung bei einem am Flugplatz Bouchs ansässigen Flugzeughersteller eingeplant. Dort fand gerade eine Art von Hausmesse statt. Der Kontakt kam durch einen Vertreter der Firma zustande, der mich in Interlaken fliegen sah. So viele fremde und bunte Uniformen hatte ich noch niemals an einem Ort gesehen.

Über die Entwicklung hinsichtlich der Zulassung unserer europäischen BO 105 informierte ich sowohl Greg als auch Chuck. Auch hinsichtlich der Art und Weise, wie wir sowohl die Kontrollen als auch das Notieren der

Kunstflugzeiten durchzuführen beabsichtigten, informierte ich sie. Natürlich mit der Hoffnung, dass sie es für die beiden US-Hubschrauber in ähnlicher Form machen würden. Wieder fragte ich nach dem Ergebnis der Untersuchung des Rotorkopfes. Von Chuck erhielt ich die kryptische Antwort, dass es so sei, wie er gesagt hatte, und wir nicht mehr darüber reden sollten. Greg antwortete zunächst überhaupt nicht.

Und dann hatte sich für mich ein Thema eröffnet, dass ich mit Greg besprechen musste. Mittlerweile hatte ich mehrere Anfragen bekommen, Flugshows oder Kunstflugtraining durchzuführen. Es waren mehrere Personen aus verschiedenen Ländern, auch zum Beispiel Russland, wo offensichtlich die Frage der Zulassung des Hubschraubers keine Rolle spielte. Ich sagte zwar generell nein zu solchen Anfragen weil es für mich eine Frage des Vertrauens war. Ich hatte zwar nie einen schriftlichen Vertrag bekommen, aber unsere Vereinbarung war mit einem Handschlag besiegelt worden. Nicht mit Greg, sondern schon höher, und mir hatte das gereicht. Trotzdem interessierte mich natürlich, wie ich zukünftig solche Anfragen auch unterschiedlicher Art behandeln sollte. Denn die Test Flight Academy in Kapstadt hatte ebenfalls angefragt, ob ich im Dezember zur Verfügung stehen würde. Dort würde es nur um eine kurze Einführung in ungewöhnliche Fluglagen im Rahmen einer Testpilotenausbildung gehen. Eine Antwort dazu bekam ich von Greg nicht, Blacky meinte, dass er bei Anfragen wie der aus Kapstadt nichts dagegen hätte.

## Großbritannien hat zusätzliche Vorschriften

Bei der Vorbereitung auf das Air Race in London stieß ich auf ein Problem. In England wurde für eine Vorführung eine Display-Autorisierung benötigt. Die US-ACE Card wurde nicht anerkannt. Meine deutsche Kunstflug-Berechtigung wurde in England, obwohl ebenfalls JAA-Land, auch nicht anerkannt. Deutschland stellte aber keine Display-Autorisierungen aus. Von Jörg F., unserem Kamerapiloten bei den Air Races, bekam ich Hilfe. Voraussetzung war die Display-Autorisierung eines JAA-Landes. Jörg hatte gute Kontakte zu einem Mitarbeiter des Schweizer Bundesamtes für Zivilluftfahrt (BAZL) und dieser wiederum gute Kontakte zu dem entsprechenden CAA UK Inspektor. So konnte ich die Display-Autorisierung schneller erwerben als es auf dem normalen Antragsweg möglich gewesen wäre. Mein Einsatz in London war gerettet.

Das London Air Race sollte auf dem City Airport mitten in der Stadt stattfinden. Während der Trainings und der Rennen war der Airport stillgelegt, nur außerhalb dieser Zeiten wurden natürlich Slots für den Anflug vergeben. Da mein Slot morgens um 10 Uhr lag, musste ich bei der Anreise einmal übernachten, was ich direkt am Flughafen Brüssel tat. So konnte ich London am nächsten Tag pünktlich erreichen. Während des Rennens und der Trainings flog ich den Fotohubschrauber, meist mit wechselnden Fotografen. Dabei hatte ich viel Zeit, mir die Stadt aus der Luft anzuschauen. Ein Privileg, das ich bei zukünftigen Air Races sehr zu schätzen wusste.

Bis zu dem nächsten Air Race in Budapest fand unter anderem noch eine Airshow in Kecskemét in Ungarn statt. Erwähnenswert ist diese Veranstaltung auch deshalb, weil mich dort Zoltan F., ein ungarischer Kunstflug-Pilot mit Verbindungen nach Al Ain, ansprach. In Al Ain in den Vereinigten Arabischen Emiraten (VAE) fand jedes Jahr im Januar eine Einladungs-Airshow statt. Das bedeutete, der Veranstalter suchte sich aus, welche Airshow-Performer er gern dabeihätte, und dafür übernahm er alle Kosten. Ich konnte ihm nur Ansprechpartner bei red Bull nennen und hoffen, dass es klappen würde.

## Budapest war immer ein Erlebnis

Mitte August ging es nach Budapest. Es war für mich das zweite Mal, dass ich in Budapest war, und der dritte fliegerische Auftritt bei einem Air Race. Aber jetzt durfte ich in dieser fantastischen Kulisse meine Vorführung fliegen. Zwischen der Kettenbrücke und der Margareteninsel, rund 1700 Meter lang und etwa 300 Meter breit in einem leichten Bogen verlaufend, waren die Abmessungen der Box. Ideale Bedingungen, und die Kulisse war einfach beeindruckend. In anderen Städten würde man großen Ärger bekommen, mitten in der Stadt in niedriger Höhe, dazu unmittelbar vor dem Parlament zu fliegen. Auch hier flog ich den Fotohubschrauber, und ich konnte in Ruhe in alle Hinterhöfe schauen. Speziell diese Art von Einsätzen war in Budapest am schönsten. Aber auch manchmal schweißtreibend. Es gibt in Budapest ein insgesamt 40 Meter hohes Denkmal, die Liberty Statue, die sich etwas mehr als einen Kilometer südlich der Kettenbrücke oberhalb der Donau vor der Zitadelle auf dem Gellértberg befindet. Die Statue zeigt eine 14 Meter hohe Frau die mit den ausgestreckten Armen einen Palmenzweig über dem Kopf hält. Dadurch er-

▲ Die Vorführungen Rahmen des Red Bull Air Races erfolgten in Budapest mitten im Zentrum der Stadt .

▶... unmittelbar vor dem Parlamentsgebäude.

gibt sich eine große Öffnung zwischen Kopf und Palmwedel. Ein Fotograf wollte gern durch diese Öffnung auf die Rennstrecke fotografieren. Die Bilder wurden wirklich gut und sahen natürlich sehr interessant aus. Nun wollten die anderen auch solche Fotos. Nur stellte der Schwebeflug dafür bei der ungünstigen Windrichtung von schräg hinten eine wahrhaft schweißtreibende Tätigkeit dar. Meine Vorführung war wesentlich entspannter.

Nicht ganz so entspannt war ein Erlebnis, das ich bei einer der nächsten Veranstaltungen hatte. Es war ein Flugtag in Oppenheim Ende August. Eine kleinere Veranstaltung, aber gerade die machen sehr viel Freude. Der Kontakt zu den Zuschauern war gut, ich lernte wieder viele Piloten kennen. Es ist ohnehin so, dass man sehr viele Piloten bei anderen Veranstaltungen wieder trifft. Es kam mir immer wie eine große Familie vor. Als Hubschrauberpilot war man immer ein Exot, vor allem durch den Kunstflug mit dem Hubschrauber war man erst recht „der" Exot. Es waren in der Zwischenzeit viele Berichte in Luftfahrtzeitschriften unterschiedlicher Länder, Tageszeitungen, Modellzeitschriften, Internetforen, durch Ankündigungen der Veranstalter erschienen, sodass eine gewisse Neugier am Hubschrauber-Kunstflug geweckt war.

## Noch mal gut gegangen

Von einem Piloten wurde ich gefragt, ob ich Interesse hätte, sein Flugzeug von einer Parkposition zu einer anderen zu bewegen und zwar über eine Platzrunde. Natürlich wollte ich, und wir stiegen ein. Es handelte sich um ein mehrsitziges, einmotoriges Flugzeug. Zum Verständnis der ganzen Situation muss man sagen, dass der Flugplatz unmittelbar am Rhein liegt und, als Folge der Überschwemmungen des Frühjahres, der Boden der Graspiste sehr wellig geworden war. Inzwischen hatte es eine längere Periode mit sonnigem Wetter gegeben, und jetzt war die Runway sehr hart, aber mit vielen Bodenwellen bestückt. Der Pilot beschleunigte das Flugzeug, aber die dauernden Schläge im Fahrwerk veranlassten ihn offensichtlich, das Gas immer wieder etwas zu reduzieren. Im Ergebnis wurden wir nicht schneller und das von Bäumen gesäumte Ende der etwas über einen Kilometer langen Runway kam immer näher. Dann hob er ab, und ich hörte einen unterbrochenen Warnton. Es klang nicht gut in meinen Ohren. Wir hatten nicht genügend Geschwindigkeit. Das Flugzeug neigte sich zunächst nach links, wir touchierten mit der Flügelspitze den Boden. Dann neigte es

▲ **Der Zwischenfall in Oppenheim ging zum Glück glimpflich ab.**

sich nach rechts und als nächstes senkte sich die Nase, so dass der Propeller in den Boden schlug und stand – wie auch der Motor! So wie auch wir. Die Nase auf dem Boden, das Heck in der Luft. Wenn ich ehrlich bin war ich froh, dass wir so standen und nicht in den Bäumen gelandet sind.

Ende August erhielt ich auch nach langer Zeit mal wieder eine Mail von Greg. Er teilte mir lediglich mit, dass er erst jetzt meine letzte Mail erhalten hatte. Außerdem wäre er sehr beschäftigt, weil „alle großen Bosse" aus Österreich da wären und er würde mir mehr schreiben, wenn diese Besprechungen vorbei wären. Es waren nicht die Informationen, die ich mir erhofft hatte. Das Trainingslager oder einen Einsatz in den USA hatte ich mir für dieses Jahr längst aus dem Kopf geschlagen. Allerdings gab es auch in Europa viel zu tun. Es standen noch einige Veranstaltungen auf dem Programm, und auch die Zulassungsfrage bedurfte noch einiger Arbeit. Anfang September bekamen wir den ersten Entwurf des zukünftigen Supplements FMA 12-1 mit dem Titel „Appendix for special flight instruction for aerobatic flights BO 105 C" zugeschickt. Mitte des Monats folgten die endgültigen Festigkeitsberechnungen zutreffender Bauteile für unsere beiden BO 105 in Salzburg. Noch war nicht entschieden, ob mit Faktoren für die Kunstflugstunden oder mit verkürzter Lebensdauer dieser Teile gearbeitet werden soll. Mehrere Vorschläge wurden unterbreitet. In alle Überlegungen war das LBA eingebunden; dessen Änderungswünsche waren zunächst minimal. Es stand noch der Statikbericht aus, aber es schien, als könnten bis zirka Mitte Oktober alle Unterlagen bei der EASA eingereicht werden. In der nächsten Zeit fand ein reger Austausch unserer Technikabteilung mit der zuständigen Abteilung bei Eurocopter statt, während ich mich mit der Testflug-Abteilung betreffend des Supplements austauschte. Es gab immer wieder Nachfragen und auch kleinere Änderungen. Aber wir waren wirklich auf dem Weg, beide Hubschrauber regulär für Kunstflug zuzulassen.

## Festigkeitsnachweise für das Getriebe

Hannes informierte mich über seine Fortschritte beim Air Race und ich ihn über den Fortschritt unseres Programms. Vor allem die Tatsache, dass wir offensichtlich mehr als nur den Experimentalstatus erreichen würden, fand er beachtlich.

Mitte Oktober waren die Unterlagen doch nicht bei der EASA eingereicht worden. Es fehlten Festigkeitsnachweise für das Getriebe. Die ursprünglichen Nachweise, auf denen die Kunstflugerweiterung basieren sollte, waren nicht ausreichend. Für uns insofern ein Problem, weil das Permit-to-fly für die D-HTDM nur noch bis zum 22. November 2007 gültig war, und somit neu beantragt werden müsste, damit der Hubschrauber ab diesem Zeitpunkt nicht am Boden stehen müsste. Ein neuer Antrag war deshalb nicht zu vermeiden.

Einige Tage später erhielten wir die Information, dass das das LBA die Aussage von Eurocopter, dass es keine Bedenken bezüglich des Lastspektrums gäbe, als Nachweis anerkennen würde. Vorausgesetzt, dass während des Kunstflugprogrammes die Getriebe-Torque-Limits eingehalten würden. Diese Information war natürlich als Frage an mich gerichtet, denn es waren ja auch meine Unterlagen, die als Grundlage für die Erstellung des Festigkeitsspektrums gedient hatten. Meine Antwort war eindeutig, denn eine Überschreitung des Torques war niemals notwendig gewesen – wäre natürlich auch nicht zulässig gewesen.

Greg fragte am 30. Oktober nach, ob ich zur Nellis Air Show kommen wolle. Natürlich nur als Zuschauer. Denn, was mir inzwischen klar geworden war, es war letztlich Chuck, der absolut nicht wollte, dass ich in den USA eine Vorführung fliege. Allerdings hatte Greg zu diesem Zeitpunkt noch ins Auge gefasst, im Dezember wieder ein gemeinsames Treffen und Training durchzuführen, auch um die ACE Card zu verlängern. Chuck, der im November des Jahres für einen Urlaub nach Europa kam und auch in Salzburg war, wusste nichts davon und natürlich wurde es nichts mehr.

## Auch Greg war weg

Zumal sich in den USA eine Änderung anbahnte: Am 26. November, wenige Tage nachdem ich Chuck in Salzburg getroffen hatte, schrieb mir Greg, dass er nicht mehr für Red Bull arbeitet. So wie er sich ausdrückte, war es letztlich das Verhältnis zu Chuck, das zu der Trennung geführt hatte. Er schilderte mir einige Beispiele, die mich doch verwundert haben, auch, weil sie zum Teil mich betrafen. Ob Greg gekündigt wurde, ob er von sich aus gegangen ist, habe ich nie erfahren. Für mich ging es jetzt darum herauszufinden, wer denn jetzt mein Ansprechpartner in den USA war. Ich musste mich über einige Stationen vorarbeiten, denen ich jeweils erst einmal erklären musste, wer ich war und was ich wollte.

Hilfreich war, bei jeder Mail an den neuen Ansprechpartner zu fragen, ob ich mich an eine bestimmte Person wenden sollte. Das beschleunigte die Antworten, und zwei Tage später hatte ich herausgefunden wer jetzt für mich zuständig war. Es war Jillian G., und auf meine Mail antwortete sie noch am gleichen Tag. Ich hatte wieder meinen Ansprechpartner in den USA.

Ebenfalls Ende November war erneut ein Treffen von Europcopter und den Flying Bulls, diesmal in Salzburg, geplant. Beabsichtigt war, dass sich einige Vertreter von Eurocopter im Fluge von der Durchführbarkeit und der Belastung im Rahmen von Kunstflugmanövern überzeugen wollten. In meinen Augen ein guter Vorschlag, denn das Erleben von Kunstflug direkt im Hubschrauber ist immer der beste Beweis für die Seriosität. Außerdem bot ich Videoaufnahmen an, die im Rahmen von Airshows auch von innen gemacht worden waren. Denn ein Vorführflug mit einem Vertreter von Eurocopter gibt zwar einen Eindruck, aber Aufnahmen einer echten Vorführung zeigten die Belastungen deutlicher. Der 28. November wurde schließlich festgelegt, und ich führte einen Flug mit Georg N. durch. Er war zu der Zeit der Verantwortliche bei Eurocopter. Sowohl die Besprechungen als auch die Aufnahmen als auch der Flug waren für beide Seiten erfolgreich. Allerdings wurde uns seitens der Firma mitgeteilt, dass nach Einreichen des Antrags die Bearbeitungszeit bei der EASA erfahrungsgemäß sechs bis acht Wochen dauert. Nach dieser Besprechung war das Jahr 2007 für mich fliegerisch beendet.

Anfang Januar 2008 war ich zunächst damit beschäftigt, Jillian genauer darzulegen, worum es mir ging. Auch Greg schrieb ich noch einmal an, in der Hoffnung, dass er vielleicht Jillian erklärte, worum es bei dem ganzen Pro-

◂ **Warten auf die Startfreigabe.**

▲ **In der Box vor einem Beschleunigungsrennen zwischen einem Flugzeug und einem Formel-1-Boliden.**

jekt ging. Aber von ihm hörte ich erst im April etwas, als er von mir wissen wollte, wo er eine Mi-8 herbekommen könne. Auch ging er in dieser Mail erstmal etwas deutlicher darauf ein, warum er Red Bull verlassen hatte. Unter anderem schrieb er „und ich konnte mit Chucks Ego/Attitüde nicht mehr umgehen".

Meine erste Erklärung an Jillian brachte lediglich die Nachfrage, ob ich eine Kopie meines Vertrages zuschicken könne. Ich erklärte den bisherigen Ablauf der Zusammenarbeit, die Geschichte der Zulassung, bisherige Trainings und so weiter nochmals ausführlicher. Außerdem brachte ich den Namen von Blacky ins Spiel, mit dem Hinweis, dass Blacky sich nötigenfalls an die oberste Führung wenden könnte. Es dauerte noch vier Tage, dann war offensichtlich alles geklärt. Jillian schrieb „ Chuck hat mir ein Bild von dir, ihm und Dietrich gezeigt". Hatte das Bild mehr bewirkt, als meine Erklärungen? Diese Frage stellte ich mir und natürlich auch, ob Chuck mich vorher überhaupt in seinen Gesprächen mit ihr jemals erwähnt hatte. Auf jeden Fall klappte von jetzt an der Kontakt problemlos.

Im Januar erhielt Blacky die Erlaubnis, in Europa Kunstflug auf Hubschrauber durchzuführen. Es hatte lange gedauert, wir mussten noch in Lehrgangsform eine Ausbildung in Europa nachweisen bis Austro Control es anerkannte. Aber jetzt konnten wir uns die inzwischen zahlreichen Einsätze in Europa teilen.

## ■ Ausflug nach Al Ain

Zoltan F., den ich in Kecskemét kennen gelernt hatte, schien Erfolg damit gehabt zu haben, die Vorführung der BO 105 in Al Ain als etwas Besonderes angepriesen zu haben. Auf jeden Fall war noch 2007 die Einladung für die Al Ain Airshow eingegangen. Das Management zögerte nicht und willigte ein, zumal im April ohnehin ein Air Race in Abu Dhabi stattfinden würde. Der Hubschrauber könnte so lange problemlos in Abu Dhabi bleiben, da in Europa die Saison erst später beginnen würde. Am 19. Januar flog ich nach Dubai und fuhr von dort mit einem Fahrzeug weiter nach Al Ain. Dort blieb ich für rund eine Woche, zusammen mit Blacky und Gerhard M., unserem technischen Leiter. Er hatte den notwendigen Zusammenbau des Hubschraubers nach der Luftverladung geleitet und blieb zur technischen Betreuung dort. Die Airshow war sehr spektakulär, mit Darbietungen, die so in Europa vermutlich nicht stattgefunden hätten. Allein die Nähe des Publikums an einigen der Vorführungen war bemerkenswert. Schön war, dass ich Jurgis Kairys wieder traf. Ihn hatte ich 1994 auf der ILA kennengelernt, und er konnte sich noch an mich erinnern. Er sprach von mir als dem verrückten Hubschrauber-Piloten, den er auf einer ILA kennen gelernt hatte.

Offensichtlich hatte meine Vorführung auch einem Besucher aus Saudi-Arabien gefallen. So sehr, dass er bei dem regionalen Repräsentanten nachfragte, ob die BO 105 eine Vorführung in Riad fliegen könne. Es wurde ihm zugesagt, und binnen zweier Tage bekamen Blacky, Gerhard und ich ein Visum für Saudi-Arabien ausgehändigt. Am Rand einer Schnellstraße in Dubai…

Zunächst zurück in Bückeburg drehte es sich in der Folgezeit zunächst um die reguläre Zulassung für den Kunstflug unserer BO 105. Es wurden in regelmäßigen Abständen neue Versionen vom Appendix AMM und Appendix FLM ( Aircraft Maintenance Manual und Flight Manual) zugeschickt. Es ging voran, aber doch langsamer als gedacht.

Auch bekam ich eine Mail von Helmut W., dem neuen Verantwortlichen für Motorsport und Aviation bei Red Bull North America. Er stellte sich vor, und wir führten einige Tage später ein längeres Telefonat. Es ging unter anderem um die unterschiedliche Ausrichtung des Hubschrauberprogramms in Europa und den USA und die Hintergründe der Zulassung. Natürlich auch um die Schwierigkeiten, die es aus unterschiedlichen Gründen gegeben hatte. Ich fasste einiges noch einmal schriftlich zusammen und schickte es ihm zu. Vor allem in Anbetracht der Tatsache, dass Chuck eine Operation bevorstand, war er sehr davon angetan, dass ich in der Zeit des Ausfalls von Chuck die Vorführungen in den Staaten fliegen könnte. Die möglichen Termine für den notwendigen Checkflug zur Erneuerung der ACE Card wollte er mit Chuck absprechen. Er versprach, mich auf dem Laufenden zu halten.

Anfang Februar flog ich erneut nach Dubai. Der Hubschrauber war in Al Ain stehen geblieben, und Gerhard und ich übernahmen ihn dort, um nach Riad zu fliegen. Ein etwas abenteuerlicher Flug über Bahrain nach Riad für eine kurze, sechsminütige Vorführung auf einem kleinen Privatplatz nördlich von Riad. Eine kleine Halle, aber eine 3962 Meter lange Runway. Zwar waren auch einige Gästeflüge durchzuführen, aber wir hatten genug Zeit, um die Stadt Riad kennenzulernen, zumal wir den Rückflug einen Tag später antreten mussten, da wir zunächst keine Landegenehmigung für Bahrain erhielten. Der örtliche Repräsentant von Red Bull war ein ausgezeichneter Führer, deshalb waren wir darüber nicht böse.

Einige Tage zu Hause, einige Tage Training in Salzburg und dann ging es Anfang April erneut nach Dubai. Jedes Training für mich nutzte ich auch, um neue mögliche Manöver, die ich mir ausgedacht hatte, auszuprobieren. Jeden Flug lernte ich dazu. Es ergaben sich immer wieder neue Möglichkeiten durch Abwandlungen, Kombinationen oder einfach durch Änderung der Reihenfolge, um einen flüssigeren Ablauf zu erreichen. Das Programm sah nicht nur verändert aus, auch konnten im gleichen Zeitrahmen mehr Manöver geflogen werden. Insofern war mein Programm in Abu Dhabi schon wieder leicht verändert.

Zunächst musste der Hubschrauber aber aus Al Ain abgeholt werden, wo er nach dem Einsatz in Riad geblieben war. Für das Air Race waren wir zunächst in Al-Bateen stationiert, etwa 12 Kilometer landeinwärts von der Corniche in Abu Dhabi. Dem Flugplatz, auf dem wir 2005 bereits waren, um dort die zum Verkauf stehenden BO 105 zu besichtigen.

## ■ Fantastische Aufnahmen über Dubai

Von dort aus konnte ich vier Kilometer südwestlich über einen breiten Kanal fliegen, um zu trainieren. Außerdem starteten wir einige Video- und Fotoflüge für Marketingzwecke. Drei Rennflugzeuge und der Hubschrauber in einer sehr engen Formation vor schönen Hintergründen wie der Scheich-Zayid-Moschee, den Palm Islands – zu dieser Zeit noch in der Entstehung. Um vor der Kulisse des Burj Al Arab Jumeirah fliegen zu dürfen, bedurfte es einiger dezenter Absprachen. Aber es funktionierte, und ich konnte auch einige Loops vor dieser Kulisse fliegen.

Die Rennstrecke war in der Wasserfläche zwischen dem Lulu Continental Island und dem Abu Dhabi Beach aufgebaut, die Hangars mit Tower im Hafengelände zirka fünf Kilometer nordostwärts. Dort wurden auch Einlageveranstaltungen durchgeführt. Rennen zwischen den Rennflugzeugen und einem Formel-1-Boliden oder einem Rallye-Fahrzeug. Alles wurde natürlich per Video aufgezeichnet und zum Teil auf die Großleinwände übertragen. Für mich als großen Fan der Formel 1 war es schön, diese Fahrzeuge so nah zu sehen, den Technikern bei der Arbeit zuzusehen und sie mit meinen Fragen löchern zu dürfen. Zumal sie nicht einfach nur standen, wie es bei Messen oder auch im Hangar-7 der Fall ist, sondern fahren sollten. Allein die Vorbereitungen zu sehen, fand ich interessant.

Am Tag vor dem eigentlichen Air Race fand traditionell immer die Öffnung der Boxengasse statt. Besucher durften dann an die Boxen, mit den Piloten sprechen und sich vieles aus der Nähe anschauen. Auch meine BO 105 stand dazu etwas versetzt zur Besichtigung. Eine größere Gruppe deutsch sprechender Menschen näherte sich, und einer der Männer sprach mich an, ob ich mich an ihn erinnern würde. Einen Moment dauerte es, aber dann erinnerte ich mich: Es war der ehemalige General Flugsicherheit, mit dem ich während meiner Bundeswehrzeit das damalige Vorführprogramm geflogen war. Jetzt war er Inspekteur der Luftwaffe. Die Gruppe bestand aus Bundeswehr-Tornado-Piloten, die zu einer Übung in den Emiraten waren und die Gelegenheit nutzten, das Air Race zu besuchen.

Während der Vorführung am Renntag bemerkte ich, dass die aerodynamische Leistung rapide nachgelassen hatte. Gefühlt war bereits bei zirka 2,5 g die Grenze zum Stall erreicht. Zwar herrschten sehr hohe Temperaturen bis an 40 Grad Celsius, aber die waren während der letzten Tage auch gewesen, und über dem Wasser ist es immer etwas kühler. Auch die Density Altitude (Dichtehöhe) war mit weniger als 4000 Fuß nicht besonders hoch. Weder bei den Manövern für die Fotos, noch bei den ersten Trainings über dem Kanal, hatte ich irgendein Leistungs-

Spektakulärer Start von Skip Stewart während der Al Ain Airshow.

Für den Lufttransport nach Al Ain wurde die BO 105 demontiert.

Eine Verzögerung beim Rückflug ermöglichte uns, landestypische Eindrücke zu gewinnen.

Unbeschreibliche Eindrücke beim Flug neben dem Burj al Arab in Dubai.

Auf dem Flug nach Riad überfliegt man Hunderte Kilometer Wüste.

Formationsflug als Vorb reitung auf d Air Race in A Dhabi.

▲ **Kinder waren besonders begeistert bei der Ankunft der BO 105 im Legoland in Günzburg.**

problem mit dem Hubschrauber. Selbst als ich bei zwei Trainingsflügen Hannes mit an Bord hatte, war der Leistungsbedarf so, wie ich es immer gewohnt war. In späteren Zeiten bin ich sehr häufig an Orten mit höherer Density Altitude geflogen, aber so extrem habe ich es nie wieder bemerkt. Für mich immer noch ein Rätsel, aber es sensibilisierte noch mehr, während aller Manöver das Gefühl mit den Werten, auch dem *g*-Messer, abzugleichen.

Die Fotoflüge waren auch hier in Abu Dhabi wieder eine schöne Abwechslung für mich. So hatte ich Zeit, die Umgebung in aller Ruhe aus der Luft zu betrachten. Bezüglich der Fotoflüge hatte ich eine längere Unterredung mit dem Renndirektor. Er bat mich, mit Chuck über diese Flüge zu sprechen. Er hatte es schon versucht, aber zumindest bis vor einigen Tagen keinen Erfolg gehabt. Chuck wollte diese Flüge in diesem Jahr in den USA nicht mehr machen. Diese Bitte übermittelte ich auch an Helmut, dem ich unsere kommende Planung für Europa mitteilte. Natürlich auch vor dem Hintergrund, dass ich nach dem Personalwechsel in den USA erneut hoffte, dort Vorführungen zu fliegen. Zumal durch die beabsichtigte Operation von Chuck darüber gesprochen worden war.

## Herausfordende Umstände

Generell beschränkten sich die Vorführungen unseres Hubschraubers nicht nur auf Airshows. Es wurde auch zu unterschiedlichen Veranstaltungen geflogen, abhängig vom Marketing. In Planica, dort war im Rahmen des Skispringens eine Vorführung geplant gewesen, die auf Grund des Wetters aber ausfiel, wäre es zum Beispiel so gewesen, dass ich vom Flugplatz Laibach rund 30 Minuten hätte anfliegen müssen. Eventuell wären noch Holdings nötig gewesen, weil der Einsatz zeitlich nicht passt. Dazu die Vorführung und der Flug zurück, hätten bedeutet, dass ich relativ viel Kraftstoff hätte mitnehmen müssen. Was die Berechnung der Kraftstoffmenge nicht einfach machte. Und mehr Kraftstoff kann weniger mögliche *g*-Belastung bedeuten. Auch die Länge der zur Verfügung stehenden Strecke spielt eine Rolle und eine Vorführung direkt über einer Hochspannungsleitung ist auch nicht ideal. Deshalb hatte ich alle Bedingungen, die wir benötigen, in einer Liste zusammengefasst und schickte das Papier Blacky zur Prüfung. Dann sollte es an die Stelle gehen, die Anfragen zu Einsätzen entgegennimmt.

Der nächste Einsatz war einer der schönsten, die ich je erlebt habe. Er fand im Legoland bei Günzburg statt. Mit mir zusammen war Robert S., mehrfacher deutscher Meister im Modell-Hubschrauberfliegen, dabei. Wir wechselten uns mit unserer Show ab – an zwei Tagen waren es jeweils sechs Vorführungen. Die Park Position war direkt im Gelände von Legoland, die Vorführfläche etwas außerhalb, aber sehr gut einsehbar. Es waren überwiegend Kinder, mit denen man zu tun hatte. Sie waren so interessiert, hatten so viel Freude und es war für uns einfach schön, dieses tolle Publikum zu begeistern.

## ILA here we come!

Vor dem Einsatz auf der ILA in Berlin, auf den ich mich sehr freute, waren noch einige Tage Training in Neuhausen, dem ehemaligen Heeresflugplatz, angesetzt. Dort konnte ich wieder etwas an meinem Programm feilen. Die ILA war für mich deshalb etwas Besonderes, weil ich dort viele Jahre im Rahmen der Bundeswehr Vorführungen geflogen war und nun als Zivilist zurückkehrte und Kunstflug ohne Hemmungen betreiben durfte. Denn im militärischen Hubschrauber war es immer eine Gratwanderung gewesen. Jetzt konnte ich dem Freigabeflug ganz entspannt entgegensehen, niemand musste mehr Offizielle auf dem Tower ablenken, alles war komplett legal. Es gab ein Wiedersehen mit vielen Bekannten, aber irgendwie stand ich jetzt auf der anderen Seite. Daran zu merken, dass ich gefühlt anders wahrgenommen wurde.

Neben den Veranstaltungen, die ich besuchte, hatte ich natürlich immer die Zulassung unserer Hubschrauber im Blickpunkt. Zwar konnten wir mit dem Permit-to-fly überall fliegen, aber es war doch organisatorisch ein größerer Aufwand, den wir natürlich gern vermeiden würden. Im Moment schien es wieder zu stocken. Hatten wir doch Ende 2007 bereits damit gerechnet, dass unser Antrag zur Bearbeitung eingereicht würde. Im Mai 2008 war der Stand so, dass das Supplement nach Aussage Eurocopters aus dem Haus war. Es lag offensichtlich zurzeit beim LBA, denn von dort kamen noch Fragen, die Eurocopter teilweise an uns weiterreichte. Vor allem die Kraftstoffversorgung und die Schmierung waren ins Blickfeld der Behörde geraten. Da für die beiden Hubschrauber im Flughandbuch der Zusatz „kein Kunstflug" aufgehoben werden sollte, wollte man durch entsprechende Nachweise oder Nachweisprogramme, durch eventuelle frühere Testergebnisse und Unterlagen alles abgedeckt haben. Konkret waren die Fragen des LBA wie folgt:

1. Beschränkung der negativen *g*-Werte auf maximal 5 Sekunden. Aufnahme im Flughandbuch.
2. Angabe der erlaubten Kunstflugmanöver in der Limitation Section und Aufnahme im Flughandbuch. Für das LBA ist auch die Abfolge der Figuren wichtig, es soll verhindert werden, dass mehrmals hintereinander Figuren mit negativen *g*-Werten geflogen werden und damit die Treibstoffversorgung und MGB-Ölversorgung gewährleistet bleibt (siehe auch Punkt 4). Eine Möglichkeit wäre die Zulassung des „Wilke-Programms" (*das Programm, das ich noch während der Bundeswehrzeit von Eurocopter genehmigt bekommen hatte*) Allerdings wäre dann keine Variation in der Abfolge und Dauer des Kunstflugprogramms möglich.
3. Spezifizierung der einzelnen Flugmanöver: wie lange darf eine Belastung andauern und wie hoch sind die dabei auftretenden Belastungen?
4. Die (freie) Kombination der einzelnen Flugmanöver muss noch innerhalb der zugelassenen Grenzen bleiben. Dafür ist entscheidend, wie die Manöver im Einzelnen spezifiziert sind (siehe Punkt 3) und welche resultierende Belastung auch im Hinblick auf Kraft- und Schmierstoffversorgung entsteht. Eventuell mit einer NOTE im FLM-Supplement: „... die Kombination der Manöver muss die ständige Versorgung sicherstellen" (Kombinationen ohne „Erholung vermeiden)
5. Absolute Höhe, bzw. Höhenbereich über Grund, innerhalb dem der Kunstflug stattfindet muss mit in die Zulassung einfließen.
6. Aufnahmen in Limitation Sektion: Nationale Regularien müssen auch für Kunstflug beachtet werden. Das heißt, wenn der Aerobatic Appendix gültig ist, müssen stets die nationalen Regularien angewendet werden.

## Das LBA hatte Raab in Gefahr gesehen

Viele der Einwände und Fragen des LBA beruhten auf meinem Flug mit Stefan Raab. Dort wäre ich mit der BO 105 auf dem Rücken liegend mit Drehungen um die Hochachse nach unten „geschwebt". Da solche Manöver sowohl die $-0{,}5\,g$ überschreiten würden als auch länger als 5 Sekunden dauern würden, gab es Bedenken bezüglich der Treibstoff- und Getriebe-Ölversorgung und deshalb sollten die Grenzen enger gezogen werden. So schlug Eurocopter vor, ich solle selbst mit dem LBA zu sprechen.

Mir zeigten die Fragen, dass für Kunstflug mit einem Hubschrauber relativ wenig Verständnis da war. Zum Beispiel, dass der Hubschrauber auf Grund der Auftriebserzeugung grundsätzlich nur sehr kurz im negativen Bereich operieren kann. Deshalb immer wieder ein positives Manöver folgen muss. Mit $-0{,}5\,g$ konnte ich leben, aber die Einschränkung gefiel mir nicht. 1992 legte Eurocopter Deutschland in einem Dokument im Rahmen von Trainingsflügen für Kunstflug die negative Belastungsgrenze auf $-0{,}5\,g$ und $-1{,}0\,g$ für max. 5 Sekunden fest. Sowohl in der zivilen, als auch in der militärischen Dokumentation war als Begrenzung der negativen *g*-Belastung $-0{,}5\,g$ ohne zeitliches Limit festgelegt. Ich erinnere an die Antwort, die ich auf meine Frage zu dieser unterschiedlichen Betrachtung erhielt: „Im Normalbetrieb erreicht man die $-0{,}5\,g$ sowieso nicht"

Eine Festlegung der maximalen Zeitdauer – auch für positive Manöver – wollte ich natürlich ebenfalls nicht akzeptieren. Damit hätte es zu der Situation kommen können, dass im normalen Flugbetrieb fünf Minuten Vollkreis mit einer *g*-Belastung von 2,4 geflogen werden dürfen, mit dem für Kunstflug zugelassenen Hubschrauber aber eventuell nur fünf Sekunden. Die minimale Flughöhe ergab sich ohnehin aus den jeweils nationalen Regularien und dass diese immer beachtet werden müssen, ergibt sich aus der Gesetzgebung.

Die Zulassung eines festen Programms war für mich natürlich nicht akzeptabel. Es hätte in der Gestaltung des Programms, beziehungsweise dessen Weiterentwicklung, zu stark eingeschränkt. Es entwickelte sich ein für mich akzeptabler Kompromiss. Auch zu der Begrenzung im negativen *g*-Bereich konnte ich zustimmen, zumal ich es nie erlebt hatte, dass der negative Bereich so lange gedauert hatte und auch ein solcher Wert von mir nie benötigt wurde. Schließlich sind 0 *g* bereits Schwerelosigkeit.

Ich nahm schriftlich gegenüber Eurocopter Stellung, schickte ebenfalls eine komplette Manöverliste mit den zugehörigen Werten mit. Damit sollte die Beschränkung auf ein festes Programm wegfallen, was mir am wichtigsten war. Auch suchte ich das persönliche Gespräch mit der Behörde, und dabei konnten einige Missverständnisse ausgeräumt werden. Auch hier hatte ich den Eindruck, dass man mit dem LBA reden kann. Aber trotzdem benötigte alles seine Zeit.

Das normale Leben mit Veranstaltungen und Trainings ging inzwischen weiter. Unter anderem fand wieder das Air Race in London statt. Diesmal hatten Jörg F. mit dem Kamera-Hubschrauber und ich die Gelegenheit, mit Führung durch einen Hubschrauber der Metropolitan Police, einen Flug über London abseits der offiziellen Routen zu machen.

Ich war kaum aus London zurück, da erreichte mich bereits früh am Morgen ein Anruf von Eurocopter. In der Ukraine war eine BO 105 abgestürzt. Einige Dinge waren bei diesem Unfall merkwürdig. Offensichtlich waren ein österreichischer Pilot, ein deutscher Besitzer und zwei Ukrainer beteiligt. Der Pilot wollte etwas zeigen, und einer der Ukrainer stieg aus. Er überlebte. Mir wurde gesagt, das deutsche Kennzeichen des Hubschraubers – ein ehemaliger Verbindungshubschrauber der Bundeswehr – gehörte im Original zu einer BO 105 die zu diesem Zeitpunkt in einer Halle in Donauwörth stand. Aber was uns betraf, war die Tatsache, dass der Hubschrauber beim Kunstflug, oder besser sollte ich sagen „beim Versuch, Kunstflug zu machen", abgestürzt war. Es handelte sich vermutlich um den Versuch einer Rolle. Natürlich ließ das alle Personen, die unserem geplanten Programm skeptisch gegenüberstanden, aufhorchen. Viel war über diesen Unfall nicht zu erfahren, eine kurze Information im Aviation Safety Network und ein Bericht in einer Zeitung aus Kiev. Aber weil sich schnell herausstellte, dass es sich um einen Pilotenfehler handelte, hatte es keine unmittelbaren Auswirkungen auf unser Programm.

Anfang August wurde ich informiert, dass im Rahmen einer Besprechung zwischen Eurocopter und dem LBA die fehlenden Unterlagen durchgegangen wurden. Es sollten noch die Unterschriften der verantwortlichen Prüfingenieure hinzugefügt werden und dann bestand die Aussicht, dass alles für die Zulassung vorliegt.

## ■ Kein Interesse an der Hubschrauber-WM

Noch im August wurde ich von unserer Geschäftsführung gefragt, ob ich ein Interesse hätte, bei der Hubschrauber-Weltmeisterschaft für Deutschland zu starten. Die Veranstaltung sollte in diesem Jahr in Eisenach in Thüringen vom 13. bis 18. August stattfinden. In der gleichen Zeit war erst die Beteiligung an einer großen Veranstaltung in Kecskemét (Ungarn) geplant, unmittelbar danach die Teilnahme am Red Bull Air Race in Budapest. Man bot mir trotzdem an, wenn ich denn wollte, beide Einsätze zu streichen und mich bei der Hubschrauber-Weltmeisterschaft starten zu lassen. Aber ich hatte bereits 1986 nach der Weltmeisterschaft in Castle Ashby den Entschluss gefasst, nicht mehr teilzunehmen. Dafür waren dort in meinen Augen einfach zu viele Dinge passiert. Auch 2008 waren noch die gleichen Verantwortlichen im Amt. Was ich bei der Anfrage nicht verstanden hatte, war, warum man mich nicht gefragt hatte. Jedenfalls ließ ich ausrichten, dass ich kein Interesse hätte. Die Flying Bulls waren sicherlich nicht böse darüber. Es wurden an dem betreffenden Wochenende im August dann sogar drei Einsätze. Während der Zeit in Budapest flog ich noch kurz nach Brünn (Tschechien). Dort fand ein Lauf zur MotoGP-Weltmeisterschaft statt. Ich flog vormittags hin, erkundete den Vorführort und wartete dann am Flughafen Brünn auf meinen Einsatz. In Brünn bekam ich auch den Kraftstoff für den Rückflug. Nachmittags stand ich wieder in Budapest für das Air Race zur Verfügung. Auf diese Weise war das Wochenende für mich wesentlich ergiebiger.

Mitte September gab es wieder eine kurze Information von Eurocopter zum Thema unserer Zulassung. Es klang nicht sehr positiv, es lag zwar alles beim LBA, aber der zuständige Sachbearbeiter war im Urlaub, und uns wurde geraten, nochmal ein Permit-to-fly zu beantragen, um weiterhin Kunstflug betreiben zu können.

▲ **Die BO 105 der Flying Bulls vor der Tower Bridge anlässlich des Red Bull Air Race in London.**

Ende September fand auf der Donauinsel in Wien der „Red Bull Flugtag" statt. Dieser Red Bull Flugtag ist eine Werbeveranstaltung, die auf allen Kontinenten regelmäßig stattfindet und immer tausende Zuschauer anzieht. Dabei stürzen sich die Teilnehmer in selbstgebauten „Fluggeräten" von einer Rampe ins darunter liegende Wasser. Neben der erreichten Weite wird auch die Originalität des Geräts und die Performance bewertet. Im Rahmenprogramm dieser Veranstaltung flog ich eine Vorführung. Nach dem Display flog ich kurz zum Tanken zu dem rund 15 Flugminuten entfernten Flugplatz Stockerau und kam zurück, um noch etwas von der Veranstaltung mitzubekommen. Es hatte etwas zu nieseln begonnen, und ich landete auf einer terrassenförmig angelegten Wiese. Als ich den leichten Abhang herunter ging, rutschte ich aus, die Schuhe bekamen wieder Halt und ich fiel nach hinten. Dabei überdehnte ich beide Oberschenkel. Es gab einen heftigen Schmerz, und ich lag hilflos auf der Wiese. Es war gleich Hilfe da und auch Sanitäter waren sofort zur Stelle. Erste Diagnose: Abriss beider vorderen Oberschenkelmuskeln. Aufstehen konnte ich zunächst nicht, und man wollte mich ins Krankenhaus nach Wien bringen. Das wollte ich nicht. Wenn schon Krankenhaus, wollte ich das heimatnah. Der Schmerz ließ nach, und ich konnte mit Unterstützung auch aufstehen. Ich rief Blacky an, er kam von zuhause und flog den Hubschrauber mit mir quer auf der Rückbank sitzend nach Salzburg. Den nächsten Tag flog ich zurück nach Hause. Die Reise war nicht lustig.

Besonders die Treppen im Terminal von Hannover sind mir unangenehm in Erinnerung geblieben. Ganz durch waren die Muskeln nicht, und Ende des Monats konnte ich bereits wieder in Salzburg meinen jährlichen Checkflug machen. Ende Oktober flogen Blacky und ich mit unseren Frauen nach Los Angeles. Es war eigentlich mehr ein sozialer Ausflug als ein Training. Zwar machte ich etwas Training mit Blacky, aber wir führten auch einen Rundflug mit unseren Frauen durch. Blacky hatte die Gelegenheit, mit einer knallroten MiG-17 im Red Bull Design zu fliegen. Sie gehörte Bill Reeseman – inzwischen leider verstorben – der für Red Bull unterwegs war. Meine Beine waren leider immer noch in dem Zustand, dass ich mich zwar bewegen konnte, aber starkes Anwinkeln und damit auch

▲ **Vorführung im Rahmen des internationalen Skiflug-Wettbewerbs in Planica.**

Einsteigen in die MiG-17 war nicht möglich. Somit konnte ich leider diesen Flug nicht machen. Fliegerisch war das Jahr für mich damit beendet, worüber ich im Hinblick auf meine Oberschenkel auch nicht unglücklich war. Übrigens war seit diesem Unfall schnelles Laufen für mich vorbei. Als ehemaligem Leichtathleten war das schon bitter....

Mit Datum vom 15. Dezember erhielt ich noch zur Information einen Zertifizierungsnachweis für das Ölversorgungssystem des Triebwerks und des Hauptgetriebes für den Kunstflug zugeschickt. Drei Tage später einen Zertifizierungsnachweis für das Kraftstoffsystem. Damit sollte eigentlich den Forderungen des LBA genüge getan worden sein. Da ich bisher nach wie vor keinen Einsatz in den USA geflogen war, wurde ich Ende Dezember auch offiziell den Flying Bulls in Salzburg zugeordnet. Hinsichtlich der Tätigkeit folgerichtig, zumal die Zulassung in den USA für das Kunstflugprogramm längst erfolgt war.

## ■ Skirennen in Zagreb

Gleich zu Beginn des Jahres 2009 gab es bereits einen ersten Einsatz. Im Rahmen eines Weltcup- Skirennens der Frauen in Zagreb sollte ich über der Rennpiste fliegen. Die Zeit und Gelegenheit zum Vorüben gab es diesmal nicht; so musste ich mir die Höhenunterschiede, immerhin auch rund 600 Fuß, aus der Karte entnehmen. Interessant war die Anreise. Man wollte die Ankunft des Hubschraubers live in einer Nachrichtensendung übertragen. Deshalb flog ich zuerst auf den Flughafen von Zagreb, um dort aus den kleineren Flugplatz Lucko, etwa 18 Kilometer im Westen, zeitgenau anzufliegen. Dort fand ein kurzes Interview in der Nachrichtensendung statt, und ich machte mit einigen anwesenden Medienvertretern auch einen kleinen Rundflug. Anschließend konnte ich an diesem Platz einmal mein Programm fliegen, auch für die Medien, aber in erster Linie für mich. Denn seit dem 21. September des vergangenen Jahres war ich, bis auf ein wenig allgemeines Training in den USA, mein Programm nicht mehr geflogen. Da die Hubschrauber in den USA lange Versionen sind und wir in Salzburg die kurzen flogen, war das Verhalten der Hubschrauber ohnehin unterschiedlic. So hatte ich in den Staaten immer nur Training mit Chuck oder Blacky gemacht, aber nie an einer Weiterentwicklung für mich gearbeitet. Das war auch in Salzburg in letzter Zeit kaum der Fall gewiesen. Ich hatte alle Manöver stabilisiert, immer wieder die Reihenfolge geändert und auch kleine Abwandlungen einstudiert. Dadurch sah das Programm zwar immer etwas anders aus, aber es war keine richtige Weiterentwicklung. Das beschloss ich zu ändern und sprach diesbezüglich bei der Geschäftsleitung der Flying Bulls vor. Zu meiner Freude wurde mir eingeräumt, jederzeit nach Absprache mit Blacky und der Technik, persönliches Training in Salzburg durchzuführen. So ging es mit Trainings und Einsätzen durch den Winter in das Frühjahr hinein.

Ein kurzer Sachstandsbericht seitens Eurocopter ergab, dass Mitte März das FLM zur Bearbeitung beim LBA vorlag und offensichtlich auch bearbeitet wurde. Die nächste Information durch Eurocopter im Mai lautete, dass sich noch nichts geändert habe und man immer noch auf die Unterschrift vom LBA warte. Aber Ende Mai kam vom LBA die Nachfrage, ob die Triebwerke der BO 105 generell überhaupt für den Kunstflug geeignet seien. Was an mich mit der Frage weitergeleitet wurde, ob ich eventuell über irgendwelche Informationen aus der Vergangenheit verfügte. Zwar hatte ich die nicht, aber die interne Diskussion innerhalb der Technik der Flying Bulls ergab einen interessanten Aspekt. Ein Mitarbeiter hatte herausgefunden, dass Allison-Triebwerke des gleichen Typs auch in Flächenflugzeuge von Marchetti eingebaut worden waren. Die militärische Version SF-260 TP wäre angeblich auch für den Kunstflug zugelassen gewesen, weil sie eine geänderte Ölsystemkonfiguration hatte. Seine Idee war, beim Hersteller Allison nachzufragen, ob und wie sich das auf die BO 105 übertragen ließe. Allerdings hätte das über Red Bull USA geschehen müssen, da diese Hubschrauber als Experimental-Versionen freier arbeiten können. Chuck brachte als Antwort die Idee auf, einen flexiblen Schlauch, der am Ende beschwert ist, innerhalb des Öltanks zu befestigen. Dieser würde immer der Schwerkraft folgen und dadurch im tiefsten Teil des Öls im Tank bleiben. Für die US-Hubschrauber kein Problem, für unsere europäischen müsste es zertifiziert werden. Alle Gedankenspiele dazu wurden zunächst beiseitegestellt, wir warteten die Schritte von Eurocopter ab.

## Erste Teilnahme an der Airpower in Österreich

Ende Juni durfte ich zum ersten Mal an der „Airpower" in Zeltweg teilnehmen. Eine sehr große Airshow mit Zuschauerzahlen im sechsstelligen Bereich und vielen Teilnehmern. In den vergangenen beiden Jahren hatte ich bei verschiedensten Veranstaltungen in vielen Ländern einige Displaypiloten kennengelernt und so gab es hier mit vielen von ihnen ein Wiedersehen. Ich sollte die Airpower noch einige Male besuchen, es war eine der schönsten und am besten organisierten Airshows, die ich erleben durfte. Es war auch die Veranstaltung, an denen nahezu alle von unseren Flying Bulls Fliegern beteiligt waren. Im Hotel, in dem wir untergebracht waren, ging es immer sehr familiär zu.

Inzwischen hatte das LBA noch Fragen nachgeschoben. Zum Teil Kleinigkeiten. Zum Beispiel ob der *g*-Messer vor jedem Flug zurückgesetzt werden müsse, ob Dichtehöhe oder Druckhöhe als Grenze erwähnt seien, die Ausdrucksweise wäre unklar. Alles Punkte, die sich einfach klären ließen. Wir stimmten uns mit Eurocopter noch einmal bei diesen kleinen Dingen ab. In Zeltweg hatte ich eine Kamera intern installiert, auf deren Aufnahmen die Werte während des Kunstflugs bei einer realen Vorführung zu sehen waren. Diese schickte ich zu Eurocopter. Die Firma beantwortete alle Fragen des LBA ausführlich und fügte ihrer Antwort ein offizielles und abgezeichnetes Dokument zur Kunstflugeignung von Triebwerk und Getriebe bei. Nun hieß es, wieder zu warten.

Einsätze und Training konnten wir natürlich weiterhin bestreiten.

## Videoaufnahmen von den ersten Versuchen

Das Training in Neuhausen, das wir Anfang August in Neuhausen durchführten, war für mich etwas ganz Besonderes. Es gab ein Manöver, von dem Hermann und ich bereits in den 80er Jahren geträumt hatten. Aber keiner von uns hatte sich da herangetraut. Es war der Überschlag vorwärts. So viele Unwägbarkeiten hingen daran. Wie hoch würde die negative Belastung sein, wie bewegt sich der Hubschrauber weiter nach vorn, wenn er die total waagerechte Fluglage über Kopf erreicht hatte? Bei einigen Gesprächen mit Ingenieuren von Eurocopter, besonders mit einem, hatte ich dieses Manövers angesprochen. Er erklärte mir, dass es im Computer theoretisch durchgerechnet worden war und dass es funktionieren würde. Er gab auch Hinweise wie: Außergewöhnliche Belastungen oder Kontrollverlust war in der Simulation nicht zu erkennen gewesen. Vor allem die negative Belastung hielt sich in der Simulation in Grenzen. Eine wie er es nannte „Zerstörung des Hubschraubers im Flugbetrieb" sei ohnehin grundsätzlich nicht möglich. In Neuhausen hatte ich nun vor, das Manöver in großer Höhe zu versuchen.

Es war jemand mit einer Videokamera dabei, einem für damalige Verhältnisse wirklich guten Camcorder, der meine Versuche aufnahm. Ich hatte mir vor dem Flug noch einmal gründlich alle theoretischen Überlegungen dazu durch den Kopf gehen lassen, vor allem der Anflug beschäftigte mich. Und es gelang, auch wenn im zweiten Teil des Manövers eine leichte Rollbewegung dazu kam. Aber es war ein Überschlag vorwärts.

Ich muss gestehen, auf der Liste der zulässigen Manöver, die dem FLM beigefügt werden sollten, hatte ich auch dieses Manöver erfasst. Als maximale und minimale *g*-Belastung hatte ich die in der Simulation berechneten Werte aufgeschrieben. Fakt ist, dass ich jetzt in der Praxis feststellen konnte, dass die Werte tatsächlich in etwa diesen Werten entsprachen. Bei mehreren Flügen, auch später, waren teilweise kleine Abweichung um 0,1 *g* dabei, aber es bewegte sich immer noch weit innerhalb der zulässigen Werte. Für mich war entscheidend, dass ich damit ein eigentlich als unmögliches eingestuftes Manöver geschafft hatte. Wie und wo ich das in mein Programm einfügen würde, war jetzt mein nächster Schritt. Aber dazu musste ich den gesamten Programmablauf umstellen. Denn der Anflug für dieses Manöver war ziemlich entscheidend und kostete Zeit. Zeit, die ich mir eigentlich in meinen Programmen nicht nehmen wollte. Meine Absicht war es immer, so viele Manöver wie möglich in der zur Verfügung stehenden, kurzen Zeit unterzubringen; dieser lange „Anlauf" gefiel mir noch nicht. Deshalb wollte ich das Manöver in diesem Jahr noch nicht in mein Programm aufnehmen. Zumal zwei weitere größere Veranstaltungen direkt vor der Tür standen. Das Air Race in Budapest und eine Veranstaltung im Rahmen eines Speedboot Rennens in Konstanza in Rumänien. Der Anflug nach Konstanza, das am Schwarzen Meer liegt, erinnerte mich an die ersten Flüge, die ich nach 1989 in die neuen Bundesländer gemacht hatte. Feste Routen, von denen nicht abgewichen werden durfte, selbst im Falle schlechten Wetters, was uns beim Rückflug zu schaffen machte. Die gut zu fliegende Ausweichroute musste erst beantragt werden, was aber fast einen Tag dauerte.

## Pendeldienst per EC 130

Bei der Vorführung selbst entschied ich mich, dann doch kurzfristig den Überschlag vorwärts durchzuführen. Meine Vorführung war oberhalb der großen Lagune nördlich der Stadt, auf der auch das Bootsrennen stattfand. Der Hubschrauber musste auf dem etwa 30 Kilometer südlich der Stadt gelegenen kleinen Flugplatz Tuzla stehen bleiben. Von dort war es mit dem Auto doch ein ziemliches Stück, zumal unser Hotel auf der Nehrung zwischen Lagune und Meer lag. Aber wir hatten recht schnell einen Freund gefunden, der einen eigenen Hubschrauber besaß, eine EC 130. Ihm gehörte das große Hotel unmittelbar hinter dem Fahrerlager und mit allen Einrichtungen für das Rennen. Ungefragt bot er uns an, den Pendeldienst zu übernehmen. Das war zweifellos bequemer als die Fahrerei mit dem Auto quer durch die Stadt. Im Rahmen einer Show-Einlage sollte ich ein Rennen gegen ein Speedboot fliegen. Nicht eines der ganz großen, eine oder zwei Klassen darunter. Aber knapp 200 km/h war es auch schnell. Gefahren wurde es von einem höheren Offiziellen, zumindest war er mit an Bord. Verabredet war, dass er bei der Zieldurchfahrt leicht vorn liegen sollte. Das Rennen machte richtig Spaß. Geflogen in rund 3 Meter (!) über dem Wasser. Aufpassen musste ich nur, dass ich im Bereich seiner Gischt etwas höher war. Das Rennen ging über eine Runde der offiziellen Rennstrecke, und es war schnell klar, dass er auf der Geraden mithalten konnte. Aber in den Kurven musste er einen solch großen Radius fahren, dass er eigentlich keine Chance hatte. Auf der Zielgeraden war ich etwas weit hinter ihm. Trotz der Absprache, so weit wollte ich nicht zurückhängen, knapp sollte es schon aussehen. Also beschleunigte ich noch einmal und ups … fast wäre ich vor ihm gewesen.

## Kein Permit-to-fly mehr

Mit Datum vom 16. September 2009 wurden die beiden BO 105 mit den Seriennummern S126 und S140 offiziell von der EASA mittels Major Change Approval für den Kunstflug zugelassen. Zu diesem Zweck wurde das Kapi-

▼ **Speedboot gegen Helikopter in Konstanza.**

tel FM 12 in das Flughandbuch dieser beiden Hubschrauber eingefügt. Somit hatte es nach der Erlaubnis, mit einem PTF Kunstflug durchzuführen, nochmals etwa drei Jahre gedauert, bis alle Widerstände überwunden waren. Aber es war geschafft!

Die beiden weltweit einzigen Hubschrauber, die in der normalen Kategorie zugelassen waren und Kunstflug betreiben durften, standen in Salzburg. Damit wurde uns der Flugbetrieb sehr erleichtert. Wir durften die Ländergrenzen überschreiten, ohne die sonst notwendige jährliche Genehmigung einzuholen, wir durften Fallschirmspringer absetzen und mit Passagieren fliegen, keine Beantragung eines PTF mehr! Kurzum, es war ein weltweit normal einsetzbarer Hubschrauber, der zusätzlich Kunstflug durchführen durfte. Natürlich waren die Auflagen beträchtlich. Insgesamt 39 Teile am Hubschrauber müssen früher als normal ersetzt werden. Entweder sind die Teile von der Stundenzahl her begrenzt – einige Teile auf 30 Stunden Kunstflug – oder es gibt einen Umrechnungsfaktor. So hat ein Teil den Faktor 20, was bedeutet, dass eine Stunde Kunstflug wie 20 Stunden normaler Flug verrechnet wird. Dass dadurch eine Kunstflugstunde einen extrem hohen Preis hat, versteht sich von selbst. Es war uns damals schon klar, dass es etwas Einmaliges war, was wir erreicht hatten. Vor allem gab es hier nicht die Möglichkeit, dass sich andere Betreiber einer BO 105 anhängen können, so wie es durch die Zulassung als Experimental-Hubschrauber in den USA möglich war. Einige Jahre später – ich war wieder im Gespräch mit der TFASA (Test Flying Academy of South Africa) wegen eines Einsatzes – hatte ich mit dem Nachfolger des Hauptverantwortlichen unserer Zulassung zu tun. Es ging nur um eine relativ kleine Bestätigung, die für diesen Einsatz benötigt wurde. Aber meiner Bitte wurde nicht entsprochen. Durch diesen Kontakt und auch andere Gespräche mit der Firma dachte ich bei mir, dass eine solche Zulassung, wie wir sie erreicht hatten, wohl nicht noch einmal erteilt würde.

## Neue fliegerische Dimension bei den Flying Bulls

Wenn mich die Zeit bei Action Concept und bei der TFASA schon im Kunstflug weitergebracht hatte, so nahm es bei Red Bull eine ganz neue und andere Dimension an. Endlich durfte ich alles das tun, was ich schon immer ausprobieren wollte. Ich brauchte keine Angst mehr zu haben, versehentlich das Mastmoment oder irgendeine andere Begrenzung zu überschreiten. Natürlich würde es immer zu einer Kontrolle führen. Aber der Kunstflug war sowohl von dem Hersteller als auch den Behörden abgesegnet. Bei der Bundeswehr war es bis zu dem Unfall in Ramstein zwar erlaubt gewesen, aber doch vergleichsweise eingeschränkt und es hing immer unausgesprochen die Drohung darüber, dass alles sofort gestoppt werden würde, wenn ein Wert überschritten wird. Es gab genügend Personen die nur darauf warteten, dann sagen zu können, wir wussten doch, dass es nicht gut geht. Auch in meiner Zeit nach der Bundeswehr war es eine Grauzone geblieben. Zwar war es toleriert und auch der Bezug auf die Kunstflugverordnung half dabei. Aber wäre ein Wert überschritten worden, wäre der Hersteller gezwungen gewesen, einzuschreiten.

War die Zulassung als Experimental in den USA oder das Permit-to-Fly (PTF) in Europa schon ein deutlicher Schritt gewesen, so hatten wir jetzt einen Anhang zum Flughandbuch und ein Wartungshandbuch, ausdrücklich nur für unsere beiden Hubschrauber, in denen alles geregelt war.

▲ **In Konstanza wurde erstmalig in einer Vorführung der Überschlag vorwärts gezeigt. Die BO 105 kommt von links und vollführt den Überschlag im Uhrzeigersinn!**

▲ Ohne Red Bull als Sponsor wäre ziviler Hubschrauber-Kunstflug nicht möglich.

▶ Fallschirmspringer vor dem Absprung aus der BO 105.

Tanz am Himmel: BO 105 und Bell AH-1 Cobra.

Auch in Abu Dhabi waren die Zuschauer von der Vorführung hellauf begeistert.

▶ Einweisung zur Landung nach der Vorführung.

▶▶ Blacky (li.) und Rainer Wilke in der BO 105 beim Looping.

▲ Die Konzentration hält bis zum Abstellen der Triebwerke an.

► Auch wenn Hubschrauber-Kunstflug spielerisch aussieht, verlangt er doch Höchstleistungen.

# 8 Von Sanicole bis Oshkosh

Noch im gleichen Monat gab es einen schönen Einsatz in Sanicole in Belgien, bei einer Traditions-Airshow, die zum ersten Mal 1977 stattfand. Sie begann, als das NATO Tiger Meet auslief. Letzteres fand auf dem Flugplatz Kleine Brogel statt, nur wenige Flugminuten entfernt. Dadurch war es etwas vermischt. Unsere Flugzeuge – wir waren mit Corsair, Lightning und B-25 sowie der BO 105 da – waren in Kleine Brogel stationiert. Mir ist an dieser Veranstaltung am stärksten der Rückflug in Erinnerung geblieben. Bei wunderschönem, leicht dunstigem Wetter am frühen Morgen in Kleine Brogel gestartet, begann sich der Dunst aufzulösen. Soweit hatte es die Wetterberatung auch richtig gesagt. Was sie nicht ahnten, war, dass sich der Dunst zu einer kräftigen Wolkenschicht entwickelte. Also stiegen wir höher und flogen in strahlendem Sonnenschein oberhalb der Wolken weiter. Die eingeholten Informationen gingen alle davon aus, dass es sich etwas später auflösen würde. Trotzdem mussten wir langsam immer höher steigen, so dass wir Luftraumkontrolle Köln rufen mussten, die uns dann an Frankfurt weiterreichte.

## Die Wolken lösten sich nicht auf

Unser Ziel war Aschaffenburg, und als wir uns von Norden kommend Frankfurt näherten, konnten wir zwar die Spitze des Fernsehturms auf dem Taunus sehen, aber das war es auch. Der Rest lag unter dicken Wolken. Ich beabsichtigte, noch ein Stück näher zu unserem Zielflugplatz zu fliegen, in der Hoffnung ein Loch in den Wolken zu finden. Dann tauchte vor uns eine Lücke in den Wolken auf, durch die der Boden erkennbar war. Das war der Punkt, um vorsichtig nach unten zu kommen, und es klappte gut. Damit hatte sich mein Plan B, Luftnotlage zu erklären und in Frankfurt einen Radaranflug durchzuführen, erledigt – zum Glück. Eine Stunde später hatte sich das Wetter insoweit gebessert, dass wir zum letzten Stück nach Salzburg starten konnten.

Das fliegerische Jahr ging für mich noch mit einigen schönen Einsätzen zu Ende. Unter anderem mit dem Air Race in Barcelona. Abgesehen von dem „Züri Fäscht", wo an den Tagen jeweils bis zu 2,5 Millionen Zuschauer um das Zürcher Seebecken standen, waren dort die meisten Zuschauer, vor denen ich je geflogen war. Es war von annähernd einer Million Zuschauern die Rede. Das hatte sicher auch damit zu tun, dass in dieser Zeit noch kein Eintritt für das Air Race bezahlt werden musste.

Als das Rennen vorbei war, saßen Gerhard und ich im Chalet des Air Race, unterhielten uns angeregt und tranken gemütlich ein Kaltgetränk. Natürlich noch alkoholfrei. Denn unser Hubschrauber stand einige Hundert Meter weiter am Strand, wo er die ganzen Tage in einem gesicherten Bereich gestanden hatte. Abends flogen wir immer nach Sabadell zurück, etwa 16 Kilometer Luftlinie entfernt. Es gab eine feste Zeit, zu der wir in Sabadell am Boden stehen mussten und während wir uns unterhielten, schaute einer von uns auf die Uhr. Dann sprangen wir auf. Bei diesem schönen Blick auf das Meer, dem bequemen Sitzen mit dem Getränk, hatten wir die Zeit völlig aus den Augen gelassen. Wir rannten zu unserem Hubschrauber. Wobei von Rennen bei mir auf Grund der Nachwirkungen meines Problems mit den Oberschenkeln keine Rede sein konnte. Anlassen des Hubschraubers, Freigabe vom Tower – schließlich waren wir in der Kontrollzone des Flughafens von Barcelona – und der vorgeschriebene Flugweg zurück dauerten. Keine Minute später als erlaubt standen wir in Sabadell am Boden. Es hätte ziemlichen Ärger gegeben, denn wir waren gleich zu Beginn der Veranstaltung darauf hingewiesen worden, diese Anweisung dringendst zu beachten.

Im Dezember flogen Blacky und ich wieder nach Los Angeles. Wir wollten weiter nach Las Vegas, um dort eine Messe für Luftfahrt, beziehungsweise Luftfahrtveranstaltungen, zu besuchen. Außerdem war ein Prüfer der FAA bestellt, bei dem wir unsere Checkflüge für die Erneuerung der ACE Card absolvieren wollten. Am Tag der Prüfung – diese sollte an einem kleinen Platz irgendwo außerhalb von Las Vegas stattfinden – waren zwei Prüfer anwesend. Es begann unter den Prüfern eine Diskussion, ob ich teilnehmen dürfte oder nicht. Ich flog von Beginn an in den USA mit einer Validierung, hatte also keine US-Berufspilotenlizenz. Bisher war das nie ein Thema, aber Chuck brachte es auf.

## Lernen für die FAA-Lizenz

Er meinte, ohne eine Berufslizenz dürfte ich in den USA an keiner Airshow eine Vorführung fliegen. Eine Vorführung werde bezahlt und damit ist das Fliegen gewerblich. Die Ausbildung von Chuck war auch gewerblich gewesen, was ihn aber offensichtlich nicht gestört hatte. Auch hatte ich 2007 die Prüfung machen dürfen. Denn ich wurde von Salzburg bezahlt, auch wenn ich in den USA flog. Einer der anwesenden Prüfer akzeptierte das und meinte, dass ich die Prüfung machen dürfte. Aber der andere, zufällig ein guter Bekannter von Chuck, sah es anders. Er war leider der Vorgesetzte. Somit endete das Jahr für mich mit einem erneuten netten Besuch in Las Vegas, aber für meine Hoffnung, endlich eine Vorführung in den USA fliegen zu dürfen, war es ein herber Dämpfer. Ich hatte das Gefühl, Chuck hat diese Entwicklung nicht bedauert. Als ich in Deutschland zurück war, bestellte ich mir sofort die Prüfungsunterlagen für den US-Berufsflugzeugführerschein, sowohl als Buch als auch als Lernsoftware. Nach Weihnachten begann ich mit dem Lernen. Aber was natürlich zusätzlich gemacht werden musste, war ein US-Medical. Den nächsten Fliegerarzt dazu fand ich in Frankfurt. Die zuständige Behörde war ebenfalls dort.

Einer der US-Piloten des Air Race, mit dem ich darüber sprach, bot mir sofort an, in seiner Flugschule die Lizenz zu erwerben. Das wäre sicher die einfachste, allerdings auch die teuerste Lösung gewesen – für mich. Denn Red Bull USA hatte ja einen Piloten und da Blacky eine US-Berufspilotenlizenz hatte, bestand so gesehen auch keine Notwendigkeit seitens der Firma, mich dahingehend auszubilden. Außerdem sah ich in meinem Innersten überhaupt nicht ein, warum ich diesen Aufwand betreiben sollte. Denn nicht nur für mich war die Rechtslage eindeutig. Eine Validation durch die FAA reichte, sofern ich nicht von dem Veranstalter bezahlt wur-

▼ **Absetzen eines Wingsuit-Piloten in großer Höhe über Sanicole.**

▲ **Engagierter Vortrag auf der AERO in Friedrichshafen.**

de. Übrigens habe ich Jahre später, nachdem Chuck die Firma verlassen hatte, mit meiner Validation die ACE Card ohne Probleme erneuern können.

## Einsatz in Abu Dhabi

Fliegerisch begann das Jahr 2010 für mich mit einem Einsatz in Abu Dhabi. Hauptsächlich ging es darum, von Jörg, unserem Kamerapiloten beim Air Race, angelernt zu werden. Es war die Frage aufgetaucht, was passieren würde, wenn er kurzfristig während eines Air Race ausfällt. Die einfache Lösung schien, einen Piloten, der sowohl die BO 105 fliegen kann als auch ohnehin anwesend ist, diese Aufgabe übernehmen zu lassen. Nun ist Kameraflug bei stationären Objekten nicht so schwierig. Aber bewegte Objekte – in diesem Fall Rennflugzeuge mit sehr hohen Geschwindigkeiten – sind etwas anderes. Dafür flog ich zunächst bei ihm mit und anschließend durfte ich allein das Rennen begleiten.

Zurück in Europa ging das Jahr mit Training und der AERO in Friedrichshafen weiter. Dort hielt ich diesmal neben der Vorführung auch einen Vortrag über Hubschrauberkunstflug. Das hatte ich bei einer vorherigen AERO schon einmal getan, allerdings völlig unvorbereitet. Damals hatte man mich kurzfristig angesprochen und ich hatte einfach nur konzeptlos erzählt. Diesmal war ich besser vorbereitet und hatte auch eine kleine PowerPoint-Präsentation dabei.

Anfang Mai kam ich dann überraschend zu meinem ersten Kamera-Einsatz. Jörg, der neben den Flügen für unser Air Race auch andere Aufträge flog und unter anderem auch die Formel-1-Saison begleitete, brauchte für das Formel-1-Rennen in Barcelona einen Ersatzpiloten. Als absoluter Fan der Formel 1 brauchte ich nicht groß nachzudenken, zumal bei den Flying Bulls an diesem Wochenende kein Einsatz geplant war. Am Mittwoch vor dem Rennwochenende flog ich nach Zürich, und der Plan war, mit dem Hubschrauber gleich nach Barcelona weiterzufliegen. Allerdings spielte das Wetter nicht mit. Eine knappe Stunde nach meinem Start war ich froh, wieder in Zürich landen zu dürfen. Wie ich nach der Landung gesagt bekam, hatte ich mir bereits beim Abflug Lärmbeschwerden eingehandelt. Denn das Wetter zwang mich doch zu einer aus meinen Heeresfliegerzeiten gewohnten Flughöhe. Am nächsten Tag klappte es, über Valence ging es nach Sabadell. Der gleiche kleine Flugplatz, den ich bereits während des Air Race Barcelona kennengelernt hatte. Er lag ungefähr 15 Kilometer Luftlinie entfernt vom Circuit de Barcelona-Catalunya, wie die Rennstrecke von Barcelona offiziell heißt.

## Formel 1 aus der Luft

Ich war aufgeregt, so nah an dem Grand Prix teilnehmen zu können. Aber die Ernüchterung erfolgte, als wir am nächsten Morgen zunächst an der Rennstrecke landeten und wir unsere Ausweise erhielten. Ich hatte davon geträumt, auch Zutritt in die Boxengasse zu bekommen, vielleicht in die Nähe der Chalets oder wenigstens hinter die Boxengasse. Weit gefehlt, überall gab es Sperren, und für jeden Bereich war ein anderer Zutrittsausweis nötig. In die Medienzentrale musste ich zwecks Absprachen, aber dann war auch Schluss. Das Rennen aus der Luft zu sehen, war natürlich interessant. Da wir einen Zusatztank hatten, war unsere Flugzeit sehr lang. Am Renntag gehörte der Luftraum über der Strecke mir. Ein Vorteil war sicher, dass ich als Fan der Formel 1 alle Fahrzeuge und Fahrer sofort erkannte. So konnte ich Regieanweisungen, einen bestimmten Fahrer aufzunehmen, schnell umsetzen. Denn alle Anweisungen an den Kameraoperator hörte ich im Funk unmittelbar mit.

▲ **Das Red Bull Parachute Team vor dem Exit aus der BO 105 über dem Wörthersee.**

Noch im Mai flogen wir zum ersten Mal zum Training nach Slovenj Gradec. Ein kleiner Flugplatz, nicht weit hinter der Grenze zu Österreich in Slowenien gelegen. Er war für unser Training perfekt, so wie ich mir das immer vorgestellt habe. Ein Hotel mit Restaurant direkt am Platz, der benötigte Kraftstoff war vorhanden und eine befestigte Runway von etwas mehr als einem Kilometer Länge. Jeder, der trainierte, konnte von dem anderen beobachtet werden und hinterher konnte man sich austauschen. Wir blieben das erste Mal zwei Tage dort, aber es sollten noch einige Aufenthalte dort folgen. Für mich war der Aufenthalt dort gleichzeitig gut zum Üben meines Programms, das ich im Hinblick auf die im Juni folgende ILA wieder etwas verändert hatte.

Im Rahmen des „Züri Fäscht", das Anfang Juli stattfand, konnte ich bei Jörg im Rahmen eines Feuerwerks mitfliegen. Eine völlig neue und etwas abgedrehte Erfahrung. Seine beiden Hubschrauber waren zugelassen für das Abschießen eines Feuerwerks aus der Luft. Blacky, der mit seiner Cobra in Zürich war, und ich flogen in jeweils einem der beiden Hubschrauber während des Feuerwerks als Co-Piloten mit. Der Ablauf war so, dass ein Feuerwerk von Pontons im See aus abgeschossen wurde. Zugleich flogen wir mit den Hubschraubern einen festgelegten Kurs, der sekundengenau über bestimmte Punkte geführt werden musste. Ein Computer steuerte das Feuerwerk. In meinem Hubschrauber, in dem ich mit Jörg saß, war auch der Feuerwerker, der auf Anweisung der Regie den Startknopf drückte. Dann gab es kein Zurück mehr. Wir flogen unsere Route, und ich bekam eine Vorstellung, wie sich wohl Bomberbesatzungen im 2. Weltkrieg gefühlt haben müssen. Überall neben uns explodierten die Feuerwerkskörper und von unserem Hubschrauber wurden auch welche abgeschossen. Es war eine sehr interessante Erfahrung.

## Das Absetzen von Springern ist herausfordernd

Eine Abwechslung zu den Vorführungen war meine Teilnahme an der Lake Jump Challenge, die am Wörthersee stattfand. Dort hatte ich die Teams abzusetzen, deren Ziel es war, möglichst zielgenau an vielen Plätzen rings um den See zu landen. Das Absetzen von Springern, das ich bei vielen Veranstaltungen gemacht habe, war für mich immer eine persönliche Herausforderung. Bei meiner Vorführung hatte ein schlechter Tag oder eine verunglückte Figur nur für mich Folgen. Mein Fehler bedeutete, dass man mit dem Finger auf mich zeigte. Wenn ich durch eine falsche Höhe, falsche Geschwindigkeit oder was auch immer, den Springern ihren Sprung versaute, dann trug ich für ihr Versagen die Schuld. Nur das sah von den Zuschauern niemand, diese zeigten dann auf den Springer. Deshalb war ich dabei oft sogar angespannter als bei meiner Vorführung. Ein Techniker von den Flying Bulls begleitete die Veranstaltung. Aber nicht als Techniker, sondern als Bootsführer. Er betrieb ein Boot, mit dem er normalerweise im Raum Salzburg Touristen bespaßte. Dieses Boot stand hier zum Transport der Fallschirmspringer zur Verfügung. Es war sehr stabil, aus Metall und unglaublich wendig. Und er konnte es richtig gut steuern. Bei der Formel 1 nennt man das schnelle Drehen am Ort einen Donut. Er beherrschte das perfekt auf dem Wasser, wodurch sich eine Gischtwolke über uns im Boot ergoss. In Anbetracht des heißen Wetters eine willkommene Erfrischung.

▲ **Die BO 105 musste mit Hilfe von zwei Baukranen in den Rohbau der Erweiterung des Hubschraubermuseums in Bückeburg in einer frühen Bauphase eingebracht werden.**

Anfang August fand wieder ein Air Race in Deutschland statt. Leider bei regnerischem Wetter, so dass sogar ein Hubschrauber benutzt werden musste, um die Startbahn trocken zu blasen. Sowohl die gesamte Rennstrecke als auch der Platz für die Vorführung waren ausschließlich innerhalb des Lausitzrings, also abzüglich der zu meidenden Bereiche, nur knapp 1000 Meter in der längsten Richtung. Alle Figuren im Rahmen der Vorführung mussten innerhalb dieses Bereiches durchgeführt werden, was für einen Hubschrauber glücklicherweise kein Problem darstellt. Für mich auffallend war, dass ich bei keinem anderen Air Race so viele Offizielle gesehen habe.

Am 30. August wurde in das Bückeburger Hubschraubermuseum eine ehemalige militärische BO 105, die in den Farben der Red Bull Hubschrauber lackiert war, eingehängt. Eingehängt deshalb, weil sie im neuen Anbau des Museums über Kopf an der Decke angebracht wurde. Der Hubschrauber musste vor dem Verschließen der Decke aufgehängt werden. Es war eine aufwendige Angelegenheit, die sehr viele Zuschauer anzog. Dieser Hubschrauber ist durch seine Lackierung und die Art der Aufhängung ein richtiger Blickfang für das im Übrigen sehenswerte Museum geworden. Für mich ein schöner Anblick, an dem ich mich jedes Mal erfreue, wenn ich in der Stadt bin. Rosita sagt immer, ich ginge nur deshalb freitags auf den Markt, um mich zu vergewissern, dass der Hubschrauber noch hängt.

Im September erreichte uns eine Anfrage des Discovery Channel Canada. Auch dort hatte sich der Kunstflug mit der BO 105 herumgesprochen und sie fragten an, um einen Bericht darüber zu drehen. Besonders interessiert waren sie an dem Überschlag vorwärts, den ich im Jahr zuvor erstmals gemacht hatte. Wo auch immer sie davon erfahren haben mögen. Dazu wurden einige Flüge in Begleitung unseres Kamera-Hubschraubers durchgeführt und es kamen viele Aufnahmen zustande. Ausgestrahlt wurde der Bericht im November.

Noch im September war ein Einsatz in Košice in der Slowakei. Bemerkenswert für mich deshalb, weil dort Nachbauten alter Flugzeuge aus dem 2. Weltkrieg, die genauso lackiert waren, gezeigt wurden und simulierte Luftkämpfe durchführten. Auch die Piloten waren mit der entsprechenden Kleidung ausgerüstet, inklusive aller Symbole und Zeichen. Dazu wurde rund um diesen Teil der Airshow Musik aus dieser Zeit gespielt. Musiktitel, die in Deutschland sicherlich sofort zum Abbruch der Veranstaltung geführt hätten.

## Vorführung in Tirana

Im Frühjahr 2011 kam eine Anfrage von Red Bull Albanien. Sie wollten eine Vorführung in Tirana haben. Dort wird am 14. März jeden Jahres der Tag „Dita e Verës" gefeiert. Es bedeutet „Sommerfest", ist aber das Frühlingsfest. Zu meiner Freude wurde der Einsatz zugesagt und wir flogen, in diesem Fall begleitete mich Blacky, nach Tirana. Bei den Absprachen über den Vorführort kollidierten die unterschiedlichen Auffassungen über Vorschriften und Flugsicherheit ein wenig. Gewünscht war, dass ich die Vorführung direkt über dem Boulevard durchführte, der den Skanderberg-Platz mit dem Mutter-Teresa-Platz verband. Also mitten über der Stadt, sogar über der wichtigsten Prachtstraße der Stadt. Auf meine Frage, ob der Bereich abgesperrt sei, meinte man, es solle direkt über den Menschen geflogen werden. Nach unseren Bestimmungen ist so etwas absolut verboten, und ich war mir auch nicht sicher, ob es dort erlaubt war. Wir konnten uns auf einen Kompromiss einigen. Die Vorführung selbst würde ich über einem etwa 1000 Meter entfernten See fliegen. Zum Aufwärmen und als Werbung für die Vorführung flog ich morgens bei noch wenigen Menschen, die unterwegs waren, zunächst nur geradeaus über den Boulevard. Dann machte ich über dem Mutter-Teresa-Platz einige kurze Manöver. Dazu war unterhalb alles abgesichert. Für diese kurze Aktion flog ein Kamera-Hubschrauber mit, den ich zunächst unterquerte und der dann die wenigen Manöver aufnahm. Die eigentliche Vorführung fand später über dem See statt. Besonders schön war der Flug entlang der Adriaküste an Split und Dubrovnik vorbei, so weit war ich diese Küste vorher noch nie entlang geflogen. Nur Montenegro mussten wir weit außerhalb der Küstenlinie passieren und sahen leider nichts als Wasser.

Weiter ging es mit Trainingslagern und kleineren Einsätzen, bis im Mai wieder etwas Wichtiges anstand. In Split war eine Art Medien-Messe und im Rahmen dieser Messe sollte ich eine Vorführung fliegen. Begleitet wurde ich von einem gechartertem Kamera-Hubschrauber, der bereits auf dem Weg dorthin gute Bilder produzierte. Die Vorführung flog ich über Wasser vor dem an der

▶ **Einige Manöver des Warm-ups für die Vorführung in Tirana als Mehrfachbelichtung. Die Vorführung fand später an anderer Stelle statt.**

Küste gelegenen Hotel. In diesem war ich auch untergebracht. Leider dauerte die Fahrt vom Flughafen Split, auf dem der Hubschrauber über Nacht stand, bis zum Hotel sehr lange, so dass ich von dieser schönen Stadt nicht viel zu sehen bekam. Leider ein Punkt, der sich bei vielen Veranstaltungen wiederholt. Der Hubschrauber steht oft weit entfernt auf einem Flugplatz. Bis er abends fertig gemacht wird, und man im Hotel ist, vergeht viel Zeit und dann hatte ich außer einem Essen und Ruhe meist nicht mehr viel Lust, um noch etwas von der Stadt anzuschauen.

## Motorrad extrem: das Erzbergrennen

Neu war für mich das Erzbergrodeo. Es ist ein jährlich stattfindendes Rennen mit Enduro-Motorrädern am Erzberg in der Steiermark. Am Erzberg befindet sich der größte Eisenerztagebaus in Mitteleuropas, und so sieht dieser Berg auch aus. Eine Mondlandschaft, extrem steil und natürlich von der Fahrtstrecke eine einzige Belastung. An vielen Stellen würde ich mich nicht zu Fuß bewegen können. Es geht den Berg hoch und auf einer anderen Strecke wieder runter. Insgesamt ungefähr 35 Kilometer. Das Begleiten dieses Rennens mit dem Hubschrauber war für mich ein echtes Highlight. So etwas, wie dieses Rennen, hatte ich noch nie gesehen.

Ebenfalls etwas Besonderes war die Möglichkeit, mit dem Hubschrauber an meinen Heimatort Bückeburg zurückzukehren. Denn so kam es mir vor, als ich über den jahrelang vertrauten Anflugpunkt Ida-Turm den Flugplatz sehen konnte. Nur war ich aus meiner Vergangenheit als Fluglehrer mehr Flugbetrieb gewohnt. Hatte man früher oft eine Lücke in den Funksprüchen abwarten müssen, um seine Botschaft loszuwerden, war ich mir diesmal beim Anflug nicht sicher, ob ich die richtige Frequenz eingestellt hatte. Der Grund des Besuchs war eine Anfrage an die Flying Bulls für eine Flugvorführung im Rahmen des Hubschrauberforums. Für einige Fotos sollte ich sogar über dem Hubschraubermuseum mitten in der Stadt kreisen, in dem seit dem vergangenen Jahr ein BO 105 in Red Bull-Lackierung an der Decke hing. Etwas unbehaglich war mir dabei schon. Denn als ich noch als Soldat in Bückeburg flog, war es eigentlich verboten gewesen und hätte mit Sicherheit Lärmbeschwerden nach sich gezogen. Ob es diesmal auch so war, entzog sich meiner Kenntnis. Das kurze Vorüben und die Vorführung am nächsten Tag waren deshalb unkompliziert, weil die Kontrollzone aktiviert blieb und damit kein NOTAM (Notice to Airmen) veröffentlicht werden musste.

Der Einsatz am Erzberg, das Hubschrauberforum und anschließend die Airpower in Zeltweg waren für mich ein Einsatzblock. Deshalb war ich froh, am Abend nach der Vorführung einmal zu Hause übernachten zu können. Denn am nächsten Tag ging es wieder zurück nach Österreich. Eine Übernachtung und dann weiter nach Zeltweg zur Airpower.

## Zum ersten Mal bei Tannkosh

Im August war ich das erste Mal als Teilnehmer in Tannheim. „Tannkosh", wie diese Veranstaltung in Anlehnung an das große Fliegertreffen in den USA in Oshkosh genannt wurde, war eine Institution, und ich war stolz, mit meinem Hubschrauber teilnehmen zu dürfen. Ob Kamera-Hubschrauber am Dolomitenmann, Teilnahme an den Helidays in Gmunden, Airshow in Mollis, es gab noch einige schöne Veranstaltungen in diesem Jahr. Ende Oktober standen die letzten Flüge des Jahres für mich an. Etwas Training und mein Checkflug in Niederöblarn. Auf dem Flug dorthin und auf einer anderen Route zurück, durften Rosita und meine Enkelin Nina mitfliegen, vor allem für Nina etwas Besonderes, war es doch ihr erster Flug überhaupt.

War der erste Einsatz im Februar 2012, so begann ich im April mit der Schulung von Mirko F. auf BO 105. Was sich bereits bei dieser Schulung andeutete, fand Jahre später seine Fortsetzung bei der Schulung im Kunstflug: Er war und ist ein exzellenter Pilot.

Im April wieder auf der AERO, aber nur für einen Vortrag, diverse Einsätze und das von mir so geliebte Training in Slovenj Gradec, ließen das Frühjahr vergehen. Für den Juni kam eine Anfrage für eine Vorführung in Malmen. Ein Ort in Schweden in der Nähe von Linköping.

Es war für mich das zweite Mal, dass ich in Schweden eine Vorführung fliegen würde. Weil es praktischer war, aber auch für Mirko ein gutes Hereinriechen in den Ablauf einer Airshow, kam er nach Hannover geflogen. Dort stieg ich zu, und mit zwei Stopps erreichten wir Malmen. Noch am gleichen Tag machte ich meinen Rehearsal-Flug, eigentlich bei jeder Airshow eine Pflicht. Vorgesehen war für mich jeweils eine Vorführung an jedem der beiden Veranstaltungstage. Aber am Sonntag herrschten sehr schlechte Bedingungen. Der Wind hatte total gedreht und einige geplante Vorführungen fielen aus. Man bat mich, eine zweite Vorführung zu machen, und solche Angebote nahm ich grundsätzlich sehr gern an.

Eine Vorführung im Rahmen eines Konzertes von Hubert von Goisern in Zeltweg und eine im Rahmen der NitrOlympX in Hockenheim waren die nächsten Veranstaltungen.

## Angenehmer Kontakt zu den Zuschauern

Bevor es wieder zur ILA nach Berlin ging, flog ich noch zu einer kleinen Veranstaltung in Völtendorf, rund 55 Kilometer westlich von Wien gelegen. Dort gibt es einen kleinen Flugplatz, der Red Bull gehörte, wo ich im Rahmen der Öffentlichkeitsarbeit eine Vorführung machte. Aber es sind oft diese kleinen Veranstaltungen, bei denen der Kontakt mit den Zuschauern gegeben ist, die besonders viel Spaß machen. Kein Zeitdruck, immer entspannt und man kann durch den direkten Kontakt den Menschen die Fliegerei näherbringen, Verständnis dafür erzeugen, dass es auch mal laut werden kann und meist keine Absicht dahintersteht, wenn man über Häuser oder Personen fliegt.

Dann wieder die ILA, für mich immer noch etwas Besonderes, und noch im gleichen Monat erneut der Familientag bei Airbus Helicopters in Donauwörth. Der Ort, an dem fast auf den Tag vor sechs Jahren meine erste offizielle Vorführung der BO 105 im Red Bull-Design stattfinden durfte. Für November kam eine Einladung zum Fly-Out der militärischen BO 105 auf dem Flugplatz in Holzdorf, rund 70 Kilometer südlich von Berlin. Gern bin ich dorthin geflogen und natürlich wollten sie eine Flugvorführung sehen. Leider war es etwas komplizierter als mein Auftritt in Bückeburg. Dort bin ich im militärischen Luftraum geflogen, das war komplett unkompliziert. In Holzdorf wurde für die Dauer meiner Vorführung die militärische Kontrollzone aufgehoben. Somit war es ziviler Luftraum, und es mussten Genehmigungen beantragt und mit NOTAM veröffentlich werden. Umständlich und auch mit unnötigen Gebühren belastet. Aber die Veranstaltung war gut. Den Anflug habe ich auf alte Art mit einem GCA (Ground Controlled Approach) gemacht, einem Anflugverfahren, das zivil nur noch als Reserve benutzt wird, aber zu meiner aktiven Bundeswehrzeit sehr häufig durchgeführt wurde. Dann lud mich ein Modellflieger ein, seinen Hubschrauber zu fliegen. Das machten wir auf dem Vorfeld richtig medienwirksam, und ich zauberte die tollsten Flugfiguren in die Luft. Natürlich tat ich mit einem Kontrollpanel in der Hand nur so, er stand im Hintergrund und steuerte.

Gleich zu Beginn des Jahres 2013 standen einige kleinere Einsätze und Trainings an. Die Saison fing in diesem Jahr recht früh an und es wurden viele Einsätze. Außerdem nahm ich mir viel Zeit für Trainings. Wenn wir nicht nach Slovenj Gradec flogen, ging ich gern in einen Bereich unmittelbar nördlich der Kontrollzone Salzburg. Ursprünglich war dort ein Bereich für Kunstflugtraining eingerichtet und auch in der Karte markiert, und wir durften diesen Bereich mit nutzen. Aber irgendwann war das vorbei und in der Karte war nichts mehr markiert. Aber es ist deutscher Luftraum E, und daher galten die Regeln für Kunstflug hinsichtlich Mindesthöhe, Luftfahrzeug und Besatzung. Außerdem konnte problemlos Funkkontakt zu Salzburg Radar hergestellt werden. Für mich war dieser Bereich deshalb interessant, weil es ein Waldstück ohne Besiedlung war und von mehreren gradlinigen We-

▶ **Der RC-Helikopterpilot Mario Hauffe fliegt mit seinem Modellhubschrauber Figuren, die mit einem echten Hubschrauber unerreichbar sind.**

▲ **Wilfried von Engelhardt war Cheftestpilot von MBB und Erstflugpilot der BO 105.**

gen in unterschiedlicher Richtung durchzogen wurde. Ich konnte immer ein gerade Linie als Displayachse finden. Außerdem gab es einen hohen Schornstein, aus dem meist Rauch aufstieg, und ich so sehr gut die Windrichtung bestimmt konnte.

## ■ Treffen mit einer Legende

Noch im Januar bekam ich einen Anruf von Airbus Helicopters (bis 2013 Eurocopter). Sie fragten mich, ob sie meine Telefonnummer weitergeben dürfen und gaben mir gleichzeitig die Telefonnummer von Herrn von Engelhardt mit der Bitte, ihn anzurufen. Das tat ich nur zu gern, war doch Wilfried von Engelhard der Chef-Testpilot von MBB gewesen, der 1967 den Erstflug auf der BO 105 gemacht hatte. Für mich war es eine riesengroße Ehre, dass er den Wunsch geäußert hatte, mich zu sprechen. Wir unterhielten uns und verabredeten ein Treffen in Salzburg. Er wohnte in Linz, etwas mehr als eine halbe Stunde Flugzeit von Salzburg entfernt, und am 5. Februar holte ich ihn mit seiner Frau dort ab. Für mich war er eine Legende. Gerade als junge Flugzeugführer in der Versuchsstaffel haben wir nur mit Hochachtung von ihm gesprochen. Er war fliegerisch der Vater der BO 105. Er hielt einen tollen Vortrag über seinen Beginn in der Fliegerei und besonders über den Start mit der BO 105. Fast die ganze Besatzung unseres Hangar-8 war anwesend. Am Nachmittag brachte ich das Ehepaar von Engelhardt zurück, und ich muss nicht extra erwähnen, dass der Hubschrauber ein Doppelsteuer hatte – und er hatte nichts verlernt.

Anfang März wurde ein Musikvideo mit Flugbegleitung gedreht – oder umgekehrt. 2Cellos war ein kroatisches Cellisten-Duo, das mit seinen Celli vorwiegend bekannte Klassiker aus den Genres Hard Rock, Rock, Pop sowie Filmmusik interpretierte. Es wurde im und vor dem Hangar sowie in der Luft gedreht. Beide Musiker flogen in unseren Hubschraubern mit und heraus kam letztlich ein knapp dreiminütiges Video sowie Making-off Clips. Das Video ist unter dem Titel „Technical Difficulties" heute noch bei Youtube zu finden.

Im April war eine Vorführung im Rahmen eines Skirennens an einem Gletscher in rund 11.000 Fuß Höhe geplant. Es ist die nach unserer Zulassung maximal erlaubte Flughöhe für Vorführungen. Da ich dort nicht üben konnte, hatte ich mir ein Programm mit einfachen Figuren ausgedacht, bei denen ich mit geringen *g*-Belastungen auskommen würde und es am Samstag geprobt. Am Sonntag saß ich von morgens beginnend im Büro und wartete den ganzen Tag auf gutes Wetter. Aber es hörte nicht auf zu schneien und so fiel der Einsatz aus.

Ehrlich gesagt war ich nicht besonders böse, denn in dieser Höhe hatte ich noch nie eine Vorführung geflogen, und angesichts der Umstände hätte ich gern vorher geübt.

In diesem Frühjahr war ich sehr viel zum Üben in Salzburg und in Slovenj Gradec. Ich hatte wieder das Programm erweitert und umgestellt, und auch versuchte ich neue Abwandlungen an Manövern auszuprobieren. Das Programm sollte sich immer weiter entwickeln.

Das 24-Stunden-Rennen am Nürburgring wurde in diesem Jahr am Pfingstwochenende sonntags um 16 Uhr gestartet. Im Rahmen dieses Rennens sollte ich neben einigen Flügen mit Kunden von Red Bull an mehreren Stellen der Nordschleife kurze Vorführungen fliegen. Das wurde am Samstag und am Sonntag bis vor dem Start durchgeführt. Es war im Prinzip die gleich Art Einsatz, die viele Jahre vorher, als ich noch bei Action Concept geflogen war, nicht erlaubt worden war.

Im Juni 2013 wurde ich vom Landgericht Hamburg als Sachverständiger bestimmt. Es ging um einen Rechtsstreit, der nach einem Flugunfall – bedingt durch möglichen Kunstflug – herbeigeführt wurde. Das Luftfahrt-Bundesamt hatte mich dem Gericht empfohlen, und so wurde ich dazu bestellt. Eine interessante, aber auch fordernde Tätigkeit.

Im Verlauf des Jahres bekam ich mal wieder einen Anruf von Chuck. Mein Kontakt mit ihm war kaum noch vorhanden, wie ich gehört habe, war es nicht nur bei mir so. Wir sprachen über den Heckrotor der BO 105, und dass dieser mehr Leistung haben könnte. Er hätte gehört, dass es einen stärkeren gäbe. Ich wusste, dass es beim Militär Versuche mit einem anderen gegeben hatte, der ähnlich dem der BK 117 war. Hintergrund seiner Fragen war, dass er bei dem James-Bond-Film in Mexico City fliegen sollte und in dieser Höhenlage wegen des Heckrotors skeptisch war. Mehr erfuhr ich nicht. Dass er offensichtlich von sich aus den Heckrotor der BK 117 an die BO 105 montierte, wurde mir viel später zugetragen.

## ■ Looping Battle mit Matthias Dolderer

Im August fand wieder Tannkosh in Tannheim statt. Irgendwann im Laufe der Air-Race-Saison hatte ich mit Matthias Dolderer, einem der Rennpiloten, eine Diskussion darüber geführt, wie unterschiedlich das Fliegen von Loops mit einem Flächenflugzeug und einem Hubschrauber ist. Da ich im Rahmen meines Trainings immer wieder Serien von Manövern flog, wusste ich, dass ich einerseits beliebig viele hintereinander durchführen kann, aber auch wie lange ich ungefähr für einen Loop brauchte. Daraus entwickelten wir eine Wette, die wir in Tannheim einlösen wollten: Wer schafft in drei Minuten mehr Loops? Er in seiner Zivko Edge 540 oder ich mit dem Hubschrauber BO 105? Die Zuschauer konnten darauf tippen. Es endete 18 zu 18. Clips darüber sind im Internet unter Looping Battle bei YouTube zu finden. (*https://www.youtube.com/watch?v=lxhUdwil6ZA*)

Eine Wette der etwas anderen Art war im Oktober das Thema eines Einsatzes. Über Hermann Joha kam die Anfrage für einen Clip in dem vier Trader versuchen sollten, während eines Loops einen Trade abzusetzen. Auch diesen Clip findet man im Internet unter „Looping Wette World of Trading“: *https://www.youtube.com/watch?v=SwG1vw lnUQI*

Im ersten Quartal 2014 verbrachte ich sehr viel Zeit mit Training. Einmal, um das Programm flüssiger einzustudieren und natürlich, um wieder etwas umzustellen und zu probieren. Außerdem kam ich zu meinem ersten Einsatz auf der D-HUDM. Dieser Hubschrauber, der 2012 erworben worden war, war eine BO 105 CBS 5 mit den Super-5-Rotorblättern. Es ist das Blattprofil, welches ursprünglich einmal für den Panzerabwehrhubschrauber entwickelt worden war, um speziell im Schwebeflug mehr Auftrieb zu entwickeln. Die Rotorblätter sind wegen ihres Profils für Kunstflug nicht besonders geeignet, aber für den Einsatz als Kamerahubschrauber dafür besser. Die D-HUDM wurde angeschafft, um den relativ aufwendigen Umbau bzw. Anbau des Kamerasystems an einen der beiden anderen Hubschrauber zu umgehen. Eigentlich war ich darüber glücklich, denn dass meine geliebten Kunstflughubschrauber sich mit Kameraflügen abgeben mussten, na ja.

## ■ „Meine“ BO 105 als Kamera-Hubschrauber

Dann tauchte zurecht die Überlegung auf, was passiert, wenn der Kamera-Hubschrauber in der Wartung ist, aber dringend benötigt wird. So wurde entschieden, eine der beiden anderen BO 105 als Ersatz vorzubereiten. Das bedeutete, alles am Hubschrauber so zu vorzubereiten, dass der Anbau der Halterung zügig funktionierte. Aber dass ausgerechnet die D-HTDM dafür genommen wurde, war mir nicht recht. Denn in der Konsequenz wurden dafür ebenfalls Schwingungstilger an den Rotorblättern angebracht, und diese verlangsamten die Rollrate. Zwar nicht so bedeutend, aber spürbar. Überhaupt war es so, dass die beiden Kunstflug-Hubschrauber in ihrem Verhalten geringfügig unterschiedlich waren. Ich hatte bis zum Schluss ein Manöver, welches ich nur auf der TDM fliegen konnte. Obwohl dieser Hubschrauber mit Schwingungstilgern ausgestattet war und die D-HSDM nicht.

Kleinere und größere Einsätze, wie zum Beispiel 1. Mai in Budapest mit Rennwagen und Airshow, die ILA in Berlin, wechselten sich weiter mit Trainings ab.

Frankreich war lange Zeit kein „Red Bull-Land“. Deshalb war ich dort bisher immer nur zum Tanken gelandet. Aber im Juni fanden in diesem Jahr erstmalig dort zwei Einsätze statt. Der erste in Phalsbourg, einem Flugplatz der französischen Heeresflieger, auf dem ich während meiner Militärzeit bereits gewesen bin. Wir waren mit der Bell AH-1 Cobra und der BO 105 dort. Marketing-

► Vor dem Start zum Looping-Battle mit Matthias Dolderer bei Tannkosh im August 2013.

▼ Rainer Wilke startet mit der BO 105 als Erster zum Looping-Battle.

Training vor traumhafter Kulisse im Salzburger Land.

▲ **Entspannung vor der Anspannung beim Flugtag in Phalsbourg.**

mäßig gut begleitet mit zwei dieser Red Bull-Minis, die in nahezu allen Ländern im Rahmen des Marketing fahren, einem Fotografen und einem Zelt mit großzügiger Area zum Erholen. Beeindruckt hat mich das niederländische Demo Team mit dem Kampfhubschrauber AH-64 Apache. Zwar haben sie hubschrauberbedingt immer nur einen Loop im Vorbeiflug zeigen können, aber mit Stand, Fahrzeug und Ausstattung waren sie uns voraus. Dabei sollte doch eigentlich Marketing als Kernkompetenz bei Red Bull liegen.

Ende Juni flog ich dann nach Südfrankreich. Le Luc, ein Flugplatz auf dem seit einigen Jahren sowohl für die französische Armee als auch die Bundeswehr Ausbildung auf dem Hubschrauber Tiger stattfand. Viele Jahre hatte ich während meiner Bundeswehrzeit Französischlehrgänge absolviert, in der Hoffnung dort eines Tages meinen Dienst versehen zu können. Aber die Einführung des Tigers hatte sich um Jahre verzögert und begann erst, als ich bereits pensioniert war. Jetzt hatte ich die Gelegenheit, dort als Zivilist eine Flugvorführung zu machen. Untergebracht waren wir in einem etwas entfernt gelegenen, wunderschönen Hotel. Wir bekamen einen Offizier mit Fahrzeug für die gesamte Zeit an die Seite gestellt, der dort ebenfalls wohnte, um jederzeit für uns da zu sein. Die Betreuung war wirklich spitze. Eingefädelt worden war meine Teilnahme übrigens bereits auf dem Hubschrauberforum 2011 in Bückeburg. Dort hatte ich mich länger mit einem französischen Teilnehmer unterhalten, und er hatte nachgefragt, ob es möglich sein würde, für einen zukünftig geplanten Flugtag in Le Luc diese Hubschrauber-Vorführung zu bekommen.

▼ **Fachlicher Austausch mit Felix Baumgartner in Budapest.**

▲ **Die Flying Bulls sind die einzige Organisation weltweit, die sowohl die Bell AH-1 Cobra als auch die BO 105 betreiben.**

## Als „Adrenalin Junkie" im Discovery Channel

Im August hatte ich für kurze Zeit die Hoffnung, in Hannover, 60 Kilometer von Bückeburg entfernt, eine Flugvorführung fliegen zu dürfen. Dort fand wie jedes Jahr das Maschseefest statt. Der Maschsee ist ein künstliches Gewässer, mitten in der Stadt gelegen, um den herum dieses Fest stattfindet. Irgendjemand von Red Bull Deutschland hatte die Idee, dort nicht nur ein Zelt aufzustellen, sondern auch mit einer Vorführung Marketing zu betreiben. Der See selbst ist etwas schmaler als die Donau in Budapest, wo ich oft genug problemlos vorgeführt habe, ohne jemals die ganze Breite ausnutzen zu müssen. Leider habe ich außer der Idee nichts mehr gehört. Ich vermute, die Behörden hatten Skrupel.

Im August besuchte uns erneut ein Team von Discovery Channel Canada. Der erste Bericht aus dem Jahr 2010 über den Überschlag vorwärts hatte eine gute Resonanz gefunden. Jetzt fragten sie, ob es wieder etwas Neues gebe. Ich hatte zu dieser Zeit an einem neuen Manöver gearbeitet und es letztlich auch hinbekommen. Darüber wollten sie jetzt berichten.

Wieder wurde im Hangar und in der Luft gedreht, wobei ich dieses Mal auch das Manöver bewusst als halbgelungen darstellen sollte. Allerdings fiel mir das nicht schwer, es klappte zu diesem Zeitpunkt noch nicht immer so, wie ich es mir vorstellte. Ein möglichst in der Endphase senkrechter Steigflug, 180° nach vorn, eine Drehung um die Hochachse um 360° und im Sinkflug eine halbe Rolle, das war die Idee. Eine Figur, die in der Mitte einer Bahn sein musste, weil man in die ursprüngliche Richtung weiterfliegt. Zunächst hatte mich das Zerlegen des Manövers in Einzelstücke, was ich bei Kombinationen gern gemacht hatte, auf einen falschen Weg gelockt. Ich benötigte einige Trainings und einige Überlegungen, um es hinzubekommen. Der Regisseur fand sogar einen guten Namen für dieses Manöver: Pinwheel (Windrädchen). Es handelt sich übrigens um das Manöver, was ich nur mit der D-HTDM hinbekommen habe. In der ersten Woche des Novembers wurde der Beitrag ausgestrahlt, eingebunden in eine „Adrenalin Junkies" Week.

Der große Höhepunkt des Jahres war Ende August die Air14 auf dem Flugplatz Payerne in der Schweiz. Es war eine internationale Flugschau, mit der die Schweizer Luftwaffe ihr 100-jähriges Bestehen, die Patrouille Suisse ihr 50-jähriges Bestehen und das PC-7 Team sein 25-jähriges Bestehen feierten. Diese Veranstaltung war auf zwei Wochenenden ausgelegt, und wir waren mit einigen Flugzeuge dort. In der Woche zwischen beiden Hauptveransthal-

▲ **Eine dritte BO 105 in Salzburg ist mit etwas anderer Bemalung ein ständiger Kamera-Hubschrauber.**

tungstagen fuhren die meisten von uns nach Salzburg zurück, die Luftfahrzeuge blieben mit etwas Personal dort. Neben den drei Schweizer Staffeln waren auch andere sehr namhafte Teams, wie das Breitling Jet Team, die Patrouille de France, die Frecce Tricolori und die Red Arrows vertreten, – um nur die größten Staffeln zu nennen. Unzählige hochklassige Solo-Vorführungen und Vorführungen von Fallschirmspringer-Teams rundeten das Programm ab. In Payerne habe ich das „Pinwheel" gut hinbekommen. Die größte Veranstaltung war im Oktober noch das Air Race in Spielberg / Zeltweg als fliegerischer Abschluss.

Gleich im Januar 2015 begann ich wieder mit meiner ersten Trainingssession in Salzburg, denn im März stand der erste Einsatz bevor. Absetzen von Fallschirmspringern und eine Vorführung im Rahmen eines Skirennens an der Kandahar-Abfahrt bei Garmisch-Partenkirchen.

Im Februar erhielten die Flying Bulls eine Einladung für den Tag der Bundeswehr in Fritzlar. Dieser sollte im Juni stattfinden und es sollte die BO 105 sowohl in der Ausstellung als auch in einer Vorführung präsentiert werden. In einigen sozialen Netzwerken wurde es bereits angekündigt, aber es wurde nichts daraus. Ich wurde wieder ausgeladen. Die Veranstalter in Fritzlar durften mich nicht fliegen lassen, weil es irgendeine Anweisung von höherer Stelle gab. Es war schade, aber nicht zu ändern.

## ■ Gemeinsames Training aller Flying Bulls

Im April führten die Flying Bulls zum ersten Mal ein gemeinsames Training nahezu aller ihrer Luftfahrzeuge in Maribor durch. Der Flughafen Maribor ist ein regionaler Flughafen in Slowenien und besitzt eine Asphalt-Runway mit 2500 Metern Länge, also für alle unsere Flugzeuge geeignet. Alle Piloten konnten den jeweils anderen zuschauen. Blacky und ich hatten uns ein Doppel ausgedacht: Cobra und BO 105, das wir übten. Natürlich sind die beiden Helikopter unterschiedliche Muster, die schwer in einen Ablauf zu bekommen waren. Aber zwei Höhepunkte hatte dieses kurze Display: Zum einen flogen wir aufeinander zu, und kurz bevor wir uns passierten, flog ich eine Rolle um seine Cobra herum. Eine etwas unangenehme Sache, aber sicher gut anzuschauen. Zum Schluss flogen wir aufeinander zu, verlagsamten leicht seitlich versetzt zum Schwebeflug und dann senkte er die Nase zum fast senkrechten Sinkflug, während ich einen Überschlag rückwärts machte. Da ich ihn in dieser Phase überhaupt nicht sah, war ich froh, mich auf ihn verlassen zu können.

Nach drei Tagen flog ich nach Salzburg, nahm dort unsere Fallschirmspringer auf, und wir flogen nach Podersdorf am Neusiedler See. Dort bin ich als Kind mit meinen Eltern im Urlaub gewesen, insofern fand ich es schön, dort sowohl eine Vorführung zu machen als auch die Springer abzusetzen. Beim letzteren hatte ich die Möglichkeit, mir diese Landschaft in Ruhe aus der Luft anzuschauen. Es gab im Lauf der Jahre einige Veranstaltungen, die sich jährlich wiederholten, dazu gehörte zum Beispiel der Flugtag zum 1. Mai in Budapest. So oft ich auch in Budapest gewesen bin, es war niemals langweilig. Dafür ist die Stadt und vor allem auch die Kulisse, vor der man dort fliegt, viel zu schön.

Ende Mai waren wir in La Ferté-Alais in Frankreich. Das ist eine kleine Stadt mit einem Flugplatz mit Graspiste. Dort findet seit Jahrzehnten eine große Veranstaltung des Vereins Amicale Jean-Baptiste Salis (AJBS) statt. Meist Oldtimer, aber auch die Patrouille de France, sind dort zu sehen. Unter anderem wurde mit Oldtimern sehr eindrucksvoll der Angriff auf Pearl Harbor nachgestellt. Dass ich dort meine Vorführung fliegen durfte, war für mich eine Ehre.

Das Wetter war auch gut, nur der Rückflug erinnerte mich an manch einen Flug zu Bundeswehrzeiten, wenn man freitags nach Hause wollte …. In diesem Fall war mein Lufthansaflug nach Hause gebucht. Aber wenn ich eines beim Militär gelernt hatte, dann war das Tiefflug.

## Papiere sind eben wichtig

Im August war ich zum zweiten Mal bei der Veranstaltung NitrOlympX. Es ist eine Drag-Racing-Veranstaltung, die seit 1986 jährlich im August auf dem Hockenheimring ausgetragen wird. Schon bei meiner ersten Teilnahme war ich fasziniert von den Dragstern und vor allem von der Stimmung, besonders am Abend. Meine Parkposition war wieder im Motodrom, die Vorführung flog ich wieder außerhalb, etwa zwischen Innentribüne und Mercedes-Tribüne. Die Auflagen, die ich bekommen hatte, waren ein dicker Stapel DIN-A4-Papier. Alles war bis ins Kleinste geregelt. Als ich am Abend bei der Show zusah, musste ich an meine Auflagen denken und verglich es in Gedanken. So war zum Beispiel ein Stuntman dabei, der sein Auto mit einer Hand lenkend in einem engen Kreis auf zwei Rädern fuhr, dicht umrahmt von Zuschauern. Fliegen ist in gerade in Deutschland eben doch etwas, das immer unter besonderer Beobachtung steht. Schon kurz nach meiner Landung überprüfte ein Angehöriger der zuständigen Luftfahrtbehörde sehr penibel alle meine Papiere. Selbst die Bescheinigung meiner Zuverlässigkeitsüberprüfung musste ich vorzeigen, obwohl ich ohne diese meine Lizenz gar nicht erst erhalten hätte. Papiere sind eben wichtig. Aber das waren alles Nebensächlichkeiten, ich konnte meine Vorführung fliegen und diese Veranstaltung genießen. Ob beim Schlendern durch den Bereich, in dem die Teams standen, oder durch die Veranstaltung selbst.

Die letzte Airshow des Jahres fand in Linz statt. Eigentlich direkt in der Nähe gelegen, war es für mich das erste Mal, bei schönstem Herbstwetter dort eine Vorführung zu fliegen.

Zum Beginn des Jahres 2016 standen für mich zunächst keine Einsätze an, deshalb begann ich zunächst mit Training in Salzburg, meinem Übungsgebiet nördlich der Kontrollzone. Über den Winter hatte ich immer Zeit, mir etwas Neues auszudenken und jetzt sollte in der Praxis ausprobiert werden, ob es überhaupt praktikabel sei. Mitte April ging es wieder zum gemeinsamen Training aller Luftfahrzeuge nach Maribor. Dort konnte ich dann Daumen hoch oder runter für meine Überlegungen entgegennehmen. Zeltweg, Budapest, Friedrichshafen gehörten regelmäßig wieder zu den Vorführorten. Im Juni war wieder Tag der Bundeswehr in Bückeburg und es kam wieder eine Anfrage für eine Vorführung. Ich flog mit einem Linienflugzeug am Freitag nach Salzburg, dann mit dem Hubschrauber nach Bückeburg und am Sonntag das Ganze retour. Ich hatte die Hoffnung, hier ganz normal meine Vorführung im Rahmen des Veranstaltungszeitraums fliegen zu dürfen. Aber auch hier kamen Bedenken auf. Es war das gleiche Problem wie ein Jahr zuvor in Fritzlar. Wie mir erklärt wurde, existier-

**▼ Auch als Pilot muss man manchmal dabei helfen, seinen Hubschrauber zu bewegen. Beim Flugtag in Mollis in der Schweiz wurde die BO 105 mitten durchs Publikum geschoben.**

▲ **Kirby Chambliss hatte nicht nur eine Garage für seine Flugzeuge am Haus, sondern auch eine eigene Runway vor der Haustür.**

te ein VM-Blatt (Ministerialblatt des Bundesministeriums für Verteidigung), in dem es ausdrücklich nicht erlaubt war, eine zivile BO 105 auf einer Veranstaltung der Bundeswehr vorführen zu lassen. Aber man fand eine kleine Lösung: Ich durfte noch am Freitagabend auf dem Flugplatz mein Programm „trainieren". Das war nicht verboten, da es noch nicht öffentlich war. Aber es wurde sehr schnell kommuniziert, so dass sich viele Zuschauer einfanden, vor allen Dingen südlich des Flugplatzes unmittelbar am Zaun. Der Medienfachbereich baute mir für die Vorführung noch eine Kamera an und von außen wurde es auch gefilmt. Am nächsten Tag stand „meine" BO 105 nur in der statischen Ausstellung.

## Vortrag an der TU München

Anfang Juli hatte ich wieder eine Anfrage zu einem Vortrag. Diesmal an der Technischen Universität (TU) München. Ich nahm das gern an, aber in diesem Fall hatte ich ziemlichen Respekt und versuchte mich besonders gründlich vorzubereiten. Es würde auf jeden Fall eine andere Klientel sein, und da wollte ich nicht nur Allgemeines, wie für ein Publikum von Nichtfliegern erzählen. Ich hatte auch etwas zu Aerodynamik, Grafiken von Belastungen und so weiter vorbereitet. Als ich im Hörsaal stand, staunte ich nicht schlecht, waren doch viele Angehörige der Testflugabteilung aus Donauwörth angereist, was mich nicht ruhiger machte. Ich kann nur im Nachhinein hoffen, mich einigermaßen aus der Affäre gezogen zu haben. Im direkten Gespräch danach klang es jedenfalls entspannt.

Nach dem Air Race durfte ich zum zweiten Mal an der ZigAirMeet in Mollis teilnehmen. In Mollis, einem ehemaliger Schweizer Luftwaffenplatz rund 50 Kilometer südostwärts von Zürich in einem Tal gelegen, fanden viele Jahre lang Airshows statt, die durch ihre Nähe zu den Zuschauern und durch ihren regelrecht familiären Charakter geprägt waren. Jedenfalls in meinen Augen. Ich bin dort immer sehr gern gewesen. Durch meine Parkposition waren wir gezwungen, den Hubschrauber für den Flug durch den Zuschauerbereich zu schieben, wodurch – wie auch durch die Parkposition – dieser persönliche Kontakt stattfinden konnte.

Noch im gleichen Monat fand auf der Red Bull-Hausstrecke ein Lauf zur MotoGP (Motorrad-Weltmeisterschaft) statt. Das Highlight für mich, natürlich neben meiner Vorführung, war die Möglichkeit, während des Qualifyings in der Box eines Teams zu stehen und zu Fuß während des freien Trainings um die Strecke zu laufen. Etwas, was normalerweise absolut nicht möglich ist. Auch war der Zutritt zum Fahrerlager für Teilnehmer der Veranstaltung wesentlich entspannter als bei der Formel 1, wo selbst Angehörige der Firma, der diese Rennstrecke gehört, keine Chance hatten, in bestimmte Bereiche zu kommen.

## Training auf einem privaten Flugfeld

Zu diesem Zeitpunkt waren wir in der Planung, drei Piloten für Kunstflug auf der BO 105 auszubilden. Mirko F., Felix B. und Aaron F. Letzterer ausschließlich für den US-Markt, denn Chuck A. hatte die Firma inzwischen verlassen. Nicht ganz im Einvernehmen, und es wurden nach seinem Weggang einige Probleme erkannt. So mussten an den Hubschraubern vor der geplanten Ausbildung einiges an Maßnahmen nachgeholt werden. Angedacht war es, die Ausbildung an dem privaten Flugfeld von Kirby durchzuführen. Eine Ranch mit einer festen Runway, zirka 90 Kilometer südlich von Phoenix und nur 100 Kilometer von der mexikanischen Grenze entfernt. Dort würden wir ohne jede Beschränkung und auch in niedriger Höhe fliegen können. Als Zeitpunkt war Anfang März 2017 gedacht.

Ebenfalls eine interessante Erfahrung waren Vorführungen Ende August im Rahmen des Ötztaler Radmarathons. Es ist ein Rundkurs, der über eine Strecke von mehr als 200 Kilometern mit rund 5500 Höhenmeter an einem Tag ausgetragen wird. Meine Aufgabe war es, an mehreren Punkten jeweils zu festgelegten Zeiten vor dem vermeintlichen Eintreffen der führenden Teilnehmer eine Vorführung zu fliegen. Sozusagen als Pausenclown agieren. Ein logistisches Problem für mich war die Betankung. Denn einerseits musste ich für die Vorführung möglichst wenig Kraftstoff an Bord haben, aber für die Folgestrecke musste es genug sein, um dort hinzukommen und sowohl die Vorführung zu fliegen als auch zum nächsten Tankstopp zu kommen.

Das Problem ließ sich gut lösen, da ich zur Betankung unter anderem auch den Heliport Hochgurgl nutzen durfte, den Winterstützpunkt vom Flugrettungsverein Heli Tirol. Kurz nach der Mautstation der Timmelsjoch-Hochalpenstrasse gelegen, war es für mich als Besucher ein fantastischer Ort zum Betanken. Das andere Problem lag darin, dass ich keinen der Vorführorte vorher gesehen hatte. Die Auswahl dieser Orte war von Nichtfliegern getroffen und nicht sehr glücklich gewählt. In einem Fall war die Vorführfläche direkt parallel zu einer großen Hochspannungsleitung an einem Hang ausgesucht worden. Für die Zuschauer in dem Tal sicher gut zu sehen, aber eine Alternative dazu gab es nicht. Zum Glück war ich relativ früh vor dem geplanten Einsatz an diesem Ort und konnte etwas an der Leitung hin- und herfliegen und mir ein paar Eckpunkte merken. Beim Über-Kopf-Flug mochte ich Hochspannungsleitungen eigentlich nie in meiner Nähe haben..

Danach wurde es für mich mit der Fliegerei körperlich schwerer. Ich hatte sehr häufig Rückenschmerzen. Bereits Ende Juli hatte ich ein MRT machen lassen, und die Ärzte hatten eine Spinalkanalstenose festgestellt. Bis dahin hatte es mich noch nicht so sehr gestört, aber es wurde langsam mehr spürbar, und ich suchte einen Spezialisten auf, den mir der Fliegerarzt empfohlen hatte. Den Termin bekam ich für Anfang Dezember, und mir wurde eine Operation empfohlen, die gleich Anfang Januar stattfinden sollte. So flog ich im Dezember noch einmal nach Salzburg und neben meinen Checkflug gönnte ich mir noch zwei kurze Trainingssessions. Die Ausbildung im März wurde zunächst bis auf weiteres gestrichen.

2017 sollte also gleich die Operation stattfinden, und am 5. Januar ging ich wie geplant in das Krankenhaus. Aber es kam anders. Bei der Voruntersuchung wurde auf Grund der Blutwerte ein Verdacht auf Leukämie geäußert. Die Operation wurde zunächst abgesagt, um die Vermutung abzuklären. Nach einer Abklärung, bei der sich zu meiner Erleichterung herausstellte, dass doch alles in Ordnung war, bekam ich Mitte März einen neuen Termin. Die Operation war nicht nur nötig gewesen, sie verlief auch sehr erfolgreich. Alle Rückenprobleme waren vorbei. Mitte Juli war endlich alles soweit abgeschlossen, dass ich wieder meinen ersten Flug machen durfte. Da-

▲ **Voller Körpereinsatz bei der Nachbesprechung mit Aaron Fitzgerald zur Veranschaulichung von Flugfiguren.**

▲ **Spontane Mitfahrt bei einem Massenstart von Heißluftballonen in Mainfonds in Frankreich. Direkt nach dem Start bietet sich ein beeindruckender Blick auf einige Ballone des großen Teilnehmerfeldes.**

nach nahm ich mir genügend Zeit zum Trainieren, bevor es zu meinem ersten Einsatz ging. Die Planung für die Ausbildung im Kunstflug in Arizona wurde ebenfalls wieder aufgenommen, jetzt sollte es Anfang Oktober stattfinden. Dann wäre es dort nicht mehr ganz so heiß.

## Das Manöver ohne Namen

In einem der Trainings nach meiner Operation hatte ich ein neues Manöver ausprobiert. Etwa ähnlich dem, was wir den BO Turn nannten, also ein Endmanöver, um wieder in die andere Richtung zu fliegen. In diesem Fall ein steiler Steigflug, bis die Vorwärtsgeschwindigkeit komplett auf 0 war. Dann legte ich den Hubschrauber seitlich in die Rückenfluglage, und während er in den Sinkflug überging, drehte ich ihn 180 Grad um die Hochachse. Daran anschließend wieder der Übergang in die Senkrechte nach unten und mit abschließendem Übergang in den Geradeausflug. Mir fiel kein Name für dieses Manöver ein. Damit tat ich mich ohnehin immer schwer. Also stellte ich den Clip bei Facebook ein und bat um Vorschläge. Es gab Vorschläge wie zum Beispiel:„Lawn mower", „Hangover" oder „Rainer's Caprice". Am originellsten war der Vorschlag, das Manöver „Drunken Pilot" zu nennen. Sicher originell, aber „drunken" in Verbindung mit einem Flugmanöver, da hörte ich schon die Vorurteile nach dem Motto: fliegen allein reicht wohl nicht. Da mir keiner der Vorschläge so richtig gefiel, ließ ich's halt ohne Benennung.

Der erste Einsatz nach der Operation ging zur Halbinsel Punta San Vigilio am Gardasee. Direkt an der Spitze dieser Halbinsel liegt das Hotel Laconda San Vigilio, an dem eine Vorführung stattfinden sollte. Es hatte etwas mit einer geplanten Erweiterung des Hotels zu tun und ging wahrscheinlich um Sponsoren. Deshalb war der Zuschauerkreis nicht groß. Mir war es egal, es war eine der schönsten Kulissen, vor denen ich fliegen durfte. Eine fantastische Kulisse, ein tolles Hotel und alles lief absolut ruhig ab. Nach der Vorführung konnte ich die Landschaft, das Hotel und die Gesellschaft genießen. Unter anderem auch mit meiner Tochter, die mit ihrem Freund auf der anderen Seite des Sees in Maderno Urlaub machte und die wir mit einem Boot zu uns holten. Beschreiben reicht eigentlich nicht, aber es gibt mehrere Videos bei YouTube, die unter Angabe des Ortes und BO 105 leicht zu finden sind. (*https://www.youtube.com/watch?v=dhkW0yrd-tM*)

## Erneuter Ausflug in die Welt der Ballöner

Ein weiterer, etwas aus dem Rahmen fallender Einsatz, war nahe der Atlantikküste in Frankreich. Dort fand bei Mainfonds der Coupe d'Europe de Montgolfières statt. Al-

▲ Einsatz als Pilot des Kamerahubschraubers während des Air Races in Budapest. Die Pylone sind auf Pontons in der Donau errichtet.

◄ Rainer Wilke (re.) im Gespräch mit Peter Besenyei, einem der Gründungsväter des Red Bull Air Races.

TEAMCHAMBLISS.COM
TEAMCHAMBLISS.COM
Red Bull

Der Kunstflugpilot Kirby Chambliss fliegt in Formation mit den beiden amerikanischen BO 105 der Flying Bulls beim Training in Arizona.

Der letzte Trainingsflug bei spektakulärem Licht in der Abenddämmerung über der Wüste Arizonas.

Die Landschaft, die Weite und die meteorologischen Verhältnisse in Arizona bieten optimale Bedingungen für das Kunstflug-Training.

Debriefing nach einem Trainingsflug mit Mirko Flaim.

Die Nachbesprechungen der Trainings – hier mit Felix Baumgartner – waren immer sehr intensiv.

▲ **Humberto Schenk, der Manager des Scalaria-Hotels, weist die BO 105 persönlich bei der Landung ein.**

so ein Heißluftballon-Wettbewerb. In einem leichten Tal standen die Ballone, und dort machte ich auch meine Vorführung. Es waren viele Flugvorführungen, Propellerflugzeuge und Jets. Aber nur ein Hubschrauber konnte dort direkt landen, was wir natürlich genossen. Stationiert war der Hubschrauber über Nacht am Flughafen Angoulême-Cognac, dorthin waren es von Mainfonds knapp 30 Kilometer Luftlinie nordostwärts. Nach dem Parken fuhren wir mit einem Fahrzeug wieder nach Mainfonds und dort hatten wir die Gelegenheit, bei einem Massenstart der Ballone mitzufahren. Aufgereiht standen sie da, erhoben sich unmittelbar nacheinander und fuhren in Richtung Atlantik. Ein schöner Abschluss dieser Veranstaltung.

Anfang Oktober ging es wieder in die USA, nach Arizona. Wie ursprünglich bereits geplant, war das Trainingsgebiet die Ranch von Kirby. Einsam gelegen, völlig flaches Gelände neben einer festen Runway von ungefähr 600 Metern Länge. Aber in beide Richtungen konnte problemlos verlängert werden, dort war nichts. Ich hatte mir einen Ablauf der einzelnen Trainingseinheiten entworfen. Sowohl was die Reihenfolge der Manöver als auch die Reihenfolge der Piloten anging. Priorität hatte Aaron, weil er so weit sein musste, dass er nach unserer Abreise allein weiter trainieren konnte. Mit Mirko und Felix konnte ich auch noch in Salzburg weiter trainieren. Der Zeitplan war knapp.

## Perfekte Trainingsbedingungen

Montag, den 2. Oktober, abgeflogen und dank Zeitverschiebung abends um 20 Uhr angekommen, konnten wir gleich am Dienstag mit dem Fliegen beginnen. Die nächsten

◀ **Landung nach einer kurzen Vorführung über dem Wolfgangsee auf dem Dach des Do-X-Theaters des Hotels Scalaria.**

sechs Tage einschließlich Sonntag flog ich insgesamt 35 Trainingseinheiten. An einem Tag flog ich in der Abenddämmerung nur für Bilder und es sind fantastische Fotos herausgekommen, die Balazs G. gemacht hat. Die Rahmenbedingungen waren hervorragend, das Wetter natürlich auch. Fast immer windstill oder wenig Wind und immer blauer Himmel. Die Temperaturen gingen tagsüber allerdings bis an 40 °Celsius. Nur war es eine solch trockene Hitze, dass es erträglich war, und auch mit der Leistung des Hubschraubers sind wir gut klargekommen. Wir bekamen Besuch von der FAA, die sich auch einen Teil meines Unterrichtes anschaute. Dabei war unter anderem Scott U., der für die Zukunft als Prüfer für die ACE Card vorgesehen war.

Mit dem geplanten Programm kamen wir tatsächlich durch und so gönnten sich Mirko und ich am Montag vor dem Rückflug noch einen Kurztrip zum Grand Canyon. Es waren zwar mehr als 400 Kilometer pro Strecke zu fahren, aber das war es uns wert. Es war einfach beeindruckend den Canyon real zu sehen.

Fliegerisch begann das Jahr für mich im März 2018 mit ausführlichem Training in Salzburg, sowohl als Trainer als auch für mich allein. Fortgesetzt wurde das Training im April in Maribor, zu dem neben Mirko und Felix auch Aaron aus den USA angereist war.

Kurz nachdem ich von der ILA aus Berlin zurück war, erhielt ich einen Anruf, bei dem ich gefragt wurde, ob ich eine Nominierung für die „Living Legends of Aviation“ annehmen würde. Ich wusste ehrlich gesagt nicht, was es damit auf sich hatte, und bat mir Bedenkzeit aus. Nachdem ich mich schlau gemacht hatte, was sich hinter der Bezeichnung „Living Legends of Aviation“ verbarg, wurde mir klar, dass ich verrückt sein müsste, es nicht anzunehmen. Ich war erstaunt, welche Namen ich dort als Mitglieder lesen durfte. Nicht nur Piloten, sondern Persönlichkeiten aus Raumfahrt, Wirtschaft, Fliegerei, Kunst sind dort vertreten. Sie alle haben etwas Außergewöhnliches für oder im Bereich von Luft- und Raumfahrt geleistet.

Es sind Namen wie Chesley Sullenberger, Bruno Gantenbrink, Siegfried Angerer, Buzz Aldrin, Felix Baumgartner, Ulf Merbold, Sir Richard Branson, Jean Rosanvallon, Sergei I. Sikorsky, Jeff Bezos, Elon Musk, John Travolta, Bertrand Piccard, Tom Cruise, Morgan Freeman usw. Alle rund 120 Personen sind bekannt und wären es wert erwähnt zu werden, – im Internet findet man natürlich alle Informationen und alle Mitglieder. Und jetzt sollte ein Hubschrauberpilot aus Bückeburg für die Aufnahme vorgeschlagen werden. Natürlich nahm ich die Nominierung an. Im Mai erhielt ich ein offizielles Schreiben, in dem mir mitgeteilt wurde, dass ich anlässlich eines Jahrestreffens der „Legenden“ im Juli als neues Mitglied im Rahmen einer Zeremonie aufgenommen werden würde.

Aber vorher standen noch einige Einsätze an, zum Beispiel in Valence, meiner fünften Airshow, die ich in Frankreich fliegen durfte.

## Vorführung mit Fliege

Dann war es endlich Juli, und ich reiste nach Salzburg für die Veranstaltung der Living Legends, die im Hotel Scalaria in St. Wolfgang stattfinden würde. Das Hotel ist wunderschön direkt am Wolfgangsee gelegen, und ich kannte es recht gut. Waren wir dort doch schon öfter mit dem Hubschrauber gelandet, hatten dort Vorführungen geflogen und sind auch im Rahmen von Veranstaltungen im Hotel gewesen. Die Planung war, dass ich eine verkürzte Vorführung über dem Wolfgangsee vor dem Hotel fliege und anschließend direkt auf dem Landeplatz des Hotels, direkt neben der Terrasse, lande. Felix schlug mir vor – eigentlich drängte er mich – die Vorführung im Abendanzug mit Fliege durchzuführen. Ich wollte erst nicht, es war sehr warm an diesem Tag. Aber er ließ nicht locker, mit dem Argument, wann kann man schon im Anzug eine Vorführung fliegen. Zu meinem Glück war er so hartnäckig, denn er hatte ja völlig Recht.

Ich flog also die Vorführung mit nur einigen Manövern, landete auf dem Heliport des Hotels und stellte den Hubschrauber ab. Allein dieser Flug war ein Erlebnis. Aber dass ich dann am Abend aus den Händen von Dr. Tom Enders, dem ehemaligen Vorstandsvorsitzenden von Airbus und früheren Präsidenten des BDLI, die Medaille umgehängt bekam, war ein Höhepunkt meines beruflichen Lebens. Als ich meine Dankesworte sprach, hatte ich eine zittrige Stimme. In dieser Gemeinschaft war ich zu dem Zeitpunkt der einzige Europäer, der durch die Hubschrauberfliegerei in diesen Kreis aufgenommen worden war. Dass es eine lange und intensive Feier wurde, muss eigentlich nicht erwähnt werden.

Als größere Veranstaltung stand noch im September das Air Race in Wien an, und als ich im Dezember in Salzburg war, konnte ich mir die zerlegte D-HTDM anschau-

▲ Der Rest der Abendgarderobe lag während der Vorführung angeschnallt auf der Rückbank im Helikopter.

▶ Kunstflug mit Fliege: Nach der Vorführung ging es direkt zur Aufnahmezeremonie in den Kreis der Living Legends of Aviation.

# LIVING LEGENDS OF AVIATION®

Die Träger dieser Medaille gehören zum erlesenen Kreis der Living Legends of Aviation.

Tom Enders nahm die Ehrung vor, anschließend sprach Rainer Wilke seine Dankesworte.

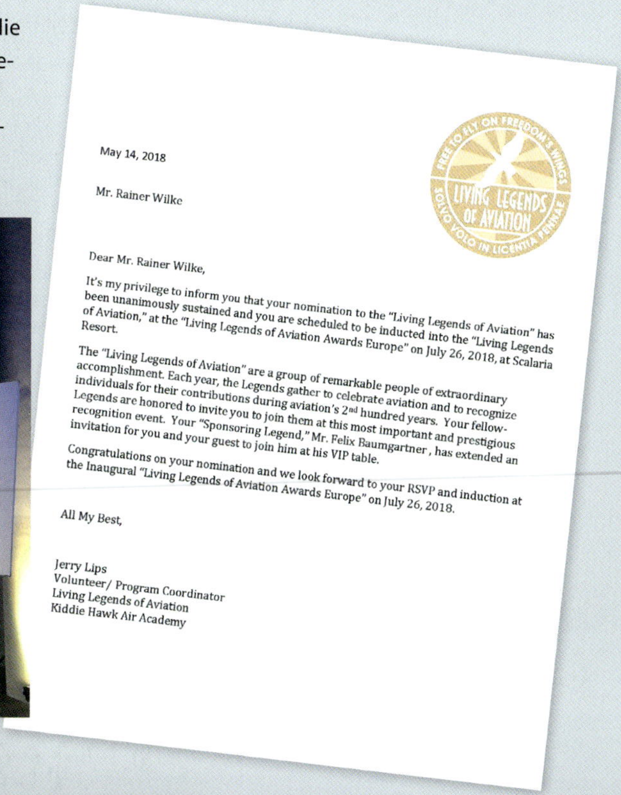

May 14, 2018

Mr. Rainer Wilke

Dear Mr. Rainer Wilke,

It's my privilege to inform you that your nomination to the "Living Legends of Aviation" has been unanimously sustained and you are scheduled to be inducted into the "Living Legends of Aviation," at the "Living Legends of Aviation Awards Europe" on July 26, 2018, at Scalaria Resort.

The "Living Legends of Aviation" are a group of remarkable people of extraordinary accomplishment. Each year, the Legends gather to celebrate aviation and to recognize individuals for their contributions during aviation's 2nd hundred years. Your fellow-Legends are honored to invite you to join them at this most important and prestigious recognition event. Your "Sponsoring Legend," Mr. Felix Baumgartner, has extended an invitation for you and your guest to join him at his VIP table.

Congratulations on your nomination and we look forward to your RSVP and induction at the Inaugural "Living Legends of Aviation Awards Europe" on July 26, 2018.

All My Best,

Jerry Lips
Volunteer/ Program Coordinator
Living Legends of Aviation
Kiddie Hawk Air Academy

Gruppenbild nach der Ehrung 2018: (v. l. n. r) Michael Kendrick, Alvaro de Orleans-Borbon, Sergei Krikalev, Dr. Thomas Enders, Rainer Wilke, Felix Baumgartner, Walter Eichhorn und Frank Franke.

en. Sie bekam eine nagelneue Zelle und wurde von Grund auf neu aufgebaut. Außerdem sah ich zum ersten Mal live die neue Lackierung. In den USA war sie mit Aaron schon etwas länger im Einsatz, farblich leicht unterschiedlich zu der unsrigen. Dort war es auch als ein Zeichen für den Neuanfang gedacht gewesen. Und ein schöner Abschluss des fliegerischen Jahres war für mich ein Mitflug mit Hans H. in der Fairchild PT-19. Ein aus dem Jahr 1943 stammender offener Tiefdecker, der, wie alle Flugzeuge der Flying Bulls akribisch restauriert und fantastisch gepflegt ist. Ein kalter und sonniger Wintertag im fliegenden Cabrio, den ich sehr genossen habe.

## Das EAA AirVenture war unser Traumziel

2019 im Februar flog ich wieder nach Los Angeles. Es war für mich das erste Mal seit Dezember 2009, dass ich zum Fliegen in den USA war. Damals war ich dort um meine ACE Card erneuern zu lassen, was, wie weiter vorn beschrieben, nicht funktioniert hatte. Diesmal war es entspanntes Trainieren mit Aaron und Felix. Ich genoss es, wieder einmal dort zu sein und auch das Soziale kam nicht zu kurz. Inzwischen waren die Hubschrauber generell nicht mehr in Camarillo, sondern am Whiteman Airport stationiert. Einem der vielen kleineren Flugplätze im Großraum Los Angeles.

▼ **Einblick in das tägliche Sicherheitsbriefing vor Beginn der Flugshow beim EAA AirVenture in Oshkosh.**

Wobei „kleiner" für europäische Verhältnisse hier nicht angebracht wäre – jede Menge Hangars mit sehr vielen Flugzeugen und Hubschraubern. Von meinem Hotel in Santa Monica etwa 30 Kilometer Luftlinie nach Norden gelegen. Zum Trainieren flogen wir entweder in die Wüstenregion nordostwärts über die Berge – das bevorzugte Felix – oder in ein Tal innerhalb der Bergregion, dorthin flog Aaron lieber. Beides war für das Training geeignet.

Im Nachhinein war wieder einmal festzustellen, wie Chuck mit seinen Auslegungen den ganzen Trainingsbetrieb nicht vorangebracht, sondern eher ausgebremst hatte.

Während dieser Zeit sprachen wir, das heißt Aaron, Felix und Helmut W. über eine mögliche Vorführung meinerseits beim EAA AirVenture in Oshkosh. Für mich würde damit ein Traum in Erfüllung gehen, eine Airshow in den USA zu fliegen. Dass es sogar in Oshkosh sein würde , wäre natürlich die Krönung. Aus der Erfahrung sah ich das Problem, dass ich keine ACE Card hatte. Helmut und vor allem Felix meinten, sie würden sich daransetzen.

Trainings in Maribor und Salzburg, Vortrag auf der AERO und im Mai eine Veranstaltung in Pardubice, folgten. Letzteres eine Veranstaltung mit großer Zuschauerzahl und historischen Vorführungen. Es erinnerte mich an Košice, wo ich 2010 gewesen bin. Auch hier wurden mit historischen Nachbauten Szenen, sowohl aus dem Ersten als auch dem Zweiten Weltkrieg, nachgeflogen. Allerdings waren zusätzlich noch Schauspieler am Boden im Einsatz, alle mit den entsprechenden Kostümen. Bis hin zu den Frauen oder Freundinnen der Beteiligten, die in Petticoats gekleidet waren. In einem Feldlager wurde am Abend gegrillt, etwas getrunken, und Gäste waren herzlich willkommen.

In den USA hatten die dort Beteiligten inzwischen alles arrangieren können. Ich hatte in der Zwischenzeit einige Fragebögen zugeschickt bekommen und stand mit Scott U. in Verbindung. Es schien alles soweit theoretisch vorbereitet zu sein, dass ich tatsächlich in Oshkosh würde fliegen können. Wenige Tage, nachdem ich von der Living-Legends-Veranstaltung zurück war, zu der ich diesmal bereits als „altes" Mitglied angereist war, flog ich über Chicago nach Appleton. Am Mittwoch um 6:20 Uhr in Hannover abgeflogen, kam ich am Mittwoch um 14 Uhr in Appleton an. Der Zeitdifferenz sei Dank.

Appleton ist eine Kleinstadt, etwas mehr als 250 Kilometer nördlich von Chicago, unweit vom Lake Michigan

gelegen. Dort wurde ich abgeholt, und wir fuhren nach Oshkosh, wo ich Felix und Helmut traf. Es waren natürlich Aaron und Blacky ebenfalls dort, außerdem Kirby und unsere Fallschirmspringer. Es wurde jeweils eine gemeinsame Vorführung durchgeführt. Hubschrauber mit Kirby im Verbund, und die Springer wurden abgesetzt.

## ■ In Oshkosh ist alles größer

Donnerstag früh fuhren wir auf den Flugplatz Oshkosh. Er heißt ganz offiziell Wittman Regional Airport und besitzt vier Runways, von denen die beiden Hauptpisten 18/36 und 09/27 in T-Form angelegt sind. Die längere, mit rund 2400 Metern Länge in Nord-Süd-Richtung ausgerichtet, wurde für die Airshow benutzt. Ich hatte das Gefühl, wir mussten durch einen Hintereingang. Wir fuhren an die Rückseite eines ganz im Norden gelegenen Hangars und parkten dort unser Fahrzeug. Nachdem wir durch den Hangar gegangen waren, stiegen wir in ein anderes Fahrzeug, und dann ging es den langen Weg über eine Ringstraße in Richtung der Veranstaltung. Dabei umrundeten wir die nördliche Ost-West-Runway im Westen. Auf den umgebenden Grasflächen war alles mit kleinen Luftfahrzeugen voll geparkt. Neben den Flugzeugen standen Zelte, in denen die Piloten campten. So in dieser Form hatte ich das bisher nur in Tannheim gesehen. Tannkosh eben. Aber hier war alles größer. Wir mussten einen Teil über Taxiways zurücklegen und plötzlich lenkte Helmut das Fahrzeug etwas auf das Gras an die Seite, weil wir jemanden überholen lassen mussten. Da überquerte auch bereits die Tragfläche eines Jets unser Fahrzeug. Wir fuhren danach weiter und kamen

**▲ Das EAA AirVenture ist die größte Luftfahrtveranstaltung der Welt mit jährlich über 600.000 Zuschauern.**

▲ **Mitglieder der Red Bull Air Force sowie Felix Baumgartner und Rainer Wilke vor dem Start. Erst wurden die Springer abgesetzt und wenn sie am Boden waren, konnte die Kunstflug-Vorführung starten.**

zu dem Stellplatz unseres Hubschraubers. Zwischen Runway und einem Taxiway gelegen, hatten wir den absoluten Spitzenplatz zum Parken. An diesem Donnerstag flog Blacky noch die Vorführung, ich konnte zuschauen und erst einmal einen Eindruck gewinnen. Der Hubschrauber musste ohnehin erst den Einsatz beendet haben, bevor es für mich weiterging. Die FAA verlangt alle zwei Jahre eine Flugüberprüfung (Flight Review) mit einem zertifizierten Fluglehrer, so wie es Scott war. Er war inzwischen eingetroffen, und nachdem der Hubschrauber frei war, machten wir einen lokalen Flug, auch zu einem südlich gelegenen Platz (Dane County Airport), um dort einige Notlandeübungen durchzuführen.

Dann flogen wir irgendwo in den Bereich westlich von Oshkosh an kleinere Seen. Dort kannte Scott eine Art Landeplatz, der etwas verlassen aussah. Vorher zeigte er mir noch, wo über dem Wasser ich mein Flugprogramm fliegen sollte, und dann stieg er aus. Ich flog zweimal mein Programm durch, landete und wir flogen zurück nach Oshkosh. Jetzt begann die Büroarbeit für ihn. Er machte die Papiere fertig und wir liefen zur Organisationsleitung. Im Vorfeld hatte Scott bereits von der FAA die Genehmigung, mir nach bestandener Prüfung gleich die Freigabe für 250 Fuß über Grund zu erteilen. Normalerweise hätte ich für diese Einstufung zwei Jahre in den USA Airshows fliegen müssen, aber man erkannte meine bisherige Erfahrung an.

## ■ Fliegen in Oshkosh ist der Hammer!

Inzwischen war es später Nachmittag geworden. Jetzt monierte eine Angestellte der FAA, dass ich nur ein europäisches Medical (medizinisches Flugtauglichkeitszeugnis) hätte. Es begann die Suche, wo wir um diese Zeit noch einen Sachverständigen für eine Tauglichkeitsprüfung finden würden. Auf irgendeinem Flugplatz, rund eine Stunde mit dem Fahrzeug entfernt, war ein Arzt zu finden, und wir machten uns auf den Weg. Am Abend waren alle Formalitäten erledigt und somit konnte ich am nächsten Morgen als Teilnehmer beim morgendlichen Briefing dabeisein. Am Freitag und Samstag durfte ich in Oshkosh fliegen. Kunstflug-Vorführung und Absetzen von Fallschirmspringern, jeweils zweimal. Der Traum war in Erfüllung gegangen. Es war jeweils so, dass ich Springer absetzte und danach die Vorführung flog. Das Absetzen war nach dem Motto: der letzte macht die Tür zu. Das heißt, wenn die drei Springer auf den Kufen standen, wurden die hinteren Türen von außen zugemacht und wenn sie unten waren, begann ich mit meinem Teil.

Ein unglaubliches Erlebnis erwartete mich nach der Landung. Wieder direkt zwischen Runway und Taxiway, direkt im Blickfeld der Zuschauerlinie, kam ein offener Ford Mustang, um mich abzuholen. Ich nahm auf der Rückenlehne Platz und wurde die gesamte Zuschauerlinie unter Beifall und Winken entlanggefahren. Immer wieder mussten wir stehen bleiben, weil Flugzeuge mitten aus dem Publikum zum Taxiway durchrollten. Einmal waren es gleich mehrere Douglas DC-3, bei uns unter dem Spitznamen „Rosinenbomber" bekannt, die mitten aus den Zuschauern heraus auf den Taxiway rollten. Dafür wurden eben mal die Stühle an die Seite genommen und anschließend ging es weiter. Es war eine beeindruckende Veranstaltung. Abends fand eine Nacht-Airshow statt mit Pyrotechnik an den Flugzeugen, gekrönt von einem unglaublichen Feuerwerk. Da kam selbst das, was ich in Al Ain gesehen hatte, nicht mit.

Am Sonntag flogen wir nach Los Angeles, und dort verbrachte ich noch einige Tage mit Felix. Wir trainierten mit dem in Whitman stehenden Hubschrauber und führten eine gemütliche Nachbereitung von Oshkosh durch, bevor ich zurück nach Deutschland flog.

Zwar nahm ich in diesem Jahr noch an Veranstaltungen teil, war auch noch zum Training in Salzburg. Selbst nach dem Beginn von Corona wurde in Salzburg noch trainiert. Sogar eine Veranstaltung – mit Schutzmaske für die Zuschauer und während der Briefings auch für die Piloten – fand im nächsten Jahr noch in Tschechien statt. Aber die Beschreibung meines Fliegerlebens beende ich mit dem EAA AirVenture Oshkosh. Denn wenn die Aufnahme in den Kreis der Living Legends der soziale Höhepunkt meiner Fliegerlaufbahn war, so war Oshkosh der unbestrittene Höhepunkt meiner praktischen Laufbahn.

▼ **Eine der seltenen Airshows während der Corona-Krise fand im August 2020 in Cheb in Tschechien statt. Sie war die letzte Airshow für Rainer Wilke.**

# 9 Kunstflug in der Versuchsstaffel

In der Heeresfliegerversuchsstaffel kam ich zum ersten Mal mit Hubschrauber-Kunstflug in Berührung. Als die BO 105 entwickelt wurde, war bei der Herstellerfirma von Beginn an die Idee, Kunstflug mit dem Muster durchzuführen, vorhanden. Das Rotorsystem, was den Beginn der gesamten Entwicklung markierte, war augenscheinlich dafür geeignet und als Marketingmaßnahme schien es erfolgversprechend zu sein. Für diesen Zweck machte der Cheftestpilot von MBB (heute Airbus Helicopters), Siegfried H., einen Kunstfluglehrgang für Flächenflugzeuge, um darauf aufbauend den Kunstflug auf Hubschraubern zu entwickeln. Nach meiner Information war er der erste, der die zivile Kunstflug-Berechtigung für Hubschrauber hatte. Diese Kenntnise konnte er gut für die Erprobung der BO 105 nutzen. Er achtete allerdings auch darauf, dass außer ihm niemand Kunstflug auf der BO 105 machen durfte. Die Exklusivität des Hubschrauber-Kunstflugs sicherte er sich dadurch, dass die dafür nötige Erweiterung des Flughandbuches einen bestimmten Passus enthielt.

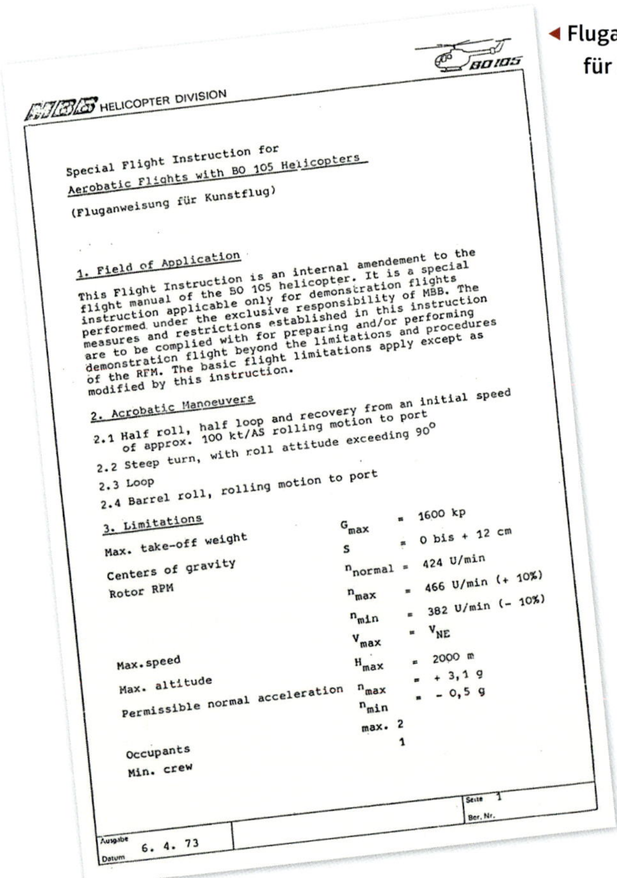
MBB HELICOPTER DIVISION
BO 105

Special Flight Instruction for
Aerobatic Flights with BO 105 Helicopters
(Fluganweisung für Kunstflug)

1. Field of Application

This Flight Instruction is an internal amendement to the flight manual of the BO 105 helicopter. It is a special instruction applicable only for demonstration flights performed under the exclusive responsibility of MBB. The measures and restrictions established in this instruction are to be complied with for preparing and/or performing demonstration flight beyond the limitations and procedures of the RFM. The basic flight limitations apply except as modified by this instruction.

2. Acrobatic Manoeuvers

2.1 Half roll, half loop and recovery from an initial speed of approx. 100 kt/AS rolling motion to port
2.2 Steep turn, with roll attitude exceeding 90°
2.3 Loop
2.4 Barrel roll, rolling motion to port

3. Limitations

Max. take-off weight $G_{max}$ = 1600 kp
Centers of gravity $S$ = 0 bis + 12 cm
Rotor RPM $n_{normal}$ = 424 U/min
$n_{max}$ = 466 U/min (+ 10%)
$n_{min}$ = 382 U/min (- 10%)
Max. speed $V_{max}$ = $V_{NE}$
Max. altitude $H_{max}$ = 2000 m
Permissible normal acceleration $n_{max}$ = + 3,1 g
$n_{min}$ = - 0,5 g
Occupants max. 2
Min. crew 1

Seite 1
Ber. Nr.
Ausgabe Datum 6. 4. 73

◂ **Fluganweisung für Kunstflug**

Als die BO 105 in der Bundeswehr eingeführt wurde – zunächst nur gechartert – war es nach wie vor nur ihm als Chefpilot von MBB erlaubt, Kunstflug mit der BO 105 zu fliegen. Da allerdings die bei der Bundeswehr eingesetzten BO 105 mit einer militärischen Kennung versehen wurden, durfte die Musterzulassungsstelle der Bundeswehr (ML) darüber entscheiden, ob mit dem Hubschrauber Kunstflug betrieben werden darf oder nicht. Man entschied sich dafür, auch aus Marketinggründen. Es wurden zwei Piloten festgelegt, denen man die Erlaubnis gab. Aufgrund der militärischen Lizenz war dazu kein Erwerb einer Kunstflug-Berechtigung notwendig, sondern es genügte ein Eintrag in die fliegerische Akte. Dass Siegfried H. darüber glücklich war, lässt sich nicht behaupten. Die beiden Piloten waren Karl Z. und Wolfgang K. Beides exzellente Flugzeugführer, aber von ihrer Art der Steuerführung unterschiedlich. Während Wolfgang K. sehr weich und gefühlsbetont, dabei aber absolut präzise flog, wirkte bei Karl Z. zwar alles ebenso absolut präzise, aber eher etwas härter.

## Kunstflug ist für die Panzerabwehr unbedeutend

Von Beginn an wurde bei allen Präsentationen der neuen Heeresfliegerversuchsstaffel, in der es hauptsächlich um Panzerabwehr aus der Luft ging, der Aspekt Hubschrauberkunstflug besonders hervorgehoben. Auch wenn die Fähigkeit, einen Loop oder eine Rolle zu fliegen, für einen Panzerabwehrhubschrauber militärisch überhaupt keine Bedeutung hatte. Aber dadurch wurde immer die besondere Wendigkeit der BO 105 hervorgehoben.

Ich zitiere aus der Presseschau Montabaur vom 8. Mai 1974: „Hier kennzeichneten atemberaubende Flugvorführungen die Konzeption für den Panzerabwehrhubschrauber". Bei einem Besuch des damaligen Verteidigungsministers der USA, James R. Schlesinger, am 4. November 1974 lobte dieser, laut Zeitungsartikel der Hannoverschen vom 20. November 1974 vor allem „das atemberaubende Flugprogramm der BO 105 in Bodennähe". Weiter „Die BO 105 flog Loopings, schoss fast senkrecht zu Boden, um dann steil herauf zu ziehen und rückwärts davon zu fliegen". Auch der französische Verteidigungsminister äußerte sich Anfang 1975 ähnlich begeistert zu den fliegerischen Möglichkeiten der BO 105. Jeder prominente Besucher, seien es Bundestagsabgeordnete, Stabschefs der verschiedensten Armeen, Minister, bekamen einen Mitflug in der BO 105. Alle waren beeindruckt von den fliegerischen Möglichkeiten des Hubschraubermusters. Jede Zeitung, die berichtete, von der Bild Zeitung bis zur kleinsten Lokalzeitung, stellte in ihren Berichten immer diese Wendigkeit in den Mittelpunkt, dargeboten mit Loops und Rollen. Aufgrund ihrer Wendigkeit galt die BO 105 als Wunderwaffe in der Panzerbekämpfung. Wir Flugzeugführer sahen

▼ **Tiefflug der BO 105 im Rahmen einer taktischen Vorführung vor Besuchern der Staffel.**

▲ **Fluglagen-Erprobung des Panzerabwehrhubschraubers BO 105.**

das nicht ganz so euphorisch. Aber fliegerisch war es natürlich fantastisch. Alle von uns flogen gern in diesem Hubschrauber, und alle genossen wir diese unglaubliche Wendigkeit der BO 105. Die meisten der älteren Flugzeugführer flogen Manöver, die über den Normalflug hinausgingen. Richtigen Kunstflug konnte man entweder mit Karl Z. oder Wolfgang K. erleben.

## Vorsichtige Annäherung

Viele von uns Jüngeren probierten einiges aus. Das allererste Mal den Hubschrauber hochzuziehen, um einen Loop zu versuchen – es blieb oft beim Ansatz. Denn die Angst davor, eine bestimmte Warnleuchte einzuschalten, bremste den Tatendrang. Aufgrund des gelenklosen Rotorsystems ist eine Mastmomentanlage eingebaut. Vereinfacht ausgedrückt misst sie die Biegebelastung unmittelbar unterhalb des Rotorkopfes und bringt diese in einem Rundinstrument zur Anzeige. Wenn der rote Strich überschritten wurde und sich der Zeiger kurz vor der weißen Markierung befand, leuchtete eine rote Warnleuchte dauerhaft. Das entsprach 95 Prozent beziehungsweise knapp 14.000 Nm. Eine ruckhafte Bewegung konnte dafür ausreichen. Als Folge musste der Hubschrauber abgestellt werden und eine umfangreiche Kontrolle war erforderlich. Das schreckte natürlich ab.

Karl Z. war beginnend ab etwa 1975 auf vielen Veranstaltungen und zeigte mit der BO 105 ein Kunstflugprogramm. Auf der ILA (internationale Luftfahrtaustellung) 1976 in Hannover war es noch Siegfried H. vom Hersteller, der eine Solovorstellung mit der BO 105 zeigte. Die Versuchsstaffel durfte mit einer Formation anfliegen, und alle Hubschrauber machten einen Abschwung, um dann im Tiefflug vom Gelände zu verschwinden. Bei späteren ILAs flog auch hier Karl Z.

## Erfolgreiche Vorführung beim Air Tattoo

1977 gewann er auf dem Air Tattoo in Greenham das Display Schwert für die beste Flugvorführung. 1978 nahm die Bundeswehr an der Hubschrauber-Weltmeisterschaft in Witebsk, damals Sowjetunion, teil. Beim Freestyle-Wettbewerb gab es eigentlich zwei Sieger: Karl Z. und Wolfgang K. Es wurde Karl Z. auf den 1. Platz gesetzt, warum genau weiß ich nicht. Es muss was mit dem Reglement (zum Beispiel Startreihenfolge) zu tun gehabt haben. 1981 war ein neuer deutscher Konkurrent beim Freestyle dabei: Herrmann F. Er hatte die Genehmigung zum Training bekommen, sich sehr gut vorbereitet und durfte auch mit der gesamten Mannschaft anreisen. Aber es half ihm nichts. Unmittelbar vor dem Wettbewerb wurde ihm von der deutschen Teamleitung die Startberechtigung entzogen. Begründet wurde es nicht, es gab nur Gerüchte. Auf jeden Fall schien das Verhältnis zwischen Karl Z. und Hermann F. danach gespannt zu sein.

Das Ergebnis des Wettbewerbs war diesmal eindeutiger: Karl Z. erster und Wolfgang K. belegte hinter dem Russen Wladimir Smirnow den dritten Platz.

Im Verlauf der nächsten Jahre hatte Wolfgang K. bei einem Trainingsflug ein einschneidendes Erlebnis, und er beschloss den Kunstflug für sich zu beenden. Von nun an war es nur noch Karl Z., der Kunstflug auf vielen Veranstaltungen zeigte. Er hatte sich ein richtiges kleines Imperium aufgebaut, sicherlich zu dieser Zeit ziemlich einmalig innerhalb der Bundeswehr und sicherlich auch ein Grund, dass es sehr viele Neider gab. Eine zusätzliche, bemalte Verkleidung für „seinen" Hubschrauber lag in der Luftfahrzeughalle bereit und wurde immer aufmontiert, wenn er zu Veranstaltungen flog. Dort hatte er immer den gleichen Techniker als Wart dabei. Ein, wie ich finde, großer Vorteil für die Flugsicherheit. Ebenfalls hatte er bei jeder Veranstaltung einen eigenen Sprecher dabei. Es gab ein Modell der BO 105 in seiner Lackierung vom Modellbausatz-Hersteller Revell, das er auf Veranstaltungen mitführte und verkaufte. Natürlich gab es auch eigene Aufnäher und Aufkleber.

## Checkflüge waren immer ein Erlebnis

Ich erinnere mich an einen Checkflug mit ihm. Wir landeten gegen Ende des Fluges auf einem unserer Außenlandeplätze, dem Flugplatz Celle-Arloh. Dort gab es einen kleinen Restaurationsbetrieb. Nachdem wir in das Lokal gegangen waren, bestellte er sich einen Drink und fragte, ob ich auch einen wolle Ich nahm eine Cola. Dann erst flogen wir weiter, er machte auch einige Manöver und wir kehrten zum Flugplatz Celle zurück. Checkflüge mit ihm waren immer ein Erlebnis. Er konnte wirklich verdammt gut fliegen, und man hat viel gelernt. Aber er war auch sehr anspruchsvoll. Wenn man nicht mehr Normalverfahren oder Notverfahren unter seinen strengen Augen fliegen wollte oder langsam die Konzentration nachließ, gab es einen einfachen Trick: Man fragte einfach, wie sich eigentlich der Horizont bei einer Rolle oder einem Loop verhielte. Dann zeigte er es praktisch, und der Checkflug war so gut wie beendet. Ich habe jeden Flug mit ihm genossen, wollte das Verhalten des Horizontes sehr gern sehen… Wer den Teil über meine eigene Einweisung bei Karl Z. aufmerksam gelesen hat, dem wird ein Widerspruch auffallen. Er hatte bei meiner Einweisung gesagt, dass er nicht von der linken Seite schulen könne. Aber bei den Checkflügen mit ihm konnte er auf der linken Seite sitzend solche Manöver fliegen. Es ist sicher ein Unterschied nur zu fliegen oder zu schulen.

Allerdings sollte man nicht den Fehler machen, den einer von uns jüngeren Flugzeugführern bei einem dieser Checkflüge machte. Die Überprüfung als solche war zu Ende, alle geforderten Manöver gemacht und für in Ordnung befunden. Z. übernahm die Steuerführung, weil er selbst noch etwas fliegen wollte und begann einige Kunstflugmanöver zu fliegen. Der Kamerad fragte Z., ob diese Manöver denn im Flugauftrag stehen würden. Es war ein großer Fehler. Der Rückflug zum Flugplatz Celle wurde unmittelbar angetreten und dort wurde dem Einsatzoffizier erklärt, dass es noch einige Lücken bei der Durchführung der Manöver gäbe und der Checkflug nach einer gewissen Zeit wiederholt werden muss. Der „Champion Check" war nicht bestanden. Denn so sprachen wir darüber, wenn wir bei Z. unseren Überprüfungsflug absolviert hatten: wir waren „champion-checked" und waren stolz darauf.

# 10 Die Besonderheiten des Hubschrauber-Kunstflugs

In diesem Kapitel will ich NICHT beschreiben, wie man Kunstflug mit einem Hubschrauber durchführt. Auf Grund der unterschiedlichen Bauarten ginge das auch nicht, es pauschal zu erklären. Allein der Unterschied zwischen einem linksdrehenden und rechtsdrehenden Hauptrotor führt schon zu anderen Steuereingaben. Ob gelenkloser oder Gelenkrotor, Heckrotor links oder rechts angebracht, Fenestron – die Steuerfähigkeit und Steuerfolgsamkeit ist unterschiedlich. Ich werde meine Einstellung und Vorstellung zum Hubschrauber-Kunstflug, meine Erfahrungen, meine Art damit umzugehen, erläutern. Die Erlaubnis, das überhaupt machen zu dürfen und den Unterschied vom Kunstflug mit Hubschraubern zu dem mit Flächenflugzeugen, werde ich betrachten. Die Diagramme dienen immer nur als Beispiele zur zusätzlichen Erläuterung. Ich führe absichtlich keine genauen Werte auf.

Von Kindesbeinen an war Kunstflug in meiner Vorstellung „richtiges" Fliegen. Als Kind habe ich kein Karussell ausgelassen, das sich um alle Achsen bewegte. Je verrückter es war, desto lieber mochte ich es. Zu dieser Zeit gab es auf Jahrmärkten noch Überschlagschaukeln. Bei Schiffsschaukeln waren an einer Seite meist eine oder zwei davon vorhanden. Am Boden des „Schiffes" waren Lederriemen angebracht mit denen die Füße befestigt wurden. Ich war glücklich, als ich endlich alt genug war, diese Schaukeln benutzen zu dürfen. Dafür gab ich auf dem Jahrmarkt mein Geld aus.

Als ich 1984 die Möglichkeit bekam, offiziell Kunstflug machen zu dürfen, sah ich das als eine Fortsetzung dessen an. Nur mit dem Unterschied, dass der Hubschrauber jetzt das Karussell war und ich bestimmen konnte, in welche Richtung es sich drehen sollte. Mir reichte es völlig, in ein einsames Übungsgelände zu fliegen und mich dort frei zu bewegen. Das war die Erfüllung meines Traums. Es ging mir nie darum, auf Airshows zu gehen oder mich öffentlich zu präsentieren. Aber natürlich war das der Preis, so etwas überhaupt machen zu dürfen. Denn Kunstflug ist teuer, mit dem Hubschrauber besonders. Wenn das also jemand bezahlt, erwartet er dafür auch eine Gegenleistung. Und die einzig sinnvolle Gegenleistung ist Werbung. Das war letztlich auch am Anfang bei der Bundeswehr so. Der Zweck war, die Leistung der Bundeswehr zu präsentieren, auch wenn Kunstflug mit dem Hubschrauber sehr praxisfremd für das Militär ist. Aber es spricht die potenzielle Zielgruppe an, wie ich es in Lüttich erstmals bewusst erfahren hatte.

## „Der Traum vom Fliegen" im Legoland

Viele Jahre später, bereits zu meinen Zeiten bei Red Bull, hatte ich eine Veranstaltung im Legoland bei Günzburg. Sie lief unter dem Motto „Der Traum vom Fliegen". Dort war ich zusammen mit Robert S., einem phantastischen Modellhubschrauber-Piloten. Im Wechsel zeigten wir an zwei Tagen unsere Vorführungen. Dazwischen standen wir allen interessierten Besuchern für Gespräche zur Verfügung. Der Anteil Jugendlicher und Kinder unter den Zuschauern war sehr hoch. Das ist Marketing. Die Führung der Bundeswehr hat später leider weder die Werbewirkung noch das Potenzial der Außenwirkung von Flugveranstaltungen erkannt. Man hat sich eher auf die wenigen konzentriert, die diese Art von Veranstaltungen ablehnen.

Wenn man über Kunstflug spricht, muss man zunächst definieren, was Kunstflug überhaupt ist und wie er entstanden ist. Ich unterscheide zwei grundsätzliche Definitionen: Die rechtliche und meine. Rechtlich geben die Gesetze und Verordnungen Auskunft darüber. So heißt es – zum Zeitpunkt des Schreibens dieser Zeilen – in der Ziffer 2 des Artikels 8 der gültigen EASA-Vorschrift FCL. 010:

„Kunstflug bezeichnet ein absichtliches Manöver in Form einer abrupten Änderung der Fluglage eines Luftfahrzeugs, einer anormalen Fluglage oder einer anormalen Beschleunigung, die für einen normalen Flug oder für die Unterweisung für Lizenzen, Zulassungen bzw. Zeugnisse oder Berechtigungen außer der Kunstflugberechtigung nicht notwendig sind." Eine glasklare Erklärung – oder?

In anderen Ländern gab und gibt es andere Definitionen, und es hat auch einige Zeit gedauert, bis innerhalb der EASA eine einheitliche Definition gefunden war. Als wir 2005 in den USA mit dem Hubschrauberkunstflug begannen, wurden dort noch alle Kurvenlagen über 60 Grad und alle Nicklagen über 30 Grad als Kunstflug eingestuft.

Zur Entstehung gibt es einige Erklärungen. Bereits 1913 soll der erste Loop geflogen worden sein, aber im 1. Weltkrieg wurde der Kunstflug stark weiterentwickelt. Nicht, weil es Spaß machte, sondern weil es dabei um das pure Überleben ging. Die dort aufkommenden Luftkämpfe haben dazu beigetragen.

## Militärische Historie des Kunstflugs

Es war immer das Ziel eines Jagdflugzeug-Piloten, hinter seinen Gegner zu kommen. Dazu war ein Loop ideal. Um in Gegenrichtung wegzufliegen, war ein Aufschwung hilfreich, bestehend aus einem halben Loop und einer unmittelbar anschließenden halben Rolle. Diese Figur wird heute noch „Immelmann Turn" genannt, nach dem deutschen Jagdflieger Max Immelmann, der das während des 1. Weltkriegs geflogen ist. Eine Rolle wiederum ist die ideale Figur, um sich aus seiner eigentlich geflogenen Linie schnell herauszudrehen.

Nach dem 1. Weltkrieg wurde Stuntfliegerei betrieben. Diese Stunts stellten die atemberaubende Waghalsigkeit der Piloten und ihrer Manöver heraus; es ging um die Unterhaltung der Menschen auf Flugschauen. Dabei wurden immer riskantere und spektakulärere Manöver versucht. Daraus wurden dann Kunstflug-Wettbewerbe. Zunächst waren es noch Vergleichsfliegen, bei denen die Schiedsrichter subjektiv beeindruckt wurden. Allmählich erfolgte der Übergang zu einem Verfahren, das eine eindeutige und nachvollziehbare Bewertung beinhaltete. Ab 1928 gab es in Deutschland und Frankreich dazu erste Bemühungen.

Am Anfang stand zunächst eine Beschreibung, was überhaupt geflogen werden soll. Als 1960 die erste Kunstflug-Weltmeisterschaft durchgeführt wurde, fand die Bewertung der Manöver nach einer Darstellungsweise statt, die der französische Pilot Francois d'Huc Dressler entworfen hatte. Allerdings konnte er sein System nicht weiterentwickeln. Bei der Sitzung des Welt-Luftsportverbands FAI (Fédération Aéronautique Internationale) 1961 schlug der spanische Delegierte Graf de Aresti eine Symbolschrift für Kunstflugfiguren vor, die bei der Weltmeisterschaft 1964 erstmals verwendet wurde.

## Aresti-Symbole auf dem Zettel im Cockpit

Auch heute wird diese standardisierte Schrift noch verwendet. Da man gerade während des Kunstflugs keine Zeit hat, komplizierte Zeichen zu lesen, musste diese Schrift recht einfach sein. Zu Anfang noch aus Symbolen für einzelne Manöver bestehend – und daher recht übersichtlich – kamen im Laufe der Zeit immer mehr Zeichen dazu. Geschuldet der Weiterentwicklung des Kunstflugs und der Tatsache, dass es immer mehr Kombinationen gab. Natürlich sind auch zum Beispiel Kurven, gerade Verbindungen, Start bzw. Beginn und Ende der Vorführung als Symbol aufgeführt. Das sind natürlich keine Kunstflugmanöver, aber der Rest der Zeichen im Aresti Katalog sind Kunstflug-Figuren.

Seit ich Kunstflug betreibe, habe ich immer wieder festgestellt, dass Piloten von Flächenflugzeugen und Hubschrauberpiloten eine unterschiedliche Auffassung von Kunstflug haben. Für Flächenpiloten ist es klar: Kunstflug ist eine spezielle Form des Fliegens, die eine Ausbildung, eine Berechtigung und eine Zulassung des Luftfahrzeuges erfordert.

Für viele Hubschrauberpiloten ist Kunstflug eine Art des „Herumturnens". Rating? Ausbildung? Zulassung des Hubschraubers? Vielleicht deshalb verständlich, weil es normalerweise dieses Rating für Hubschrauber gar nicht gibt und einen Lehrgang noch weniger.

Ich habe oft die Meinung gehört, was im Flughandbuch nicht verboten ist, das ist erlaubt. Das ist so nicht richtig. Der Betrieb einer Außenkamera ist im normalen Flughandbuch auch nicht verboten. Aber, um diese Kamera am Hubschrauber anzubringen, bedarf es eines Zulassungsverfahrens, bei dem in vielen Flügen bei unterschiedlichen Geschwindigkeiten und Belastungen der Nachweis erbracht werden muss, dass der Betrieb gefahrlos möglich ist. So ist es selbstverständlich auch beim

Kunstflug. Hier ist das Zulassungsverfahren ungleich länger, komplizierter und vor allem teurer. Das scheuen die Hersteller von Hubschraubern. Denn einen Hubschrauber, der in der Hauptsache das tut, was alle anderen auch tun, viel teurer verkaufen zu müssen, nur um sagen zu können: Er kann aber Kunstflug! Der Bedarf dürfte sich in Grenzen halten. Zumal noch die zusätzlichen Betriebskosten dazukommen, auf die ich später noch eingehe.

### Illegaler Kunstflug? Hubschrauber gegroundet!

Die Hersteller sind auch sehr restriktiv, wenn sie von unerlaubten Kunstflugmanövern ihrer Muster erfahren. Dazu zwei Beispiele von Bell Textron und McDonnell Douglas (heute MD Helicopters). Ein Pilot hatte mit seiner Bell 407 in Südafrika anlässlich einer Airshow sowohl einen Loop als auch eine Rolle geflogen. Beide Manöver sahen sehr sauber aus, aber es hatte hohe Kosten zur Folge, da umfangreiche Kontrollen angeordnet wurden. Auch der Pilot bekam Ärger. Genauso erging es einem Piloten der mit einer MD 500 Kunstflug bei einer Airshow in Frankreich zeigte. Der Hubschrauber könnte sicherlich fantastische Manöver fliegen, aber er wurde nach der Vorführung ebenfalls zunächst stillgelegt. Die angeordneten Inspektionen und Maßnahmen waren sehr umfangreich. Deshalb ist es grundsätzlich nicht die Frage, ob ein Hubschrauber Kunstflugmanöver KANN, sondern ob er DARF.

Ursprünglich plante Red Bull den Kauf von zwei Hubschraubern in den USA. Durch ein „Missverständnis" wurden sowohl zwei Maschinen in den USA als auch zwei in Europa angeschafft. Bei den beiden Hubschraubern in den USA handelt es sich um BO 105 CBS (S = stretched), die beiden in Salzburg stationierten Hubschrauber sind BO 105 CB, also „kurze" Versionen. S-Versionen sind 25 cm länger und 30 kg schwerer als CB-Versionen. Der Vorteil der „langen" Version liegt in der besseren Richtungsstabilität bei höheren Geschwindigkeiten. Daraus folgt, dass alle richtungsstabilen Manöver, wie zum Beispiel Rolle und Loop, etwas einfacher zu fliegen sind. Die „kurze" Version ist instabiler, damit aber besser für alle Manöver mit wechselnder Richtung um die Hochachse geeignet.

Aus meiner Sicht war die Anschaffung von vier Hubschraubern ein Glücksfall und die eingetretene Entwicklung hinsichtlich der Nachfrage unterstreicht es.

Die Hubschrauber in den USA sind als Experimental-Hubschrauber zugelassen. Der Status „Experimental" ist nach langen Verhandlungen mit der US-Luftfahrtbehörde FAA erreicht worden. Der Hersteller Eurocopter wurde aus dem Zulassungsprozess herausgehalten. Der Vorteil dieser Zertifizierung liegt darin, keine Flugstundenbeschränkung zu haben. Das bedeutet, dass Trainingsflüge in den USA relativ unbegrenzt möglich sind. Der Nachteil liegt darin, dass die Hubschrauber einigen Restriktionen unterliegen bezüglich Einsatzradius, Personentransport, usw. Aber der größte Nachteil ist der, den ich bereits im Kapitel 7 erläutert hatte. Wir hatten in den USA bei der FAA nicht nur eine Kunstflug-Zulassung für unsere BOs erreicht, sondern eine generelle Zulassung für die BO 105 im Kunstflug.

Die in Salzburg stationierten Hubschrauber haben eine normale deutsche Registrierung. Die Zulassung wurde mit Billigung und Unterstützung des Herstellers erreicht. Das LBA und die EASA (Agentur für Flugsicherheit der Europäischen Union) waren involviert.

In dem Flughandbuch dieser beiden für Kunstflug zugelassenen BO 105 ist ein Appendix mit speziellen Anweisungen für den Kunstflugbetrieb eingefügt. Dafür mussten für alle Manöver Nachweise erbracht werden, die mit diesem Typ beabsichtigt sind. Als Folge müssen 39 Bauteile früher gewechselt werden, als das bei der BO 105 ohne Kunstflug-Zulassung der Fall ist. Diese Teile werden nach dem Austausch vernichtet, um zu verhindern, dass sie in überholter Form wieder in den Umlauf kommen. Der Preis für eine Stunde Kunstflug liegt damit im fünfstelligen Bereich. Aber durch diese Zulassung können sie weltweit ohne Beschränkungen und ohne komplizierte Einflug- und Überfluggenehmigungen überall eingesetzt werden. Soweit ich weiß, sind es nach wie vor die beiden einzigen weltweit normal für Kunstflug zugelassenen Hubschrauber! Das lange Zulassungsverfahren, die Herstellungskosten und die zu erwartenden hohen Kosten für die Wartung erklären, warum sich Herstellerfirmen nicht mit der Kunstflugtauglichkeit von Hubschraubern beschäftigen.

Unsere BO 105 für den Kunstflug sind im Bereich von $-0{,}5\,g$ bis $+3{,}1\,g$ zugelassen – und das ist nicht so viel mehr als in der normalen Zulassung. Bei Flächenkunstflugzeugen sind wesentlich größere positive und auch negative Belastungen erlaubt. Während bei Flächenflugzeugen die Belastungsgrenze eher als ein Festigkeitswert zu verstehen ist, handelt es sich bei der Begrenzung für den Hubschrauber um eine aerodynamische Begrenzung. Erreichen der maximalen $g$-Belastung bedeutet das Erreichen der maximalen Rotorkreisflächenbelastung und damit das Erreichen der Stallgrenze. Damit letztlich auch den Verlust der Steuerbarkeit! Als Daumenwert kann man bei der BO 105 von einer durchschnittlichen Rotorkreisflächenbelastung von 5.000 kg ausgehen. Dadurch ergibt sich bei einem Abfluggewicht von 1.700 kg eine mögliche Belastung von 2,94 $g$. Rotorkreisflächenbelastung geteilt durch Gewicht. Darüber hinaus ist mit Strömungsabriss zu rechnen, und daher ist ein höherer $g$-Wert aus der Sicht des Bedieners nicht nutzbar. Die tatsächliche Belastungsgrenze variiert natürlich je nach atmosphärischen Verhältnissen und Geschwindigkeit. Bei zunehmender Geschwindigkeit wird der Belastungsgrenzwert niedriger. Noch einmal deutlich gesagt, erlaubt ist natürlich nur der im Flughandbuch stehende Wert, egal, was theoretisch möglich wäre.

In der dargestellten Grafik (rechts) ist annähernd die tatsächliche Rotorkreisflächenbelastung zu sehen. Je höher die Geschwindigkeit, desto niedriger die mögliche $g$-Belastung. Ganz einfach dadurch, dass bei zunehmender Geschwindigkeit auch der Blatteinstellwinkel größer wird. Dazu kommt der Einfluss der Dichtehöhe, was zu einer gewissen Bandbreite führt.

Der Bedarf an $g$-Belastungen ist bei den einzelnen Manövern sehr unterschiedlich. Eine Rolle wird je nach Ausführung, ob gestreckt oder als Fassrolle, zwischen + 0,5 und + 1,5 $g$ liegen. Für einen Loop werden etwa + 2,4 $g$ benötigt. Dies gilt unter der Voraussetzung, dass die Manöver mit einer geeigneten Geschwindigkeit aus dem Geradeausflug und koordiniert geflogen werden. Für eine Rolle ist es besser, die Geschwindigkeit hoch zu halten, für einen Loop ist die Geschwindigkeit nicht entscheidend. Aber je dichter die Manöver aufeinander folgen, je komprimierter und damit auch spektakulärer die Vorführung aussehen soll, desto höher wird zwangsläufig die $g$-Belastung sein. Denn das nächste Manöver muss jeweils noch im Ausklang des vorhergehenden, und damit in einer Phase der relativ hohen $g$-Belastung, begonnen werden. Das führt in der Folge zu einer höheren Belastung als eigentlich für das Manöver notwendig.

Ähnlich wie bei Formel-1-Rennwagen, bei denen je nach Rennstrecke der Beladezustand durch Mitnahme von 20 kg zusätzlichem Kraftstoff einen Zeitverlust pro Runde bedeuten kann, verhält es sich auch beim Kunstflug mit Hubschraubern. Natürlich nicht so extrem. Aber wer die ungenaue Tankanzeige der BO 105 kennt, weiß, dass man sich ganz schnell mal statt der geplanten 50 kg im Haupttank 80 kg einfangen kann. Das kann einen Unterschied von 0,1 $g$ bedeuten, die dann den Unterschied zum Auftreten der ersten Merkmale eines Strömungsabrisses ausmachen.

In der Praxis muss unabhängig von den erlaubten Belastungsgrenzen im negativen und positiven Bereich in erster Linie auf die Durchführbarkeit geachtet werden. Da die Grenzen des Hubschraubers deutlich enger als die eines Flächenflugzeugs gesteckt sind, führt das dazu, dass möglichst geringe negative $g$ erreicht werden sollten, um die zwangsläufig folgende positive Belastung gering zu halten. Für jedes Manöver mit einer negativen Belastung

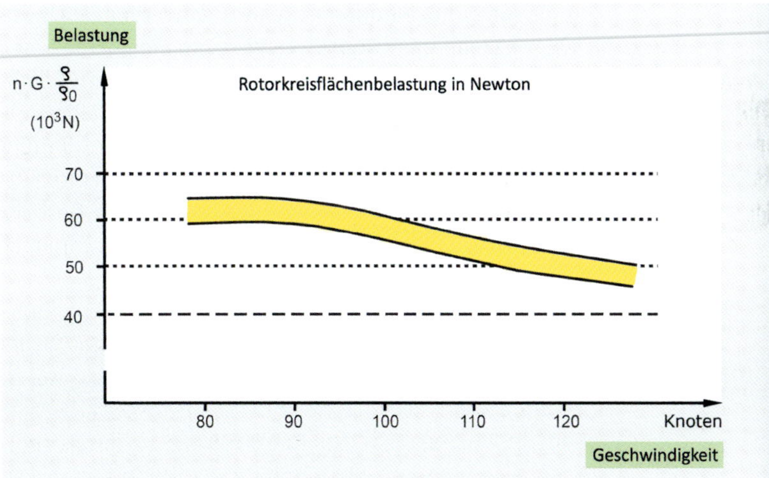


▲ **Rotorkreisflächenbelastung der BO 105**

ist in der Folge des notwendigen Abfangvorgangs mit einer positiven Belastung zu rechnen. Je länger die Zeitdauer einer Fluglage < 0 $g$ ist, desto größer ist, aufgrund der höheren Sinkrate, grundsätzlich die zu erwartende positive $g$-Belastung im Abfangvorgang. Dieser Abfangvorgang muss so rechtzeitig erfolgen, dass die positive Belastung nicht die Stallgrenze erreicht.

Aus diesen Fakten ergibt sich, dass der Durchführbarkeit von negativen Flugmanövern Grenzen gesetzt sind. Die Abfolge mehrerer Manöver mit < 1 $g$ hintereinander ist nur unter sehr großem Höhenverlust möglich, was in einem geschlossenen Vorführprogramm nicht praktikabel ist. Denn es muss ja irgendwann wieder die Flughöhe zurückgewonnen werden. Zumal durch die immer vorhandene Vorgabe der Mindestflughöhe ein großer Höhenverlust dazu führt, dass der Beginn einer solchen Manöverabfolge in einer Höhe starten müsste, in der ein so kleiner Helikopter wie die BO 105 nur noch schwer zu sehen ist. Außerdem müssen die Manöver auch so kombiniert werden, dass eine ständige Versorgung sowohl durch Kraftstoff als auch durch Schmieröl sichergestellt ist.

Ein großer Unterschied zwischen einem Flächenflugzeug und einem Hubschrauber besteht in der Erzeugung des Auf- und Vortriebs. Bei einem Flächenflugzeug wird durch Schub Geschwindigkeit erzeugt, die dann nach Erreichen des mindestens notwendigen Wertes über die Tragflächen zu Auftrieb führt. Bei einem Hubschrauber wird durch den schnell drehenden Hauptrotor Auftrieb erzeugt, der unabhängig von einer Fluggeschwindigkeit ist. Erst durch Neigung der Rotorkreisfläche wird Vortrieb erzeugt. Ich nenne das immer „Abfallprodukt". Natürlich wird nicht die komplette Rotorkreisebene geneigt. Sondern über die Taumelscheibe erfolgt eine unterschiedliche Ansteuerung der Rotorblätter in die gewünschte Richtung und damit auch die Bewegung des Hubschraubers in diese Richtung. Wobei auf Grund einer Phasenverschiebung ein Rotorblatt immer ca. < 90° früher angelenkt wird als die dann folgende Flugrichtung. Vereinfacht ausgedrückt kann man sagen, beim Hubschrauber ohne Auftrieb kein Vortrieb, beim Flächenflugzeug ohne Vortrieb kein Auftrieb. Dadurch ergibt sich auch, dass ein Hubschrauber keinen Rückenflug beherrscht, der immer mit einer Belastung von – 1 *g* verbunden ist. Nur Modellhubschrauber können dieses durch eine negative Anstellung der Hauptrotorblätter. Ich habe mir immer gewünscht, dass man auch einen richtigen Hubschrauber so konstruieren würde …

**▼ Unterschied in der Erzeugung des Auftriebs**

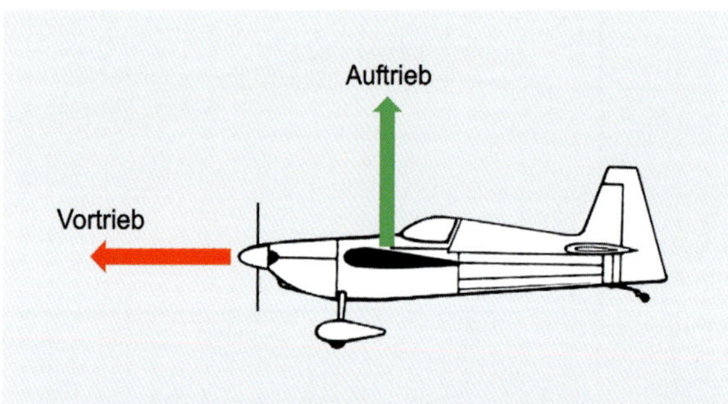


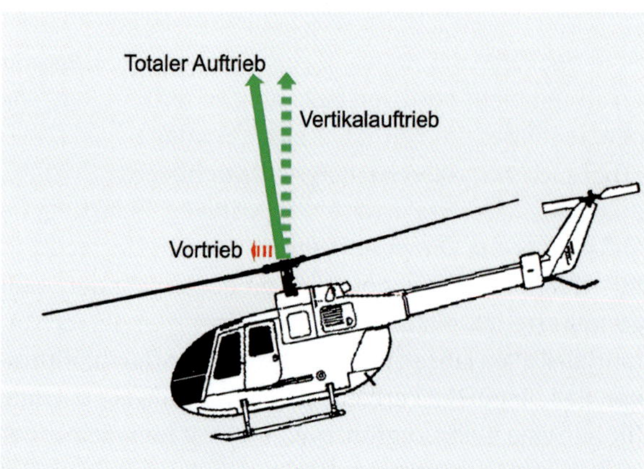


Viele Hubschraubertypen könnten einfache Kunstflugmanöver durchführen. Auch war die BO 105 nicht der erste Hubschrauber, der Kunstflugmanöver, speziell einen Loop, durchgeführt hat. Aber richtigen, extremen Hubschrauberkunstflug durchzuführen, das kann man in meinen Augen nur mit einer BO 105. Ein Hubschrauber, der für ein Rotorsystem konstruiert wurde, das Kunstflug kann. Für das Marketing war dies ein Glücksfall. Bereits bei der Zulassung wurden verschiedene Kunstflugmanöver für den festgelegten Werkspiloten vom Luftfahrt-Bundesamt zugelassen. Von Seiten des Herstellers wurde auch des Öfteren Kunstflug gezeigt. Deshalb war die Wahrscheinlichkeit, die BO 105 als Kunstflughubschrauber von den Behörden zugelassen zu bekommen, am größten, und deshalb wurde von Red Bull dieser Hubschrauber für das Programm ausgewählt.

Auch wenn wir die BO 105 nur mit einer negativen Belastung von – 0,5 *g* zugelassen bekommen haben – theoretisch wäre sie auch noch im Bereich < – 4 *g* steuerbar. Der Grund liegt im gelenklosen Rotorsystem, das über die Spanne von einer sehr niedrigen negativen *g*-Belastung bis zu einer sehr hohen positiven *g*-Belastung in seinem Steuerverhalten nahezu gleich bleibt. Was in der Praxis ein großer Vorteil ist. Aber natürlich ist weder die Ölversorgung noch die Kraftstoffversorgung für diese *g*-Belastungen geeignet.

Auch die Steuerfolgsamkeit, die bei diesem Hubschrauber bei ca. 0,2 Sekunden zwischen der Eingabe und der Ausführung liegt, bleibt unter Belastung nahezu konstant. Sie ist bei einem gelenklosen Rotorsystem um ein Vielfaches schneller als bei Rotorsystemen mit Gelenken. Natürlich müssen physikalisch die Schlag- und Schwenkbewegungen ausgeführt werden. Jedoch wird es hier durch die Elastizität der Blätter und Spiel in den Blattkauschen sichergestellt. Deshalb wird bei diesem Rotorsystem von fiktiven Gelenken gesprochen. Je weiter diese von der Drehachse des Rotors entfernt sind, desto stabiler und agiler ist ein solches Rotorsystem. Zum Beispiel liegt der fiktive Schlaggelenk-Abstand der BO 105 bei rund 15 % während er bei konventionelleren Systemen bei 8 – 10 % liegt. Aber andererseits erhöht sich auch die Empfindlichkeit des Systems auf Böen. Denn auch die Windböe braucht nur 0,2 Sekunden um zu wirken. Ein Flug mit einer BO 105 bei windigem Wetter war häufig von sowohl den Windböen als auch den darauffolgenden „Personalböen" geprägt. So nannte ich das, weil der Bediener oft nicht schnell genug agierte. Deshalb war meine Einstellung immer, die Windböe gewähren zu lassen, meist kommt man ohnehin zu spät mit der Gegenreaktion.

Zugegeben, für Passagiere kann ein Mitflug auf der BO 105 bei böigem Wetter unter Umständen weniger Freude bereiten. Übrigens höre ich immer wieder, dass von einem starren Rotorsystem bei der BO 105 geredet wird. Falsch, es ist ein gelenkloses Rotorsystem mit elastischen Blättern.

Um Kunstflug als Pilot durchführen zu dürfen, benötigt man natürlich eine Erlaubnis, die in den Ländern unterschiedlich aussehen kann. In den USA darf zum Beispiel jeder Kunstflug durchführen, sofern das Muster dafür zugelassen ist. Dies gilt insbesondere bei Flugzeugen, die häufig für den Zweck des Kunstflugs in der Experimental Kategorie zugelassen werden. Es gibt festgelegte Übungsgebiete, in denen es erlaubt ist, Kunstflug durchzuführen. Will ein Pilot jedoch öffentlich, zum Beispiel bei einer Airshow, eine Kunstflugvorführung machen muss er eine spezielle Genehmigung erwerben, die jedes Jahr erneuert werden muss. Es ist eine aufwendige Theorie- und Praxisprüfung, und im ersten Jahr darf man nur in großer Höhe fliegen. In den kommenden Jahren wird dann die Mindestflughöhe herabgestuft, vorausgesetzt die vorherige Saison wurde erfolgreich absolviert. In Deutschland ist der Erwerb einer Kunstflug-Berechtigung mit Prüfungsflug erforderlich. Diese muss dann nicht mehr erneuert werden.

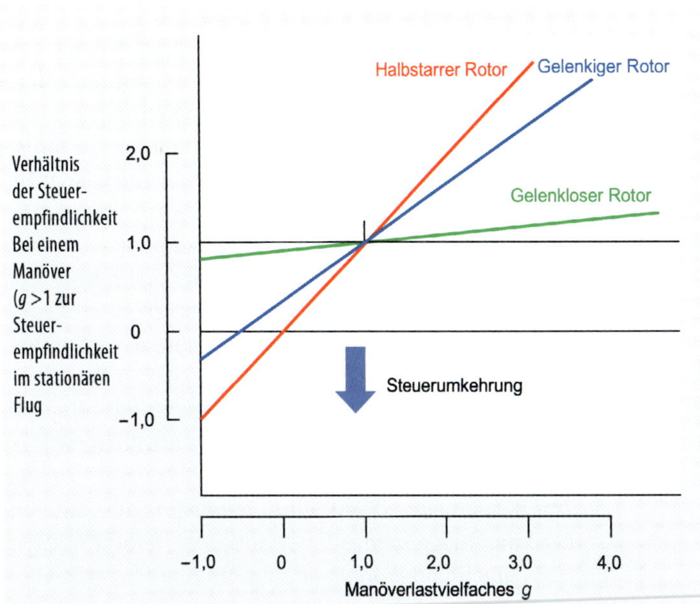


▲ **Beispiel für Bereiche der Steuerbarkeit**

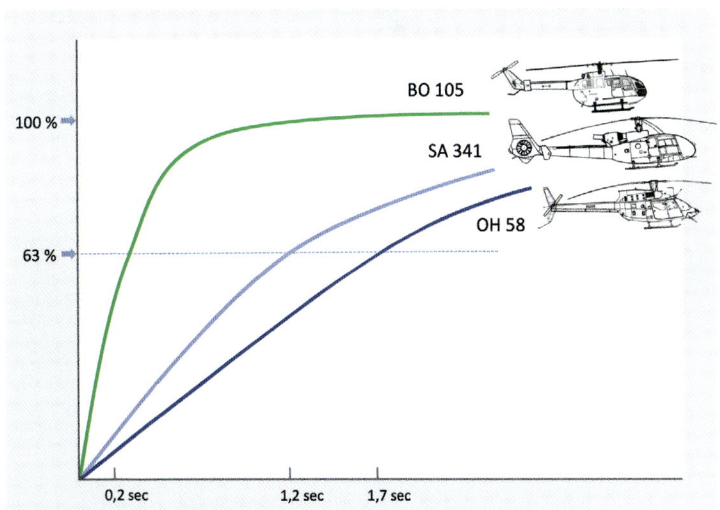


▲ **Beispiel für Reaktionszeiten von Rotorsystemen**

## Lizenzen und Berechtigungen

Allerdings hat sich vor einiger Zeit etwas geändert. Seit 1984 hatte ich eine Privatpilotenlizenz, in die ich Anfang der 90er Jahre die Kunstflug-Berechtigung eintragen ließ. Ende 2002 erhielt ich meinen Luftfahrerschein für Berufsluftfahrzeugführer (CPL H) mit dem Beiblatt B, in dem alle Berechtigungen inklusive der Kunstflug-Berechtigung eingetragen waren. 2003 erhielt ich dann die Lizenz für Berufspiloten (Hubschrauber) in der ebenfalls alle Berechtigungen eingetragen waren, mit Ausnahme der Kunstflug-Berechtigung. Dafür erhielt ich eine Anlage zum Luftfahrerschein, ausschließlich für die Kunstflug-Berechtigung. Als ich zum ersten Mal in England eine Vorführung fliegen sollte, stieß ich auf das Problem, dass dort diese Anlage nicht anerkannt wurde. Als Folge habe ich mir eine Display Autorisierung in der Schweiz ausstellen lassen – ich habe es weiter vorn beschrieben. In Österreich wurde es anders behandelt, dort stand es zunächst als Berechtigung in der EASA-Lizenz. Irgendwann bemühte ich mich um eine Klärung. Dazu beschäftigte ich mich zunächst einmal mit den EASA-Vorschriften. Dort stand im FCL.800 (Flight Crew Licencing):

„Inhaber einer Pilotenlizenz mit Rechten für das Führen von Flugzeugen oder TMG dürfen Kunstflüge nur dann durchführen, wenn sie Inhaber einer Kunstflug-Berechtigung nach diesem Punkt sind."

Der Hubschrauber war nicht aufgeführt. Hatte man ihn vergessen? Allerdings war zum damaligen Zeitpunkt im AMC1 FCL.800, wo es um die Ausbildung geht, geschrieben:

„THEORETICAL KNOWLEDGE AND FLYING TRAINING
(a) The aim of the aerobatic training is to qualify licence holders to perform aerobatic manoeuvres.
...
(c) Theoretical knowledge
...
(3) limitations applicable to the specific aircraft category (and type):
(i) air speed limitations (aeroplane, helicopter, TMG and sailplane, as applicable);"
...

Hier war der Hubschrauber wiederum aufgeführt und das verstand ich nicht. Ich wandte ich mich im November 2013 an das LBA, um eine Klärung in dieser Frage zu bekommen. Man versprach sich um diese Angelegenheit zu kümmern und sich zu melden. Die Zeit ging ins Land, und ich hörte nichts.

Ich versuchte es direkt bei der EASA und konnte die Anschrift der zuständigen Sachbearbeiterin herausfinden. Ich schrieb sie an. Nach einiger Zeit bekam ich die Antwort, dass die EASA damit nichts zu tun hätte und es ein Dokument sei, das national ausgestellt werden müsse. Auch diese Antwort verstand ich nicht, weil das Bestreben doch war, alles was die Lizensierung betraf, auf europäischer Ebene zu vereinheitlichen. Als bei den Flying Bulls darüber nachgedacht wurde, den Hubschrauber in Österreich registrieren zu lassen, wurde ich etwas unruhig. Denn aus der „Anlage zum Luftfahrerschein", so wie ich ihn immer erhalten hatte, war 2015 ein „Nationales Beiblatt zum Luftfahrerschein" geworden. Jetzt war es auch nur noch gültig für deutsch registrierte Luftfahrzeuge.

Daraufhin schrieb ich das LBA erneut an, bekam aber wieder keine Antwort. Zu meiner Freude wurde die Idee, die BO 105 umregistrieren zu lassen, nicht weiterverfolgt. Es hätte vermutlich auch nur mit größten Schwierigkeiten – wenn überhaupt – funktioniert. Denn Airbus Helicopters hätte erneut eine Zulassung erstellen müssen. Ich hatte weiter vorn auf die Schwierigkeit hingewiesen und kam zu dem Schluss, dass es mir eigentlich egal sein kann. Ich hatte meine Lizenz und meine Display-Autorisierung und durfte also überall Vorführungen fliegen. Und außerdem war ich auch nicht für die Beaufsichtigung der EASA-Richtlinien zuständig.

## Kunstflug ist sehr anspruchsvoll

In meinen Augen ist Kunstflug eine der anspruchsvollsten Arten der Fliegerei. Es gehört sehr viel Disziplin dazu. Natürlich sollte man sein Luftfahrzeug gut beherrschen und möglichst viel von der Technik seines Luftfahrzeuges sowie der Aerodynamik verstehen. Kunstflug bedeutet Präzisionsfliegen. Weder irgendein bestimmtes Manöver, noch sehr tiefes Fliegen oder gar riskantes Fliegen sind Kunstflug. Erst die Präzision bei der Durchführung eines Flugprogrammes und der Figuren machen Kunstflug aus. Richtig durchgeführter Kunstflug ist das Ergebnis von langem, diszipliniertem Üben, einer gründlichen theoretischen Vorbereitung, besonders hinsichtlich Technik, Aerodynamik und die Kenntnis der Leistungsgrenzen des eigenen Hubschraubers. Die eigenen Leistungsgrenzen sollte man natürlich grundsätzlich kennen …

Da die Steuerung, der Antrieb und Vortrieb bei Hubschraubern völlig anders ist als bei Flächenflugzeugen, gibt es einige Unterschiede bei der Durchführung des Kunstflugs.

Ich erwähnte bereits das Aresti-Symbolsystem zur zeichnerischen Darstellung von Kunstflugmanövern.

Anfangs verwendete ich dazu noch komplizierte Zeichnungen. Aber die Aresti-Symbolik ist klar, auf den ersten Blick verständlich und vor allem standardisiert. Viele Veranstalter wollten den geplanten Programmablauf als Zeichnung oder Beschreibung sehen. Daher hatte ich von jedem Programm einen Zettel mit Eckdaten des Programms sowie Zeichnungen mit Erklärungen, die ich zur Verfügung stellen konnte.

Für mich selbst hatte ich ebenfalls einen Programmzettel mit den gleichen Symbolen erstellt, um ihn im Cockpit zu befestigen. Natürlich beherrschte ich das Programm aus dem Kopf und brauchte eigentlich keinen Zettel im Cockpit. Aber ich hatte bei Airshows nicht nur einmal erlebt, dass ich durch Hinweise oder Fragen gestört wurde. Zum Beispiel fragte mich ein freundlicher Tower Controller mitten in der Vorführung einmal, wie viele Liter Kraftstoff ich nach der Vorführung tanken wolle. Nett gemeint, aber für Kopfrechenaufgaben hat man in dieser Situation wirklich keine Zeit. Die Fragen stören! Deshalb klebt der Programmablauf als Zeichnung im Cockpit, um notfalls schnell wieder die richtige Reihenfolge zu erfassen.

**▼ 02/2018er Programmzettel für Presse und Veranstalter**

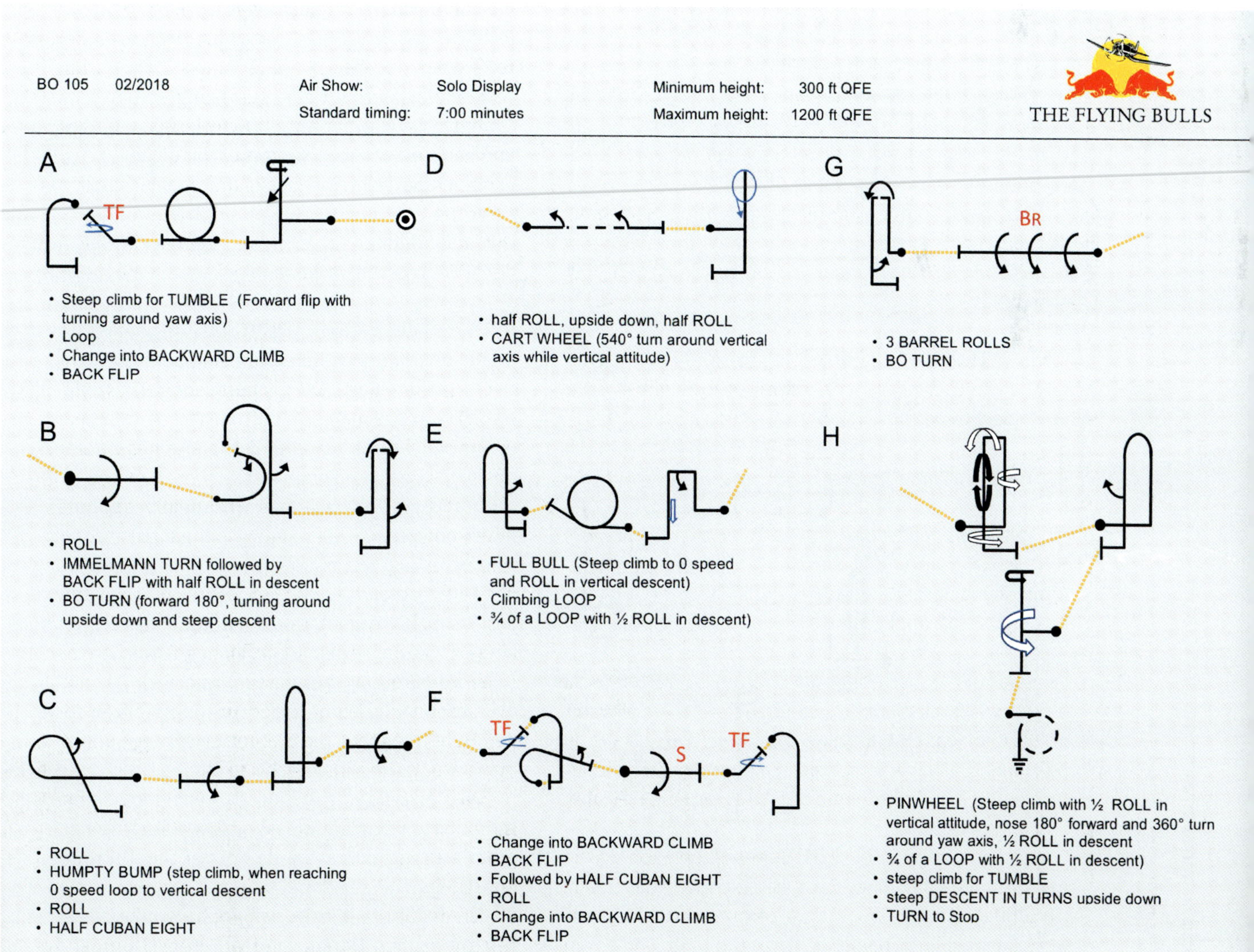

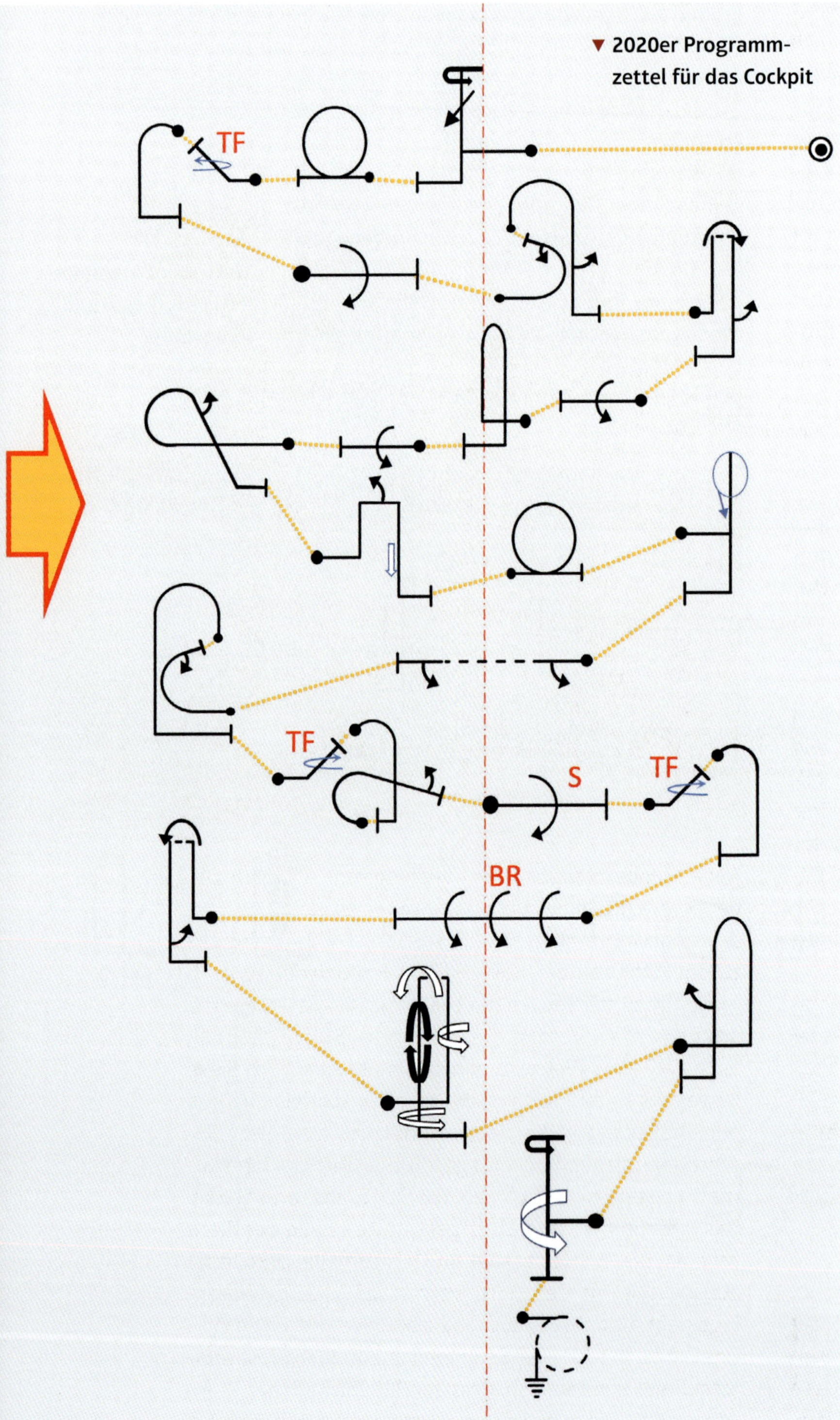


▼ **2020er Programmzettel für das Cockpit**

Allerdings wurde die Symbolschrift für Flächenflieger entworfen und es gab genug Manöver, die nur ein Hubschrauber machte. Deshalb entstanden viele Eigenkreationen. Als die Manöver – vor allem die Kombinationen – im Laufe der Zeit immer komplizierter wurden und daher schwerer darzustellen waren, wirkte es für Außenstehende teilweise unübersichtlich. Nur, die Darstellung war für mich, ich musste sie verstehen und mit einem schnellen Blick erfassen können.

Später, als ich begann für Red Bull zu fliegen, hatte die schriftliche Darstellung auch den Zweck, mit den Auszubildenden gemeinsam ein Programm zu entwerfen. Jeder hatte leicht abweichende Zeichen, grundsätzlich basierend auf der Aresti-Schrift. Aber vor allem so, dass jeder die Symbole seiner Zeichnung rasch erkennen konnte.

Außer wenigen Stunden auf einer Bell 407 und den rund 650 Flugstunden auf einer Alouette 2, auf der ich auch meine Grundschulung gemacht habe, bin ich nur BO 105 geflogen. Natürlich hatte ich die Gelegenheit, bei vielen Hubschraubertypen einmal mitzufliegen. Aber richtig kenne ich nur die BO 105, ich habe nichts anderes gelernt.

Mein individueller Lieblingshubschrauber war die D-HTDM, genannt „Tango". Es war „mein" Hubschrauber. Ich hatte ohnehin das Gefühl, mir einen Anzug anzuziehen, wenn ich in einen unserer beiden Kunstflug-Hubschrauber stieg, so saß dieser Anzug besonders gut. Das Ziehen oder Drücken am Pitch konnte ich nahezu blind machen. Es passte eigentlich immer.

Natürlich sind die beiden für den Kunstflug zugelassenen Maschinen – die zweite ist die D-HSDM (Sierra) –, grundsätzlich baugleich. Beide sind mit den alten, ursprünglichen Blatttypen ausgestattet. Aber an der Tango sind Schwingungstilger angebaut, umgangssprachlich „Bulleneier" genannt. Ich muss bekennen, dass ich mich gegen diesen Anbau gestemmt habe. Leider ohne Erfolg. Angebaut wurden diese Teile, weil vorgesehen war, die Tango als Reservehubschrauber für die als Kamera-Hubschrauber verwendete D-HUDM zu nehmen. Diese ist eine längere BO 105 (S-Version) wie sie auch in den USA für Red Bull fliegen, aber mit den Super-5-Rotorblättern. Diese neueren Super-5-Blätter sind für Kunstflug nicht so gut geeignet. Sie verhelfen aber unter anderem zu einem ruhigeren Flugverhalten, was für den Einsatz als Kamera-Hubschrauber natürlich vorteilhaft ist. Die Schwingungstilger führen bei den alten Rotorblatttypen ebenfalls zu einem ruhigeren Flugverhalten, vor allem im Geschwindigkeitsbereich < 40 Knoten. Allerdings wird durch die erhöhten Zentrifugalkräfte, die durch das Gewicht dieser Schwingungstilger an den Rotorblättern wirken, auch die Rollfähigkeit und -geschwindigkeit etwas herabgesetzt. Nur minimal, aber ich konnte es immer spüren, und wie mir Herr A. sagte, war es in der Theorie beweisbar.

Trotz der angebauten Schwingungstilger rollt die Tango aber besser, als es die Sierra ohne Schwingungstilger macht. Gespürt habe ich das vor allem bei einem Manöver, das ich nur auf der Tango hinbekam. War ich mit der Sierra unterwegs, habe ich an dieser Stelle des Programms ein anderes Manöver geflogen.

An einem Manöver möchte ich den Unterschied im Kunstflug zwischen Hubschrauber und Flächenflugzeug näher erläutern. Dazu benutze ich die Rolle. Für eine Rolle muss der Drehpunkt gewählt werden. Ein imaginärer Punkt am blauen Himmel oder eine Wolke – wenn vorhanden. Richtung Erdboden geht ein Gebäude oder Waldstück. Egal was, ein Drehpunkt muss gewählt werden. Ein tschechischer Kunstflieger hat diesen Punkt den „heiligen Punkt" genannt. Ich empfinde ihn auch als heilig!

Ich hatte öfter die Gelegenheit, in einer Flächenmaschine Kunstflug zu erleben. Fasziniert hat mich dabei die Rolle. Der Steuerknüppel wird zu der gewünschten Seite gedrückt, und man beginnt, um den Drehpunkt zu rollen, bis man diesen Bewegungsablauf stoppt. Ich bitte alle Flächenflieger um Entschuldigung, dass ich es so einfach darstelle. Natürlich muss man für die saubere Durchführung trotzdem feinfühlig steuern.

## ■ Rollen mit dem Hubschrauber

Aber beim Hubschrauber kommt noch etwas anderes dazu: Die BO 105 hat die Angewohnheit, bei jedem Senken des Pitchs, des kollektiven Blattverstellhebels, die Nase zu senken und eine Rollbewegung nach links einzuleiten.

▲ **Anbringung im Cockpit**

Andere Hubschraubertypen, abhängig von der Drehrichtung des Hauptrotors, werden sich ähnlich verhalten. Beim Ziehen des Pitchs analog dazu das Anheben der Nase und die Rollbewegung nach rechts. Dazu müssen entsprechend die Pedale rechts bzw. links getreten werden. Der Stick oder Steuerknüppel, auch zyklischer Blattverstellhebel, muss zusätzlich diese Bewegungen ausgleichen. Weiter oben schrieb ich, dass ohne Auftrieb kein Vortrieb vorhanden ist. Liegt der Hubschrauber also in Rückenlage, muss eigentlich der Auftrieb weggenommen werden, um die Flughöhe zu halten. Das bedeutet, dass in einer gestreckten Rolle der Pitch gesenkt, die Pedale betätigt und mit dem Steuerknüppel ausgeglichen werden muss, wenn es in Richtung Rückenlage geht. Dann entsprechend alle Bewegungen zurück. Das Ganze in rund drei Sekunden und möglichst koordiniert. Dazu kommt noch, dass der Pilot nicht in der Drehachse sitzt, wie es bei einem Kunstflugzeug der Fall ist.

▶ **Vergleich Längsachse Hubschrauber zu Sichtachse**

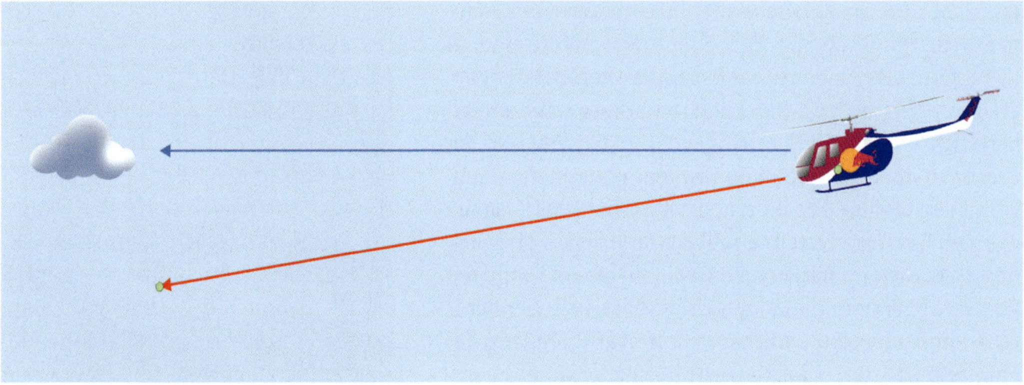

Denn die tatsächliche Drehachse befindet sich im Rotorkopf, der ein Stück höher und seitlich versetzt ist. Beim Hubschrauber, zumindest der BO 105, sitzt man allein fliegend rechts, als Fluglehrer links. Ich hatte beschrieben, dass ich während meiner Einweisung nur links sitzen durfte. Als ich ausbilden sollte und es gerade erst selbst einigermaßen beherrschte, konnte ich die Manöver auch nur von rechts fliegen. Später habe ich das anders praktiziert, zum ersten Mal als ich zwei Piloten von Airbus Helicopters ausbildete. Inzwischen wechsele ich auch im Kunstflug von rechts nach links und zurück. Allerdings ist es so, wenn ich als Trainer auf der linken Seite sitze, sehen einige Manöver anders aus. Allein wegen des anderen Blickwinkels. Es befindet sich keine Flugzeugnase vor dem Piloten, man hat nur freie Fläche vor sich. Die Flugzeugnase ist bei allen Figuren eine gute Referenz, um die Linie zu halten. Die Nase stellt die Kimme dar. Der Drehpunkt am Horizont – eine Wolke, beim Sinkflug etwas auf dem Boden, oder bei blauem Himmel ein imaginärer Punkt – stellt das Korn dar. Die Kimme fehlt im Hubschrauber. Man kann sich mit Tape eine Markierung auf die Scheibe kleben. Das hilft ein wenig, Trotzdem ist das Halten der Linie zum Beispiel bei einer Rolle schwieriger. Außerdem fliegt der Hubschrauber mit einer Neigung der Kabine nach vorn entsprechend der Geschwindigkeit und somit ist die Sichtachse zu dem Drehpunkt versetzt zur Längsachse des Hubschraubers.

Deshalb muss zunächst die Nase hochgenommen werden, um die Längsachse des Hubschraubers auf den Drehpunkt auszurichten, ohne dabei den Drehpunkt zu verlieren. Es sind also einige Steuerbewegungen notwendig, um eine Rolle möglichst präzise zu fliegen.

Obwohl unsere BO 105 im Kunstflug von $-0{,}5\,g$ bis $+3{,}1\,g$ zugelassen ist, liegt die Triebwerkleistungsgrenze erheblich tiefer. Um diese aerodynamische Leistungsgrenze immer ausnutzen zu können, muss eventuell mit bewusster Aufgabe von Höhe (wo es möglich ist!) oder dem Reduzieren der Geschwindigkeit gearbeitet werden. Damit kann man fehlende Triebwerkleistung bis zu einem gewissen Punkt kompensieren.

Die meisten BO-Piloten können etwas mit dem Begriff der Anhaltekurve anfangen. In jeder Kurve verändert sich der Leistungsbedarf der Triebwerke. Zu einer Seite steigt er an, zur anderen fällt er ab. Das Verhalten des Hubschraubers beim Ziehen oder Drücken des Pitchs sprach ich bereits an. Zusätzlich hat ein Hubschrauber noch die Besonderheit, dass der Neutralpunkt der Steuerung unter $g$-Belastung in Drehrichtung des Rotors wandert. Das bedeutet, dass man bei der BO 105 extreme Kurven besser nach links als nach rechts fliegt, da zum Beenden der Kurve entsprechend mehr Weg des Steuerknüppels zur Verfügung steht.

## Der Faktor Heckrotor

Der Heckrotor spielt eine wesentliche Rolle. Je nachdem in welches Pedal getreten wird, verbraucht er oder schenkt er Triebwerkleistung. Außerdem kann er in bestimmten Fluglagen durch den Luftdurchsatz des Hauptrotors erheblich beeinflusst werden. Vor allem dieser Punkt spielt beim Überschlag vorwärts eine wichtige Rolle.

Wie ich weiter oben erklärt habe, kann mit dem Hubschrauber kein Rückenflug gemacht werden. Ich hatte ihn trotzdem im Programm, jedenfalls sieht es so aus. Ein Widerspruch? Nun, es kann kein längerer Rückenflug gemacht werden, es ist ein eher ballistischer Flug. In einem leichten Steigflug wird eine halbe Rolle gemacht und dann fange ich an zu zählen. Nach einigen Sekunden drehe ich den Hubschrauber mit der zweiten halben Rolle zurück. Neben der Ölversorgung ist es das Problem der Kraftstoffversorgung. Langer Rückenflug lässt die Triebwerke verstummen, da die Kraftstoffpumpen Luft saugen würden. Das Tanksystem erlaubt zwar einiges, aber keinen permanenten Rückenflug. Generell habe ich vor einer Vorführung immer darauf geachtet, dass sich im Haupttank mindestens 50 Kilogramm Kraftstoff befinden, damit der Speisetank durchgehend befüllt wird.

Der vom Gefühl her noch unangenehmere Punkt aber ist, dass es in Rückenlage nur eine Bewegungsrichtung gibt: nach unten. Man merkt es zwar nicht so sehr, aber man weiß es! Denn selbst mit Pitch in unterster Stellung verbleibt ein Restschub.

All dieses Wissen muss in das Bewusstsein eingedrungen und ständig vorhanden sein. Es darf nicht erst abgerufen werden, wenn die entsprechende Situation auftritt, es muss wie selbstverständlich da sein. Das meinte ich, als ich zuvor schrieb, wenn ich in einen unserer beiden Kunstflug-Hubschrauber stieg, so war es als würde ich meinen Anzug anziehen. Habe ich ihn richtig angezogen, sitzt er wie eine zweite Haut und ich bin eins mit dem Hubschrauber und allen seinen Eigenschaften. Natürlich gibt es auch schlechtere Tage, das ist dann, als würde der Anzug nicht ganz so gut sitzen. Aber das Wissen um alle Eigenschaften ist trotzdem da.

Ich möchte nicht weiter in die Beschreibung von Manövern einsteigen, sondern wollte die Unterschiede zwischen Hubschrauber- und Flächenkunstflug aufzeigen und andeuten, welche Überlegungen in der Theorie gemacht werden müssen. Diese Überlegungen sind extrem wichtig, um eine flüssige Bewegung zu erhalten. Denn das ist das A und O, um sicherzustellen, dass für das nächste Manöver die besten Anfangsvoraussetzungen gegeben sind. Etwas, was dann beim Training verfestigt werden muss.

# 11 Training und Fliegen

Ich war immer der Auffassung, dass die BO 105 etwas anders zu fliegen ist als viele andere Hubschraubertypen. Auch wenn sie selbst schon sehr betagt ist. Aber das Rotorsystem war bei der Einführung etwas komplett Neues. Die auftretenden Kräfte bei einem gelenklosen Rotorsystem waren Ende der 60er Jahre noch nicht so zu ermitteln wie es heute möglich ist. Also wurde alles etwas „kräftiger" konstruiert. Der Rotorkopf wird noch heute auf Hubschraubern verwendet, die rund eine Tonne schwerer sind als es die BO 105 ist.

In meiner Grundschulung habe ich gelernt, jede Kurve muss mit dem Senken des Pitchs begleitet werden. So wurde ich geschult, so setzte es sich später bei Weiterbildungen in Hildesheim mit den erfahrenen Alouette-Piloten fort. Für die BO 105 wurde es mir von einigen Lehrern später anders vermittelt. Das gewöhnte ich mir an. Der Pitch sollte im Kurvenflug stehenbleiben, wenn überhaupt nur sehr leicht gesenkt werden. Einerseits steigt der Torque in einer Richtung beim Kurvenflug leicht an. Da sich außerdem unter zunehmender *g*-Belastung im Kurvenflug der Neutralpunkt des Sticks in Drehrichtung des Rotors verändert, steht zum Ausleiten der Kurve zu beiden Seiten genug Steuerweg zur Verfügung. Ein leichtes Senken hilft deutlich beim Ausleiten einer Rechtskurve.

**◂ Das Variometer zeigt die Steig- und Sinkrate. Diese Sinkrate von über 7000 Fuß pro Minute ist bei einer Vorführung normal.**

## Die BO 105 reagiert sehr agil

Die BO 105 reagiert sehr agil auf jede kleine Veränderung sowohl im Pitch und natürlich vor allem am Stick. Aber sie reagiert schneller, wenn man mit Leistung, also gezogenem Pitch, fliegt. Senken des Pitch bedeutet immer eine Rollbewegung nach links in Kombination mit einer Nickbewegung nach unten. Ziehen am Pitch die entgegengesetzte Bewegung. Abhängig von der Geschwindigkeit, je schneller, je ausgeprägter, kann dieses Verhalten bewusst eingesetzt werden. Die Fluggeschwindigkeit hat ebenfalls Einfluss auf die Rollrate. Je geringer die Geschwindigkeit, desto niedriger die Rollrate. Das Nickverhalten hatte ich gerade angesprochen. Je schneller der Hubschrauber fliegt, desto extremer ist das Verhalten beim abrupten Senken des Pitchs. Ein schnelles Senken des Pitchs führt zu einer extrem schnellen Fluglageänderung, verbunden mit einer sehr hohen Sinkrate. Ich weiß nicht, wie schnell andere Hubschraubertypen einen Sinkflug durchführen können. Mit der BO 105 ist es problemlos möglich eine Sinkrate zu erreichen, die das Variometer nicht mehr anzeigen kann. Bei ungefähr 7000 – 7500 ft/min (Fuß pro Minute) stößt der Zeiger an eine Feder, drückt diese aber ziemlich ein. Die tatsächliche Sinkrate dürfte um einiges höher liegen.

Die Kenntnis dieser Verhaltensweisen, gerade speziell bei der BO 105, ist auch deshalb wichtig, weil man es sich in vielen Flugsituationen im Kunstflug zu Nutze machen kann. Natürlich gibt es noch einige spezielle Eigenschaften, nur wie ich bereits schrieb, dies soll keine Anleitung für den Kunstflug sein.

Theorie und Training sind die Basis. Um ein neues Manöver zu kreieren, habe ich immer begonnen, ein Hubschraubermodell in die Hand zu nehmen. Damit habe ich mir bildhaft versucht Bewegungsabläufe vorzustellen. Was könnte interessant aussehen, was könnte ein Zuschauer sehen wollen? Dann kam die theoretische Überlegung, ob es überhaupt machbar erscheint. Ich rede jetzt nicht von den gradlinigen Manövern die längst alle erflogen waren, so wie Loop, Rolle, Immelmann und so weiter. Nein, ich rede von den Drehungen um die Hochachse in Verbindung mit Überkopflage oder im senkrechten Steig- oder Sinkflug. Von Kombinationen, also zum Beispiel mehrere Immelmann Turns hintereinander mit Rolle oder Drehung um die Hochachse. Etwa so, als wenn ein Turmspringer nicht nur einen Salto oder mehrere machen möchte, sondern noch versucht, Schrauben zu integrieren. Theorie heißt, ein neues Manöver muss darauf durchdacht werden, ob es überhaupt durchzuführen ist. Langer stabiler Rückenflug geht nicht, muss also nicht weiter überlegt werden. Aber der Versuch, dem Zuschauer die Illusion eines Rückenfluges zu vermitteln, ist möglich. Dazu muss halt überlegt werden, wie das in die Praxis umgesetzt werden kann. Es muss überlegt werden, wie sich der Heckrotor auswirkt. Ist eine Bewegung nach rechts oder links besser, verliere ich Höhe, muss ich aus der Steigbewegung heraus agieren oder reicht es aus dem horizontalen Flug aus? Eine Rechtskurve ist bei der BO 105 mit einer Einschränkung des Steuerbereiches verbunden. Andererseits sind Rechtskurven über das rechte Pedal mit einer Leistungseinsparung gekoppelt. Deshalb muss abgewogen werden, wie in dem jeweiligen Manöver die Bewegungen kombiniert werden können.

Wenn ich dieser Überlegung auch nur eine kleine Chance gab, habe ich es in der Luft probiert.

## ■ Manchmal gab es Überraschungen

Manchmal kamen Überraschungen heraus, weil der Hubschrauber in der Praxis doch anders reagierte als ich es erwartet hatte. Es kam auch vor, dass mir ein Zuschauer sagte, was ich an einer Stelle geflogen hatte, sieht richtig gut aus. Nur leider konnte ich es überhaupt nicht reproduzieren, weil es eher zufällig stattfand und in meinen Augen total misslungen war.

Geübt wird in sehr großer Höhe in einem Gelände, in dem es sicher ist und in dem Bezugslinien am Boden die Orientierung erleichtern. Diese Linien sind wichtig, um sich nach einem kopfüber stattfindenden Manöver wieder in die richtige Richtung zu bewegen. Orientierung im Raum ist enorm wichtig. Egal, welches Manöver ich ausprobiert habe, ich kam immer wieder in eine kontrollierbare Fluglage zurück – weil ich genügend Höhe hatte. An dieser Stelle sei noch einmal gesagt, dass sich Sinkflüge häufig jenseits von 7000 ft/min abspielen, mehr zeigt unser Variometer nicht an. Deshalb ist gerade beim Ausprobieren neuer Elemente die Höhe alles. Für jedes Manöver legte ich mir eine Mindesthöhe fest, in der Reserve vorhanden war, falls es nicht so funktioniert wie geplant. Das betrifft nicht die Standardmanöver wie Loop oder Rolle, wo die Höhe nicht mehr das Problem darstellt, da sind es die vorgeschriebenen 300 ft/GND. Aber zum Beispiel das Cart Wheel (540°), dort sind es 700 ft/GND. Egal ob ich Steuereingaben bis an die Anschläge machte oder sie zügig ausführte, es gab nie ein Problem – wenn ich nicht ruckhaft steuerte. Dieser Hubschrauber hat mir alles verziehen. Schaut man sich den Rotorkopf an, so kann man nur Vertrauen haben.

## ■ Die Idee hinter den Manövern

An drei Manövern möchte ich versuchen, die theoretische und praktische Vorgehensweise zu beschreiben. Ein Manöver, immer ein Erkennungsmerkmal meines Programms, war eine 540-Grad-Drehung in der Senkrechtlage des Hubschraubers, das ich Cart Wheel nannte. Die Idee für diesen Namen hatte Frank, ein niederländischer Kunstflugpilot, den ich 1994 auf der ILA kennen gelernt hatte. Dieses Manöver verträgt eine ganz bestimmte Anströmung nicht, und deshalb musste ich den gesamten Ablauf des Flugprogramms immer nach diesem einen Manöver ausrichten. Darauf gehe ich noch ein, wenn ich auf ein komplettes Programm zu sprechen komme.

Erreichen wollte ich eine Senkrechtlage mit weiterer Steigtendenz und einer deutlichen Überhöhung zur Ausgangshöhe im Geradeausflug. Ich hatte geschrieben, dass der Auftrieb des Hubschraubers anders erzeugt wird als

▲ **Gründliche Vorbereitung ist Voraussetzung für einen sicheren Flug.**

bei einem Flächenflugzeug. Das bedeutet, Steigflug kann eigentlich nur erreicht werden, wenn der Schub zumindest teilweise nach oben gerichtet ist. Oder aber, man hat eine solch hohe Geschwindigkeit, dass man ballistisch senkrecht nach oben schießt. Der Kompromiss macht es, entscheidend ist, dass man vor der 540°-Drehung eine senkrechte Lage eingenommen hat. Der richtige Zeitpunkt zum Beginn der Drehbewegung muss herausgefunden werden. Einerseits muss es bei der Drehung schnell gehen, damit der Hubschrauber ohne den vorhandenen Auftrieb nicht bereits während der Drehung zu sinken beginnt. Denn wenn die Sinkbewegung zu stark wird, kann die Anströmung verhindern, dass die Drehung weitergeführt werden kann. Dann wird es unkoordiniert. Andererseits kann ein zu schnelles Drehen kritisch werden, weil es eine maximale Drehgeschwindigkeit gibt und man natürlich nicht überdrehen möchte.

Eventuell muss ein neues Manöver in Segmente zerlegt und einzeln geübt werden. Dann geht es an das Zusammenfügen der einzelnen Teile. Die Festlegung, welche Höhe brauche ich im Steigflug, um den Sinkflug in der Eingangshöhe zu beenden, welche Windrichtung ist günstiger.

Es kann passieren, dass man ein Manöver gefunden hat, es trainiert hat und es stolz präsentiert. Dann sagen viele: Ja und? Ein Beispiel dafür ist der Trichter: Eine Figur, bei der der Heckrotor unten, die Nase oben ist, der Winkel möglichst 60 Grad beträgt und dann wird in dieser Fluglage um den Heckrotor gedreht. Im Hubschrauber muss man arbeiten wie verrückt, um das bei allen Windverhältnissen hinzubekommen. Ein sehr anspruchsvolles Manöver. Man muss erst einmal in die Figur kommen, was Zeit kostet. Am Ende der Figur hat man wenig Fahrt und es kostet wieder Zeit, diese anschließend aufzunehmen. Macht man es in Bodennähe, wo es am besten wirkt, muss man anschließend wieder Höhe gewinnen. Und in der Höhe wirkt es kaum. Piloten erkennen die Schwierigkeit der Durchführung, die Masse der Zuschauer sind aber keine Flieger. Diese sehen nicht die Herausforderungen dahinter. Hat man dazu noch etwas mehr Wind, ist es nur schwer zu handhaben und sieht nicht mehr so schön aus. Entscheidend für mich war, dass dieses Manöver insgesamt viel Zeit verbrauchte und zu viele „Leerphasen" hatte. Damit meine ich die Zeit, in der beispielsweise einfach nur Steigflug stattfand. Deshalb habe ich es schnell wieder aus dem Programm genommen. Denn mein Ziel war immer, ein Programm aufzubauen, in dem eine Figur der nächsten folgte. Kein Leerlauf, weil erst wieder ein langer Anlauf für das nächste Manöver benötigt wird.

Ähnlich war es beim Überschlag vorwärts. Ein Manöver, bei dem die kleinste Abweichung in der Steuerung, der richtigen Ausgangslage und der Windrichtung zu einem geänderten Bewegungsablauf führt. Meist wird der Heckrotor durch die Wirbelschleppe des Hauptrotors gezogen. Die Windrichtung, der richtige Steigwinkel rückwärts – alles hat Einfluss. Ist einer dieser Parameter nur etwas ungenau, dreht sich der Hubschrauber weg. Um in der Sprache eines Turmspringers zu sprechen: aus einem einfachen Vorwärtsüberschlag wird ein Vorwärtsüberschlag mit Schraube. Beim Turmspringen eigentlich der höhere Schwierigkeitsgrad.

## Start- und Schlussfigur sind sehr wichtig

Bei mir war es ein Zufallsprodukt, welches der Hubschrauber fast von allein tat und es für mich einfacher machte. Daraus wurde die ideale Startfigur für ein Programm. Eine, die sicherstellte, dass die Zuschauer für einen Moment ihre Bratwurst nur in der Hand hielten. Der zusätzliche Vorteil, ich brauchte keinen langen und zeitraubenden Anlauf rückwärts, um einen sauberen Überschlag vorwärts zu schaffen. Deshalb konnte ich dieses Manöver in der geänderten Form auch wieder in mein Programm aufnehmen. Überhaupt war eine Feststellung von mir, dass es Manöver gab, bei denen ich dem Hubschrauber „seinen Willen" lassen musste. Dann war es einfacher und das Gefühl für dieses Manöver war weicher. Gerade das war mir immer wichtig.

Wenn dann ein Manöver auch in der Praxis machbar ist, muss geprüft werden, ob und an welcher Stelle es in das Programm passt, beziehungsweise welche Manöver am besten zueinander passen.

Ein Beispiel: Aus einem Loop kommt man mit einer hohen Sinkrate. Man benötigt also zunächst ein kurzes Stück Stabilität, bevor man den nächsten Steigflug ansetzen kann. Aus einer Rolle heraus liegt man stabil und kann sofort einen Steigflug beginnen. Will man also diese beiden Manöver hintereinander fliegen, empfiehlt es sich, zunächst die Rolle und dann den Loop durchzuführen. Natürlich lässt sich das nicht immer machen. Denn das Programm sollte abwechslungsreich sein. Also normalerweise eine Wiederholung der Manöver nicht hintereinander, sondern mit Abstand. Es sei denn, man zeigt bewusst mehrere Fassrollen oder mehrere Loops hintereinander. Denn genau darin kann man sich von anderen Hubschraubern unterscheiden, die vielleicht auch einen Loop oder eine Rolle im Programm haben. Die BO kann das nahezu unbegrenzt fliegen.

Ich unterteile ein Flugprogramm immer in Wendemanöver an den Eckpunkten und Mittelmanöver. So wie es auf dem Programmzettel im vorherigen Kapitel zu sehen ist. Mein Bestreben ist es, auf jeder Seite der Vorführung ein Wendemanöver mindestens einmal durchzuführen, damit es auf beiden Seiten des Zuschauerbereichs besser zu sehen ist.

Der Wind spielt eine Rolle, denn es gibt Manöver, die besser mit dem Wind oder gegen den Wind funktionieren. Ein Loop sieht gegen den Wind grundsätzlich besser aus, weil er runder wird. Ein Looping, der so geflogen wird, dass man in der Senkrechten möglichst lange verharrt, ist ebenfalls gegen den Wind besser, weil der Gegenwind den Hubschrauber in der Senkrechten zurückschiebt, was noch durch Ziehen am Pitch verstärkt werden kann. Dadurch wird sich der Hubschrauber senkrecht nach hinten verschieben, was sehr spektakulär aussieht. Ein Loop versetzt grundsätzlich etwas nach rechts, die Rolle grundsätzlich etwas nach links. Seitenwind verstärkt oder hebt diesen Einfluss auf, das muss bei der Durchführung immer bedacht werden. Bei vielen Manövern ist es egal, ob Gegenwind oder Rückenwind herrscht, zum Beispiel bei der Rolle. Hier legt man nur unterschiedlich viel Strecke über Grund zurück.

Der Aufbau eines Flugprogramms ähnelt der Choreographie eines Eiskunstläufers. Das Ziel ist ein flüssiger Ablauf. Aufgrund der geringen zur Verfügung stehenden Spanne zwischen negativer und positiver Belastung und der Tatsache, wie unterschiedlich Auf- und Vortriebsverhalten sind, fügen sich einige Manöver besser in die Reihenfolge des Ablaufs ein als andere. In diesem Punkt ist der Hubschrauber vermutlich empfindlicher als ein Flächenkunstflugzeug.

## Die Zuschauer müssen es mögen

Geflogen wird für die Zuschauer. Die müssen es mögen. Es gibt nur wenige Hubschrauber, die Kunstflug vorführen. Daher ist der Vergleich für die Zuschauer auch schwer möglich. Es fällt nicht so sehr auf, wenn eine Figur nicht so sauber geflogen wird. Aber es bleibt im Gedächtnis, wenn ein Manöver spektakulär ist. Ich versuchte immer, mit einer möglichst spektakulären Figur am Beginn zu starten und mit einer ebensolchen das Programm zu beenden.

Als ich beim „Züri Fäscht" vor sehr vielen Zuschauern flog, erzählte mir hinterher ein Besucher, dass bei der Startfigur sehr viele Zuschauer aufgeschrien haben, weil sie glaubten, der Hubschrauber stürze ab. Damit war die Aufmerksamkeit gesichert, und das ist der Zweck einer Vorführung. Dass es einfach zu steuern ist, muss ja niemand wissen ....

Wenn die Zusammenstellung in der Theorie aussichtsreich erscheint, wird es in großer Höhe probiert und ge-

▲ **Mentale Vorbereitung auf die Vorführung.**

übt. Es ist gut möglich, dass sich herausstellt, dass Manöver immer noch nicht zueinander passen oder dass für eine Bahn mehr Platz gebraucht wird als für die Gegenstrecke. Dann muss es überdacht und geändert werden. Der Mittelpunkt des Programms, also das oder die Mittelmanöver, sollten immer vor der Mitte des Zuschauerbereiches sein. Meist auch der Ort, an dem sich der Tower oder der VIP Bereich befindet. Noch wichtiger ist, dass später die Sicherheitsabstände zu den Zuschauerbereichen eingehalten werden. Eine Rolle, die links herum geflogen wird, kann ein Problem werden, wenn die Zuschauer links stehen und der Wind von rechts kommt. Ein Loop, der durch den Heckrotor immer etwas versetzt sein wird, kann ebenfalls zum Problem werden, wenn die Zuschauer rechts stehen und der Wind von links kommt. Weil man natürlich so dicht wie möglich an den Zuschauern fliegen will.

Sitzt das Programm in großer Höhe, wird es schrittweise tiefer durchgeführt, bis es endlich in der eigentlichen Vorführhöhe angekommen ist. Die liegt in der Regel bei 300 ft/GND. Irgendwann sitzt es und könnte bei einer Veranstaltung gezeigt werden.

Ich hatte geschrieben, dass in meiner Planung immer vorgesehen war, als Startmanöver und als Schlussmanöver etwas Spektakuläres zu fliegen. Die Startfigur sollte gleich Aufmerksamkeit erregen. Dafür war der Überschlag mit einer Drehung oder Schraube ideal. Durch diese Anordnung war es recht einfach und schnell möglich, in das Programm einzusteigen. War meine Parkposition so, dass ich gleich gegen den Wind starten konnte, begann ich unmittelbar mit der Startfigur. Natürlich musste sehr schnell möglichst viel Geschwindigkeit aufgenommen werden. Musste ich jedoch mit Rückenwind starten, so flog ich tief über die Runway, um dann mit einer halben Kubanischen Acht gegen den Wind zurückzukehren und für die Startfigur den Hubschrauber hochzuziehen. Mit tief meine ich etwa 50 – 100 Fuß über Grund, weil dieser Richtungswechsel eigentlich noch nicht zum

Programm gehörte und ich durch die hochgezogene Kubanische Acht dann in der Vorführhöhe von 300 Fuß beginnen konnte. Eine halbe Kubanische Acht ist etwas mehr als ein halber Loop mit einer halben Rolle im leichten Sinkflug. Und 50 – 100 Fuß können auch die Zuschauer in der zweiten Reihe noch sehen, von weiter hinten aber nicht mehr. Meine Idee dahinter war, wenn ich durch den etwas längeren Weg bis zum Wendemanöver viel Geschwindigkeit habe und dann den Hubschrauber hochziehe, erreiche ich locker 6000 ft/min oder mehr Steiggeschwindigkeit und damit taucht der Hubschrauber für die hinteren Zuschauer schnell und vielleicht unerwartet auf. Das Geräusch der Rotorblätter unter Belastung ist sehr markant. Durch das Manöver liegt der Hubschrauber auch kurz über Kopf, bevor er wieder in Normallage jetzt in 300 ft/GND für die Startfigur anfliegt. So gesehen war mir der Beginn von dieser Parkposition fast lieber, weil Aufmerksamkeit bereits vor der Startfigur erzeugt werden konnte. Hatte ich genug Geschwindigkeit, wurde sehr schnell die nötige Überhöhung und Fluglage erreicht, um mit einer leichten Rückwärtstendenz die Bewegung nach vorn einzuleiten. Gefühlt machte der Hubschrauber es von allein, ich kam immer gerade in die richtige Flugrichtung weiter gegen den Wind heraus.

## ■ Das „Cart Wheel" bestimmte die Startfigur

Die Parkposition war immer vorgegeben. Aber zuvor erwähnte ich das Cart Wheel und dass dieses Manöver sehr sensibel auf die Windrichtung reagiert. Als Wendemanöver musste es mit Rückenwind im Steigflug begonnen und immer gegen den Wind beendet werden. Somit entschied dieses Manöver letztlich, wie ich die Startfigur anzufliegen hatte. Stand ich rechts und der Wind kam von links, begann ich unmittelbar mit der Startfigur. Stand ich rechts, und der Wind kam auch von rechts musste ich die halbe Kubanische Acht einfügen.

Die Idee für mein Programm war immer, das Flugverhalten eines Hubschraubers mit dem eines Starrflüglers zu kombinieren. Das bedeutet, dass einerseits typische Hubschraubermanöver wie vertikales Steigen und andererseits Kunstflugmanöver, wie Rollen und Loopings zu sehen waren, die man üblicherweise bei Starrflüglern sieht. Die zweite Intention war es, vor allem die Leistung der BO 105 zu zeigen, die so wendig ist wie kaum ein anderer Hubschrauber. Sie ist in der Lage, Kunstflug wie ein Starrflügler zu betreiben und zusätzlich Manöver zu fliegen, die selbst für Starrflügler schwierig sind.

Meine Absicht war, die Show so kompakt wie möglich zu fliegen. Wenn man die Zeit für die Show durch die Manöver teilt, sieht man, dass alle 12 Sekunden die nächste Figur startet. Um das hinzubekommen, muss man alle Manöver mit geringerer Geschwindigkeit fliegen, da gerade die Beschleunigung Zeit kostet. Natürlich auch Raum, der zu Lasten der Kompaktheit geht. Gerade das Kompakte ist ein Merkmal des Hubschraubers, weil die Vorführung immer in Sichtweite aller Zuschauer geflogen werden kann. Allerdings leidet die Präzision der Manöver dadurch. Grundsätzlich: je schneller, desto sauberer die Manöver, weil die Rollrate deutlich besser ist. Bei einer Airshow macht meist nur ein Hubschrauber Kunstflug. Hingegen sind es meist mehrere bei Flächenflugzeugen, und die Zuschauer können vergleichen.

Als Zeitlimit nahm ich mir etwa 6 bis 7 Minuten. Ich war immer der Auffassung, dass ein zu langes Programm irgendwann langweilig wird. Vieles wiederholt sich zwangsläufig und dann wird nicht mehr hingeschaut.

Wenn der Ablauf viele Male geübt war und ich auch zufrieden war, dann fertige ich sowohl meinen Programmzettel an, als auch den für Sprecher, Medien oder für die Personen, die im Vorfeld bei einem Freigabeflug überwachen wollen, was geflogen wird. Im vorigen Kapitel habe ich es erklärt.

## ■ Ständige Repetition erhöht die Präzision

Aber für mich bestand das Training nicht nur aus dem Fliegen des fertigen Programms. Ich hatte mir angewöhnt Serien zu fliegen. Also beispielsweise viele Loops oder auch viele Rollen hintereinander. Ich erwähnte bereits, dass der Loop immer nach rechts versetzt, die Rolle nach links. Nachteile des Heckrotors, aber durch viele der Manöver hintereinander drang die notwendige Korrektur mehr ins Unterbewusste ein. Bei einem handgeschalteten Getriebe denkt man auch kaum noch an das Treten des Kupplungspedals.

Über dem von mir angesprochenen Übungsgebiet nördlich der Kontrollzone Salzburg liefen viel Wege in unterschiedlicher Richtung durch den Wald. So konnte ich immer passend zur Windrichtung eine Display Linie finden, oder wenn ich es wollte auch bewusst mit Seitenwind fliegen. Für mich eine gute Übung, um das Halten der Displaylinie bei Seitenwind von links oder rechts zu üben. Für den Weg hin zum Übungsraum und zurück, musste ich ohnehin etwas mehr Kraftstoff mitführen. Zusätzlich noch einige Liter drauf, und so begann die Trainingseinheit immer mit einem deutlich schwereren Hubschrauber als bei einem echten Display. Ein guter Weg, sich um eine sanfte Steuerführung zu bemühen. Je leichter, desto „härter" kann man mit dem Hubschrauber umgehen. Dies muss man nicht so sehr üben wie den sanften Umgang und dazu war ein schwerer Hubschrauber besser geeignet. Da in einer Vorführung das Startgewicht bei mir etwas höher als 1600 Kilogramm lag, war noch bis 1800 Kilogramm, dem erlaubten maximalen Startgewicht für den Kunstflug, reichlich Spielraum für Kraftstoff. Gerade dieses Fliegen führt dazu, die Vorführung später flüssig aussehen zu lassen. Und was leicht und flüssig aussieht, ist das Ergebnis von Geschicklichkeit, Präzision, Training und viel Disziplin.

Wenn ich bei einer Veranstaltung war, gab es immer Vorbereitungen, die sein mussten und natürlich auch individuelle Eigenheiten. Dass man nie mit leerem Magen fliegen soll (Blutzuckerspiegel) ist klar, eventuell noch etwas „Nachessen". Einen Riegel zum Beispiel. Die persönliche *g*-Schwelle variiert täglich und auch wenn die *g*-Load-Grenze niedrig ist, der Wechsel von $-0{,}5g$ zu $+3g$ sind $3{,}5g$ und das merkt man schon.

Vor- und Nachflugkontrolle sind natürlich selbstverständlich, für mich immer ein wichtiger Punkt die Ölstände, besonders im Heckrotor- und Umlenkgetriebe. Durch die Figur Cart Wheel wurde immer Öl durch die Entlüftungsbohrungen herausgepresst und der Heckausleger sah nach Vorführungen frisch eingeölt aus, deshalb war dort die Kontrolle wichtig. In der Kabine wollte ich am liebsten keine Gegenstände haben, falls doch, wurden sie an den hinteren Sitzen festgezurrt. Das Sprechkabel vom Helm befestigte ich auch im oberen Bereich, damit es so kurz wie möglich zum Helm war. Ich habe erlebt, dass es herumpendelte und sich dann im oberen Bereich verhakte. Während der Vorführung konnte ich irgendwann den Kopf nicht mehr frei bewegen. Das Variometer wurde auf 0 gestellt und spätestens jetzt der Programmzettel angebracht. Ich erwähnte eine Veranstaltung in Kitzbühel, bei der innerhalb der Vorführfläche ein großer Höhenunterschied bestand und die Parkposition im Tal lag. Dort flog ich im Rahmen der Erkundung in Bodennähe zu der Stelle, die ich als Basis nehmen wollt. Wenn ich wieder auf meiner Parkposition stand, nahm ich dann die entsprechende Einstellung vor. So ähnlich hielt ich es auch bei Vorführungen über Wasser. Einmal im Tiefflug drüber und dann am Boden einstellen.

## Richtige Betankung

Das Problem der Betankung hatte ich schon kurz erwähnt, als es darum ging, eine gewisse Strecke zum Vorführort zu fliegen und wieder zurück. Wenn idealerweise Parkposition und Vorführort zusammenlagen, dann ging mein Bestreben immer dahin, so leicht wie möglich zu fliegen. Einmal stand ich schon mehr als 10 Minuten mit laufenden Triebwerken, weil noch eine Verzögerung eintrat. Dann wurde mir gesagt ich solle noch einmal abstellen, in 30 Minuten geht es weiter. Die sehr ungenaue Tankanzeige war weit unten und ich wollte noch 20 Liter nachzutanken. Es kam einer dieser ganz großen und langen Tankwagen, der sicher einige 10.000 Liter fasst. Das Gesicht des Tankwarts werde ich nicht vergessen.

Meine Sitzeinstellung war immer klar, drei Rasten von vorn zurück. Es war weiter vorn als ich ursprünglich einmal auf der BO 105 angefangen hatte. Aber seitdem ich Kunstflug machte, musste ich auch die letzten Ecken vorn links und rechts mit fester Gurtarretierung erreichen können. Zu meinem persönlichen Ritual gehörte immer, dass ich noch einmal kurz auf die Toilette gegangen bin, egal ob ich es musste.

Irgendwann, noch während ich die ersten Male im Rahmen der Bundeswehr bei Flugtagen war, habe ich einem der Flächenkunstflieger zugeschaut, der sich auf seine Vorführung vorbereitet hat. Er ging gedankenversunken mit kleinen Schritten, bewegte seine Hände, kehrte in die Gegenrichtung um und begann dort das gleiche Spiel. Mehrmals hin und her. Er ging in Gedanken sein Flugprogramm durch. Das habe ich übernommen. Es sieht sicher etwas komisch aus, aber indem ich die Flugbewegungen in der Richtung abgehe, in der die Vorführung stattfindet, präge ich mir Gelände, Lichtverhältnisse, den Wind, ein. Es gibt mir Hinweise zur Orientierung. Zum Beispiel, was in Richtung gegen den Wind am Horizont zu sehen ist und was in der Gegenrichtung. Man spürt den Wind, falls er etwas seitlich in der jeweiligen Flugrichtung kommt und kann sich gedanklich bereits darauf einstellen, wie die Korrekturen zu erfolgen haben. Während des Fliegens kann es ohnehin noch eine Änderung kommen. Zum Beispiel Höhenwind, der am Boden nicht erkannt werden kann.

Dann stieg ich ein und schnallte mich fest an. Mit fest, meine ich richtig fest. Eine Zeitlang habe ich mir noch Polster unter den Beckengurt geklemmt. Je fester, desto mehr fühlt man sich als Teil des Hubschraubers, man hat weniger „Fallgefühl".

Der Helm wird aufgesetzt und die freie Bewegung des Kopfes überprüft. Zum Schluss zog ich die Handschuhe an und arretierte die Gurtautomatik. Es waren natürlich nicht mehr die weißen „Handschühchen" die Stefan Raab mal erwähnt hatte. Aber wegen der Schweißbildung an den Händen flog ich Vorführungen immer mit Handschuhen.

Falls erforderlich, muss auf Funkbereitschaft gegangen werden. Gerade große Veranstaltungen erwarten viele Minuten vorher einen Abgleich mit dem Zeitplan. Irgendwann können dann die Triebwerke gestartet werden. Ich muss zugeben, dass ich vor jeder Vorführung nervös war. Aber mit dem Start des ersten Triebwerks war es vorbei.

Diese Art der Vorbereitung führte ich auch zu den Übungsflügen oder zu den oft vorgeschriebenen „Rehearsal flight" (Generalprobe) durch. War kein solcher Flug vorgegeben, habe ich immer einen Trainingsflug beantragt.

## Nervosität bis zum Triebwerksstart

Die Vorführfläche, im Idealfall eine Runway, ist grundsätzlich vorher bekannt. Oft werden Unterlagen zugeschickt, viele Orte kennt man aus vergangenen Veranstaltungen. Wichtig ist immer, dass der Mittelpunkt der Vorführung klar ist. Meistens befindet er sich auf Höhe eines VIP-Zeltes, einer Tribüne oder des Towers der Veranstaltung. Bei Airshows mit viel Erfahrung gibt es auf der Runway eine spezielle Markierung. So kann man aus jeder Fluglage kommend, immer den Mittelpunkt erkennen und gegebenenfalls die Fluglage korrigieren. Genauso sind die Zuschauer-Abstandslinien markiert, die, je nach dem, ob Hubschrauber, Propellerflugzeug oder Jet, unterschiedlich sein können.

Für mich hat sich herausgestellt, dass die ideale Vorführfläche eine Größe von 1000 mal 300 Metern haben sollte. Über dieser Fläche lässt sich ein volles Programm fliegen. Auch bei kleineren Veranstaltungen kann meist auch eine solche Fläche zur Verfügung gestellt werden. Das Strecken eines Programms, wenn einem, wie auf der ILA in Berlin, 3000 Meter zur Verfügung stehen, ist dann einfach.

Jede Flugvorführung ist wie ein Auftritt auf einer Bühne. Ich bin rund 40 Jahre auf Air Shows geflogen, die Nervosität vor einem Flug hat nie nachgelassen. Erst wenn das Zeichen für das Anlassen kam, war alle Nervosität schlagartig verschwunden. Dann gab es nur noch den Hubschrauber, mein Programm und die Linien, die ich beachten musste. Bei allen Veranstaltungen macht sich die Erfahrung bemerkbar, die ich auf vielen Air Shows gewonnen hatte. Sie hilft genauso wie eine gute Vorbereitung, die schon lange vor jeder Vorführung stattgefunden haben muss. Nur dann kann eine Vorführung sicher durchgeführt werden. Gefahrlos für die Zuschauer und sicher für den Piloten. Denn die Flugsicherheit ist gerade bei dieser Art der Fliegerei das erste Gebot.

Wenn Reiter von ihrem Pferd absteigen, so geben sie ihren Tieren häufig einen liebevollen Klaps. Ich habe nach dem Aussteigen nach einer Vorführung oder einem Training auch oft den Hubschrauber berührt, so albern das auch klingen mag. Aber dieser Hubschraubertyp, auf dem ich weit über 90 % meiner gesamten Flugstunden verbracht habe, war mir nicht nur ans Herz gewachsen. Ich war ihm dankbar, dass er mich immer so zuverlässig durch mein Fliegerleben begleitet hat. Mehr als 50 Jahre, von meinem ersten Flug mit einer BO 105 am 10. Juli 1973 bis zu meinem letzten im August 2023.

In einem Buch über Kunstflug habe ich gelesen, es gibt drei Arten von Flugfiguren: die leichten, die schwierigen und die unmöglichen. Ziel ist es, die leichten aufsehenerregend, die schwierigen leicht aussehen zu lassen – und die unmöglichen nicht zu versuchen. Die beiden ersten Punkte habe ich immer versucht umzusetzen. Nur galt vor 40 Jahren vieles als unmöglich, nicht nur in der Fliegerei. Auch den Überschlag vorwärts haben wir als unmöglich betrachtet. Natürlich kann man die Regeln der Physik nicht außer Kraft setzen. Aber man kann versuchen, sie zu verstehen, auszunutzen und sich zu Hilfe zu nehmen. Aristoteles hat gesagt:

**Du kannst den Wind nicht ändern,**
**aber Du kannst die Segel anders setzen.**

**Rainer Wilke in Action**
**https://www.youtube.com/watch?v=D4lA1IkeNrM**

# Danksagung

Dass dieses Buch entstehen konnte, dafür möchte ich vielen Personen danken. Als ich 2018 in den Kreis der Living Legends of Aviation aufgenommen wurde, in meinen Augen die größte Ehrung, die man als Pilot erfahren kann, hatte ich in meiner Dankesrede die nachfolgenden Worte gesagt:

„Es ist eine unglaubliche Ehrung für mich, hier stehen zu dürfen. Ich könnte einer endlosen Reihe von Menschen danken, denen ich meine fliegerische Laufbahn zu verdanken habe. Ärzten, Vorgesetzten in der Armee, dem technischen Personal, Airbus vor 20 Jahren, natürlich den Flying Bulls, Red Bull mit seinem Chef Dietrich Mateschitz, ohne dessen Faible für die Fliegerei ich nicht hier stehen würde.

Aber ganz besonders möchte ich einer Person danken: meiner Frau. Sie mag fliegen nicht besonders. Als wir heirateten versprach ich, dass ich nach acht Jahren aufhören werde. Ich wurde Berufssoldat und damit Berufspilot bei der Bundeswehr. Dann wurde ich Fluglehrer und begann auch noch mit Hubschrauber-Kunstflug. Und als sie sich gefreut hatte, dass es nach meinem Dienstzeitende bei der Bundeswehr mit der Fliegerei vorbei sein würde, begann ich als Stuntpilot zu arbeiten. Dann begann das Kunstflugprojekt bei Red Bull, und 13 Jahre später fliege ich immer noch. Ich danke ihr dafür, dass sie trotz all ihrer Befürchtungen versteht, dass Fliegen zu mir gehört, dass es ein wesentlicher Teil meines Lebens ist."

Andere Worte werde ich auch jetzt nicht finden.

Rainer Wilke

**Rainer Wilke** erlernte 1971 bei der Bundeswehr das Hubschrauberfliegen auf Alouette 2 und bereits 1973 flog er auf der BO 105. 1984 erlernte er Hubschrauber-Kunstflug innerhalb der Bundeswehr. Noch während seiner Bundeswehrzeit erwarb er 1992 die zivile Kunstflugberechtigung für Hubschrauber und war nebenbei für die Firma Airbus tätig.

Nach Beendigung der aktiven Militärzeit erwarb er die zivile Berufspilotenlizenz. Er flog zunächst als Stuntpilot und als Freelancer. Unter anderem bei der Testpilotenschule in Kapstadt, worüber er einen Artikel im „Rotorblatt" veröffentlichte.

Ab 2005 arbeitete er für Red Bull. Seine Aufgabe war der Aufbau des Projektes „ziviler Hubschrauber-Kunstflug". Beginnend in den USA dann in Europa begleitete er die Zulassung der Hubschrauber. Er bildete das fliegerische Personal für dieses Projekt aus und führte selbst die BO 105 in vielen Ländern vor. Nebenbei hielt er zahlreiche Vorträge über Hubschrauber-Kunstflug.

2018 wurde er für dieses Projekt als sein Lebenswerk in den Kreis der „Living Legends of Aviation" aufgenommen.

**Jörg Adam** arbeitet seit über 25 Jahren als freier Journalist für international führende Magazine zu den Themen Luftfahrt und Unterwasser. In seinem Fokus stehen ausschließlich Geschichten und Menschen, die ganz besonderes leisten. Regelmäßige Titelgeschichten, zum Beispiel in den Magazinen FLUG REVUE, aerokurier, Klassiker der Luftfahrt über die Versorgung von Forschungsstationen in der Mitte von Grönland aus der Luft, Missionsfliegerei in Neuguinea oder die Begleitung von Einsätzen auf US-Flugzeugträgern in Krisengebieten fanden internationale Anerkennung. Er begleitete für das DLR die ersten Parabelflüge von Alexander Gerst zur Bilderstellung. Zusätzlich erfolgten Bildveröffentlichungen unter anderem in folgenden Magazinen: NATIONAL GEOGRAPHIC, BBC Wildlife Magazine, STERN, Playboy.

Seit 2008 ist Adam Mitglied im LPC (Luftfahrt-Presse-Club).

**Volker K. Thomalla** ist Chefredakteur des Luftfahrt-Webmagazins Aerobuzz.de. Er wurde 2021 mit dem Aerospace Media Award (Kategorie Business Aviation) ausgezeichnet, einem weltweit ausgeschriebenen Medienpreis. Er berichtet schon seit über 40 Jahren als Journalist über die Luft- und Raumfahrt.

Von 1995 bis 2016 leitete er als Chefredakteur die Redaktion aerokurier, von 2000 bis 2016 zusätzlich die Redaktionen FLUG REVUE und Klassiker der Luftfahrt. Thomalla war zwischen 2016 und 2020 Chefredakteur des englischsprachigen Business-Aviation-Magazins BART International.

Er hat mehrere Luftfahrt-Bücher geschrieben, unter anderem über die Boeing 747, über die Geschichte des Kunstflugs, die klassischen Piper-Flugzeuge und den Airbus A380 und hat als Privatpilot mit IR-Berechtigung auch praktische Flugerfahrung auf über 50 verschiedenen Flugzeugmustern gesammelt.

## Bildnachweis

**Adam, Jörg** Titelfoto, 4. Umschlagseite, S. 90 o; S. 91; S. 92 alle; S. 93; S. 113; S. 124 alle; S. 126; S. 132; S. 133 alle; S. 134, S. 135 alle; S. 136 alle; S. 137; S. 139; S. 140; S. 158 o; S. 161; S. 175; S. 216; S. 223; **Braun, Cornelius** S. 2/3; **Buttinger, Markus** S. 177; **Enders, Tom** S. 6; **Gardi, Balazs** S. 143 alle; S. 145; S. 148 ur.; S. 149; S. 153; S. 159 u.; S. 160; S. 162 alle; S. 163; S. 181; S. 184/185; S. 186/187; S. 188; S. 189 o.; **Gaukler, Benjamin** S. 174 alle; **Geh, Mirja** S. 190 alle; S. 192 alle; S. 193 ml, u; **Majcen, Miro** S. 159 o; S. 189 u; **Mason, Ryan** S. 195; **Patton, Tim** S. 116; S. 117; **Stetcu, Mihai** S. 156; S. 157; **Stetter, Robert** S. 119; **Thomalla, U.** S. 223; **Vidic, Samo** S. 169; **Vuckovic, Predrag** S. 183 o; **Wilke, Rainer (Archiv)** S. 7; S. 8; S. 9; S. 10; S. 14; S. 16; S. 18; S. 19; S. 21; S. 23; S. 24; S. 25 alle; S. 26; S. 27; S. 29; S. 30; S. 31; S. 32 alle; S. 33 alle; S. 34; S. 35 alle; S. 43; S. 44; S. 45; S. 46 alle; S. 48 alle; S. 50; S. 53; S. 54 alle; S. 55; S. 57; S. 58; S. 61; S. 65; S. 66 alle; S. 67; S. 68 alle; S. 72; S. 74; S. 75; S. 76; S. 78 alle; S. 81; S. 83; S. 84 alle; S. 85 alle; S. 86 alle; S. 87; S. 88; S. 89; S. 90 u; S. 95; S. 97 alle; S. 98 alle; S. 103; S. 106; S. 107; S. 108; S. 109; S. 111; S. 114; S. 115 alle; S. 121; S. 131 alle; S. 138; S. 144; S. 146; S. 148 o, ml, mr, ul; S. 150; S. 154; S. 158 u; S. 165; S. 166; S. 167; S. 168; S. 171; S. 172; S. 176 alle; S. 178; S. 179; S. 180; S. 182 alle; S. 183 u; S. 193 ol, mr; S. 194; S. 196; S. 197; S. 198; S. 199; S. 200; S. 205; S. 206 alle; S. 207 alle; S. 209; S. 210; S. 211; S. 212; S. 214; S. 218; S. 222.

Die Abkürzungen hinter der Seitenzahl ermöglichen eine genaue Zuordnung der Fotos. Sie bedeuten: l = links, ml = Mitte links, mr = Mitte rechts, o = oben, ol = oben links, r = rechts, u = unten, ul = unten links, ur = unten rechts.